高等学校“十四五”新形态教材
高等院校石油与天然气工程类专业系列教材

工程流体力学

（第2版）

主编　倪玲英　刘成文

中国石油大学出版社
CHINA UNIVERSITY OF PETROLEUM PRESS
山东·青岛

图书在版编目(CIP)数据

工程流体力学 / 倪玲英,刘成文主编. -- 2 版.
青岛:中国石油大学出版社,2024. 6. -- ISBN 978-7-5636-8310-9

Ⅰ. TB126

中国国家版本馆 CIP 数据核字第 2024WD9343 号

中国石油大学(华东)规划教材

书　　名:工程流体力学(第 2 版)
　　　　　GONGCHENG LIUTI LIXUE(DI 2 BAN)

主　　编:倪玲英　刘成文

责任编辑:穆丽娜(电话 0532-86981531)

责任校对:张　廉(电话 0532-86981531)

封面设计:王凌波

出 版 者:中国石油大学出版社
　　　　　(地址:山东省青岛市黄岛区长江西路 66 号　邮编:266580)

网　　址:http://cbs.upc.edu.cn

电子邮箱:shiyoujiaoyu@126.com

排 版 者:青岛友一广告传媒有限公司

印 刷 者:沂南县汇丰印刷有限公司

发 行 者:中国石油大学出版社(电话 0532-86983440)

开　　本:787 mm × 1 092 mm　1/16

印　　张:22. 5

字　　数:532 千字

版 印 次:2012 年 9 月第 1 版　2024 年 6 月第 2 版　2024 年 6 月第 1 次印刷

书　　号:ISBN 978-7-5636-8310-9

定　　价:58. 00 元

第2版前言

PREFACE

“工程流体力学”是石油工程、海洋油气工程、油气储运工程、力学、热能与动力工程、土木工程等专业的一门重要的专业基础课，同时它可以独立解决一些与流体有关的工程问题。党的二十大报告明确指出，应“加大油气资源勘探开发和增储上产力度，加快规划建设新型能源体系”。因此，要充分利用工程流体力学知识，服务石油天然气资源的高效开发，以满足国民经济建设和国家能源供给安全的需求。“工程流体力学”课程对于人才培养有着极其重要的作用，尤其是可以培养学生的科学思维能力、创新能力和理论联系实际能力。鉴于党的二十大提出的高素质人才培养目标，“工程流体力学”课程的特性决定了它具有重要的育人功能。

随着互联网技术的升级发展，教学模式和学习方式正在发生巨大的变化，智能手机也已成为学生学习必不可少的工具，而“工程流体力学”课程涉及的理论抽象深奥、表现形式单一的传统纸质教材已不能满足时代发展和教学改革的需要。因此，为推进信息技术与教学的深度融合，满足教师教学和学生学习多样化、个性化的需求，将纸质教材与丰富的数字化教学资源有机结合的新形态教材建设尤为亟需。

本教材在倪玲英主编的《工程流体力学》基础上，结合传统教材与信息技术进行编写。利用二维码技术将传统纸质教材与数字资源相结合，实现新形态化。将工程流体力学数字资源内容储存在相应服务器中，把链接存储到二维码中，学生在阅读时利用智能终端扫描书中二维码，即可浏览相关内容，极大地补充和拓展了纸质教材的内容。纸质教材参考石油高校流体力学学科教学指导委员会所制订的《工程流体力学》教学大纲和众多同行专家编写的教材，同时结合编者多年工程流体力学教学实践经验，根据石油工程、海洋油气工程、油气储运工程、力学、热能与动力工程、土木工程等专业现行的教学大纲以及当前学生的学习特点编写而成。全书共分十一部分，主要内容有绪论、流体及其主要物理性质、流体静力学、流体运动学与动力学基础、流体阻力和水头损失、压力管路的水力计算、边界层理论基础、非牛顿流体的流动、气体动力学基础、明渠均匀流与堰流、渗流，介绍了工程流体力学的基本概念、基本原理和基本方法，注意加强理论学习和能力培养，力求物理概念明确，理论联系实际，深入浅出，内容深度、广度适宜，思路清晰。本教材各章节内容既相互联系，又相对独立，适当取舍组合，可以满足石油院校相关专业对工程流体力学的教学需要。

本书绪论、第一章至第八章及第十章由中国石油大学(华东)倪玲英编写，第九章由刘成文编写，倪玲英、李爱华、刘成文、付静、赵欣欣、刘玉泉、白莉等参加了教材新形态资源建设工作，全书由倪玲英统稿审定。在本书编写过程中，得到了中国石油大学(华东)流体力学课程组全体教师的帮助和支持，在此表示衷心感谢。

由于时间仓促、编者水平所限，书中错误、疏漏之处在所难免，恳请同行专家和读者批评指正。

倪玲英

2024年1月

第1版前言

PREFACE

目前，石油院校的石油相关专业多由原来的钻井专业、采油专业、油气储运等几个专业发展到十几个专业，针对这一情况，《工程流体力学》作为专业基础课教材列入了中国石油大学(华东)“十二五”规划教材。

本教材主要是在袁恩熙主编的《工程流体力学》教材基础上，参考石油高校流体力学学科教学指导委员会于1993年所制订的《工程流体力学》教学大纲和众多同行专家编写的教材，同时结合编者多年工程流体力学教学实践经验，根据石油工程、船舶与海洋工程、海洋油气工程、油气储运工程、力学、热能与动力工程、土木工程等专业现行的教学大纲以及当前学生的学习特点改编而成的。本教材与原来使用的教材相比，增补了适用于船舶与海洋工程、土木工程新专业的边界层理论基础、明渠流动、渗流方面等内容。本教材各章节内容既相互联系，又相对独立，适当取舍组合，可以满足石油院校相关专业对工程流体力学的教学需要。

全书共分十一部分，主要内容有绪论、流体及其主要物理性质、流体静力学、流体运动学与动力学基础、流体阻力和水头损失、压力管路的水力计算、边界层理论基础、明渠均匀流与堰流、渗流、非牛顿流体的流动和气体动力学基础。介绍了工程流体力学的基本概念、基本原理和基本方法，注意加强理论基础和能力的培养，力求物理概念明确，理论联系实际，深入浅出，内容深度、广度适宜，思路清晰。

本书绪论、第一章至第六章、第八章至第十章由中国石油大学(华东)倪玲英编写，第七章由刘成文编写，全书由倪玲英统稿审定。

在本书编写过程中，得到了中国石油大学(华东)流体力学课程组全体老师的帮助和支持，在此一并表示衷心感谢。

由于时间仓促、编者水平所限，书中错误、疏漏之处在所难免，恳请同行专家和读者批评指正。

倪玲英

2012 年 4 月

目录
CONTENT

绪论

一、流体力学的研究内容

流体力学是研究流体平衡和运动规律的一门科学，是力学的一个重要分支。流体力学的基本任务是研究流体在静止和运动时所遵循的基本规律，确定流体流经各种通道及绕流不同物体时速度、压强的分布规律，探求能量转换和损失计算方法，解决流体与固体之间的相互作用问题。

流体力学按其研究内容侧重方法的不同，分为理论流体力学（通称流体力学）、应用流体力学（通称工程流体力学）和水力学3个分支。理论流体力学主要采用严密的数学推理方法，力求准确性和严密性；水力学侧重于运用物理和实验方法进行实用研究；工程流体力学不追求数学上的严密性，而是趋向于解决工程实际中出现的问题，是前两种方法的结合。

流体力学研究的对象包括液体和气体，它们统称为流体。空气、水、油等都属于流体。流体是人类生活和生产中经常遇到的物质形式，许多学科都和流体力学有关，如石油、海洋、土建、造船、航空、机械、冶金、化工、生物等。事实上，目前很难找到与流体力学无关的专业和学科。

0-1 流体力学的重要性

流体力学可以分为流体运动学、流体动力学和流体静力学。流体运动学用几何观点来研究流体的运动，不涉及力的问题；流体动力学用力学的观点来研究流体的运动，研究力和运动之间的关系，特别是研究压强和速度之间的关系；流体静力学是流体动力学的特例，研究流体平衡时的压强分布规律。

二、流体力学发展简史

流体力学是物理学中最古老的分支之一。流体力学的发展与数学和力学的发展密切相关，它是人类长期与自然界进行斗争的结果，是人类集体创造的财富。

从古代起人们就开始注意到固体与其周围介质（空气或水）之间存在相互作用力的问题。要特别指出的是阿基米德（Archimedes），他是液体平衡理论，特别是物体浮力理论的创立者，阿基米德定律直到现在还是液体静力学的基础。在此后的千余年间，流体力学没有重大发展。直到15世纪，达·芬奇在其著作中才谈到水波、管流、水力机械、鸟的飞翔原理等。17世纪，帕斯卡阐述了静止流体中压力的概念。流体力学的主要发展是从牛顿（Newton）时代开始的。1687年，牛顿在其著作《自然哲学的数学原理》中讨论了流体的阻力、波浪运动等内容，已经有了与近代概念很接近的论述，使流体力学开始变成力学中的一个独立分支。流体力学尤其是流体动力学的名字是伯努利（Bernoulli）于1738年在其著作《流体动力学》中首先提出的，他在该书中提出了著名的伯努利方程，即在流体的压力、密度和运动速度之间建立了普遍关系，该方程直到现在仍是流体力学中一个重要定律。欧拉（Euler）于1755年在其著作《流体运动的一般原理》中提出了理想流体的概念，并建立了欧拉方程和连续方程，同时提出了速度势的概念。伯努利方程和欧拉方程的建立是流体动力学作为分支学科建立的标志，从此开始了用微分方程和实验测量进行运动定量研究的新阶段。

从18世纪起，势流理论有了很大的进展。拉格朗日（Lagrange）总结了前人的工作，进一步发展了流体力学的解析方法，他对速度势的存在性做了较严格的证明，并于1781年首先引入了流函数的概念。至此，对于平面问题，如果满足拉普拉斯方程的速度势和流函数分别存在，就可以把流体力学的问题转化为寻求一个解析的复变函数，即复式的纯数学问题。达朗贝尔于1744年提出了著名的达朗贝尔疑题，即在无界、理想不可压缩流体假定下，物体在水中匀速运动时不受阻力作用，说明了理想流体假定的局限性；达朗贝尔对运河中船只的阻力进行了许多实验工作，证实了阻力同物体运动速度之间的平方关系。与此同时，理想流体运动力学中的重要分支——波浪理论也得到了发展。牛顿、拉格朗日、柯西（Cauchy）、拉普拉斯（Laplace）、泊松（Poisson）、艾瑞（Airy）、斯托克斯（Stokes）、米切尔等人对波浪理论都做出了贡献。

在19世纪，工程师们为了解决许多工程问题，尤其为了解决带有黏性影响的问题，对部分运用流体力学、部分采用归纳实验结果的半经验公式进行研究，形成了水力学，水力学至今仍然与理论流体力学并行发展。1822年，纳维（Navier）建立了黏性流体的基本运动方程；1845年，斯托克斯又在更合理的基础上完善了这个方程，这就是沿用至今的纳维-斯托克斯方程（简称N-S方程），它是流体动力学的理论基础。关于黏性流体在小直径管中流动的详细实验工作是由泊肃叶（Poiseuille）在1840年和雷诺（Reynolds）在1876年先后完成的，他们发现了流动中两种不同的流态——层流和湍流。

19世纪后半期出现了流体的旋涡运动理论，亥姆霍兹（Helmholtz）是这一理论的创始人。他于1858年指出了理想流体中旋涡的许多基本性质以及旋涡运动理论，并于1878年提出了绕流脱体理论。柯西早在1811年、斯托克斯在1847年分别提出了旋涡概念的解释，汤姆孙（Thomson）也对旋涡理论做了许多工作。

普朗特（Prandtl）在1904年提出了边界层理论。他假定流体在接近固体边界很薄的一层（边界层）内存在黏性影响，在边界层之外是理想流体流动。这一理论很好地解释了阻力的产生，并在势流理论和黏性流体理论两者之间建立了联系。随着边界层理论的完善和近代实验技术的发展，它已成为独立的流体力学分支。

现代机翼理论的发展与航空科学的发展密切相关。1878年，雷利（Rayleigh）研究了圆柱体绕流问题，并且解释了弹道学中的马格纽斯(Magnus)效应。兰切斯特(Lanchester)、库塔(Kutta)和儒可夫斯基分别独立地建立了机翼升力和空气围绕机翼的环行流动之间的关系。普朗特于1918年首先提出了升力线理论，使机翼产生的升力可以用数学方法来处理。20世纪40年代后，随着航空事业的发展，由于喷气推进和火箭技术的应用，飞机的飞行速度超过了声速，有关气体高速流动的研究进展飞快，空气动力学也得到了飞速发展，形成了气体动力学和稀薄空气动力学。

尽管流体力学的部分理论源于西方社会，但是中国4 000多年前大禹率领民众改“堵”为“疏”治理中原地区的水患，体现出我国古代应用流体力学解决实际工程问题的智慧；他“三过家门而不入”的典故折射出古代先贤大公无私的奉献精神和敬业精神。随着农业和航运事业的发展，我国早在春秋战国和秦朝时就已经修建了世界级水利工程——都江堰、郑国渠和灵渠，以及后来的汉渠和唐徕渠等，对农业生产起到了极大的促进作用。特别是李冰父子修建的都江堰水利工程，科学地解决了江水自动分流、自动排沙、控制水流量等问题，反映当时人们对明渠水流和堰流已有了一定的认识。都江堰建成后为当时的农业生产提供了储水和灌溉的功能，消除了岷江水患，不仅使成都平原成为“天府之国”“鱼米之乡”，而且是世界上仅存的、迄今为止年代最久、目前仍在发挥作用的无坝取水工程，被誉为世界水利文化的鼻祖。京杭大运河中船闸的使用，也体现了我国劳动人民的智慧。20世纪以来，我国也涌现出许多杰出的流体力学领域的科学家，比如著名的空气动力学家钱学森，他先后获航空工程硕士学位和航空、数学博士学位。1938年7月至1955年8月，钱学森在美国从事空气动力学、固体力学和火箭、导弹等领域研究，并与导师共同完成了高速空气动力学问题研究课题，建立了卡门-钱学森公式，在28岁时就成为世界知名的空气动力学家。钱学森于1955年冲破重重阻挠回到中国。他不断推出科研成果，被誉为“中国航天之父”“中国导弹之父”。由于钱学森回国效力，中国导弹、原子弹的发射至少向前推进了20年。还有我国著名科学家周培源，其主要贡献体现在爱因斯坦广义相对论中的引力论和流体力学中的湍流理论，奠定了湍流模式理论的基础。周培源将其一生都奉献给了科学事业，他早生华发，50岁右耳失聪，但他没有被这些困难所吓倒，依然坚持湍流理论研究；89岁高龄时，他的相对论、引力论研究取得重大进展。这些理论和工程都来源于科学伟人孜孜不倦、无关名利的巨大付出，他们追求真知的科学精神和态度值得大家学习。

随着各种科学技术的迅速发展，流体力学的相关学者除了对湍流、涡流、流动稳定性等理论问题继续进行研究外，更主要的是转而研究石油、化工、冶金、能源、环保、生物等领域的流体力学问题，上述研究都取得了丰硕的成果，既促进了生产技术的发展，又大大丰富了流体力学的学科内容，使流体力学这一古老学科更加富有活力。从流体力学的发展简史可以看出，流体力学的发展始终与社会生产实践紧密相连。

0-2 著名科学家

三、流体力学在生产工业中的作用

流体力学在生产工业中有着非常广泛的应用，目前已很难找出一个与流体力学没有或多或少的联系的技术部门。

石油工业中钻井液和水泥浆的循环，油田生产作业用的压裂液和驱替液的注入，石油与天然气计量，采油工艺、炼油设备，油气分离、油气储存和运输，都离不开管、罐、泵的设计与使用，这都要涉及流体力学的相关内容。譬如钻井液循环压力和流速的设计，套管强度的校核，注水管网和油气集输管网的优化设计，流体在管道内的压力、阻力、压差和输送量的关系确定，管线管材强度的校核，管线位置布置以及泵的大小和类型的选择，泵的安装位置的设计，油罐或其他储液容器的结构强度校核，油槽车、油罐的装卸油时间估计，气蚀、水击等现象预防，等等，都用到流体力学的知识。学习工程流体力学，不仅仅为了掌握油、气、水运动规律，更重要的是将这些规律运用到石油工程的设计与管理中，开展科学研究和技术革新。

流体力学知识直接服务航空工程和造船工程等国家高精尖领域，如飞机及船的外形设计、操纵性、稳定性等为流体力学提供了广泛的研究课题，并促进流体力学的发展；大飞机项目为提高航空工业水平、完善空军装备水平打下了基础；已完成例行训练和海上试验的中国海军“辽宁舰”和“山东舰”对有效维护国家主权、安全和发展利益具有重要意义。在水利工程中，如大型水利枢纽、水库水力发电站的设计和建造、洪峰的预报、河流泥沙等问题都与流体力学紧密地联系在一起的。我国三峡大坝是世界上最大的水利工程之一，其建设利用了许多流体力学原理：① 水头利用，三峡大坝的发电设计是利用水头高差作为能量来源，通过水轮机发电。高差越大，水轮机输出功率越大，因此在三峡大坝中采用了相对较高的水头高差。② 水流流动模拟，在三峡大坝建设过程中，进行了很多实验室和现场的水流流动模拟，以确保设计的可靠性和安全性；从模拟结果中，可以了解水坝结构和水流动力学的变化，从而进行更合理的设计和优化。③ 水流控制，三峡大坝下游水流量巨大，为了控制水流的流速和压力，减少河道淤积、冲刷等风险，设计中采用了一系列复杂的水流控制结构，如泄洪洞、泄水塔和过渡坝等构筑物，有效减缓了水流速度和压力，控制了水流在下游的分布和均衡。④ 巨型水闸，在三峡大坝中，水闸作为水利工程的关键控制部件，在水利工程公共安全和资源管理等方面发挥着重要的作用；工程中设计了大小不一的水闸，实现了对水流的控制和调节功能，如主坝溢洪道闸、右岸水闸和左岸泄水塔等。

0-3 工程示例

流体力学的研究对于动力机械制造工业也具有重要意义，如提高水力及蒸汽透平喷气发动机、压缩机和水泵等动力机械的性能与叶片、导流片及其他零件的形状设计有关。近代热工学在研究如何加速透平机和发动机中的燃烧过程，使灼热的表面冷却等问题中广泛地利用了流体力学的知识。此外，现代气象科学中的基本问题——天气预报的解决也离不开流体力学。甚至在天文学上也有着流体力学广阔的研究天地，例如研究星系螺旋结构、研究组成星云的气状物质的运动、研究气云的膨胀及其相互作用等都是宇宙流体力学的内容。近年来，由于科学技术的飞速发展，流体力学和其他学科相互渗透，形成了一系列边缘学科，例如电磁流体力学、化学流体力学、高温气体力学、爆炸力学、生物流体力学、地球流体力学、非牛顿流、多相流等，这些研究方向的出现使得流体力学这一古老学科有了更加广泛的用途。

四、流体力学研究方法

流体力学作为一门学科，在其发展过程中产生并不断完善了一些解决问题的方法，如实验研究、理论分析和数值计算。

1. 实验研究方法

实验研究包括现场观测和实验室模型实验两个方面。

(1) 现场观测。对自然界固有的流动现象或实际工程中的流动现象，利用各种仪器进行系统观测，从而总结出流体运动的规律，并借以预测流动现象的演变。

不过，现场流动现象的发生往往不能控制，发生条件几乎不会完全重复出现，影响到对流动现象和规律的研究；现场观测还要花费大量物力、财力和人力。因此，人们建立了实验室，使这些现象能在可以控制的条件下出现，以便于观察和研究。

(2) 实验室模型实验。在实验室内，以相似理论为指导，把实际工程(原型)缩小(或放大)为模型，在模型上预演相应的流体运动，得出在模型中的流体运动规律，将其按照相似关系换算为实际工程所需要的结论。实验能显示运动特点及其主要趋势，有助于形成概念，检验理论的正确性。

流体力学发展中每一项重大进展都离不开实验。现场观测常常是对已有事物、已有工程的观测，而实验室模型实验却可以对还没有出现的事物、没有发生的现象(如有待设计的工程、机械等)进行观察，使之得到改进。因此，实验室模型实验是研究流体力学的重要方法。

2. 理论分析方法

理论分析是根据流体运动的普遍规律，如质量守恒、动量守恒、能量守恒等，利用数学分析的手段，研究流体的运动，解释已知的现象，预测可能发生的结果。

理论分析的步骤大致如下：

(1) 建立力学模型，即针对实际流体的力学问题，分析其中的各种矛盾并抓住主要方面，对问题进行简化，建立反映问题本质的力学模型。

(2) 针对流体运动的特点，用数学语言将质量守恒、动量守恒、能量守恒等定律表达出来，从而得到连续性方程、动量方程和能量方程。此外，还要加上其他相关流动参数的关系式，如本构方程和状态方程等，构建流体力学方程组。

(3) 求解方程组，利用各种数学工具解方程并对它的解进行分析。

从基本概念到基本方程的一系列定量研究，都涉及很深的数学问题，所以流体力学的发展是以数学的发展为前提的。反过来，那些经过实验和工程实践考验的流体力学理论又检验和丰富了数学理论，它所提出的一些未解决的难题，也是进行数学研究、发展数学理论的好课题。从目前数学发展的水平来看，有不少题目将是今后几十年内难以从纯数学角度完善解决的。

在流体力学理论中，用简化流体物理性质的方法建立特定的流体理论模型，用减少自变量和减少未知函数等方法来简化数学问题，这在一定范围内是成功的，并解决了许多实际问题。对于一个特定领域，考虑具体的物理性质和运动的具体环境后，抓住主要因素，忽略次要因素，进行抽象化，也同时进行简化，建立特定的力学理论模型，便可以克服数学上的困难，进一步深入地研究流体的平衡和运动性质。

在建立模型时，常用以下两种方法：

（1）无限微元法。设在运动流体占据的空间中，取一固定的微元控制体。譬如，在直角坐标系中，取边长分别为 $\mathrm{d}x$, $\mathrm{d}y$, $\mathrm{d}z$ 的微元控制体，其极限即可表示点(x, y, z)。无限微元法是将机械运动的普遍定律应用于微元控制体内的流体，建立流体的运动微分方程。由于目前还没有关于流体的运动微分方程组的普遍解析解，所以常采用某些假定条件，使方程简化后才能求解。

（2）有限控制体法（平均值法）。在流体力学中，常不须知道流体所占有的每一空间点上的流体质点运动的情况，而只需知道运动参数在某一体积或面积上的平均值。有限控制体法是在运动流体占据的空间中取一固定的有限控制体，建立以平均值表示的流体运动方程。

每种合理的简化都有其力学成果，但也有其局限性。例如，忽略了密度的变化就不能讨论声音的传播，忽略了黏性就不能讨论与它有关的阻力和某些其他效应。掌握合理的简化方法，正确解释简化后得出的规律或结论，全面并充分认识简化模型的适用范围，正确估计简化模型与实际情况的偏离，正是流体力学理论工作和实验工作的精华。

3. 数值计算方法

流体力学的基本方程组非常复杂，在考虑黏性作用时更是如此，如果不靠计算机，就只能对比较简单的情形或简化后的欧拉方程或N-S方程进行计算。20世纪30—40年代，对于复杂而又特别重要的流体力学问题，曾组织过人力在几个月甚至几年的时间内做数值计算，比如圆锥做超声速飞行时周围的无黏流场就从1943年一直算到1947年。随着数学的发展、计算机技术的不断进步以及流体力学各种计算方法的发明，许多原来无法用理论分析求解的复杂流体力学问题有了求得数值解的可能性，这又促进了流体力学计算方法的发展，并形成了“计算流体力学”。

从20世纪60年代起，在飞行器和其他涉及流体运动的课题中，经常利用电子计算机做数值模拟，这可以与物理实验相辅相成。数值模拟和实验模拟相互配合，使科学技术的研究和工程设计的速度加快，并节省开支。目前数值计算方法发展很快，其重要性与日俱增。

解决流体力学问题时，实验室研究和数值计算几个方面是相辅相成的。实验需要理论指导，才能从分散的、表面上无联系的现象和实验数据中得出规律性的结论。反之，理论分析和数值计算也要依靠现场观测和实验室模拟给出物理图案或数据，以建立流动的力学模型和数学模式。最后，还需依靠实验来检验这些模型和模式的完善程度。此外，实际流动往往异常复杂（如紊流），理论分析和数值计算会遇到巨大的数学和计算方面的困难，得不到具体结果，只能通过现场观测和实验室模拟进行研究。

理论分析能指导实验和计算，使它进行得更有成效，并可把部分实验结果推广到一整套没有做过实验的现象中去；实验不仅可用来检验理论和计算结果的正确性和可靠性，而且可提供建立运动规律和理论模型的根据；计算可以弥补理论及实验的不足，对复杂问题进行又快又省的研究。

研究流体还有一条途径，就是应用统计物理的方法，从分子、原子的运动出发，采用统计平均的方法建立宏观物理量满足的方程，并确定流体的性质。目前可以对分子碰撞做某些简化假设，导出正确的宏观方程，但尚不能准确求得某些分子输运系数的值。液体输运过程理论还不完善，统计物理办法虽然直接，但还不能为流体力学中很多基本性质和概念提供十分有用的阐述。因为它力图从微观导出宏观，所以可以深刻揭示微观与宏观的关系。

第一章 流体及其主要物理性质

流体平衡和运动规律取决于流体的内因和外因，内因是流体的主要物理性质，外因是作用在流体上的力。因此在讨论流体力学规律之前，应首先掌握流体的概念、主要物理性质及作用在流体上的力。

第一节　流　体

一、流体的概念

1-1　流体的概念

凡是没有一定形状，容易流动的物质称为流体，它包括液体和气体。自然界中的物质有液态、气态和固态三态，流体占了两态。由此可见，流体力学涉及范围非常之广且它在相关的自然科学和工程技术领域中非常重要。

从外观上看，液体和气体很不相同，但是从某些性能方面来看，液体和气体是相似的。譬如，它们与固体相比，分子排列松散，分子引力较小，运动较强烈。因此，流体无一定形状，易流动，只能抗压力，不能抗拉力和切力。而固体由于具有抵抗压力、拉力和切力 3 种力，所以在外力作用下固体通常只发生较小的变形，且到一定程度后变形就停止。

液体和气体相比较也各有特点。液体的分子距和分子有效直径差不多是相等的。当液体加压时，由于分子距稍有缩小，出现强大的分子斥力来抵抗外力。也就是说，液体分子距很难缩小，可以认为液体具有一定的体积，因此通常称为不可压缩流体。又由于分子引力作用，液体有力求自身表面面积收缩到最小的特性，所以在大容器里液体只能占据一定的体积，而在上部形成自由分界面。气体分子距很大，比分子有效直径约大 10 倍，因此分子间的吸引力很小，气体分子可以自由运动。这就使气体既没有一定的形状，也没有一定的体积，可以压缩，亦不能形成自由表面。

液体的性质介于气体和固体之间，它与固体一样具有一定的体积，不易压缩，同时又像气体一样没有固定的形状，具有流动性。这些性质是由液体的微观分子结构决定的。

二、连续介质假设

流体的真实结构是由分子组成的。显然，分子间是有空隙的，但是流体力学研究的并不是个别流体分子的微观运动，而是由大量分子组成的宏观流体在外力的作用下所发生的运动。因此，在流体力学中引入连续介质的假设，即把流体看作由无限多彼此之间无间隙的流体质点组成的稠密的连续介质，而流体质点是微观上充分大、宏观上充分小的分子团，由彼此之间有间隙的分子组成。

流体连续介质假设是流体力学中第一个根本性的假设。将真实流体看作连续介质，意味着流体的各种宏观物理量，如密度、压力、速度等，都可作为时间和空间位置的连续函数，使人们有可能用数学分析方法来讨论和解决流体力学中的问题。这一假设对大多数流体是适用的，但对稀薄气体，连续假设便不能适用，必须将它考虑为不连续流体。

第二节　流体的主要物理性质

流体的主要物理性质包括流体的密度、重度、压缩性、膨胀性、黏性、表面张力等特性。

一、密度和重度

1-2　密度和重度

1. 密　度

惯性是指物体要维持原有运动状态的物理性质，任何运动状态的改变都必须克服惯性。表征惯性的物理量是质量，质量愈大，惯性也愈大，运动状态就愈难改变。流体的质量常用密度来反映。

流体在单位体积内所具有的质量称为密度，以 ρ 表示，国际单位为 kg/m^3。

对于均质流体，设其体积为 V，质量为 m，则密度可以表示为：

$$\rho = \frac{m}{V} \tag{1-1}$$

对于非均质流体，根据连续介质的假设，有：

$$\rho = \lim_{\Delta V \to 0} \frac{\Delta m}{\Delta V} = \frac{\mathrm{d}m}{\mathrm{d}V} \tag{1-2}$$

2. 重 度

物体相互之间具有吸引力，这个吸引力称为万有引力。表征地球对流体的引力大小的物理量就是重力。流体在重力作用下便显示出重量。

流体在单位体积内所具有的重量称为重度，以 γ 表示，国际单位为 N/m^3。

对于均质流体，设其体积为 V，重量为 G，则重度可以表示为：

$$\gamma = \frac{G}{V} \tag{1-3}$$

对于非均质流体，根据连续介质的假设，有：

$$\gamma = \lim_{\Delta V \to 0} \frac{\Delta G}{\Delta V} = \frac{dG}{dV} \tag{1-4}$$

3. 密度与重度的关系

在地球引力场中，根据牛顿第二定律可知，质量 m 和重量 G 的关系为：

$$G = mg$$

则密度与重度有以下关系：

$$\gamma = \rho g \tag{1-5}$$

式中 g——重力加速度，计算中一般取 $g = 9.8\ m/s^2$。

密度和重度的关系对于均质和非均质流体都适用。

由此可见，流体的密度仅仅与流体的质量有关，而流体的重度不仅与流体的质量有关，还与流体所处的地理位置有关。换言之，对于确定的流体来说，密度是不变的，而其重度则随地球引力的改变而改变。

4. 相对密度

相对密度俗称比重。需要说明的是，液体的相对密度与气体的相对密度的定义是有区别的。

液体的相对密度是指液体的质量与相同体积、温度为 4 ℃时纯水的质量之比。为什么选择 4 ℃呢？这是由于纯水在 4 ℃时密度最大，此时其密度为 1 000 kg/m^3。

相对密度一般用 δ 表示。就液体来说，它与密度或重度有以下关系：

$$\delta = \frac{\rho}{\rho_{水}} = \frac{\gamma}{\gamma_{水}} \tag{1-6}$$

某些常见液体的相对密度如表 1-1 所示。

表 1-1 某些常见液体的相对密度

液 体	相对密度	温度/℃	液 体	相对密度	温度/℃
蒸馏水	1.00	4	航空汽油	0.65	15
海 水	1.02～1.03	4	轻柴油	0.83	15
重质原油	0.92～0.93	15	润滑油	0.89～0.92	15

续表 1-1

液　体	相对密度	温度/℃	液　体	相对密度	温度/℃
中质原油	0.88～0.90	15	重　油	0.89～0.94	15
轻质原油	0.86～0.88	15	沥　青	0.93～0.95	15
煤　油	0.79～0.82	15	丙三醇	1.26	0
航空煤油	0.78	15	水　银	13.60	0
普通汽油	0.70～0.75	15	酒　精	0.79～0.80	15

气体的相对密度是指在同样的压强和温度条件下，气体密度与空气的密度之比。

相对密度是一个比值，是个无因次数。

二、压缩性和膨胀性

1.压缩性

1-3　压缩性等

在温度不变的条件下，流体在压力作用下体积要缩小的性质称为压缩性。压缩性大小用体积压缩系数 β_p 表示，它代表压力增加 1 单位时所发生的体积相对变化量，即

$$\beta_p = -\frac{dV/V}{dp} \tag{1-7}$$

式中　V——原有体积，m^3；

dV——体积改变量，m^3；

dp——压力改变量，Pa 或 at（工程大气压，$1\ at = 9.8 \times 10^4\ Pa$）；

β_p——体积压缩系数，Pa^{-1} 或 at^{-1}。

因为 dV 与 dp 的变化方向相反，即压力增加时体积减小，故上式中需加一负号，以便使体积压缩系数 β_p 永为正值。

根据质量守恒，体积压缩系数又可表示为：

$$\beta_p = \frac{d\rho/\rho}{dp} \tag{1-8}$$

式中　ρ——流体密度，kg/m^3。

水的体积压缩系数如表 1-2 所示。

表 1-2　水的体积压缩系数

压力/at	5	10	20	40	80
$\beta_p/(10^{-4}at^{-1})$	0.529	0.527	0.521	0.513	0.505

从表 1-2 可以看出，在压力为 5 at 情况下，压力每增加 1 at 时，水的体积只改变万分之 0.529，可见水的压缩性是很小的，其他液体的压缩性也是很小的。在一般情况下，可以略去这种微小的体积变化，把液体当作不可压缩流体来处理。对于不可压缩流体，体积

保持不变，根据式(1-2)得：

$$\rho = \text{常数}$$

气体易于压缩，其体积变化由状态方程来决定，所以气体密度的变化可以表示为：

$$p = \rho RT \tag{1-9}$$

式中　T——绝对温度，K；

R——气体常数，对于空气 R = 287.06 J/(kg·K)。

气体在高速流动时，其体积变化不能忽略不计，可作为可压缩流体来处理。对于可压缩流体，其体积的变化由温度和压力来决定，因而其密度表示为：

$$\rho = f(p, T)$$

当密度仅是压力的函数而与温度无关时，密度可表示为：

$$\rho = f(p)$$

应该指出的是：研究一个具体流体问题时，是否考虑压缩性的影响不取决于流体是气体还是液体，而是由具体条件来决定。当气体低速流动时，不考虑压缩性所引起的相对较小的误差，可以认为是不可压缩流体；而在研究管路中的水击现象时，需把水作为可压缩流体来处理，因为水的压缩性虽然小，但在这类问题中却不能忽略。

1-4　压缩膨胀演示

体积压缩系数的倒数称为体积弹性系数，用 E 表示，即

$$E = \frac{1}{\beta_p} \tag{1-10}$$

体积弹性系数越大，流体越不易压缩。

2. 膨胀性

在压力不变的条件下，液体温度 t 升高时其体积增大的性质称为膨胀性。膨胀性大小用体积膨胀系数 β_t 表示，它代表温度每增加 1 ℃时所发生的体积相对变化量，即

$$\beta_t = \frac{\mathrm{d}V/V}{\mathrm{d}t} \tag{1-11}$$

式中　$\mathrm{d}t$——温度改变量，℃或 K；

β_t——体积膨胀系数，$℃^{-1}$ 或 K^{-1}。

实验指出，在 1 at 下，在温度较低(10～20 ℃)时，温度每增加 1 ℃，水的体积相对改变量仅为万分之 1.5；温度较高(90～100 ℃)时，也只改变万分之 7。所以在实际计算中，一般不考虑液体的膨胀性，只有在某些特殊情况(如热水采暖等问题)下，才考虑液体的膨胀性。表 1-3 给出了水的体积膨胀系数随压力和温度而变化的数值。

表 1-3　水的体积膨胀系数　　单位：$℃^{-1}$

$p/(10^5$ Pa)	不同温度下水的体积膨胀系数				
	0～10 ℃	10～20 ℃	40～50 ℃	60～70 ℃	90～100 ℃
1	0.000 014	0.000 150	0.000 422	0.000 556	0.000 719
100	0.000 043	0.000 165	0.000 422	0.000 548	0.000 704
500	0.000 149	0.000 236	0.000 429	0.000 523	0.000 661

三、黏　性

1-5　流体的黏性

马克思主义哲学思想强调事物之间联系的普遍性。每一事物内部的各个部分、要素之间是相互联系、相互制约和相互作用的。流体是由无数个流体质点或流体微团连续组成的，当两层流体之间有相对运动（即变形）时，运动快的流层对运动慢的流层施加拉力，运动慢的流层对运动快的流层施加阻力，这种流体分子之间的吸引力和动量交换使得流体具有黏性。流体质点之间这种彼此作用的关系反映了事物联系的普遍性。因此，黏性指的是当流体微团发生相对运动时所产生抵抗变形、阻碍其相对运动的性质，是流体具有的一个基本属性。由于黏性存在，流体在运动中克服摩擦力必然要做功，所以黏性也是液体中发生机械能量损失的根源。

同样，流体是不能承受剪切力的，即在很小的剪切力作用下，流体会不断地变形。但是不同的流体在相同的剪切作用下其变形的速度是不同的，也就是不同的流体抵抗剪切力的能力不同，这是因为流体黏性不同。

当流体以某一速度流动时，其内部分子间存在着吸引力。此外，流体分子和固体壁之间有附着力作用。分子间的吸引力和流体分子与壁面间的附着力都属于抵抗流体运动的阻力，而且以摩擦力形式表现出来，其摩擦力大小由牛顿内摩擦定律描述。

1-6　内摩擦定律

1. 牛顿内摩擦定律

为了定量确定流体的黏性，可以取间距为 h 的两块相互平行的平板，如图 1-1 所示。

两板间充满流体，下板固定不动。当上板以 u_0 速度平行于下板运动时，由于流体的黏性，两板间流体便出现不同速度的运动状态：黏附在上板下面的流体层以 u_0 的速度运动，愈往下速度愈小，一层一层向下影响，直到附着在固定下板上的流体层的速度为零，速度呈线性规律分布，即

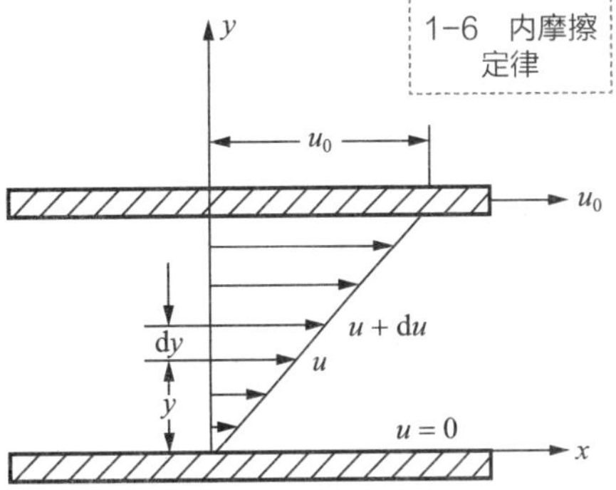

图 1-1　速度分布规律

$$u(y)=\frac{u_0}{h}y \tag{1-12}$$

可见，运动较慢的流体层都是在较快的流体层带动下才运动的。同时，快层也受到慢层的阻碍，不能运动得更快。这样，相邻流体层发生相对运动时，快层对慢层产生一个切力，使慢层加速。根据作用力与反作用力原理，慢层对快层有一个反作用力，使快层减速，它是阻止运动的力，称为阻力。切力和阻力是大小、相等方向相反的一对力，分别作用在两个流体层的接触面上。这一对力是在流体内部产生的，因此也称为内摩擦力。

1-7　空气黏性演示

为了确定内摩擦力，牛顿在 1686 年根据实验提出并经后人加以验证的流体内摩擦定律，其内容如下：取无限薄的流体层进行研究，坐标 y 处流

速为 u，坐标 $y+\mathrm{d}y$ 处流速为 $u+\mathrm{d}u$，显然在厚度为 $\mathrm{d}y$ 的薄层中速度梯度为 $\mathrm{d}u/\mathrm{d}y$。液层间内摩擦力 T 的大小与液体性质有关，并与速度梯度 $\mathrm{d}u/\mathrm{d}y$ 和接触面积 A 成正比，而与接触面上的压力无关，即

$$T=\pm\mu A\frac{\mathrm{d}u}{\mathrm{d}y} \tag{1-13}$$

式中　μ——动力黏度，Pa•s。

在理解牛顿内摩擦定律时，应注意以下几点：

（1）由于流体是连续介质，不能集中受力，所以用应力的形式来表示。设 τ 代表单位面积上的内摩擦力，即黏性切应力，则有：

$$\tau=\frac{T}{A}=\pm\mu\frac{\mathrm{d}u}{\mathrm{d}y} \tag{1-14}$$

（2）速度梯度的物理意义。速度梯度 $\mathrm{d}u/\mathrm{d}y$ 是一个重要概念，在数值上是指在垂直于流速方向单位长度上流体速度的变化量，表示各流层相对运动的强度。

速度梯度的物理意义讨论如下：

在运动流体中取一微小矩形 $ABCD$，如图 1-2 所示，AB 层速度为 u，CD 层速度为 $u+\mathrm{d}u$，两层间垂直距离为 $\mathrm{d}y$，经过 $\mathrm{d}t$ 时间后 A, B, C, D 各点分别运动至 A', B', C', D' 点，可见：

$$ED'=DD'-AA'=(u+\mathrm{d}u)\mathrm{d}t-u\mathrm{d}t=\mathrm{d}u\mathrm{d}t$$

因此有：

$$\mathrm{d}u=\frac{ED'}{\mathrm{d}t}$$

由此可得速度梯度：

$$\frac{\mathrm{d}u}{\mathrm{d}y}=\frac{ED'}{\mathrm{d}y\mathrm{d}t}=\frac{\tan\mathrm{d}\theta}{\mathrm{d}t}\approx\frac{\mathrm{d}\theta}{\mathrm{d}t}$$

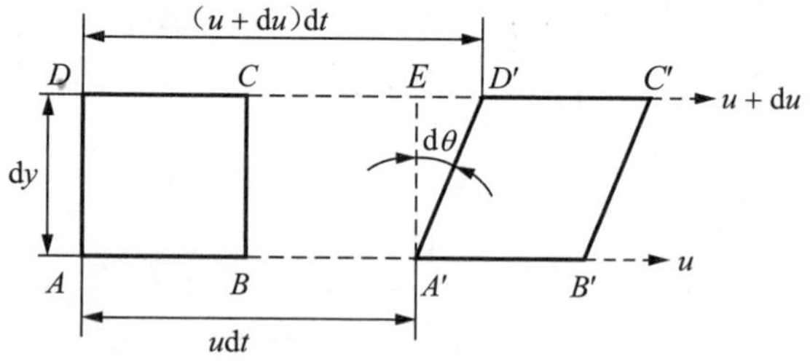

图 1-2　速度梯度

从图中可以看出，$\mathrm{d}\theta$ 为矩形 $ABCD$ 在 $\mathrm{d}t$ 时间后的剪切变形角度，这表明速度梯度实质上就是流体运动时的剪切变形角速度。

由以上分析可以得出流体的一个重要特性，即流体中的切应力与剪切变形角速度成正比。

（3）牛顿流体与非牛顿流体的概念。符合牛顿内摩擦定律的流体称为牛顿流体，否

则称为非牛顿流体。常见的牛顿流体有空气、水、酒精等，非牛顿流体有三次采油用的聚合物溶液、原油、钻井液、血液等。

（4）式（1-13）和式（1-14）中的 ± 号是为 T 和 τ 永为正值而设的，即当 $\mathrm{d}u/\mathrm{d}y > 0$ 时取正号，当 $\mathrm{d}u/\mathrm{d}y < 0$ 时取负号。

（5）牛顿内摩擦定律只适用于层流流动，不适用于湍流流动，湍流流动中除了黏性切应力之外还存在更为复杂的湍流附加应力。

（6）当 $\mathrm{d}u/\mathrm{d}y = 0$ 时，$T = \tau = 0$，就是指流体质点间没有相对运动，即流体处于静止状态。

2. 黏度概念

黏性是流体的固有属性，流体在运动中因克服摩擦力必然要做功，所以黏性也是流体中发生机械能量损失的根源，流体黏性的大小通过黏度来描述。

1）动力黏度

式（1-13）中的 μ 是与流体种类、温度有关的系数，称为动力黏度，也称为动力黏性系数。其物理意义为：在相同的 $\mathrm{d}u/\mathrm{d}y$ 情况下，μ 值表征流体黏性大小。当 $\mathrm{d}u/\mathrm{d}y = 1\ \mathrm{s}^{-1}$ 时，在数值上 μ 等于 τ。因此，也可以说，当速度梯度等于 $1\ \mathrm{s}^{-1}$ 时，在数值上 μ 就等于接触面上的切应力。

在国际单位制中，τ 的单位是 $\mathrm{N/m^2}$，$\mathrm{d}u/\mathrm{d}y$ 的单位是 s^{-1}，故 μ 的单位为 $\mathrm{N \cdot s/m^2}$，即 $\mathrm{Pa \cdot s}$。在物理单位制中，μ 的单位是泊（P），$1\ \mathrm{P} = 0.1\ \mathrm{Pa \cdot s}$。因为单位泊有时用之过大，所以常用泊的百分之一来表示，称为厘泊，符号为 cP。

$$1\ \mathrm{P} = 100\ \mathrm{cP}$$

2）运动黏度

在流体力学的分析计算中，常出现动力黏性系数 μ 与流体密度 ρ 的比值，称为运动黏度，以 ν 表示，即

$$\nu = \frac{\mu}{\rho} \tag{1-15}$$

其国际单位为 $\mathrm{m^2/s}$；物理单位为 $\mathrm{cm^2/s}$，也称为斯，符号为 St。斯的百分之一称为厘斯，符号为 cSt。

$$1\ \mathrm{St} = 100\ \mathrm{cSt}$$

1-8 黏度测量

因为 ν 具有运动学量纲，故称为运动黏度。

常温常压下水的动力黏度（$1.0 \times 10^{-3}\ \mathrm{Pa \cdot s}$）约是空气动力黏度（$1.8 \times 10^{-5}\ \mathrm{Pa \cdot s}$）的 55 倍，而空气的运动黏度（$15.0 \times 10^{-6}\ \mathrm{m^2/s}$）是水的运动黏度（$1.0 \times 10^{-6}\ \mathrm{m^2/s}$）的 15 倍。因此，动力黏度 μ 反映流体真实黏性的大小。

3. 温度对黏度的影响

温度对黏度的影响比较显著。温度升高时液体的 μ 值降低，而气体的 μ 值反而增大。这是由于液体分子之间的间距较小，相互吸引力起主要作用，当温度升高时，分子间距增

1-9 温度对黏度的影响

大，吸引力减小。气体分子之间的距离较大，吸引力影响很小，根据分子运动理论，分子的动量交换率因温度升高而加剧，切应力也随之增加。

4. 理想流体

自然界中所有的流体都是有黏性的，因此流体在流动时都产生内摩擦力。考虑摩擦力来研究运动规律是很复杂的。在流体力学中为了使研究问题简化，引入了理想流体的概念，即忽略黏性，认为是没有黏性的流体，称为理想流体。

在研究流体运动问题时，可以先研究简化了的理想流体，待得出结果后，再考虑实际流体的黏性，对所得理论结果进行相应的修正。理想流体也符合黏性不大的实际流体的运动规律，如流体绕流圆柱体时，边界层以外的流体流动就可以用理想流体的理论进行描述。在有些问题中，流体的黏性显示不出来，如均匀流动、流体静止状态，这时实际流体可以看成理想流体。所以，理想流体概念的引入具有实际意义。

例 1-1

在半径 $R=0.13$ m 的固定圆筒内，转动着一个半径 $r_0=0.12$ m 的同心圆筒。两个圆筒长度相同（$L=0.3$ m）。若两圆筒间充满液体，内筒要以 $\omega=2\pi$ rad/s 的角速度旋转，则需要 $M=0.88$ N·m 的力矩。试求液体的动力黏性系数。

解：由于两圆筒之间的间隙很小，可假设速度呈线性分布，附在内外圆筒壁上的两液层的速度梯度为：

$$\frac{\mathrm{d}u}{\mathrm{d}r}=\frac{r\omega}{R-r}$$

内筒的力矩通过液层传到外筒，内筒旋转所需的力矩 M 与液体内摩擦力 T 所产生的阻力矩相等。因速度梯度采用线性近似计算，计算内摩擦力 T 时涉及液层的接触面积，则：

$$M=Tr=\tau Ar=\mu\frac{\mathrm{d}u}{\mathrm{d}r}Ar=\mu\frac{r\omega}{R-r}\times 2\pi rLr$$

$$\mu=\frac{M}{\dfrac{r\omega}{R-r}\times 2\pi rLr}$$

$$=\frac{0.88}{\dfrac{0.12\times 2\pi}{0.13-0.12}\times 2\pi\times 0.12\times 0.3\times 0.12}\ \text{Pa·s}$$

$$=0.430\ \text{Pa·s}$$

该题可采用微积分方法进行精确求解。

由题意得：

$$M=Tr=\tau Ar=\tau\times 2\pi rLr=\tau\times 2\pi Lr^2$$

$$0.88=\tau\times 2\pi\times 0.3\times(0.12)^2$$

$$\tau=32.431\ \text{N/m}^2$$

又有：

$$\tau = -\mu \frac{du}{dr}$$

即

$$32.431\ \mathrm{N/m^2} = -\mu \frac{du}{dr}$$

由上式可知，速度 u 随半径 r 发生变化。附着在内筒壁上 $r = 0.12\ \mathrm{m}$ 的液层速度为：

$$u = r\omega = 0.12 \times 2\pi\ \mathrm{m/s} = 0.754\ \mathrm{m/s}$$

附着在外筒壁上 $r = R = 0.13\ \mathrm{m}$ 的液层速度为零。将微分方程式分离变量得：

$$du = -\frac{32.431}{\mu} dr$$

对该式积分得：

$$\int_{0.754}^{0} du = -\frac{32.431}{\mu} \int_{0.12}^{0.13} dr$$

$$\mu = 0.430\ \mathrm{Pa \cdot s}$$

由此可见，由于发生相对运动的两圆筒之间的间隙很小，流体的速度分布近似呈线性关系，计算结果与精确解近似相等。

四、表面张力

1-10 表面张力演示

1. 表面能及表面张力

由于分子受力不平衡，表面层分子比液体相内部分子储存有多余的能量，称为两相界面的界面能。例如，在液体与大气相接触的自由面上，由于气体分子的内聚力和液体分子的内聚力有显著差别，要想将液体相内部分子举升到液面必须克服引力做功，所做功转化为表面能。

单位界面面积上具有的界面能称为比表面能，其单位为 $\mathrm{J/m^2}$。由于 $\mathrm{J/m^2} = \mathrm{N/m}$，因此也可看成是作用于单位界面长度上的力，称为表面张力，其大小用表面张力系数 σ 来表示。

表面张力除了在液体和气体相接触的自由表面上产生外，在液体与固体相接触的表面上也会产生。

2. 毛细管现象

表面张力系数 σ 值不大，在工程上一般可以忽略不计，但在毛细管中，这种张力可以引起液面的显著上升和下降，即所谓的毛细管现象。因此，在用某些玻璃管制成的水力仪表中，必须注意表面张力的影响。引起毛细管液面显著上升和下降的力称为毛细管力。

如图 1-3 所示，当玻璃管插入水中时，由于水的内聚力小于水同玻璃间的附着力，水将润湿玻璃管的内外壁面，水面向上弯曲，在毛细管中出现液面升高现象；当玻璃管插入水银中时，由于水银的内聚力大于水银同玻璃间的附着力，水银不能润湿玻璃，水银面向下弯曲，在毛细管中出现液面下降现象。

现以水为例推导毛细管中液面升高的数值。如图1-3(a)所示，表面张力拉液柱上升，直到表面张力在垂直方向上的分力与所升高液柱的重量相等时，液柱就平衡下来。如果 D 为管径，θ 为液体与玻璃的接触角，γ 为液体重度，h 为液柱上升高度，则管壁周围总表面张力在垂直方向的分力为 $\pi D\sigma\cos\theta$，其方向向上。上升液柱重力为 $\gamma\frac{\pi}{4}D^2h$，其方向向下。此二者相等，则有：

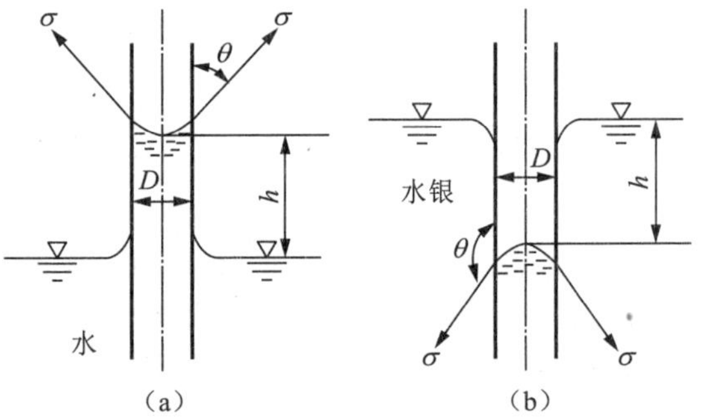

图1-3　表面张力影响

$$\pi D\sigma\cos\theta=\gamma\frac{\pi}{4}D^2h$$

可得：

$$h=\frac{4\sigma\cos\theta}{\gamma D} \tag{1-16}$$

由此可见，除了流体与管材的理化性质决定的表面张力、接触角、密度等参数外，毛细管直径也是一个重要的影响因素，液体上升高度与毛细管直径 D 成反比。

在20 ℃时，水与玻璃的接触角 $\theta=8°\sim9°$，水银与玻璃的接触角 $\theta=139°$。考虑到水与水银的 σ 及 γ 值后，即可得出20 ℃时水在玻璃毛细管中上升的高度为 $h=29.8/D$，水银在玻璃毛细管中下降的高度为 $h=10.15/D$，式中 h 和 D 的单位均为mm。因此，用来测量压强的玻璃毛细管直径不能太小，否则就会产生很大的误差。

毛细管现象在日常生活和工农业生产中都起着重要的作用。例如，煤油沿灯芯上升；地下水分沿着土壤中的毛细孔道上升到地表面蒸发；地下水驱油时，对水润湿孔道来说，毛细管力是驱油动力，相反，水不能润湿孔道中的毛细管力却成为附加阻力。无论毛细管力是动力还是阻力，由于孔道大小不同，毛细管力大小不同，导致油水界面必然参差不齐，宏观上出现一个既有油又有水的油水混合流动区。

第三节　作用在流体上的力

1-11　作用在流体上的力

流体中的每一质点无论处于运动或平衡状态，都会受到各种力的作用。因此，在研究力学规律时必须分析作用于流体上的力。根据力的表现形式不同，可以分为两大类：质量力和表面力。

一、质量力

质量力作用于流体每一质点上，并与所作用的流体质量成正比。在均质液体中，质量力也必然与受作用的流体的体积成正比，所以质量力又称体积力。质量力是某种力场对流体质点的作用力，它不需要与流体直接接触。

设在密度为ρ的流体中，取一体积为ΔV的单元体，如图 1-4 所示，其质量 $m=\rho\Delta V$。下面分析其质量力。

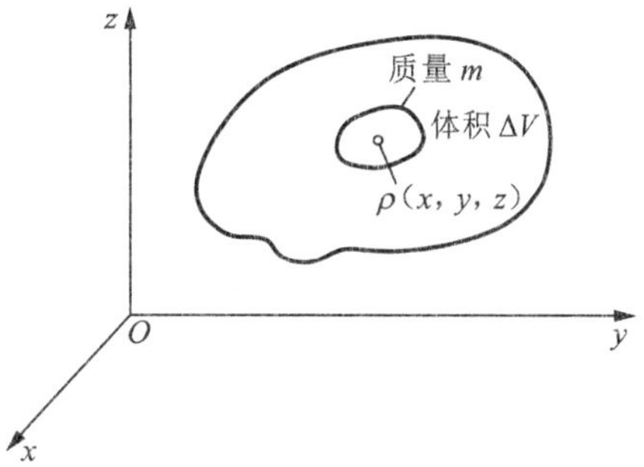

图 1-4 体积为ΔV的单元体

1. 重　力

由于流体受地心引力，故必受重力(G)，可表示为：

$$G=mg$$

2. 惯性力

当应用达朗伯原理研究流体的加速运动时，虚加在流体质点的惯性力也属于质量力，其方向与加速度方向相反。这种力在直线加速运动中只有沿直线的惯性力(I)，可表示为：

$$I=ma$$

在一般曲线运动中有离心惯性力(R)，可表示为：

$$R=m\omega^2 r$$

式中　a —— 直线加速度；

$\omega^2 r$ —— 向心加速度；

ω —— 角速度；

r —— 质点对回转轴的距离。

上述两种力的大小与流体质量成正比，并且都作用在质量中心上，因而属于质量力(或体积力)。总的质量力以$\boldsymbol{F}$表示，在各坐标轴上的分力为F_x, F_y, F_z，则：

$$\boldsymbol{F}=F_x\boldsymbol{i}+F_y\boldsymbol{j}+F_z\boldsymbol{k} \tag{1-17}$$

单位质量流体所受的质量力简称为单位质量力$\left(\boldsymbol{f}=\lim\limits_{\Delta V\to 0}\dfrac{\boldsymbol{F}}{m}\right)$。设单位质量力$\boldsymbol{f}$ 在各个坐标轴上的分力为X, Y, Z，即

$$X=\frac{F_x}{m},\quad Y=\frac{F_y}{m},\quad Z=\frac{F_z}{m}$$

$$\boldsymbol{f}=X\boldsymbol{i}+Y\boldsymbol{j}+Z\boldsymbol{k} \tag{1-18}$$

譬如，在图 1-5 中，处于绝对静止和以加速度a做水平运动的 2 种流体，作用在单位质量流体上的质量力分别为：

绝对静止　　$X=0,\quad Y=0,\quad Z=-g$

匀加速水平运动　　$X=-a,\quad Y=0,\quad Z=-g$

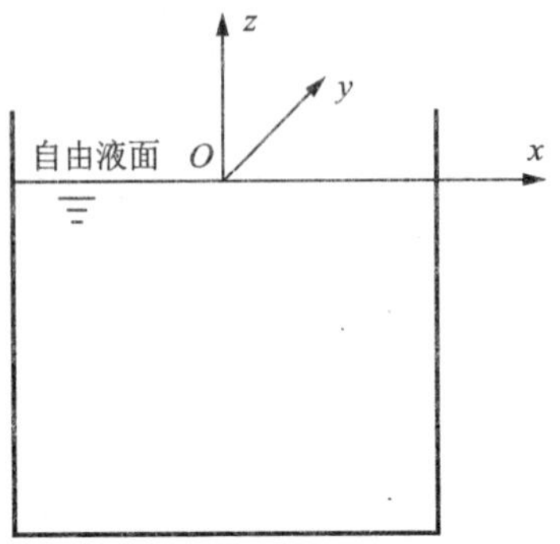

(a) 绝对静止

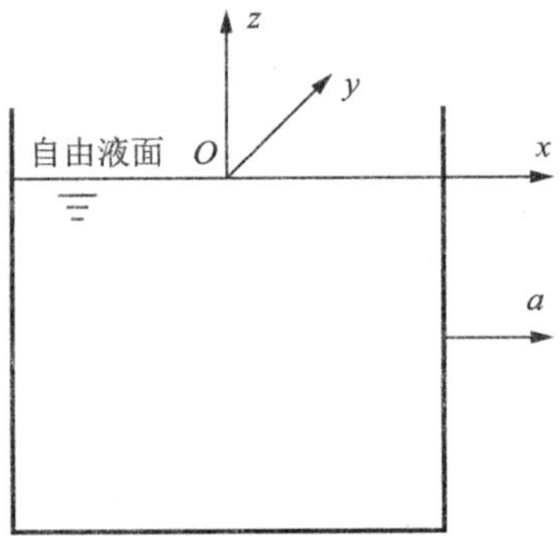

(b) 做匀加速水平运动

图 1-5 质量力分析示意图

二、表面力

表面力作用在流体表面上，并与受作用的流体表面积成正比。表面力不仅是作用在流体外表面的力——外力，也包括作用在流体内部任一表面的力——内力。尽管流体内部任一对相互接触的表面上彼此间相互作用的表面力是大小相等、方向相反、相互抵消的，但在流体力学中，常从流体内部取一单元体，这时周围流体对单元体表面上的作用力就是外力。表面力根据作用方向可以分为垂直于作用面的压力和平行于作用面的切力。

设作用在微小面积 ΔA 上的微小压力为 ΔP，$\Delta P/\Delta A$ 的极限值用 p 表示，则：

$$p=\lim_{\Delta A\to 0}\frac{\Delta P}{\Delta A} \tag{1-19}$$

p 表示各点处的压应力，即压强，故作用面上的压力为：

$$P=pA \tag{1-20}$$

同时在微小面积 ΔA 上，切力为 ΔT，$\Delta T/\Delta A$ 的极限值用 τ 表示，则：

$$\tau=\lim_{\Delta A\to 0}\frac{\Delta T}{\Delta A} \tag{1-21}$$

τ 表示各点处的切应力，故作用面上的切力为：

$$T=\tau A \tag{1-22}$$

由以上分析知，流体受质量力和表面力两类力作用。在一般运动中，这些力都是存在的，但是在一些特例中，可能存在其中的某几个。例如，处于绝对静止或相对静止状态的流体对参考坐标系没有运动，则流层之间没有相对运动，所以静止流体不呈现切应力。

因此，正确分析作用在流体上的力，是研究流体平衡和运动规律的基础。

思考题

1-1 流体的主要力学性质有哪些？液体和气体有哪些不同性质？

1-2 何谓连续介质？引入的目的和意义何在？

1-3 密度、重度和相对密度的定义以及它们之间的关系如何？

1-4 流体的压缩性和膨胀性如何量度？温度和压力对它们有什么样的影响？

1-5 何谓流体的黏性？如何量度流体黏性的大小？

1-6 何谓流速梯度？流速梯度的物理意义是什么？

1-7 何谓理想流体？在什么情况下实际流体可以看成理想流体？

1-8 作用在流体上的力包括哪些？在何种情况下有惯性力？在何种情况下没有摩擦力？

习题

1-1 轻柴油在温度 15 ℃时相对密度为 0.83，求它的密度和重度。

1-2 当压强增加 5×10^4 Pa 时，某种液体的密度增大 0.02%。试求该液体的体积压缩系数 β_p 和体积弹性系数 E。

1-3 用 200 L 的汽油桶装相对密度为 0.70 的汽油。灌装时液面上压强为 1 at；封闭后由于温度升高了 20 ℃，汽油的蒸汽压为 0.18 at。若汽油的膨胀系数为 0.000 6 ℃$^{-1}$，体积弹性系数为 14 000 at。试计算由于压强及温度变化所增减的体积。问灌桶时每桶最多不超过多少为宜？

1-4 石油的相对密度为 0.9，动力黏性系数为 28 cP。试求其运动黏度。

1-5 相对密度为 0.89 的石油，温度 20 ℃时的运动黏度为 40 cSt。试求其动力黏性系数。

1-6 在实验室中如果采用两根内径为 1 cm 的玻璃管作测压管，一根装有水，另一根装有水银，实验室内室温为 20 ℃，问两根测压管的管中液面由于毛细管作用而引起的上升和下降高度各为多少？

1-7 采暖系统在顶部设置一个膨胀水箱，如图所示。系统内的水在温度升高时可以自由膨胀进入水箱，若系统内水的总体积为 8 m^3，温度改变的最大值为 50 ℃，水的体积膨胀系数 $\beta_t = 5\times10^{-4}$ ℃$^{-1}$，问膨胀水箱最小应有多大容积？

1-8 如图所示一平板在油面上做水平运动，已知运动速度 $u = 1$ m/s，板与固定边界的距离 $\delta = 1$ mm，油的动力黏度 $\mu = 1.147$ Pa·s，由平板所带动的油层的运动

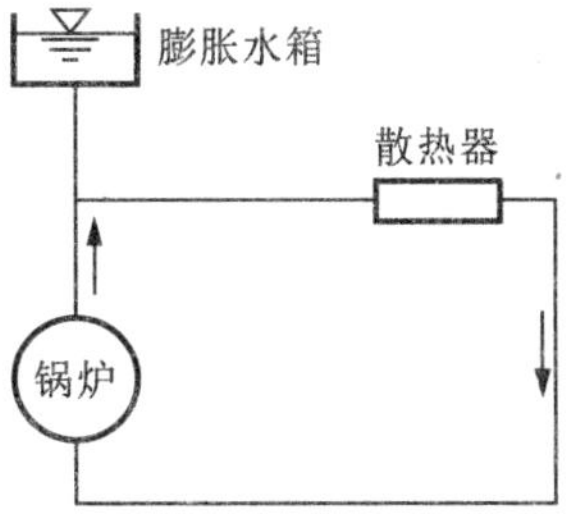

习题 1-7 图

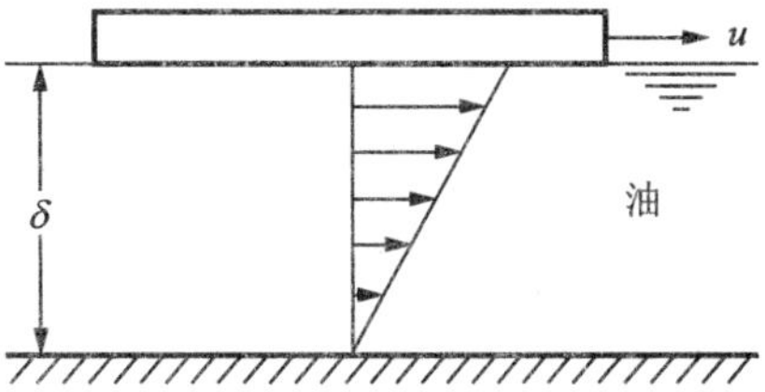

习题 1-8 图

速度呈直线分布。试求作用在平板单位面积上的黏性阻力。

1-9　如图所示活塞油缸，其直径 $D = 12$ cm，活塞直径 $d = 11.96$ cm，活塞长度 $L = 14$ cm，油的动力黏度 $\mu = 0.65$ P。当活塞移动速度为 0.5 m/s 时，在只考虑摩擦力的条件下，试求拉回活塞所需的力 F。

1-10　如图所示，一底面积为 45 cm × 50 cm、高为 1 cm 的长方物体，质量为 5 kg，沿着涂有润滑油的斜面向下做等速运动，速度 $u = 1$ m/s，油层厚度 $\delta = 1$ mm，斜坡角 $\theta = 22.62°$。试求润滑油的黏度。

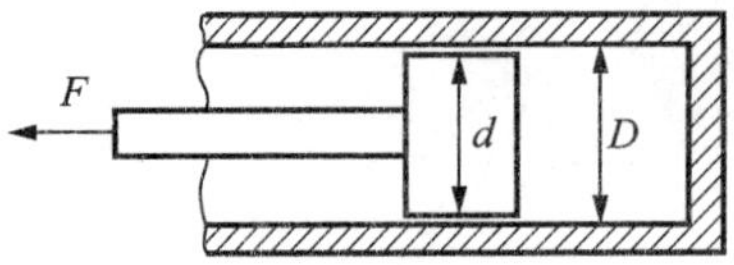

习题 1-9 图

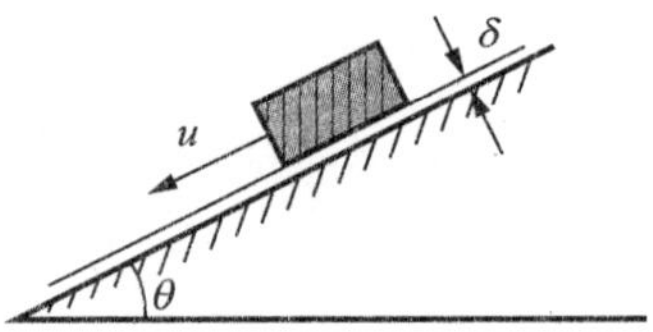

习题 1-10 图

1-11　有一金属套由于自重沿垂直轴下滑，如图所示，其间隙内充有运动黏度 $\nu = 3 \times 10^{-5}$ m²/s、密度 $\rho = 850$ kg/m³ 的油液。套的内径 $D = 102$ mm，轴外径 $d = 100$ mm，套长 $L = 250$ mm，套重 10 N。试求套筒自由下滑时的最大速度。

1-12　试分析如图所示水箱以匀加速度 $a = 3$ m/s² 垂直下落时作用在单位质量流体上的质量力的大小。

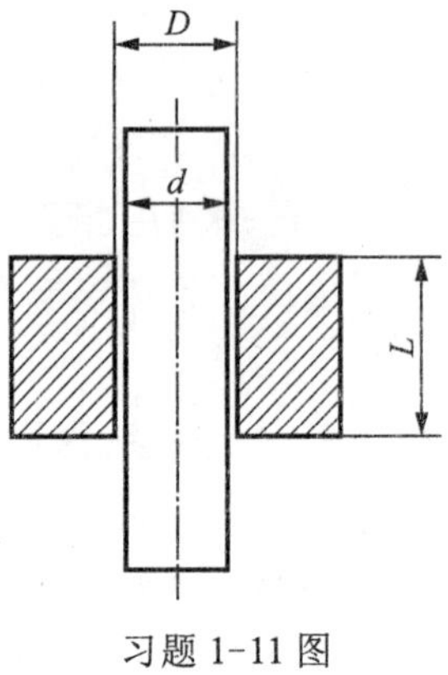

习题 1-11 图

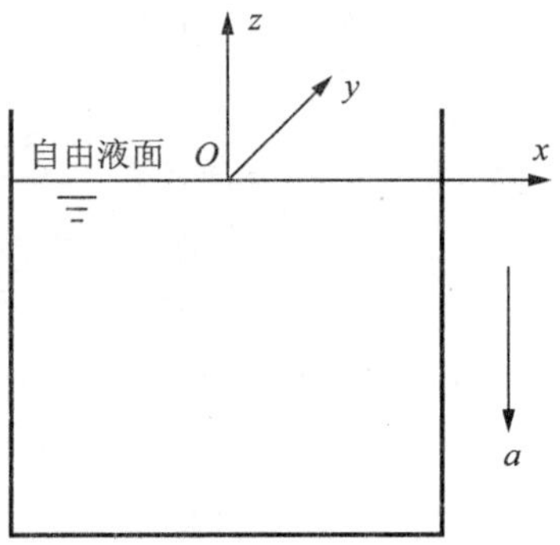

习题 1-12 图

第二章 流体静力学

流体静力学研究的是流体在静止状态下的平衡规律及其应用。静止是一个相对的概念，如果流体对地球没有相对运动，称它处于绝对静止状态，这时把参考坐标系固定在地球上。而实际上，地球本身亦处于运动中，如果把参考坐标系放在其他星球上，则静止流体随地球一起运动。与这种情况类似，如果容器中的流体随容器在运动，而容器对流体没有相对运动，则对于固定在容器上的参考坐标系来说，容器中的流体也是静止的，称此情况下的流体处于相对静止或相对平衡状态。因此，流体静力学是研究流体质点相对于参考坐标系没有运动的情况。

由于处于绝对静止或相对静止状态的流体对参考坐标系没有运动，所以流层之间没有相对运动，这时流体不呈现切应力。因此，本章讨论的流体平衡规律对理想流体和实际流体都是适用的。

由于流体处于静止状态时，流体质点之间以及质点和壁面之间的作用是通过压力形式来表现的，所以本章的中心问题是根据平衡条件来研究静止状态下压强的分布规律，进而确定静止流体作用在各种表面上的总压力的大小、方向和作用点。

第一节　流体静压强及其特性

在静止流体中有一作用面积为 ΔA，其上的压力为 ΔP，则当面积缩为一点时，$\Delta P/\Delta A$ 的极限值就是该点静压强，用符号 p 表示，因此静压强的数学表示方法为：

2-1　静压强特性

$$p=\lim_{\Delta A\to 0}\frac{\Delta P}{\Delta A} \tag{2-1}$$

静压强表示作用在单位面积上的力，又称为静压力或压强，其单位常用 Pa 或 N/m^2 表示。而作用在某一面积上的总静压力称为总压力，以 P 表示，其单位常用 N 表示。

流体静压强有两个重要特性。

特性一：静压强方向永远沿着作用面内法线方向。

证明：用任意一个平面将静止流体切割为两部分，如图 2-1 所示，取阴影部分为隔离体，如果切割平面上某一点 m 处的静压强方向不是内法线方向而是任意方向的，则 p 可以分解为切向分力 τ 和法向分力 p_n。

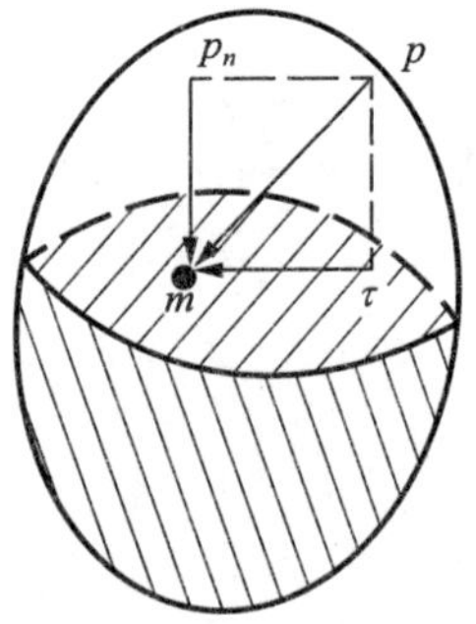

图 2-1　静止流体中的单元体

由于静止流体不能承受切应力，如果 $\tau \neq 0$，则在切向分力 τ 作用下，流体会产生剪切变形，即产生流动，这与静止流体的前提是矛盾的。所以，静止流体中切向分力 τ 必为零。

由于静止流体不能承受拉力，所以法向应力不可能沿外法线方向。因此，静压强唯一可能的方向就是和作用面内法线方向一致。

这一特性不仅适用于流体内部，而且适用于流体与固体接触的界面，不论容器壁面的方向和形状如何，流体静压强方向总是垂直于容器壁面。例如圆管内流体的静压强是沿着半径方向垂直作用在管壁上，水箱的侧壁上也存在垂直作用的静压强，如图 2-2 所示。

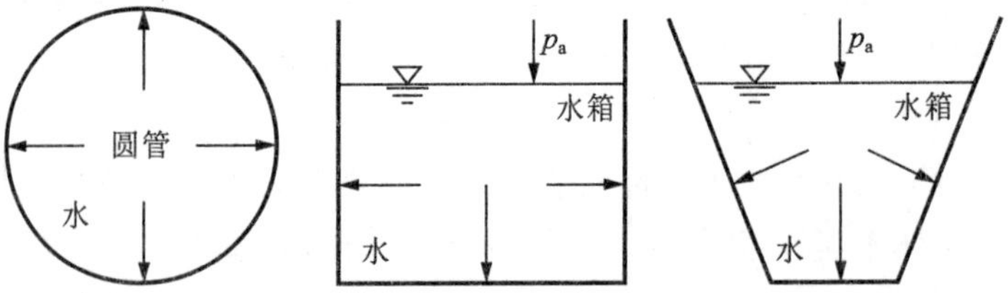

p_a—大气压。

图 2-2　静压强垂直于作用面

应当指出，流体静压强 p 实质上是一个标量函数，在对静压强沿着作用面内法线方向的讨论中所提到的“压强的方向”应当被理解成作用面上流体静压强产生的压力(向量)方向。

特性二：静止流体中任一点上各个方向的静压强大小相等，与作用面方位无关。

证明：如图 2-3 所示，在静止流体中取出边长为 dx, dy, dz 的无限小四面体 $ABCO$，相应坐标轴为 x, y, z。由于流体为静止流体，所以黏性力不呈现，以 p_x, p_y, p_z 和 p_n(n 方向是任意的)分别表示各坐标面和斜平面 ABC 的平均压强，以 P_x, P_y, P_z, P_n 分别表示垂直于 x, y, z 轴的平面及斜面上的总压力，则有：

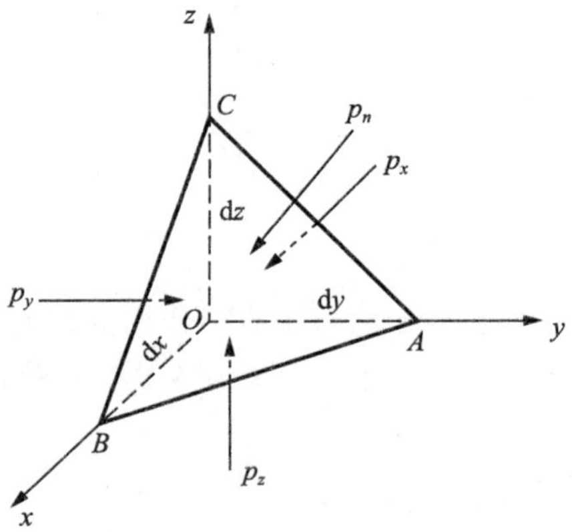

图 2-3　特性二的分析示意图

$$P_x = \frac{1}{2} p_x \mathrm{d}y\mathrm{d}z$$

$$P_y = \frac{1}{2} p_y \mathrm{d}x\mathrm{d}z$$

$$P_z = \frac{1}{2} p_z \mathrm{d}x\mathrm{d}y$$

$$P_n = p_n S_{\triangle ABC}$$

式中 $S_{\triangle ABC}$——$\triangle ABC$ 的面积。

四面体体积为$\frac{1}{6}\mathrm{d}x\mathrm{d}y\mathrm{d}z$，质量为$\frac{1}{6}\rho\mathrm{d}x\mathrm{d}y\mathrm{d}z$。设单位质量流体的质量力在坐标轴方向的分量分别是 X, Y 和 Z，则质量力 F 在坐标轴方向分量为：

$$F_x = \frac{1}{6}\rho\mathrm{d}x\mathrm{d}y\mathrm{d}zX$$

$$F_y = \frac{1}{6}\rho\mathrm{d}x\mathrm{d}y\mathrm{d}zY$$

$$F_z = \frac{1}{6}\rho\mathrm{d}x\mathrm{d}y\mathrm{d}zZ$$

根据平衡条件，四面体处于静止状态下各个方向的作用力之和均为零。以 x 方向为例有：

$$P_x - P_n\cos(n, x) + \frac{1}{6}\rho\mathrm{d}x\mathrm{d}y\mathrm{d}zX = 0$$

式中，(n, x)表示斜面法向 n 与 x 轴的夹角。将上面各式代入后得：

$$\frac{1}{2}p_x\mathrm{d}y\mathrm{d}z - p_n S_{\triangle ABC}\cos(n, x) + \frac{1}{6}\rho\mathrm{d}x\mathrm{d}y\mathrm{d}zX = 0$$

因为 $S_{\triangle ABC}\cos(n, x)$为$\triangle ABC$ 在 yOz 平面上的投影面积，故：

$$p_n S_{\triangle ABC}\cos(n, x) = \frac{1}{2}p_n\mathrm{d}y\mathrm{d}z$$

于是，有：

$$\frac{1}{2}p_x\mathrm{d}y\mathrm{d}z - \frac{1}{2}p_n\mathrm{d}y\mathrm{d}z + \frac{1}{6}\rho\mathrm{d}x\mathrm{d}y\mathrm{d}zX = 0$$

当 $\mathrm{d}x$, $\mathrm{d}y$ 和 $\mathrm{d}z$ 趋于 0，也就是四面体缩小到 O 点时，上式中的质量力与前两项表面力相比为高阶微量，可以忽略不计，因而可得：

$$p_x = p_n$$

同理，在 y 方向可得 $p_y = p_n$，在 z 方向可得 $p_z = p_n$，所以有：

$$p_x = p_y = p_z = p_n$$

由于 n 方向是任意选定的，故上式表明静水中同一点处各个方向的静压强均相等，与作用面方位无关，可以把各个方向的静压强写成 p。

根据特性二，当需要测量流体中某一点的静压强时，可以不必选择方向，只要在该点确定的位置上进行测量即可。

静止流体不同点的流体静压强一般来说是各不相同的，因此具有一定的空间分布。在连续介质中，一点的静压强 p 是点坐标的连续函数，即

$$p = p(x, y, z)$$

第二节　流体平衡微分方程式

作用在静止流体上的力只有压力和质量力。在掌握了流体静压强基本特性的基础上，能够根据流体的受力平衡条件建立流体平衡微分方程，研究流体静压强的空间分布规律。

2-2　平衡微分方程建立

一、流体平衡微分方程式的建立

在静止流体中取出以 A 为中心的微小平行六面体，如图 2-4 所示。六面体各边长为 $\mathrm{d}x$，$\mathrm{d}y$ 和 $\mathrm{d}z$，分别与各直角坐标轴平行。

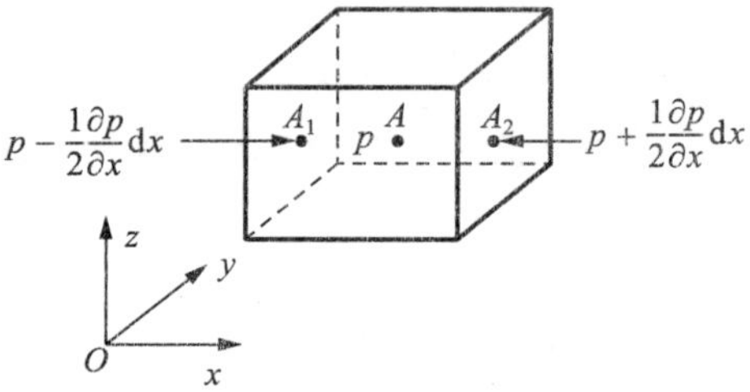

图 2-4　微小平行六面体

首先分析作用在这个流体微小六面体上的外力。

1. 作用于六面体各表面的表面力

取六面体为单元体，则邻近流体作用于其上的压强即作用于各表面的表面力。设六面体中心点 $A(x, y, z)$ 的压强为 p，那么根据连续性的假定，它是坐标的连续函数，即 $p=p(x, y, z)$。于是根据压强 p 在 A 点附近的变化，沿 x 方向六面体左、右面上中心 A_1 和 A_2 的坐标分别为 $\left(x-\frac{1}{2}\mathrm{d}x, y, z\right)$ 及 $\left(x+\frac{1}{2}\mathrm{d}x, y, z\right)$，$A_1$ 和 A_2 点上的压强分别为 p_1 和 p_2，应用泰勒级数可求得 A_1 点上的压强为：

$$p_1=p\left(x-\frac{1}{2}\mathrm{d}x, y, z\right)=p(x, y, z)+\frac{\partial p}{\partial x}\left(-\frac{1}{2}\mathrm{d}x\right)+\frac{\partial^2 p}{2!\,\partial x^2}\left(-\frac{1}{2}\mathrm{d}x\right)^2+\cdots+\frac{1}{n!}\frac{\partial^n p}{\partial x^n}\left(-\frac{1}{2}\mathrm{d}x\right)^n \tag{2-2}$$

略去级数中二阶以上各项，则得：

$$p_1=p-\frac{1}{2}\frac{\partial p}{\partial x}\mathrm{d}x \tag{2-3}$$

同理可得：

$$p_2=p+\frac{1}{2}\frac{\partial p}{\partial x}\mathrm{d}x \tag{2-4}$$

$\frac{\partial p}{\partial x}$ 为压强沿 x 方向的变化率，称为压强梯度；$\frac{1}{2}\frac{\partial p}{\partial x}\mathrm{d}x$ 为由于在 x 方向的位置变化而

引起的压强差。由于六面体是无限小的，且可以用面中心点的压强代表该面上的平均压强，因此作用在边界面 $abcd$ 和 $a'b'c'd'$ 上的总压力分别为：

$$\left(p-\frac{1}{2}\frac{\partial p}{\partial x}\mathrm{d}x\right)\mathrm{d}y\mathrm{d}z \quad 和 \quad \left(p+\frac{1}{2}\frac{\partial p}{\partial x}\mathrm{d}x\right)\mathrm{d}y\mathrm{d}z$$

同理，对与 y 和 z 轴相垂直的面上的力也可以写出相应的表达式。

2. 作用于六面体的质量力

设作用于六面体的单位质量力在 x 方向上的分量为 X，ρ 为流体的密度，$\rho\mathrm{d}x\mathrm{d}y\mathrm{d}z$ 为六面体的质量，则作用于六面体上的质量力在 x 方向的分力为 $X\rho\mathrm{d}x\mathrm{d}y\mathrm{d}z$，同理 y 和 z 方向也同样有质量力的相应分力 $Y\rho\mathrm{d}x\mathrm{d}y\mathrm{d}z$ 和 $Z\rho\mathrm{d}x\mathrm{d}y\mathrm{d}z$。

根据流体的平衡条件，静止六面体各个方向作用力之和均应为零。以 x 方向为例可以写出：

$$\left(p-\frac{1}{2}\frac{\partial p}{\partial x}\mathrm{d}x\right)\mathrm{d}y\mathrm{d}z-\left(p+\frac{1}{2}\frac{\partial p}{\partial x}\mathrm{d}x\right)\mathrm{d}y\mathrm{d}z+X\rho\mathrm{d}x\mathrm{d}y\mathrm{d}z=0$$

用 $\rho\mathrm{d}x\mathrm{d}y\mathrm{d}z$ 除上式，简化得：

$$X-\frac{1}{\rho}\frac{\partial p}{\partial x}=0 \tag{2-5a}$$

同理，在 y 和 z 方向，可得：

$$Y-\frac{1}{\rho}\frac{\partial p}{\partial y}=0 \tag{2-5b}$$

$$Z-\frac{1}{\rho}\frac{\partial p}{\partial z}=0 \tag{2-5c}$$

写成向量形式：

$$\boldsymbol{f}-\frac{1}{\rho}\ \mathrm{grad}\, p=0 \tag{2-6}$$

这就是流体平衡微分方程式，于 1755 年由欧拉提出，因此又称为欧拉平衡方程式。根据这个方程可以解决流体静力学中许多基本问题，它在流体静力学中具有重要作用。因为推导公式时考虑质量力总和是空间的任意方向，所以它既适用于绝对静止状态，也适用于相对静止状态。同时，推导中也没有考虑整个空间密度 ρ 是否变化，所以它不但适用于不可压缩流体，而且适用于可压缩流体。

流体平衡微分方程表示流体在质量力与压力作用下的平衡条件，即表明在 3 个坐标轴方向上，质量力分量（X, Y, Z）和表面力分量 $\left(\frac{1}{\rho}\frac{\partial p}{\partial x}, \frac{1}{\rho}\frac{\partial p}{\partial y}, \frac{1}{\rho}\frac{\partial p}{\partial z}\right)$ 是对应相等的。

压强梯度（grad p）描述压强在空间中最大变化率的方向和大小，由质量力决定，压强在质量力方向上变化最快，在与质量力垂直的方向上无变化。

二、力函数

2-3 平衡微分方程积分

为了求得在质量力作用下静止流体内压强 p 的分布规律，把上面 3 个分量式(2-5a)(2-5b)和(2-5c)依次乘以 dx, dy 和 dz，相加后得：

$$\frac{\partial p}{\partial x}\mathrm{d}x+\frac{\partial p}{\partial y}\mathrm{d}y+\frac{\partial p}{\partial z}\mathrm{d}z=\rho(X\mathrm{d}x+Y\mathrm{d}y+Z\mathrm{d}z)$$

因为 $p=p(x, y, z)$，所以上式左边是静止流体中压强的全微分，从而得到流体平衡微分方程式的全微分表达式：

$$\mathrm{d}p=\rho(X\mathrm{d}x+Y\mathrm{d}y+Z\mathrm{d}z) \tag{2-7}$$

对于不可压缩流体来说，由于流体的密度 ρ 是个常数，因而从数学角度来分析，式(2-7)等号右边括号内 3 项总和也应是某一函数 $U(x, y, z)$的全微分才有意义，即

$$\mathrm{d}U=X\mathrm{d}x+Y\mathrm{d}y+Z\mathrm{d}z$$

而

$$\mathrm{d}U=\frac{\partial U}{\partial x}\mathrm{d}x+\frac{\partial U}{\partial y}\mathrm{d}y+\frac{\partial U}{\partial z}\mathrm{d}z$$

由此可得：

$$\left.\begin{aligned} X&=\frac{\partial U}{\partial x}\\ Y&=\frac{\partial U}{\partial y}\\ Z&=\frac{\partial U}{\partial z}\end{aligned}\right\} \tag{2-8}$$

显然函数 $U(x, y, z)$在 x, y 和 z 方向的偏导数正好等于单位质量力在坐标轴上的投影。函数 $U(x, y, z)$的物理意义可进一步分析如下：

因为在所取的某空间中的任何点上都存在着质量力，所以这个空间可叫作质量力场或势力场。取其中的一点 $M(x, y, z)$，其单位质量力 $\boldsymbol{f}$ 在各坐标轴的分量分别为 X, Y 和 Z，若 M 点单位质量在质量力作用下移动了 d$\boldsymbol{s}$ 距离，d$\boldsymbol{s}$ 在各坐标轴上的分量分别为 dx, dy 和 dz，则单位质量力所做的功，即势能的增量为：

$$X\mathrm{d}x+Y\mathrm{d}y+Z\mathrm{d}z=\boldsymbol{f}\cdot\mathrm{d}\boldsymbol{s}=\mathrm{d}U$$

$U(x, y, z)$反映了单位质量流体的位能(或势能)，所以函数 $U(x, y, z)$称为力函数(或势函数)，而具有这样的力函数的质量力称为有势力，如重力、惯性力都是有势力。因此，可得出以下结论：流体只有在有势的质量力作用下才能保持平衡。

对于重力场，$X=Y=0$, $Z=-g$，则 $\mathrm{d}U=-g\mathrm{d}z$，积分后可得重力场中平衡流体的势函数：

$$U=-gz$$

把式(2-8)代入式(2-7)得：

$$\mathrm{d}p=\rho\mathrm{d}U \tag{2-9}$$

积分得：

$$p=\rho U+C \tag{2-10}$$

式中，C 为积分常数。如果已知液体表面或内部任意点处的力函数 U_0 和压强 p_0，则由式(2-10)可得 $C=p_0-\rho U_0$，从而得：

$$p=p_0+\rho(U-U_0) \tag{2-11}$$

这就是在具有力函数 U 的某一质量力作用下静止流体内任一点压强 p 的表达式。

通常在实际问题中，U 的一般表达式并非直接给出，因而实际计算压强分布时采用式(2-7)比式(2-11)更为方便。

还应注意，在式(2-11)中，$\rho(U-U_0)$仅由流体的密度和质量力的力函数所决定，而与 p_0 无关。也就是说，如果 p_0 值有所改变，则 p 相应的也有数值的变化。因此，对于在平衡状态下的不可压缩流体，作用在其边界上的压强将等值、均匀地传递到流体的所有各点，这就是帕斯卡定律。

三、等压面

所谓等压面，就是在同一种连续的静止流体中，由静水压强相等($p=$ 常数)的点所构成的面。从流体平衡微分方程中可以分析等压面性质。

1. 等压面为等势面

由式(2-9)可以看出，若 $\mathrm{d}p=0$，则 $\mathrm{d}p=\rho\mathrm{d}U=0$，但 $\rho\neq0$，因此 $\mathrm{d}U=0$，即 $U=$ 常数。因此在静止流体中，等压面就是等势面。

2. 等压面与质量力合力垂直

由式(2-7)得等压面微分方程式：

$$X\mathrm{d}x+Y\mathrm{d}y+Z\mathrm{d}z=0 \tag{2-12}$$

其中，$\mathrm{d}x$，$\mathrm{d}y$ 和 $\mathrm{d}z$ 可设想为流体质点在等压面上任意微小位移 $\mathrm{d}\boldsymbol{s}$ 在相应坐标轴上的投影。因此式(2-12)可表示为：

$$X\mathrm{d}x+Y\mathrm{d}y+Z\mathrm{d}z=\mathrm{d}\boldsymbol{s}\cdot\boldsymbol{f}=0$$

两个向量 $\mathrm{d}\boldsymbol{s}$ 和 $\boldsymbol{f}$ 数量积(点积)为零，则 $\mathrm{d}\boldsymbol{s}$ 和 $\boldsymbol{f}$ 互相垂直。可以推断，作用在静止流体中任一点的质量力必然垂直于通过该点的等压面。

根据等压面的性质，可以通过已知质量力的方向来确定等压面形状，或通过已知等压面的形状来确定质量力方向。例如当质量力仅为重力时，其单位质量力的分量 $X=Y=0$，$Z=-g$，则式(2-12)可写为：

$$-g\mathrm{d}z=0$$

即

$$z=常数$$

这表明等压面是 $z=C$ 的一簇水平面，即重力作用下静止液体等压面是水平面。

如果除重力之外还有其他种类的质量力作用在流体上，那么等压面就应与质量力的合力垂直。此时，由于质量力的合力不一定是铅垂方向的，因而等压面(包括自由液面)也就不再是一个水平面。

3. 水平面是等压面的条件

静止流体中的水平面不一定都是等压面，其水平面是等压面必须同时满足绝对静止、同种流体且相互连通的条件，这3个条件缺一不可。

譬如，如图2-5所示，绝对静止状态下不同种流体中$A—A$是等压面，而$B—B$不是等压面；不相互连通流体中$C—C$和$D—D$均不是等压面。

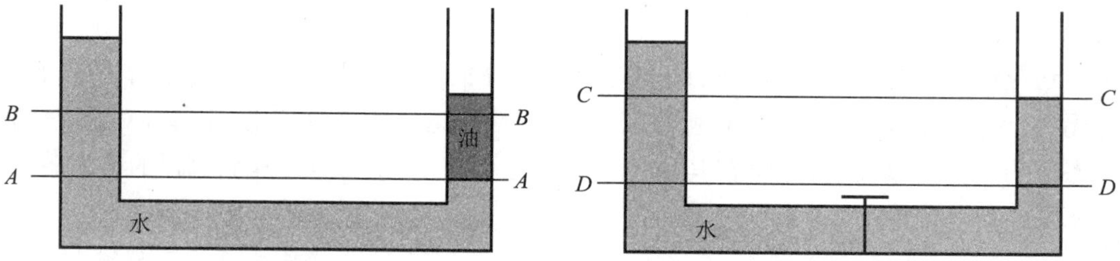

图2-5　不同情况下的水平面

4. 等压面不能相交

如果两个等压面能相交，则相交点处同时具有两个压强值，与静压强的特性二矛盾，所以等压面不能相交。

5. 两种互不相溶的流体平衡时分界面为等压面

设两种互不相溶、密度为ρ_1和ρ_2的流体处于平衡状态，取分界面上两点1和2的压强差，可根据两种流体分别写出两个等式：

$$\mathrm{d}p = \rho_1 \mathrm{d}U_1$$
$$\mathrm{d}p = \rho_2 \mathrm{d}U_2$$

分界面上任一点处两种流体的质量力的势均相等，则：

$$\mathrm{d}U_1 = \mathrm{d}U_2 = \mathrm{d}U$$

$$\left(\frac{1}{\rho_1} - \frac{1}{\rho_2}\right)\mathrm{d}p = 0$$

由于$\rho_1 \neq \rho_2$，故$\mathrm{d}p = 0$，即分界面为等压面。

第三节　重力作用下的流体平衡

实际工程中，经常遇到作用在流体上的质量力只有重力的情况，此时流体处于绝对静止状态，即流体处于相对地球没有运动的静止状态。下面对这种流体平衡情况进行分析。

一、静力学基本方程式

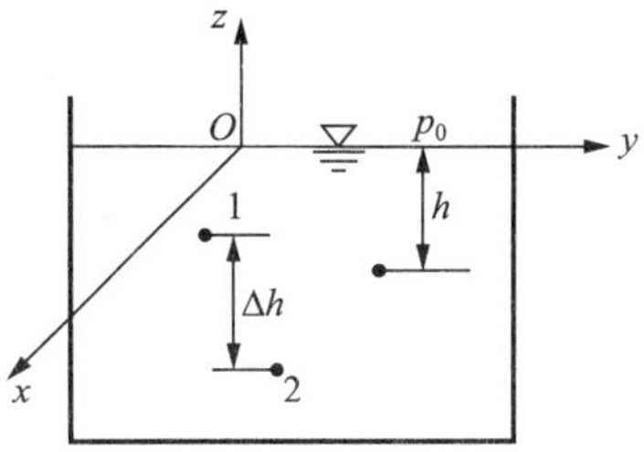

图 2-6　重力作用下的静止流体

设绝对静止流体如图 2-6 所示。将直角坐标系的原点选在自由面上，z 轴垂直向上，在流体自由表面上 $z=0$，液面压强 $p_0=p_a$，作用在单位质量液体上的质量力在各坐标轴方向的分量为：

$$X=0,\quad Y=0,\quad Z=-g$$

代入式(2-7)得：

$$\mathrm{d}p=-\rho g\mathrm{d}z=-\gamma\mathrm{d}z \tag{2-13}$$

$$\mathrm{d}z+\frac{\mathrm{d}p}{\gamma}=0$$

2-4　基本方程之一

对于不可压缩流体，$\gamma=$ 常数，对上式积分得：

$$z+\frac{p}{\gamma}=C \tag{2-14}$$

式(2-14)就是重力作用下不可压缩流体压强分布公式，是流体静力学基本方程的形式之一。该式表明，在静止流体中，任何一点的 $z+\frac{p}{\gamma}$ 总是一个常数。对流体内任意两点，上式可写成：

$$z_1+\frac{p_1}{\gamma}=z_2+\frac{p_2}{\gamma} \tag{2-15}$$

对式(2-13)进行积分：

$$\int_{p_0}^{p}\mathrm{d}p=-\gamma\int_0^z\mathrm{d}z$$

$$p-p_0=-\gamma(z-0)$$

在实际应用中，对于流体中各点来说，一般用该点在液面以下深度 h 代替 $-z$ 更为方便，则有：

$$p=p_0+\gamma h \tag{2-16}$$

式(2-16)为重力作用下的平衡方程，也是流体静力学基本方程的形式之二。它说明：

(1) 静止流体中任一点的压强 p 等于液面压强 p_0 与该点到流体自由表面的单位面积上的液柱重量(γh)之和。于是，应用式(2-16)便可求出静止流体中任一点静压强。

若自由表面上的压强 $p_0=p_a$，则式(2-16)可写成：

$$p=p_a+\gamma h$$

又如在同一个连通的静止流体中，如图 2-6 所示，已知某点 1 的压强 p_1，则应用式(2-16)可推广到求任一点 2 的压强 p_2，即

$$p_2=p_1+\gamma\Delta h$$

式中　Δh——两点间深度差。

(2) 在静止流体中，相同沉没深度($h=$ 常数)各点处压强相等，即在同一个连续的重力作用下的静止流体的水平面都是等压面。

二、绝对压强、相对压强、真空度和压强单位

压强大小可以从不同的基准算起，因此有不同的表示方法。

1. 绝对压强

绝对压强($p_{绝}$)是指以绝对真空为零点而计量的压强，可表示为：

$$p_{绝}=p_0+\gamma h \tag{2-17}$$

如果是自由表面，压强 $p_0=p_a$，则：

$$p_{绝}=p_a+\gamma h$$

在气体状态方程中，其压强是绝对压强。

2. 相对压强(表压)

以当地大气压 p_a 为起点而计量的压强称为相对压强，也称表压($p_{表}$)，可表示为：

$$p_{表}=p_{绝}-p_a \tag{2-18}$$

当液面压强与当地大气压相等时，则表压可表示为：

$$p_{表}=(p_a+\gamma h)-p_a=\gamma h \tag{2-19}$$

因此，表压实质是指某点绝对压强超过大气压的数值，即表压为绝对压强与大气压之差。

在许多工程设备中，所受的大气压强部分都是相互抵消而不起作用的，且大多数压力仪表中都是以大气压强为起点来计量的，因此开口容器及不可压缩流体静压强计算问题一般都用表压表示。

3. 真空压强(真空度)

工程上不仅会遇到绝对压强大于大气压的情况，也会遇到小于大气压的情况。例如水泵吸水、喷嘴吸水现象等都是绝对压强低于大气压的情况。这些部位的相对压强($p_{绝}-p_a$)是负值，称为负压，或者说该部分存在真空。真空压强($p_{真}$)是指流体的绝对压强小于大气压产生真空的程度，用绝对压强比当地大气压 p_a 小多少来表示，即

$$p_{真}=p_a-p_{绝}=\gamma h_{真}=-p_{表} \tag{2-20}$$

若以液柱高度表示真空压强，则称之为真空高度($h_{真}$)，即

$$h_{真}=\frac{p_{真}}{\gamma}=\frac{p_a-p_{绝}}{\gamma} \tag{2-21}$$

下面用图表表示绝对压强、相对压强、真空度三者之间的相互关系。由图 2-7 可以清楚看出，绝对压强的基准和相对压强的基准相差一个当地大气压 p_a。绝对压强永为正值，最小为零。而相对压强的数值是可正可负的，当绝对压强小于大气压时，相对压强为负值。相对压强和真空度是数值相等、符

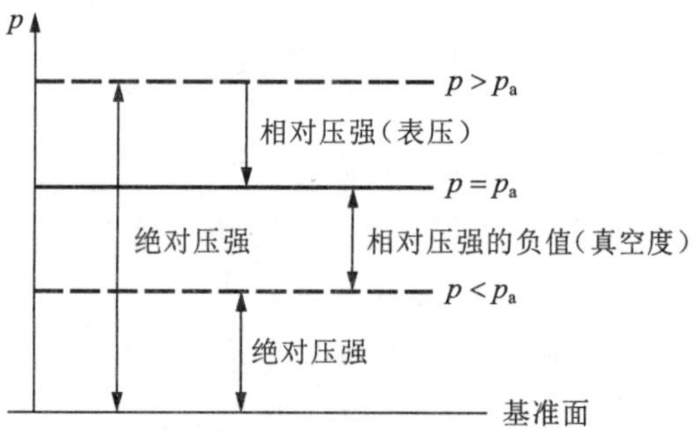

图 2-7　绝对压强、相对压强和真空度的关系

号相反的两个量。

4. 压强单位

压强的度量单位有很多，我国过去在工程上常用大气压、水柱高度、汞柱高度等，而现在均采用国际单位制——应力单位制（Pa 和 bar）。

（1）液柱高单位。液柱高单位是指用应力单位的压强除以液体重度（即 $h=p/\gamma$）来表示液体压强的大小。

（2）大气压单位。大气压单位是指以大气压力为单位表示压强的大小。

（3）应力单位。应力单位是指用单位面积所承受的力来表示压强的大小，国际单位制用 Pa 表示，$1\ \mathrm{Pa}=1\ \mathrm{N/m^2}$。

在物理学中，标准大气压是在北纬 45° 海面、15 ℃时测定的数值，因此标准大气压的精确值为：

1 标准大气压（atm）$=760\ \mathrm{mmHg}=10.336\ \mathrm{mH_2O}=101\ 325\ \mathrm{Pa}=1.013\ 25\ \mathrm{bar}$

工程上为了计算方便（误差很小），令：

1 工程大气压（at）$=1\ \mathrm{kgf/cm^2}=735\ \mathrm{mmHg}=10.0\ \mathrm{mH_2O}=9.80\times10^4\ \mathrm{Pa}=0.98\ \mathrm{bar}$

这里说的“工程大气压”是一种计量单位，与各地的真实大气压概念不同。1 工程大气压就是 $1\ \mathrm{kgf/cm^2}$，而各地的真实大气压与该地的海拔高度有关。但在工程计算中，一般 1 工程大气压就近似代替 1 真实大气压。（注：若无特殊说明，大气压均指工程大气压）

例 2-1

蓄水池的水深 $h=3\ \mathrm{m}$，当地的大气压 $p_a=1\ \mathrm{at}$，求水池底部的相对压强与绝对压强。

解：根据液体静力学基本方程（2-17）得绝对压强：

$$p_{绝}=p_0+\gamma h=98\ 000\ \mathrm{Pa}+9\ 800\times3\ \mathrm{Pa}=127\ 400\ \mathrm{Pa}$$

相对压强即表压为：

$$p_{表}=p_{绝}-p_a=127\ 400\ \mathrm{Pa}-98\ 000\ \mathrm{Pa}=29\ 400\ \mathrm{Pa}$$

例 2-2

一封闭油箱如图 2-8 所示，已知油的密度为 $800\ \mathrm{kg/m^3}$，1 和 2 两点的压强分别为 $p_1=64\ 000\ \mathrm{Pa}$，$p_2=79\ 680\ \mathrm{Pa}$。求 1 和 2 两点的高差 Δz。

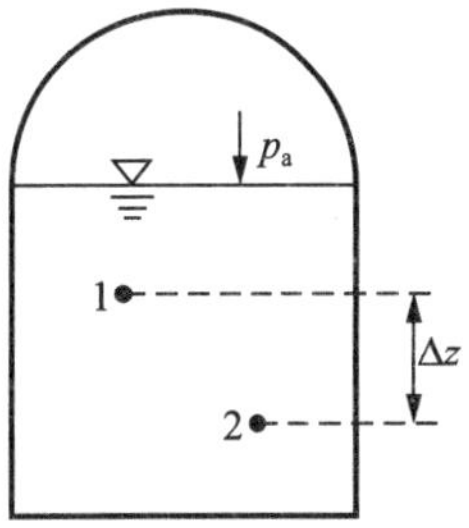

图 2-8　例 2-2 图

解：根据式（2-15）知：

$$z_1+\frac{p_1}{\gamma}=z_2+\frac{p_2}{\gamma}$$

因此 1 和 2 两点的高差 Δz 为：

$$\Delta z=z_1-z_2=\frac{p_2}{\gamma}-\frac{p_1}{\gamma}=\frac{79\ 680-64\ 000}{9.8\times800}\ \mathrm{m}=2\ \mathrm{m}$$

例 2-3

已知虹吸管内水的最低绝对压强为 45 kPa，当地的大气压 $p_a=1$ at，求虹吸管内的最大真空度 $p_{真}$和最大真空高度 $h_{真}$。

解：最大真空度发生在压强最低的部位，最大真空度为：

$$p_{真}=p_a-p_{绝}=98\,000\text{ Pa}-45\,000\text{ Pa}=53\,000\text{ Pa}$$

最大真空高度为：

$$h_{真}=\frac{p_{真}}{\gamma}=\frac{53\,000}{9\,800}\text{ m}=5.41\text{ m}$$

三、压强分布图

在实际工程中，常用流体静压强分布图来分析问题。对于液体，在静止流体中，压强随深度按线性规律变化。式(2-16)中的变量仅为 p 和 h，而 $p=f(h)$为一次函数。可用线段的长度表示压强大小，用箭头表示压强的方向，按一定比例画出作用面上各点的压强，这样构成的几何图形称为压强分布图。

静力学基本方程和静压强的两个基本特性是绘制静压强分布图要遵循的基本原则。

在许多工程设备中，所受的大气压部分都是相互抵消而不起作用的。在工程设计中常绘制相对压强分布图，自由液面处压强为零，平面上压强分布图为三角形或梯形，如图 2-9 所示；在壁面转角处，受压面转折点同时属于两个面，来自不同方向的静水压强的大小相等、方向不同，分别指向作用面。水平面上压强分布图为矩形。如果受压面为曲面，曲面上各点压强的方向仍然是沿着作用面的内法线方向。压强的大小利用静力学基本方程计算，用成比例线段来表示。如图 2-10 所示，各点的压强均沿作用面内法线方向，并指向圆心。

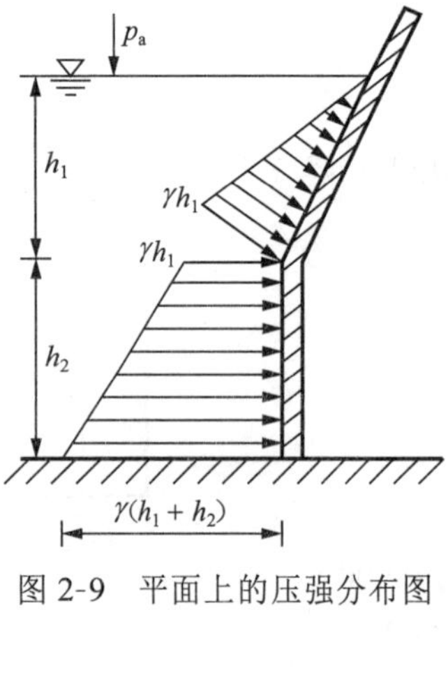

图 2-9　平面上的压强分布图

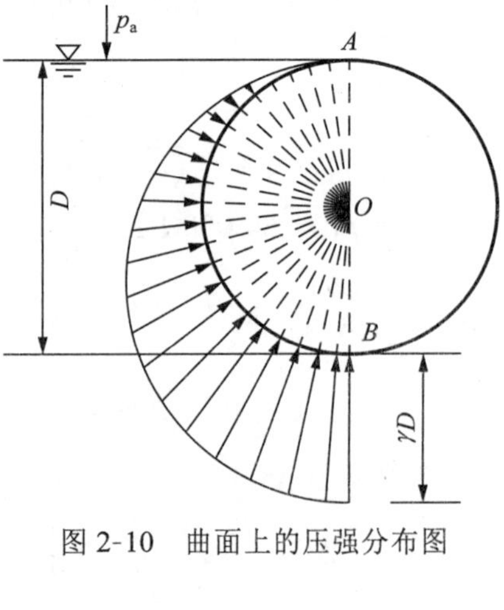

图 2-10　曲面上的压强分布图

四、静力学基本方程式的意义

2-5　基本方程之二

有了以上一些基本知识，下面来看一下平衡基本方程式的意义。

1. 几何意义

在一个容器侧壁上打一小孔，接上与大气连通的玻璃管，这样就形成一根测压管。如果容器中装的是静止流体，容器敞口，液面为大气压，则测压管内液面与容器内液面是平齐的，如图 2-11 所示。

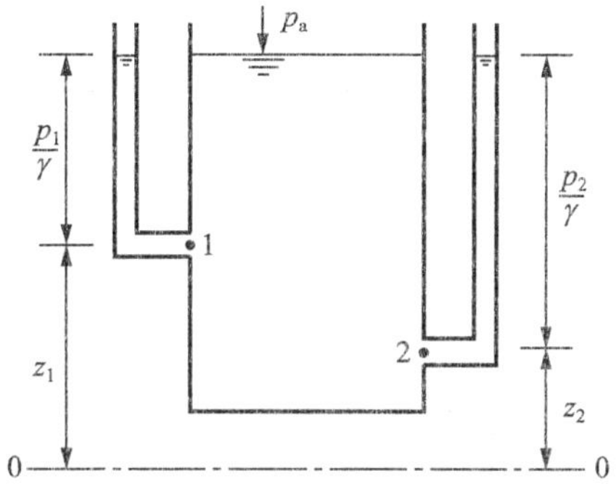

图 2-11　敞口容器中的水头

若令基准面为 0-0，则测压管液面到基准面的高度由 z 和 p/γ 两部分组成，z 表示该点位置到基准面的高度，p/γ 表示该点压力的液柱高度。在流体力学中常用水头代表液柱高度，所以 z 称为位置水头，p/γ 称为压力水头，$z+p/\gamma$ 称为测压管水头。从图 2-11 中可以看出：

$$z_1+\frac{p_1}{\gamma}=z_2+\frac{p_2}{\gamma}$$

也就是说，静止流体中各点测压管水头为一常数。

如果容器内液面压强 p_0 大于或小于大气压，则测压管液面会高于或低于容器液面。但不同点的测压管水头仍为常数，如图 2-12 中液面压力 p_0 大于大气压时 1 点和 2 点所示。

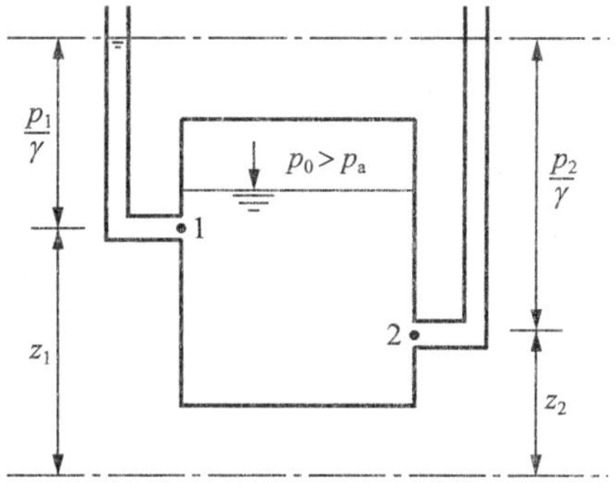

图 2-12　密封容器中的水头

2. 物理意义

位置水头 z 表示的是单位重量流体从某一基准面算起所具有的位置势能，简称比位能。把重量为 G 的物体从基准面移到高度 z 后，该物体所具有的位能为 Gz。对于单位重量流体来说，比位能就是 $Gz/G=z$，它具有长度单位。基准面不同，z 值也不同。

压力水头 p/γ 表示的是单位重量流体从压力为大气压算起所具有的压力势能，简称比压能。比压能是一种潜在势能。如果流体中某点的压力为 p，在该处接一测压管后，在压力作用下，液面上升高度为 p/γ，也就是把压力势能变为位置势能。对于重量为 G、压力为 p 的流体，在测压管内上升 p/γ 高度后，位置势能的增量为 Gp/γ，就是原来的流体具有的压力势能。所以，对于单位重量流体来说，比压能就是 $G\frac{p}{\gamma}\Big/G=\frac{p}{\gamma}$。

对于单位重量的流体来说，位置水头 z 代表位置势能，压力水头 p/γ 代表压力势能；而测压管水头 $z+p/\gamma$ 代表总势能。

因此，在静止流体中，单位重量流体的总势能是恒等的。这就是静止流体中的能量分布规律。

第四节　测压计

测量压强的仪器类型很多，按作用原理可分为液式测压计和金属测压计两大类；按所测压强是高于或低于大气压强，又可分为真空表和压力表。本节主要介绍液式测压计。

一、液式测压计

2-6　液式测压计

液式测压计是利用流体静力学的压强分布规律与等压面原理，根据液柱高度的变化来测量液体的压强或压差的仪器，其构造简单，方便可靠，测量精度高，但量程小，一般用于低压实验场所。由于仪器构造、使用液体及测量目的不同，液式测压计主要分为以下几种。

1. 测压管

直接由同一液体高度来测量压强的装置称为测压管。简单的测压管一端和测压点相连接，另一端开口，与大气相通，如图 2-13 所示。由于 A 点压强的作用，测压管中液面升至某一高度 h_A，A 点表压 $p_{表}=\gamma h_A$。它只能测较小的表压，当表压为 0.5 大气压时，对于水来说相当于 5 m 水柱，即需要 5 m 以上的测压管，这显然用起来很不方便。因此，改用 U 形水银测压计。

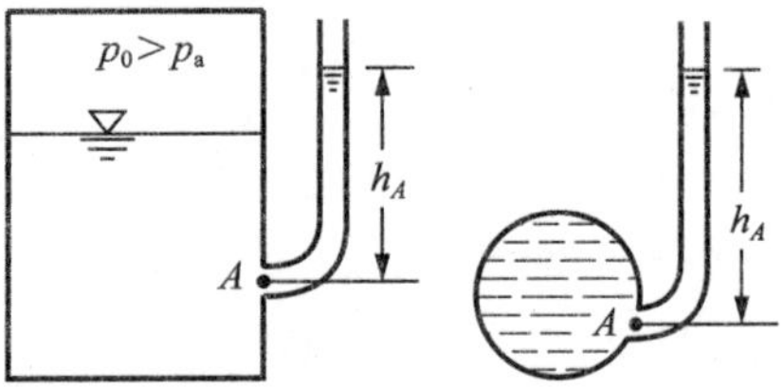

图 2-13　测压管

2. U 形水银测压计

U 形水银测压计是以相对密度较大的水银作为工作液，并装在 U 形管中，U 形管一端接在容器的测压点上，用来量测该点压强大小，如图 2-14 所示。根据静力学基本方程，

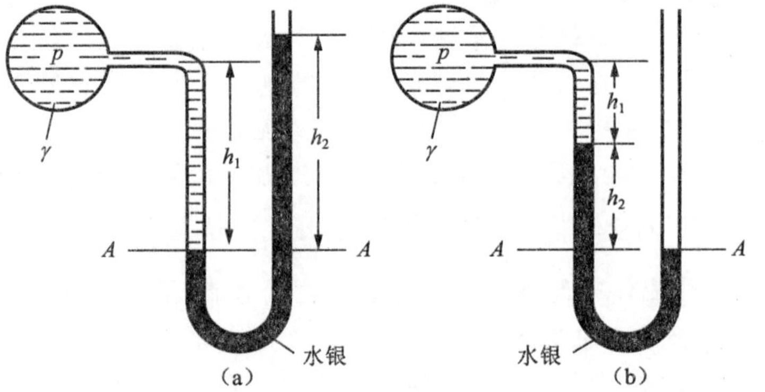

图 2-14　U 形水银测压计

应用等压面概念可以求出压强 p 的大小。这时，两种流体分界面 $A—A$ 为等压面。图 2-14(a)表示压强 p 大于大气压的情况，这时测得表压为：

$$p_{表}=\gamma_{汞}h_2-\gamma h_1$$

图 2-14(b)表示压强小于大气压的情况，测得表压为：

$$p_{表}=-\gamma_{汞}h_2-\gamma h_1=-(\gamma_{汞}h_2+\gamma h_1)$$

这时，表压为负值，也就是测得真空度为：

$$p_{真}=\gamma_{汞}h_2+\gamma h_1$$

水银测压计的测量范围可以达到 1～2 at。当所测表压更大时，可以使用连续组合的 U 形管，称为组合式 U 形水银测压计，如图 2-15 所示。两个 U 形管上部相连处充以空气。由于气体的重度很小，可以忽略气柱的重量，因此认为整个充气空间的压强是相等的。这样，取等压面以后，可算出所测点的表压为：

$$p_{表}=\gamma_{汞}h_3+\gamma_{汞}h_2-\gamma h_1$$

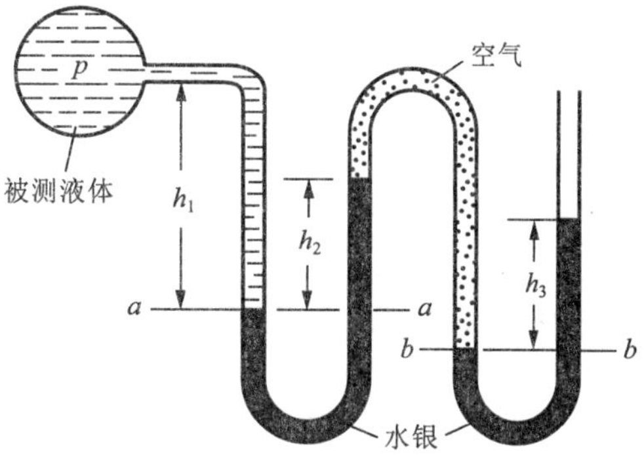

图 2-15 组合式 U 形水银测压计

3. 比压计

比压计又称压差计，常用 U 形管制成，它和测压计的测压原理相同，只是将测压管两端接在不同的两个测压点上，用来比较两点的压差。其装置有以下两种形式。

(1) 当所测压差较小时，常将两根简单的测压管分别接到测压点上，两管上部连通形成倒 U 形，如图 2-16 所示。

如果在倒 U 形管的上部充以空气，当忽略空气柱的重量时，则有：

$$p_1-\gamma h_1=p_2-\gamma h_2$$

$$p_1-p_2=\gamma(h_1-h_2)$$

如果两测点在同一水平面上，则：

$$h_1-h_2=\Delta h$$

$$p_1-p_2=\gamma\Delta h$$

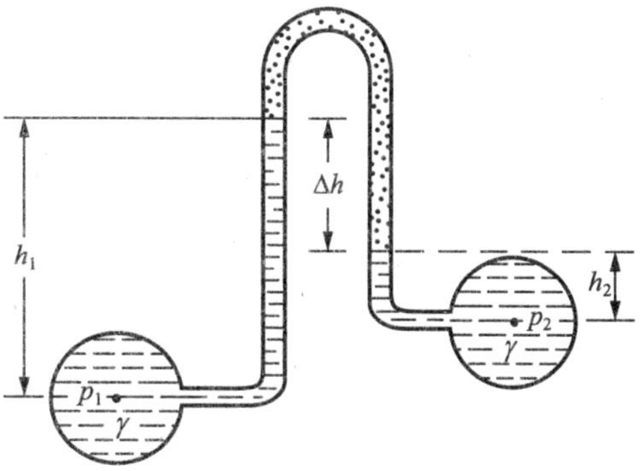

图 2-16 空气比压计

(2) 当所测压差较大时，将 U 形管内装以水银，U 形管的两端与测点相连，如图 2-17 所示。这时，$a—a$ 及 $b—b$ 都是等压面，可以写出：

$$p_1-\gamma h_1=p_2-\gamma h_2+\gamma_{汞}\Delta h$$

$$p_1-p_2=\gamma_{汞}\Delta h-\gamma(h_2-h_1)$$

当两测点在同一水平线上时，$h_2-h_1=\Delta h$，于是：

$$p_1-p_2=(\gamma_{汞}-\gamma)\Delta h$$

综上所述，液式压力计的优点是构造简单，使用方便，测量准确度比较高，造价低，可

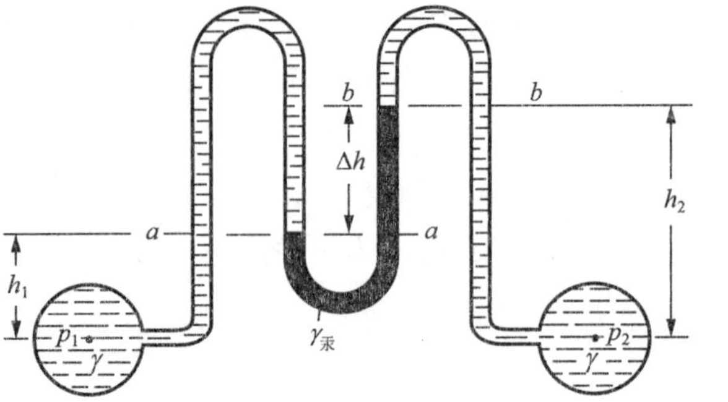

图 2-17　水银比压计

以自制；缺点是测量范围小。液式压力计常在实验室内使用。

例 2-4

如图 2-18 所示测压装置，假设 A 容器中水面上的表压为 0.25 at，$h=500$ mm，$h_1=200$ mm，$h_2=250$ mm，$h_3=300$ mm，酒精相对密度为 0.8，试求 B 容器中空气的压强 p。

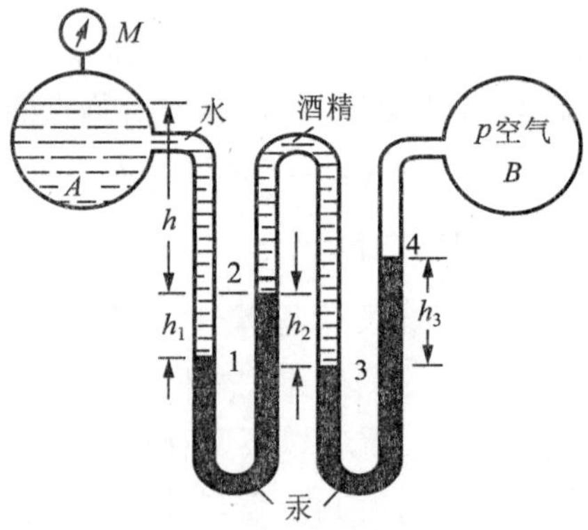

图 2-18　例 2-4 图

解：标出如图所示的 1,2,3,4 四个点。

1 点的压力为：

$$p_1 = p_{表} + \gamma_{水}(h + h_1)$$

2 点的压力为：

$$p_2 = p_1 - \gamma_{汞} h_1 = p_{表} + \gamma_{水}(h+h_1) - \gamma_{汞} h_1$$

3 点的压力为：

$$p_3 = p_2 + \gamma_{酒精} h_2 = p_{表} + \gamma_{水}(h + h_1) - \gamma_{汞} h_1 + \gamma_{酒精} h_2$$

4 点的压力为：

$$p_4 = p_3 - \gamma_{汞} h_3 = p_{表} + \gamma_{水}(h + h_1) - \gamma_{汞} h_1 + \gamma_{酒精} h_2 - \gamma_{汞} h_3$$

空气中各点压力可以近似相等，故所求的压力 p 即 p_4：

$$p = p_{表} + \gamma_{水}(h + h_1) - \gamma_{汞}(h_1 + h_3) + \gamma_{酒精} h_2$$

代入数值并转化为大气压单位，则：

$$p = 0.25\ \text{at} + \frac{1}{1\,000} \times (50+20)\ \text{at} - \frac{13.6}{1\,000} \times (20+30)\ \text{at} + \frac{0.8}{1\,000} \times 25\ \text{at}$$

$$= 0.25\ \text{at} + 0.07\ \text{at} - 0.68\ \text{at} + 0.02\ \text{at} = -0.34\ \text{at}$$

可见容器中存在着真空，其真空度为 0.34 at。

二、金属测压计

金属测压计是利用各种不同形状的弹性元件在被测压力的作用下产生弹性变形的原理而制成的测压仪表，一般用于工业上测量较高的压力。常用的有弹簧管式和薄膜式两种。

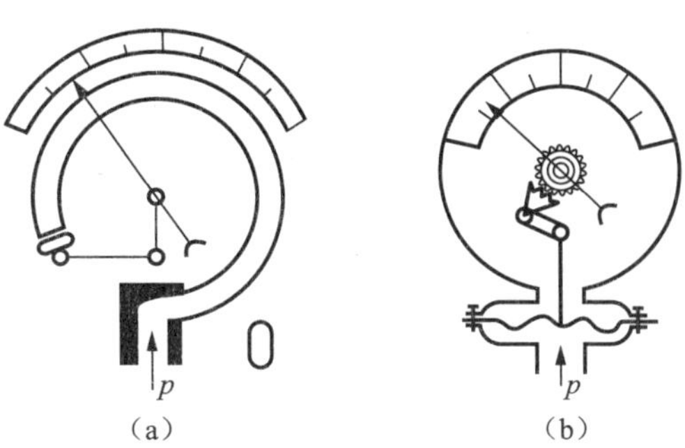

图 2-19　金属测压计

图 2-19(a)为弹簧管式压力表，其主要部分为一弯成环形的空心合金管，界面为椭圆形，端部封闭，由传动机构与指针相连，管子另一端接至测点。在压强作用下，合金管伸张，带动指针转动，指出压强读数。此种压力表测量范围由 2 at 到 10 000 at 不等。

图 2-19(b)为薄膜式压力表，主要由一片波状断面的弹簧膜与指针的传动机构相连。在压强作用下，薄膜变形，带动指针，指出读数。此种压力表的测量最大值可达 30 at。

这两类压力表的测压接口与大气相连通时，指针均指零点，因此所测出的是相对压强，也称表压。习惯上，把用于测量压强大于大气压的，即只测正压的叫"压力表"；而只测小于大气压的，即只测负压的叫"真空表"。但也有一种兼测正压和负压的所谓"压力真空两用表"。

金属测压计体积小，安装方便，对弹簧管和弹簧片的制造工艺要求较高，否则测压计精度不能满足要求；使用前，常需要用特别精密的标准压力表进行校正。

第五节　静止流体作用在平面上的总压力

2-7　平面上总压力

在工程实际中，不仅需要知道流体中任一点处静压强及其分布规律，而且需要知道静止流体作用在固体壁面上总压力大小、方向的作用点位置。譬如，大国工程中"三峡工程"闸门上的作用力计算，"蛟龙"号载人深潜器所承受的巨大水压分析和"深海一号"中的立柱舱结构设计，实际生活生产中的水箱、油罐等设施的设计，都涉及静止流体作用在固体壁面上总压力的计算问题。本节讨论静止流体作用在平面上的总压力。

一、建立坐标

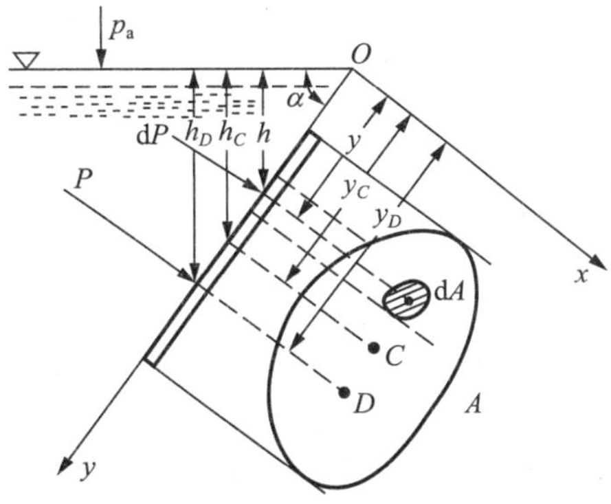

图 2-20　作用在平面上的总压力

对于任意形状的平面，都能由解析法将压强积分得到总压力的大小与作用点。假设在静止流体中有一块任意形状的平面，如图 2-20 所示，它与水平面的倾斜角为 α，面积为 A。为了积分方便，取平面或其延伸面与自由液面的交线为 x 轴，垂直于 Ox 轴沿着平面向下为 y 轴，x 和 y 轴取在该平面所在的平面内，z 轴垂直于平面。为了看清平面形状，将平面绕 Oy 轴旋转 90°，转到纸面上，则垂直于 Oy 轴的 Ox 轴将是原来液面的边线。

由于平面上各点深度 h 各不相同，故各点上的静水压强也不相等，但它们都垂直于作用平面，组成平行力系，因此可以根据力学原理来求流体总压力的大小和作用点。

二、总压力大小和方向

1. 总压力大小

为了求总压力大小，先在平面 A 上取一微元面积 dA，距液面深度为 h，水面以上为大气压，壁外与大气接触，则作用在微元面积 dA 上的总压力为：

$$dP = p dA = \gamma h dA$$

由几何关系知，$h = y\sin\alpha$，y 为微元面积到 Ox 轴的距离，于是可写出：

$$dP = \gamma y \sin\alpha dA \tag{2-22}$$

对上式进行面积积分，即得总压力为：

$$P = \int_A dP = \gamma \sin\alpha \int_A y dA$$

式中，$\int_A y dA$ 代表面积 A 对 Ox 轴的面积矩，它等于面积 A 与其形心坐标 y_C 的乘积，如以 p_C 代表形心 C 处的静水压强，则有：

$$P = \gamma \sin\alpha y_C A = \gamma h_C A = p_C A \tag{2-23}$$

上式说明作用在任意形状平面上的总压力等于该平面的面积 A 与其形心处压强 p_C 的乘积，总压力大小只与液体的重度、平面面积和液体深度有关。工程上遇到的平面图形都是比较规则的几何图形，它们的形心比较容易确定，式(2-23)用起来很方便。

应用上式时应注意，公式推导时尽管采用了具有自由液面的液体，但对于计入液面上压强(p_0)的情况也同样适用。如果工程实际中容器外受到大气压的作用，则在计算总压力时不考虑大气压的影响，应用公式(2-23)时其形心处压强 p_C 采用表压。

如图 2-21 所示 5 个不同形状、底面面积相同的容器装有相同高度的同一种液体，根据式(2-23)，液体对容器底面的总压力相等，与容器形状无关。

作用于容器底面上的总压力和作用于桌面上的总压力不一定相等的“静水奇象”可以解释为：如忽略容器本身的自重，作用于桌面上的总压力除了包括容器底面上的总压力之外，还包括容器侧壁面所受的总垂直分力，它经由容器也传递到桌面上。图中只有容器(a)底面上的总压力和作用于桌面上的总压力相等，其余均不等，容器(b)、容器(d)底面上的总压力小于作用于桌面上的总压力，而容器(c)、容器(e)底面上的总压力大于作用于桌

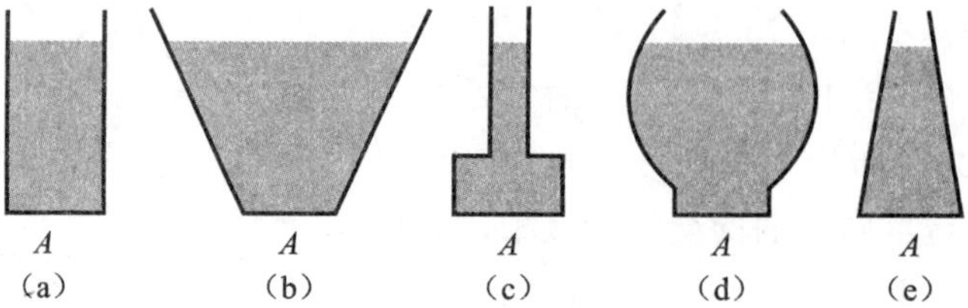

图 2-21　静水奇象

面上的总压力。

根据第六节“静止流体作用在曲面上的总压力”可以从理论上分析得到，由于容器对称，其水平方向分力相互抵消，所以作用于桌面上的总压力即容器内液体重力。

2. 总压力方向

根据静压强的基本特性，总压力 P 的作用方向必然是垂直地指向这个作用面。

三、总压力的作用点

总压力的作用点也称为压力中心。对称平面的压力中心点（D 点）的位置只需要确定一个坐标 y 值即可。

根据力学平行力系的力矩原理，各分力对 Ox 轴的力矩之和等于合力对该轴的力矩，可写成：

$$Py_D = \int y\mathrm{d}P$$

将式（2-22）及式（2-23）分别代入上式，得：

$$\gamma \sin\alpha\, y_C A y_D = \int y \gamma y \sin\alpha\, \mathrm{d}A$$

化简得：

$$y_D = \frac{\int y^2 \mathrm{d}A}{y_C A} \tag{2-24}$$

式中，$\int y^2\mathrm{d}A$ 为面积 A 对 Ox 轴的惯性矩，可以用 J_x 来表示，故上式可写为：

$$y_D = \frac{J_x}{y_C A} \tag{2-25}$$

根据惯性矩的平行移轴定理，$J_x = J_C + y_C^2 A$，可将面积 A 对 Ox 轴的惯性矩 J_x 换算成通过面积形心 C 且平行于 Ox 轴的惯性矩 J_C，代入上式得：

$$y_D = \frac{J_C + y_C^2 A}{y_C A} = y_C + \frac{J_C}{y_C A} \tag{2-26}$$

因为$\dfrac{J_C}{y_C A}$恒为正值，故 $y_D > y_C$，也就是说，压力中心 D 永远在平面形心 C 的下方，其间的距离称为偏心距 e，可表示为：

$$e = \frac{J_C}{y_C A} \tag{2-27}$$

值得说明的是，在压力中心 y_D 的计算公式中涉及几何参数 y_C，要注意 y 坐标的原点位于自由液面（或其延伸面）与平面延长面的交点处。当液面上的表压 p_0 不为 0 时，可将 p_0 换算成与作用面接触液体的液柱高 p_0/γ 加到原来的液面上，以一个表压为 0 的等效自由液面来重新找出 y 坐标原点，再计算形心 y_C 和作用点位置 y_D。

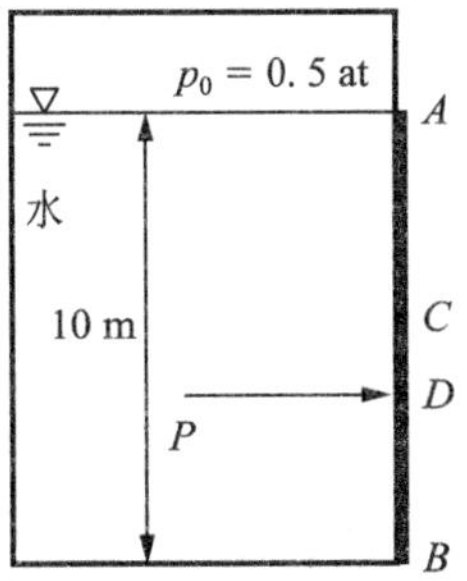

图 2-22　密封水箱

譬如密封水箱（图 2-22），应用式（2-26）或式（2-27）确定水箱侧面总压力作用点D位置所涉及的几何参数y_C取为：

$$y_C=5+\frac{p_0}{\gamma}=5\ \text{m}+\frac{0.5\times98\ 000}{9\ 800}\ \text{m}=10\ \text{m}$$

各种常见的规则平面图形的面积、形心位置和通过形心的轴的惯性矩如表 2-1 所示。

表 2-1　各种常见的规则平面图形的面积、形心位置和通过形心的轴的惯性矩

图形		A	y'_C	J_C
矩形	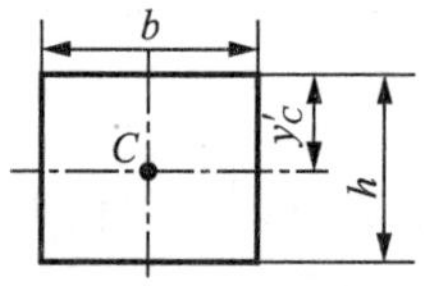	bh	$\frac{h}{2}$	$\frac{bh^3}{12}$
等腰三角形	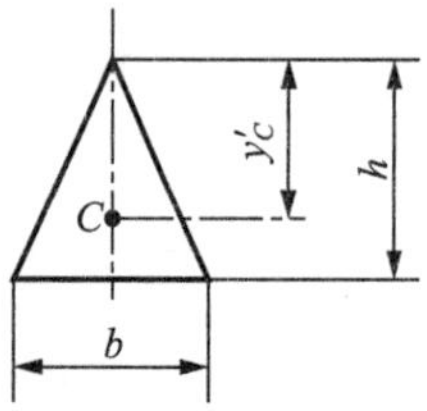	$\frac{bh}{2}$	$\frac{2h}{3}$	$\frac{bh^3}{36}$
正梯形	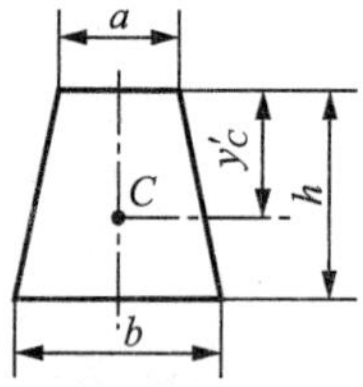	$\frac{h}{2}(a+b)$	$\frac{h(a+2b)}{3(a+b)}$	$\frac{h^3(b^2+4ab+a^2)}{36(a+b)}$
圆形	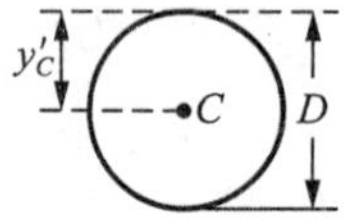	$\frac{\pi D^2}{4}$	$\frac{D}{2}$	$\frac{\pi D^4}{64}$
圆环	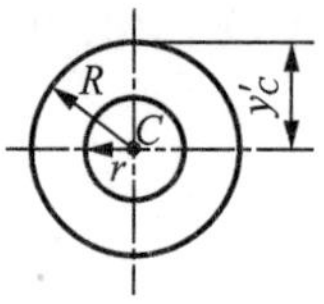	$\pi R^2-\pi r^2$	R	$\frac{\pi(R^4-r^4)}{4}$
椭圆形	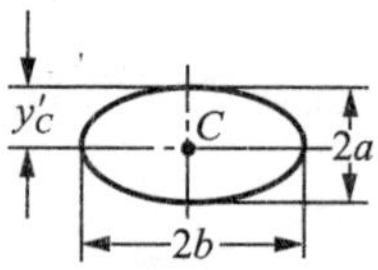	πab	a	$\frac{\pi a^3 b}{4}$

例 2-5

如图 2-23 所示，一矩形闸门两面受到水的压力，左边水深$H_1=4.5\ \text{m}$，右边水深$H_2=2.5\ \text{m}$，闸门与水面夹角$\alpha=45°$。假设闸门的宽度$b=1\ \text{m}$，试求作用在闸门上的总压力及其作用点。

解：作用在闸门上的总压力是左右两边液体总压力之差，即

$$P = P_1 - P_2$$

因为：

$$h_{C1} = \frac{H_1}{2},\quad A_1 = bl_1 = b\frac{H_1}{\sin\alpha}$$

$$h_{C2} = \frac{H_2}{2},\quad A_2 = bl_2 = b\frac{H_2}{\sin\alpha}$$

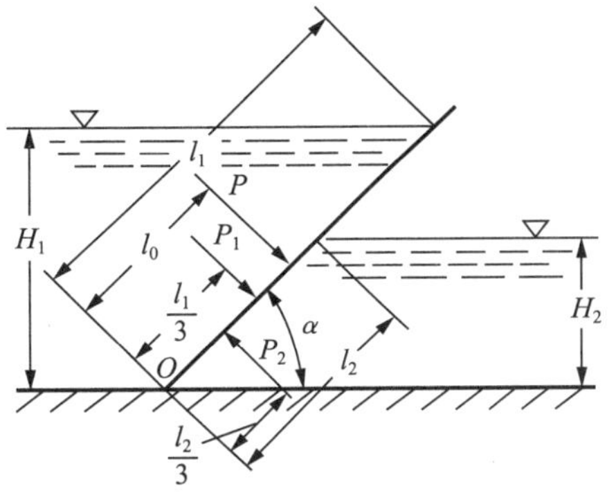

图 2-23　例 2-5 图

所以：

$$P_1 = \gamma h_{C_1} A_1 = \frac{\gamma b H_1^2}{2\sin\alpha} = \frac{9\ 800 \times 1 \times 4.5^2}{2 \times 0.707}\ \text{N} = 140\ 347\ \text{N}$$

$$P_2 = \gamma h_{C_2} A_2 = \frac{\gamma b H_2^2}{2\sin\alpha} = \frac{9\ 800 \times 1 \times 2.5^2}{2 \times 0.707}\ \text{N} = 43\ 317\ \text{N}$$

$$P = 140\ 347\ \text{N} - 43\ 317\ \text{N} = 97\ 030\ \text{N}$$

由于矩形平面压力中心坐标为：

$$y_D = y_C + \frac{J_C}{y_C A} = \frac{L}{2} + \frac{bL^3/12}{(L/2)bL} = \frac{2}{3}L$$

根据合力矩定理，对通过 O 点垂直于图面的轴取矩，得：

$$Pl_0 = P_1\frac{l_1}{3} - P_2\frac{l_2}{3} = P_1\frac{H_1}{3\sin\alpha} - P_2\frac{H_2}{3\sin\alpha}$$

所以：

$$l_0 = \frac{P_1 H_1 - P_2 H_2}{3P\sin\alpha} = \frac{140\ 347 \times 4.5 - 43\ 317 \times 2.5}{3 \times 97\ 030 \times 0.707}\ \text{m} = 2.54\ \text{m}$$

这就是作用在闸门上的总压力的作用点距闸门下端的距离。

第六节　静止流体作用在曲面上的总压力

2-8　曲面上总压力

2-9　曲面实例

在工程实际问题中，常见到一些储液容器如水塔、油罐、分离器、锅炉、蒸馏塔等，是由圆柱、圆锥、半球、球冠等曲面组成的。确定流体对这些器壁的作用力，就属于计算曲面上流体的压力问题。作用在曲面上各点的流体静压强都垂直于容器壁面，这就形成了复杂的空间力系，求总压力问题属于空间力系的合成问题。在工程上用得最多的是二向曲面，本节以二向曲面为例讨论静止流体作用在曲面上的总压力问题，其结论同样适用于三向曲面。

设有一承受液体压力的二向柱形曲面，其面积为 A，令坐标系 y 轴与二向曲面的母线平行，xOy 坐标面在自由液面上，z 轴向下，则曲面在 xOz 坐标系平面上的投影便成为一曲线 ab，如图 2-24 所示。

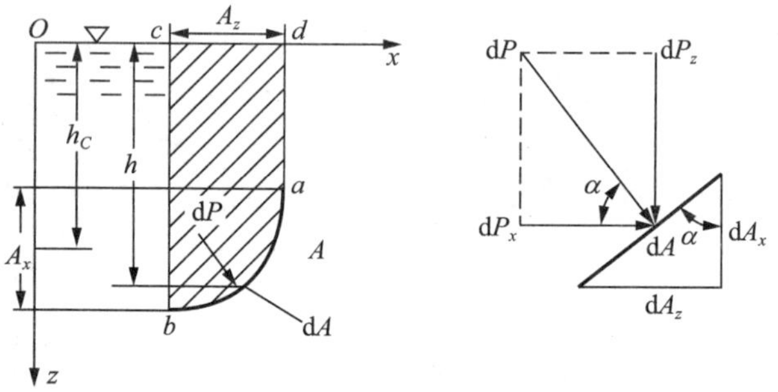

图 2-24　曲面上的总压力

在曲面 ab 上任意点取一微元面积 dA，它的沉没深度为 h，则流体作用在微元上的总压力为：

$$dP = \gamma h dA$$

将 dP 分解为水平与垂直的两个微元分力，并将这两个微元分力在整个面积上进行积分，便可求得作用在曲面上的水平分力与垂直分力，进而求出总压力大小、方向及作用点。

一、总压力大小和方向

设 α 为微元面积 dA 的法线与 x 轴的夹角，则微元水平分力为：

$$dP_x = \gamma h dA\cos\alpha$$

由图 2-24 知，$dA\cos\alpha = dA_x$，故总压力的水平分力为：

$$P_x = \gamma\int_A h dA_x$$

式中，$\int_A h dA_x = h_C A_x$ 为面积 A 在 yOz 坐标面上投影面积 A_x 对 y 轴的面积矩，故上式变为：

$$P_x = \gamma h_C A_x \tag{2-28}$$

这就是作用在曲面上总压力的水平分力的计算公式。这说明流体作用在曲面上总压力的水平分力等于流体作用在该曲面对垂直坐标面 yOz 的投影面 A_x 上的总压力。水平分力 P_x 作用线通过投影面 A_x 的压力中心。

同理，微元垂直分力为：

$$dP_z = \gamma h dA\sin\alpha$$

由图 2-24 知，$dA\sin\alpha = dA_z$，故总压力的垂直分力为：

$$P_z = \gamma\int_A h dA_z$$

式中，$\int_A h dA_z = V$，它相当于从曲面向上引至自由液面的若干微小柱体的总和 $abcd$（图 2-24 中的阴影部分）。这样一个部分称为压力体，故上式可变为：

$$P_z = \gamma V \tag{2-29}$$

即流体作用在曲面上总压力的垂直分力的大小等于压力体的液体重量，它的作用线通过压力体的重心。

总压力的大小为：

$$P=\sqrt{P_x^2+P_z^2} \tag{2-30}$$

总压力与垂线之间的夹角为 θ，如图 2-25 所示，则：

$$\tan\theta=\frac{P_x}{P_z} \tag{2-31}$$

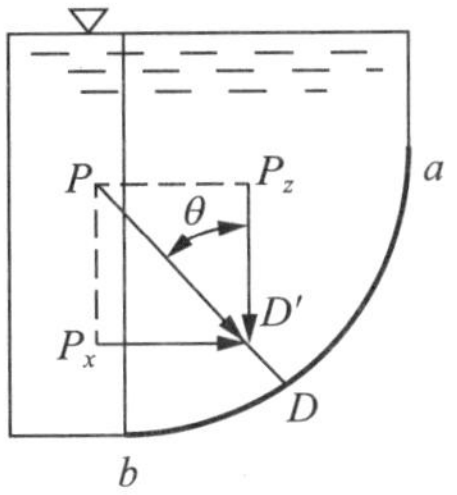

图 2-25　曲面上总压力的作用点

二、总压力的作用点

由于总压力的垂直分力作用线通过压力体的重心而指向受压面，水平分力的作用线通过 A_x 平面的压力中心而指向受压面，故总压力的作用线必须通过这两条作用线的交点 D'，且与垂直线成 θ 角（图 2-25）。这条总压力的作用线与曲面的交点 D 就是总压力在曲面上的作用点。

2-10　压力体

三、压力体

1. 压力体的概念

在求取流体作用在曲面上的垂直分力时，引出了压力体的概念。压力体是由积分式 $\int_A h\mathrm{d}A_z$ 得到的一个体积，它是一个纯数学的概念，与这个体积内是否充满液体无关。因此，对压力体可进一步理解为：由所研究的曲面、通过曲面周界所作的垂直柱面和流体的自由表面或其延伸面所封闭而成的体积 V。

2. 虚、实压力体

流体作用在曲面上的垂直分力在不同情况下是不同的，可能向上，也可能向下，取决于压力体的虚、实。

在图 2-26(a)所示的情况下，压力体与液体在曲面同侧，为实压力体，也称为正压力体，用(+)号表示，不难分辨垂直分力是向下的。在图 2-26(b)的情况下，压力体与液体在曲面异侧，为虚压力体，也称为负压力体，用(−)号表示，因此垂直分力是向上的。图

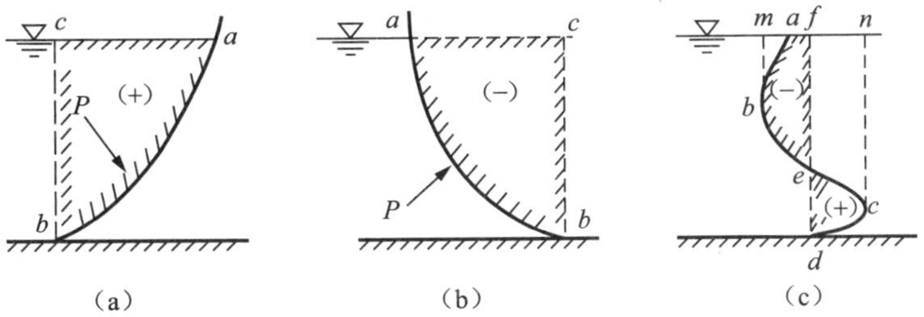

图 2-26　压力体示意图

2-26(c)是一种比较复杂的情况。不管多么复杂的面，通过分面，对不同方向的弯曲部分分别画出相应的压力体，最后采用代数和的方法确定整个曲面的压力体。图 2-26(c)中可分为 *ab*, *be*, *ec* 和 *cd* 4 段曲面，由曲面 *ab* 和 *cd* 可给出压力体 *amb* 和 *fdcn*，为实压力体，以(+)号表示，而 *be* 和 *ec* 曲面可分别给出压力体 *mbef* 和 *fecn*，为虚压力体，以(−)号表示。最后把这 4 部分压力体中的(+)号和(−)号重叠的部分消去，则只剩下两块压力体：一块是 *abef*，是(−)的；另一块是 *edc*，是(+)的。可以分别求出这两个垂直分力，一个向上，一个向下，各自通过其压力体的重心。

例 2-6

如图 2-27 所示一水箱，左端为一半球形端盖，右端为一平板端盖。水箱上部有一加水管，已知 $h = 600$ mm, $R = 150$ mm。试求两端盖所受的总压力及其方向。

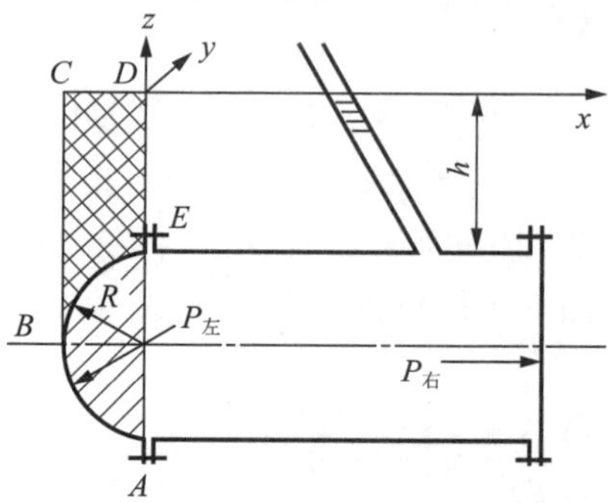

图 2-27　例 2-6 图

解：(1) 右端盖所受的总压力及其方向。

右端平板端盖面，只有 x 方向作用力，其面积为：

$$A = \pi R^2$$

其上作用的总压力为：

$$\begin{aligned} P_{右} &= \gamma h_C A = \gamma(R+h)A \\ &= 9\,800 \times (0.15 + 0.6) \times 3.14 \times 0.15^2 \text{ N} \\ &= 519 \text{ N} \end{aligned}$$

该力方向垂直于端盖，水平向右。

(2) 左端盖所受的总压力及其方向。

左端盖为一半球面，由曲面上总压力的求法可知，x 方向分力为：

$$P_{左x} = \gamma h_C A_x = \gamma(R+h)A_x = 9\,800 \times (0.15 + 0.6) \times 3.14 \times 0.15^2 \text{ N} = 519 \text{ N}$$

该力方向水平向左。

y 方向分力：由于半球面关于 xOz 平面对称，所以 $P_{左y} = 0$。

z 方向垂直分力由压力体来求：将半球面分成 AB 和 BE 两部分，AB 部分压力体为 V_{ABCDEA}，为实压力体，垂直分力方向向下；BE 部分压力体为 V_{BCDEB}，为虚压力体，垂直分力方向向上。因此，总压力体为它们的代数和：

$$V = V_{ABCDEA} - V_{BCDEB} = V_{ABEA}$$

正好为半球的体积，所以有：

$$P_{左z} = \gamma V = \gamma \frac{2}{3}\pi R^3 = 9\,800 \times \frac{2}{3} \times 3.14 \times 0.15^3 \text{ N} = 69.2 \text{ N}$$

该力方向垂直向下。

因此，合力为：

$$P_{左} = \sqrt{P_{左x}^2 + P_{左z}^2} = \sqrt{519^2 + 69.2^2} \text{ N} = 523.6 \text{ N}$$

合力方向与垂直方向夹角为：

$$\tan\theta=\frac{P_{左x}}{P_{左z}}=\frac{519\ \text{N}}{69.2\ \text{N}}=7.5,\quad \theta=82°25'$$

例 2-7

如图 2-28 所示，有一圆形滚门，长 1 m（垂直图面方向），直径 D 为 4 m，两侧有水，上游水深 4 m，下游水深 2 m。试求作用在门上的总压力的大小及作用线的位置。

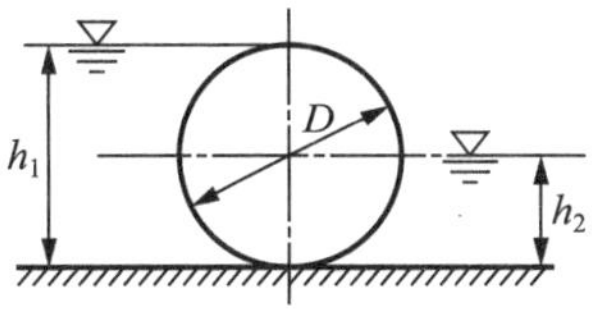

图 2-28　例 2-7 图

解：分左右两部分进行计算。

左部：水平分力

$$P_{x1}=\gamma h_{C1}A_{x1}=9\,800\times2\times(4\times1)\ \text{N}=78\,400\ \text{N}$$

垂直分力

$$P_{z1}=\gamma V_1=9\,800\times1\times\left(\frac{1}{2}\times\frac{\pi}{4}\times4^2\right)\ \text{N}=61\,544\ \text{N}$$

合力

$$P_1=\sqrt{P_{x1}^2+P_{z1}^2}=\sqrt{(78\,400)^2+(61\,544)^2}\ \text{N}=99\,671\ \text{N}$$

作用线通过中心与铅垂线成角度 θ_1：

$$\tan\theta_1=\frac{P_{x1}}{P_{z1}}=\frac{78\,400\ \text{N}}{61\,544\ \text{N}}=1.27,\quad \theta_1=51°47'$$

右部：水平分力

$$P_{x2}=\gamma h_{C2}A_{x2}=9\,800\times1\times(2\times1)\ \text{N}=19\,600\ \text{N}$$

垂直分力

$$P_{z2}=\gamma V_2=\frac{1}{2}P_{z1}=\frac{1}{2}\times61\,544\ \text{N}=30\,772\ \text{N}$$

作用线通过中心与铅垂线成角度 θ_2：

$$\tan\theta_2=\frac{P_{x2}}{P_{z2}}=\frac{19\,600\ \text{N}}{30\,772\ \text{N}}=0.637,\quad \theta_2=32°30'$$

总水平分力为：

$$P_x=78\,400\ \text{N}-19\,600\ \text{N}=58\,800\ \text{N}\ (\rightarrow)$$

总垂直分力为：

$$P_z=61\,544\ \text{N}+30\,772\ \text{N}=92\,316\ \text{N}\ (\uparrow)$$

合力为：

$$P=\sqrt{P_x^2+P_z^2}=\sqrt{58\,800^2+92\,316^2}\ \text{N}=109\,452\ \text{N}$$

$$\tan\theta=\frac{P_x}{P_z}=\frac{58\,800\ \text{N}}{92\,316\ \text{N}}=0.637,\quad \theta=32°30'$$

第七节　物体在液体中的潜浮原理

浸入液体的物体可分为浮体和潜体：漂浮在液面上的物体称为浮体；完全潜没在液体中的物体称为潜体。在生产实践中经常遇到物体浸入液体的情况。为了求解这类问题，需讨论静止液体作用在浮体、潜体上的作用力问题，这些问题可以采用作用在曲面上的静水总压力的计算方法，分析物体在静水总压力作用下的稳定性。

一、阿基米德原理

在物理学中，阿基米德原理给出了浮力的计算方法：作用在浸没于流体中物体的浮力大小等于该物体所排出同体积的流体重量，方向向上，作用线通过物体的几何中心（也称浮心）。阿基米德原理无论对于潜体或浮体都是正确的。

图 2-29 中的物体 ad 浸在平衡液体内部，引用其曲面上所受总压力的计算式：

$$P=\sqrt{P_x^2+P_y^2+P_z^2} \tag{2-32}$$

式中　P——物体表面上所受到的液体总压力；

P_x——总压力 P 在 Ox 方向的分力；

P_y——总压力 P 在 Oy 方向的分力；

P_z——总压力 P 在 Oz 方向的分力。

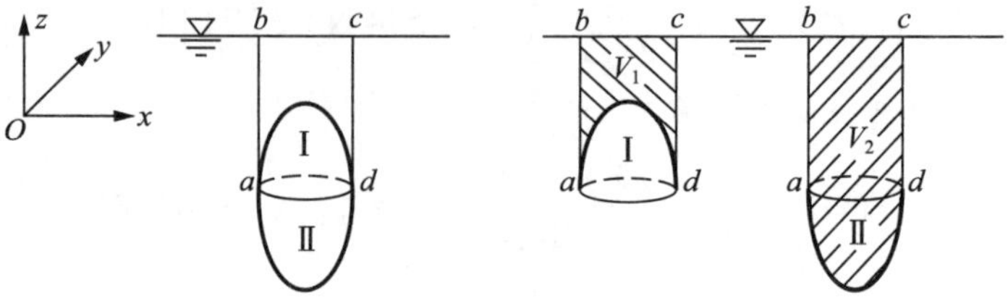

图 2-29　物体 ad 在液体中的浮力

因为物体两侧表面上的点均处于液体内部相等深度的位置，而且压力又总是沿着受压面各点的内法线方向，所以作用在物体两侧面上液体总水平分力大小相等、方向相反，可以互相抵消。这样式（2-32）变为：

$$P=\sqrt{P_z^2}=P_z$$

对于垂直方向上的合力，可应用压力体的方法求取。

将物体按外表面分割为上凸曲面Ⅰ和下凸曲面Ⅱ两部分。对于上凸曲面，液体在垂直方向上的作用力 P_{z1} 为：

$$P_{z1} = \gamma V_1$$

式中，V_1 为实压力体，P_{z1} 方向向下。

对于下凸曲面，液体在垂直方向上的作用力 P_{z2} 为：

$$P_{z2} = \gamma V_2$$

式中，V_2 为虚压力体，P_{z2} 方向向上。

液体对整个物体的垂直合力 P 为：

$$P = P_{z2} - P_{z1} = \gamma V$$

式中，V 为物体的体积，P 方向向上，此力即液体对浸入物体的浮力。上式证明了阿基米德原理。

2-11　压强传递和浮力

从上面分析可以看出：浮力的大小等于物体上下两个表面所受垂直方向总压力之和。

浸没在液体中的物体，其沉浮取决于物体本身的重量与所受浮力之间的关系，设物体重量为 G，所受浮力为 P，一般不外乎以下 3 种情况，即浸沉物体的三态。

（1）沉体：当 $G > P$ 时，所受合力方向为重力方向，下沉到底的物体。

（2）潜体：当 $G = P$ 时，所受合力为零，潜没于液体中任意位置而保持平衡的物体。

（3）浮体：当 $G < P$ 时，所受合力方向为浮力方向，浮至液面呈漂浮状态的物体。

下面进一步讨论潜体和浮体的平衡及稳定问题。

二、潜体的平衡及稳定

潜体受到两个力的作用，一个是物体本身的重力 G，它通过物体的重心 D，如图 2-30 所示；一个是浮力 P，它通过所排开同体积液体的重心，也就是通过物体本身的几何中心 C。

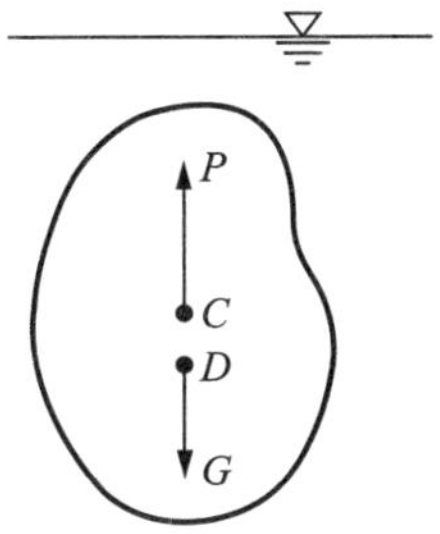

图 2-30　潜体的平衡

1. 潜体平衡的两个条件

（1）重力和浮力大小相等，即

$$G = P$$

这是因为如果 $G > P$，则物体下沉，直到遇有底部固体边界为止；如果 $G < P$，则物体上浮，最后变成浮体。

（2）重心与浮心要在一条垂直线上。因为重心与浮心如果不在一条垂直线上，就会构成一个力矩，使潜体倾倒。只有重心和浮心在一条垂直线上，才不产生力矩。这时通过重心与浮心而连成的垂直线称为浮轴。

2. 潜体的稳定性

潜体的稳定性是指平衡物体受某种外力作用发生倾斜后不依靠外力而恢复原来平衡状态的能力。

根据重心 D 与浮心 C 的相互位置，可以分以下 3 种情况来讨论潜体的稳定性。

（1）D 在 C 之下，如图 2-31(a)所示。潜体如发生倾斜，重力 G 与浮力 P 形成一个使潜体恢复到原来平衡状态的转动力矩，以反抗使其继续倾斜的趋势。一旦去掉外界干扰，潜体将自动恢复平衡。这种情况称为稳定平衡。

(2) D 在 C 之上，如图 2-31(b)所示。潜体如有倾斜，重力 G 与浮力 P 将产生一个使潜体继续翻转的转动力矩，潜体不能恢复平衡位置。这种情况称为不稳定平衡。

(3) D 与 C 重合，如图 2-31(c)所示。潜体处于任何位置都是平衡的，称为随遇平衡。

由此可见，为了保持潜体的稳定，潜体的浮心 C 必须位于 D 重心之上。

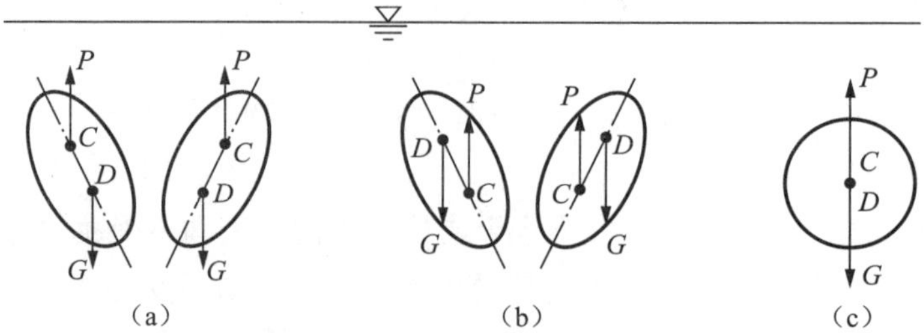

图 2-31　潜体稳定分析

三、浮体的平衡及稳定

浮体平衡的条件和潜体相同，即作用于浮体的重力 G 和浮力 P 相等，并且重心 D 与浮心 C 在同一条垂直线上。

浮体的稳定性取决于重心 D 与浮心 C 的相互位置。物体重心 D 与浮心 C 的相互位置可分为以下 3 种情况。

(1) D 在 C 之下，如图 2-32(a)所示。浮体如发生倾斜，由于沉没的体积形状发生变化，故原来平衡的浮心 C 变到新的浮心 C' 的位置上，重心 D 不变。这样在倾斜后，一旦去掉外界干扰，由 G 及 P 组成的转动力矩便使浮体恢复到原来位置，这称为稳定平衡。

(2) D 与 C 重合，如图 2-32(b)所示。浮体如发生倾斜，由于浮心 C 变到 C'，故立刻产生一个由 G 及 P 组成的转动力矩，它与浮体倾斜方向相反，使浮体恢复到原来位置，故亦称为稳定平衡。

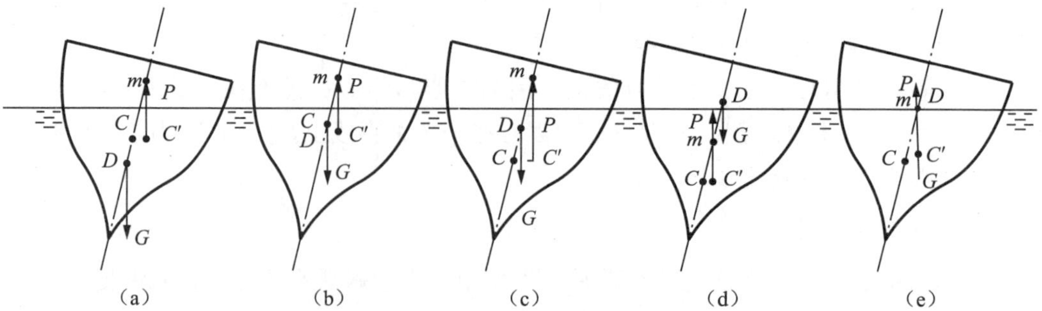

图 2-32　浮体稳定分析

(3) D 在 C 之上。这种情况比较复杂，在这里先说明一下定倾中心的概念。浮体发生倾斜时，由于浮心 C 变到 C'，这时通过浮心 C' 的浮力作用线与浮体原来平衡时的浮轴的交点就称为定倾中心，以 m 表示。

重心 D 在浮心 C 之上的情况又可根据定倾中心 m 与重心 D 的相互位置而分为以下 3 种情况。

① m 在 D 之上，如图 2-32(c)所示。这和图 2-32(a)相同，是一种稳定平衡。

② m 在 D 之下，如图 2-32(d)所示。浮体倾斜后，G 及 P 组成的转动力矩和倾斜方向相同，使浮体继续倾倒，这是一种不稳定平衡。

③ m 与 D 重合，如图 2-32(e)所示。倾斜后 G 及 P 仍在一条直线上不产生力矩，一旦去掉外界干扰，浮体即在新位置上达到平衡，因而这是随遇平衡。

“水可载舟，亦可覆舟”。当船所受水的浮力等于船的重力、吃水线高于水面，且定倾中心高于重心时，船才能稳定平衡在水面上安全行驶。载舟是浮力作用，覆舟是失去平衡。

第八节　几种质量力作用下的流体平衡

本章前面讨论的内容均是质量力只有重力作用的情况。装在容器中的液体随容器相对于地球在运动，但液体各部分之间以及液体与容器之间没有相对运动，只要把坐标系选在容器上，则液体对选定的坐标也是处于平衡状态的，这称为相对静止或相对平衡。根据达朗伯原理，可以假想把惯性力加在运动液体上，从而将这种问题作为静止状态来处理。因此，相对静止液体所受的质量力除了重力外，还有惯性力作用，仍可采用流体平衡微分方程求解，其分析方法与重力作用下静止流体的分析方法相同。

下面讨论盛液容器的 2 种运动情况，主要目的是建立压强分布规律和等压面方程。

一、等加速水平运动容器中液体的相对平衡

1. 建立坐标

设盛有液体的容器沿水平面以加速度 a 匀加速直线前进，它必然带动其中的液体也匀加速前进，即液体实际上处于匀加速运动之中，其自由液面由静止时的水平面变化为倾斜面。

2-12　等加速水平运动

为了讨论方便，将坐标系选在容器上，原点在容器未运动时的自由液面中心 O 处，坐标轴 x 的方向和加速度方向相同，z 轴向上，坐标系随流体一起运动，如图 2-33 所示。

2. 液体质点的受力分析

当应用达朗伯原理分析液体对动坐标系的相对平衡时，作用在液体质点上的质量力除了重力以外，还要虚加一个大小等于液体质点的质量乘加速度、方向与加速度方向相反的惯性力。容器内的液体正是在这 2 种质量力的作用下处于动坐标系 xOz 的相对平衡状

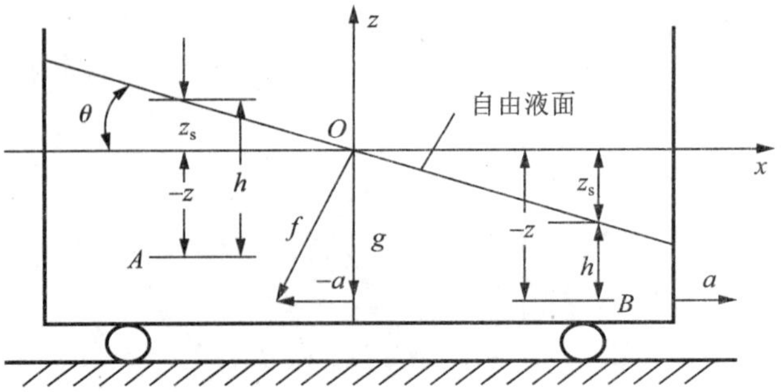

图 2-33 等加速水平运动容器

态。作用在单位质量液体上的质量力为:

$$X=-a,\quad Y=0,\quad Z=-g$$

3. 等压面方程

将单位质量力的分力代入等压面微分方程式(2-12),得:

$$a\mathrm{d}x+g\mathrm{d}z=0$$

对上式积分得:

$$ax+gz=C \tag{2-33}$$

这就是等压面方程。匀加速水平运动容器中液体的等压面已经不是水平面,而是一簇平行的斜面,它与 x 方向的夹角为:

$$\theta=\arctan\frac{a}{g} \tag{2-34}$$

角 θ 的大小等于等压面与水平面的斜角。

在自由液面上,当 $x=0$ 时 $z=0$,可得积分常数 $C=0$,故自由液面方程为:

$$ax+gz_s=0 \tag{2-35}$$

$$z_s=-\frac{a}{g}x \tag{2-36}$$

式中 z_s —— 自由液面上点的纵坐标,也称为超高。

从图中可以看出,自由液面应与重力和惯性力的合力相垂直。

4. 液体静压强分布规律

将单位质量力的分力代入式(2-7)得:

$$\mathrm{d}p=\rho(-a\mathrm{d}x-g\mathrm{d}z)$$

对上式积分得:

$$p=-\rho(ax+gz)+C$$

为了确定积分常数 C,引入边界条件:当 $x=0$,$z=0$ 时,$p=p_0$,代入上式得 $C=p_0$,于是:

$$p=p_0-\rho(ax+gz) \tag{2-37}$$

这就是等加速水平运动容器中液体静压强分布公式。公式说明:压强 p 不仅随 z 发生变化,而且还随 x 的变化而变化。

等加速水平运动容器中液体的压强可由式(2-36)和式(2-37)得：

$$p = p_0 + \gamma(z_s - z) = p_0 + \gamma h \qquad (2\text{-}38)$$

式中，$h = z_s - z$ 表示质点在自由液面以下的淹没深度。

可以看出，匀加速水平运动容器中，液体沿 z 方向的静压强公式(2-38)与静止流体中静压力公式(2-16)完全相同，即流体内静压强等于液面上的压强 p_0 加上液体的重度与该点沉没深度的乘积。

2-13　水平运动压强规律

例 2-8

油槽车的圆筒直径 $d = 1.2$ m，圆筒长度 $L = 5$ m，装油高度 $b = 1$ m，如图 2-34(a)所示，油的相对密度为 0.9。当水平加速度 $a = 1.2\ \mathrm{m/s^2}$ 时，求圆筒两个端面 AB 和 CD 所受的轴向总压力；当端面 AB 所受轴向总压力为零时，求水平加速度 a。

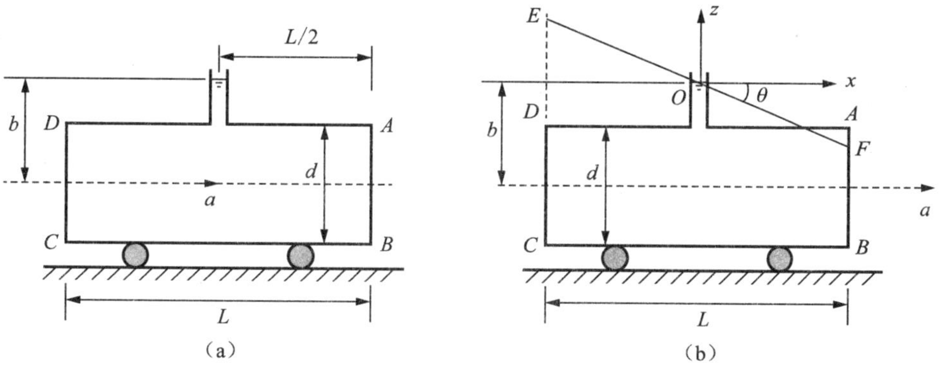

图 2-34　例 2-8 图

解：油箱处于顶盖部分封住状态，当油箱如图做加速运动时，液面虽然看不到变化，但由质量力引起的液体内部压力分布规律不变，即等压面仍为一倾斜平面，符合方程

$$ax + gz = c$$

如图 2-34(b)所示，表压为 0 的等效等压面 EF 与 x 轴方向之间夹角 θ 为：

$$\tan\theta = \frac{a}{g}$$

匀加速水平运动容器中，液体沿 z 方向的静压强等于液面上的压强 p_0 加上液体的重度与该点沉没深度的乘积，则两个端面 AB 和 CD 中心点的表压强分别为：

$$p_{AB_C} = \gamma\left(b - \frac{L}{2}\tan\theta\right) = \gamma\left(b - \frac{L}{2}\frac{a}{g}\right) = \gamma\left(b - \frac{5}{2}\times\frac{1.2}{9.8}\right)$$

$$= 0.9\times 9\,800\times(1 - 0.306)\ \mathrm{N/m^3} = 6\,121.1\ \mathrm{N/m^2}$$

$$p_{CD_C} = \gamma\left(b + \frac{L}{2}\tan\theta\right) = \gamma\left(b + \frac{L}{2}\frac{a}{g}\right) = \gamma\left(b + \frac{5}{2}\times\frac{1.2}{9.8}\right)$$

$$= 0.9\times 9\,800\times(1 + 0.306)\ \mathrm{N/m^3} = 11\,518.9\ \mathrm{N/m^2}$$

端面 AB 所受的轴向总压力 p_{AB} 为：

$$p_{AB}=p_{AB_C}A_{AB}=6\,121.1\times\frac{3.14}{4}\times 1.2^2\ \mathrm{N}=6\,919.3\ \mathrm{N}$$

端面 CD 所受的轴向总压力 p_{CD} 为：

$$p_{CD}=p_{CD_C}A_{CD}=11\,518.9\times\frac{3.14}{4}\times 1.2^2\ \mathrm{N}=13\,021.0\ \mathrm{N}$$

当端面 AB 所受轴向总压力为零时：

$$p_{AB_C}=\gamma\left(b-\frac{L}{2}\tan\theta\right)=\gamma\left(b-\frac{L}{2}\frac{a}{g}\right)=0.9\times 9\,800\times\left(1-\frac{5}{2}\times\frac{a}{9.8}\right)\mathrm{N}=0$$

$$a=3.92\ \mathrm{m/s^2}$$

二、等角速旋转容器中液体的相对平衡

1. 建立坐标系

2-14 等角速旋转运动

图 2-35 所示为盛有液体的开口圆桶。设圆桶以定转速 ω 绕其中心铅垂轴旋转，由于液体黏性的作用，与容器壁接触的液体层首先被带动而旋转，并向中心发展，使所有的液体质点都绕该轴旋转。待运动稳定后，各质点都具有相同的角速度 ω。由实验观测可知，液体随容器一起做等角速度旋转运动时，其自由液面形成一个绕其中心轴的漏斗形旋转面。将坐标系取在运动着的容器上，原点取在旋转轴与自由液面交点上，z 轴垂直向上。

2-15 等角速旋转实验

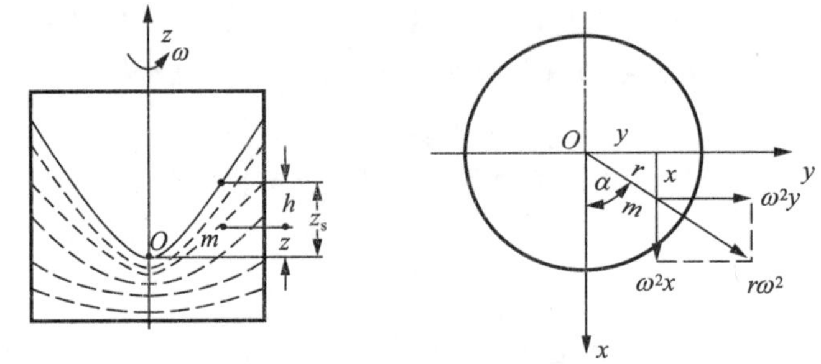

图 2-35 等角速旋转容器

2. 液体质点的受力分析

根据达朗伯原理，作用在液体质点的质量力除了重力以外，还要虚加一个大小等于液体质点的质量乘以向心加速度、方向与向心加速度相反的离心惯性力。对于以匀角速度 ω 进行的圆周运动来说，液体中任一质点 $m(x,y,z)$ 处的向心加速度为 u^2/r，则离心惯性力 F 为：

$$F=\frac{mu^2}{r}=\frac{m}{r}(\omega r)^2=m\omega^2 r$$

式中　m ——质点质量；

ω ——圆桶的角速度；

r ——该点所在位置的半径，$r=\sqrt{x^2+y^2}$。

单位质量离心力 F/m 在 x 轴和 y 轴方向的分量分别为：

$$X=\omega^2 r\cos\alpha=\omega^2 x$$

$$Y=\omega^2 r\sin\alpha=\omega^2 y$$

此外，垂直方向的单位质量力分量为：

$$Z=-g$$

3. 等压面方程

将单位质量力的分力代入等压面微分方程式(2-12)，得：

$$\omega^2 x\mathrm{d}x+\omega^2 y\mathrm{d}y-g\mathrm{d}z=0$$

积分得：

$$\frac{\omega^2x^2}{2}+\frac{\omega^2y^2}{2}-gz=C$$

或

$$\frac{\omega^2r^2}{2}-gz=C \tag{2-39}$$

这说明等压面是一簇绕 z 轴的旋转抛物面。在自由表面上，当 $r=0$ 时，$z=0$，可得积分常数 $C=0$，故自由液面方程为：

$$\frac{\omega^2r^2}{2}-gz_s=0 \tag{2-40}$$

$$z_s=\frac{\omega^2r^2}{2g} \tag{2-41}$$

式中，$\frac{\omega^2r^2}{2g}$ 表示半径 r 处水面高出 xOy 平面的垂直距离，称为超高。

在匀速旋转时，质量力由垂直方向的 $-g$ 与水平方向的 $\omega^2 r$ 所合成，方向倾斜。随着 r 的变化，水平分力改变，垂直力不变。各点质量力倾斜角度不同，但在每一点上它都是与等压面互相垂直的。

4. 液体静压强分布规律

将单位质量力的分力代入式(2-7)，得：

$$\mathrm{d}p=\rho(\omega^2x\mathrm{d}x+\omega^2y\mathrm{d}y-g\mathrm{d}z)$$

积分得：

$$p=\rho\left(\frac{\omega^2x^2}{2}+\frac{\omega^2y^2}{2}-gz\right)+C$$

或

$$p=\rho\left(\frac{\omega^2r^2}{2}-gz\right)+C$$

根据边界条件，当 $r=0$，$z=0$ 时，$p=p_0$，可求得积分常数 $C=p_0$，于是得：

$$p=p_0+\gamma\left(\frac{\omega^2r^2}{2g}-z\right) \tag{2-42}$$

这就是匀角速旋转容器中液体静压强分布公式。公式说明：在同一高度上，液体静压强沿径向按半径二次方增长。

将式(2-41)代入式(2-42)，得图 2-35 中任意一点 m 的压强为：

$$p=p_0+\gamma(z_s-z)=p_0+\gamma h \tag{2-43}$$

2-16 旋转运动压强规律

可以看出，绕垂直轴匀角速度旋转容器中液体的静压强公式(2-43)与静止流体中静压强公式(2-16)完全相同，即液体内任一点的静压强等于液面上的压强 p_0 加上液体的重度与该点沉没深度的乘积。式中，$h=z_s-z=\omega^2r^2/(2g)-z$ 仍然表示质点在自由液面以下的沉没深度。

思考题

2-1 流体静压强有哪些特性？怎样证明？

2-2 试述流体平衡微分方程式的推导步骤。方程的物理意义和适用范围是什么？

2-3 什么样的函数称为力函数？力函数与压强的全微分有什么关系？

2-4 何谓等压面方程？等压面有哪些基本特性？

2-5 静力学基本方程式说明哪些问题？它的使用条件是什么？

2-6 画压强分布图的基本依据是什么？

2-7 绝对压强、表压和真空度的意义及相互关系是什么？

2-8 液式测压计的水力原理是什么？工作液的选择和量程范围及精度有什么关系？

2-9 何谓相对静止流体？分析的方法如何？它们和绝对静止流体有什么共性？

2-10 如何确定流体作用在平面和曲面上的总压力大小、方向和作用点？它们之间有什么共性和特性？

2-11 何谓压力中心？何谓压力体？确定压力体的方法和步骤是什么？

2-12 调研分析水力自控翻板闸门的开、关原理。

2-13 如图所示，天平一侧放一杯水，另一侧放砝码，使得天平平衡。手指浸入水中静止且不碰杯，问天平能否平衡？若不平衡，哪端下沉？

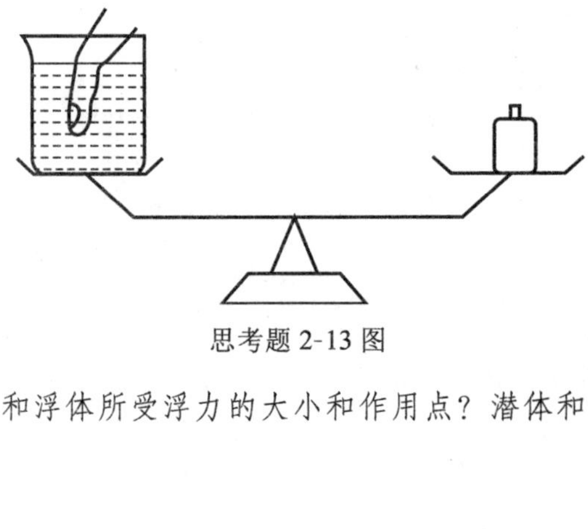

思考题 2-13 图

2-14 怎样确定潜体和浮体所受浮力的大小和作用点？潜体和浮体的平衡条件是什么？

习　题

2-1　如图所示的U形管中装有水银与水,试求:

(1) A, C两点的绝对压强及表压;

(2) A, B两点的高度差h。

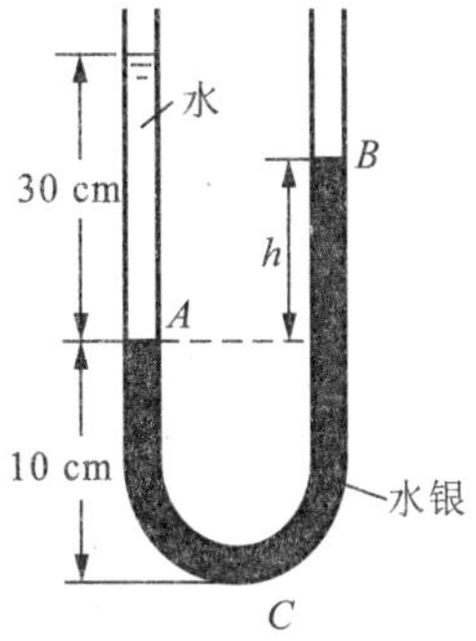

习题2-1图

2-2　如图所示,在密闭容器上装有U形水银测压计,其中1,2,3点位于同一水平面上,试比较这3点的压强关系。

2-3　容器中盛有密度不同的两种液体,如图所示。问测压管A及测压管B的液面是否和容器中液面$O—O$平齐?为什么?若不平齐,则A, B测压管液面哪个高?

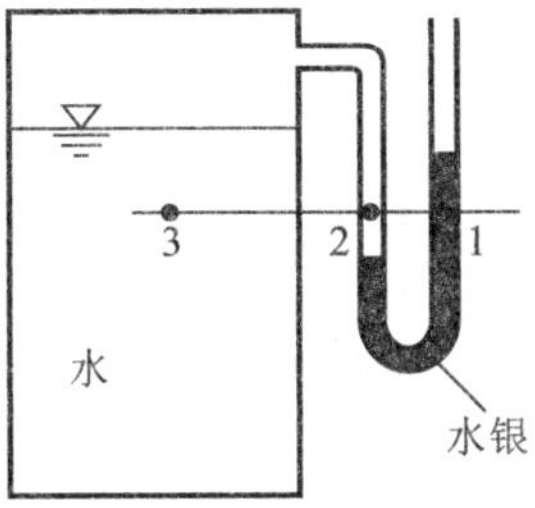

习题2-2图

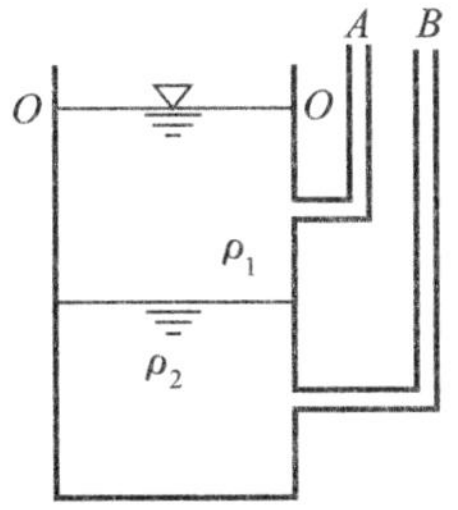

习题2-3图

2-4　试绘出如图所示4种情况侧壁面上的压强分布图。

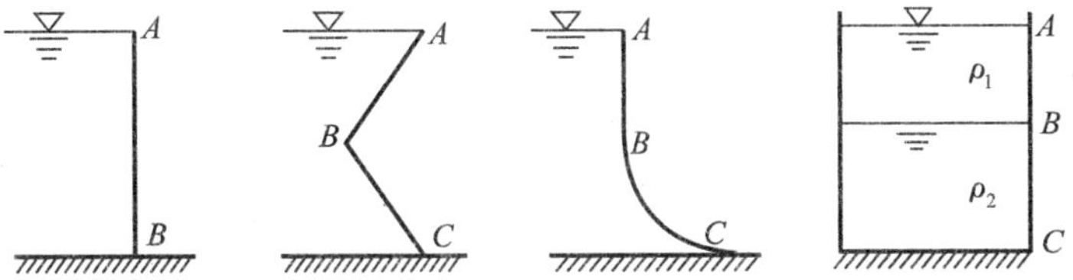

习题2-4图

2-5　如图所示,定性画出AB面、BC面上压强分布图(用表压表示)。

2-6　油罐内装有相对密度为0.8的油品,下有底水。为测定油深及油面上的压力,安装U形管水银压力计,测得各液面位置如图所示。试确定油面高度H及液面压强p_0。

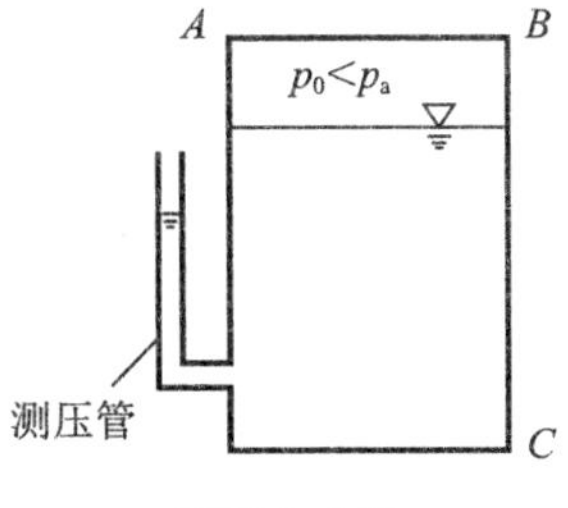

习题2-5图

2-7　在盛有空气的球形密封容器上连有两根玻璃管,一根与水杯相通,另一根装有水银,如图所示。若$h_1 = 0.3$ m,则h_2为多少?

2-8　一直径为$D = 0.4$ m的圆柱形容器如图所示,$h_1 = 0.3$ m, $h_2 = 0.5$ m,盖上载荷重量$F = 5\ 788$ N,油的密度为800 kg/m^3。试求测压计中水银柱高h。

2-9　如图所示一封闭容器内盛有油和水,油的密度$\rho_{油} = 890$ kg/m^3, $h_1 = 0.3$ m,

$h_2 = 0.5\ \text{m}, h = 0.4\ \text{m}$。试求油面上的表压。

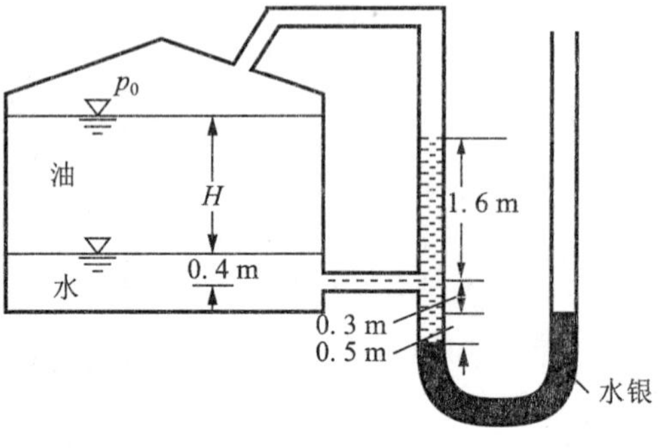

习题 2-6 图

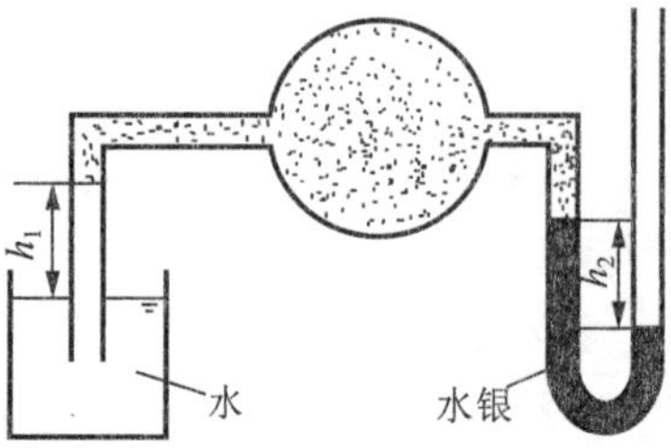

习题 2-7 图

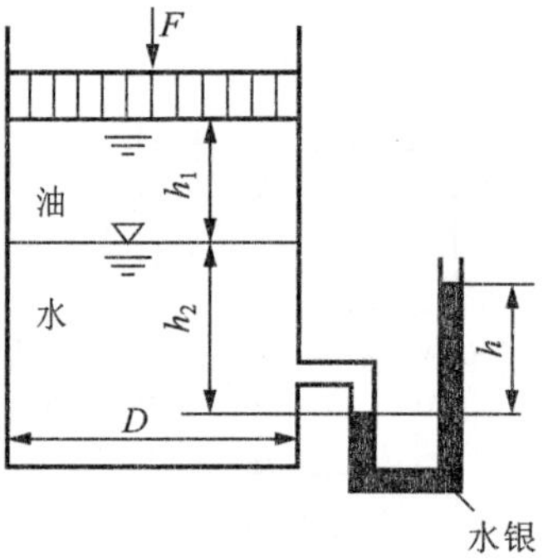

习题 2-8 图

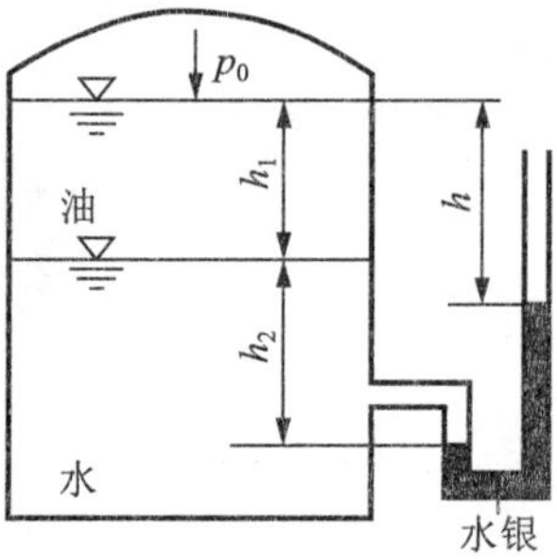

习题 2-9 图

2-10 如图所示两水管以U形压力计相连，A和B两点高度差1 m，U形管内装水银。若读数$h = 0.50\ \text{m}$，求A, B两点的压差。

2-11 为测水管上微小压差，使用倒U形管，上部充以相对密度为0.92的油，如图所示。若$\Delta h = 125\ \text{mm}$，求$A, B$两点的压差。

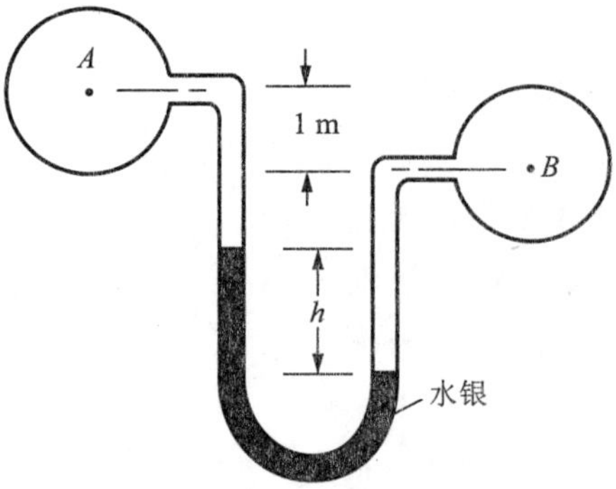

习题 2-10 图

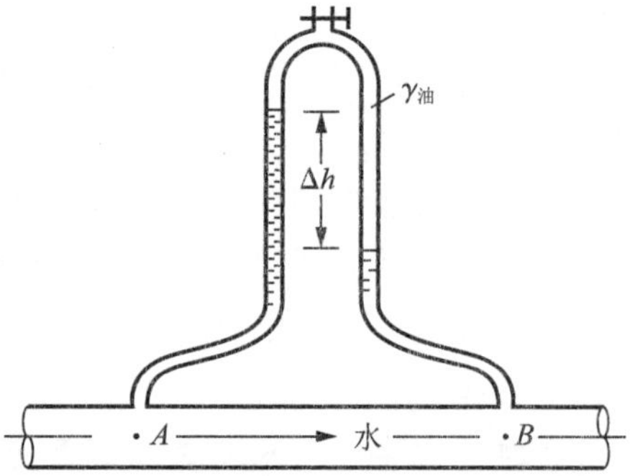

习题 2-11 图

2-12 利用装有液体并与物体一起运动的U形管测物体的加速度，如图所示。U形管直径很小，$l = 30\ \text{cm}, h = 2.5\ \text{cm}$。试求物体加速度$a$。

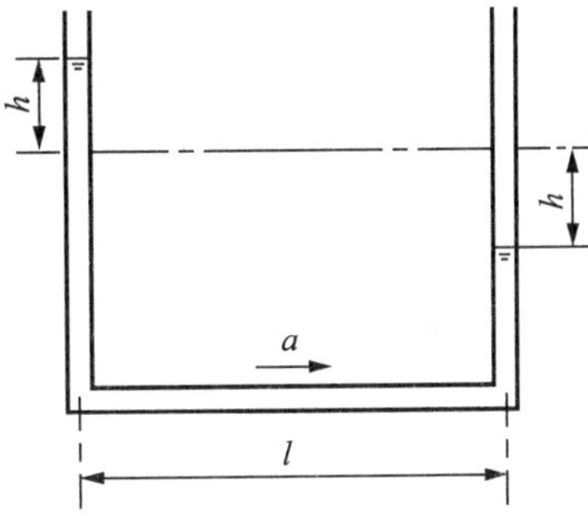

习题 2-12 图

2-13　盛水容器,试求在如下情况时深度 $H = 1$ m 处的液体压强。

(1) 容器以 6 m/s^2 的匀加速度垂直上升时;

(2) 容器以 6 m/s^2 的匀加速度垂直下降时;

(3) 自由下落时;

(4) 容器以 15 m/s^2 的匀加速度下降时。

2-14　如图所示一小车,内盛水,车内尺寸长 $L = 3$ m,宽 $b = 1.2$ m,静止时水深 $h = 2$ m。小车做水平等加速运动,加速度 $a_x = 4$ m/s^2,试计算小车运动时水面倾角 θ 和底面 AB 受总压力的大小。

2-15　如图所示,在一直径 $D = 300$ mm、高 $H = 500$ mm 的圆柱形容器中注入水至高度 $h_1 = 300$ mm,然后使容器绕其垂直轴旋转。试求能使水的自由液面到达容器上部边缘的转数 n_1。当转数超过 n_1 时,水开始溢出容器边缘,而抛物面的顶端将向底部接近,试求能使抛物面顶端碰到容器底时的转数 n_2。在容器静止以后,水面高度 h_2 将为多少?

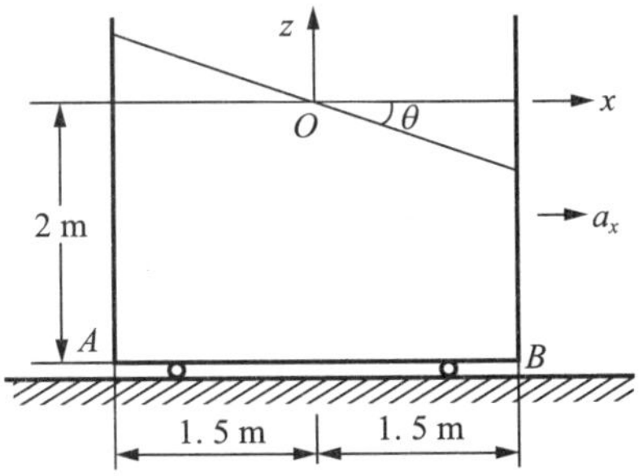

习题 2-14 图

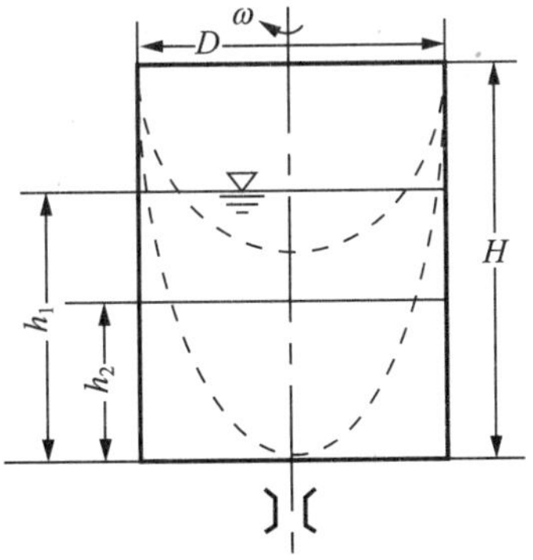

习题 2-15 图

2-16　垂直向上提升式木制闸板宽度 $B = 1.5$ m,水深 $H = 1.5$ m,闸板与闸板导槽间的摩擦系数为 0.7,如不计闸板重量,问开始瞬间提升闸板需要的力。

2-17　如图所示油罐发油装置,将直径为 d 的圆管伸进罐内,端部切成 45°角,用盖板盖住,盖板可绕管端上面的铰链旋转,借助绳系上提来开启盖板。若油深 $H = 5$ m,圆管直径 $d = 600$ mm,油品相对密度 0.85,不计盖板重及铰链的摩擦力,试求提升此盖板所需的力。(提示:盖板为椭圆形,要先算出长轴 $2b$ 和短轴 $2a$,然后可算出盖板面积 $A = \pi ab$)

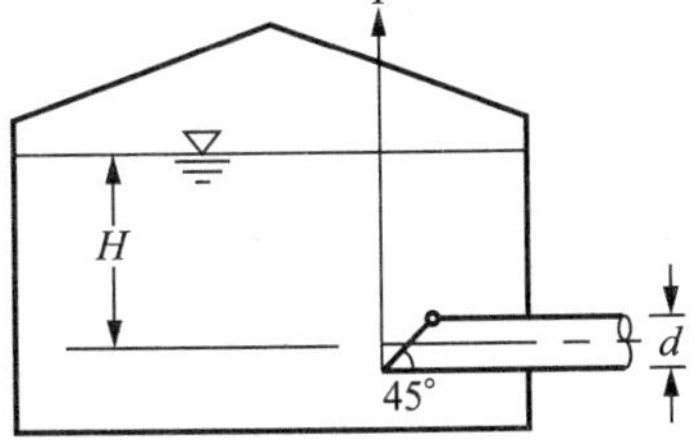

习题 2-17 图

2-18　某处装置一安全闸门,门宽 B 为 0.6 m,门高 H 为 1.0 m,距底 0.4 m 处装有闸门横轴,闸门可绕轴旋转,如图所示。不计各处的摩擦力,问门前水深 h 为多少时闸门可自行开放？

2-19　如图所示，闸门 AB 宽 1.2 m，A 点有铰链，真空表 G 的读数为 $1.47\times10^4\ \mathrm{N/m^2}$，在右侧箱中装有油，其油的密度为 900 kg/m^3，问在 B 点加多大的水平力才能使闸门平衡？

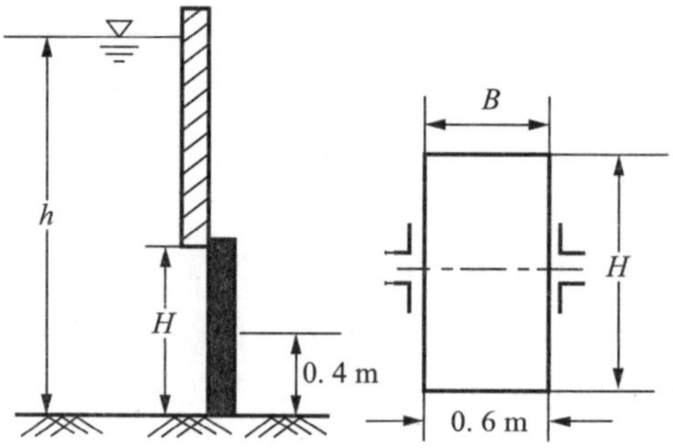

习题 2-18 图

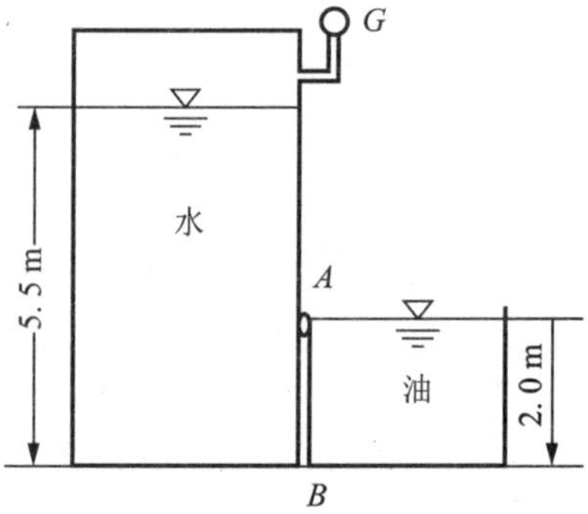

习题 2-19 图

2-20　画出图中 4 种曲面的压力体图，并说明垂直分力的方向。

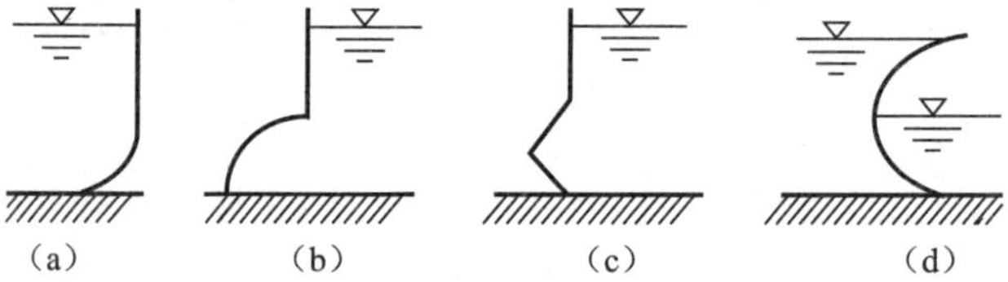

习题 2-20 图

2-21　如图所示两个半圆球形壳，以螺钉相连接。下半球固定于地面，其底部接一测压管，球内装满水，测压管内水面高出球顶 1 m，球的直径为 2 m。试求螺钉所受的总张力。

2-22　如图所示一储水设备，在 C 点测得绝对压强 $p=78\ 400$ Pa，$h=2$ m，半球曲面半径 $R=1$ m。试求半球曲面 AB 所受到液体的作用力。

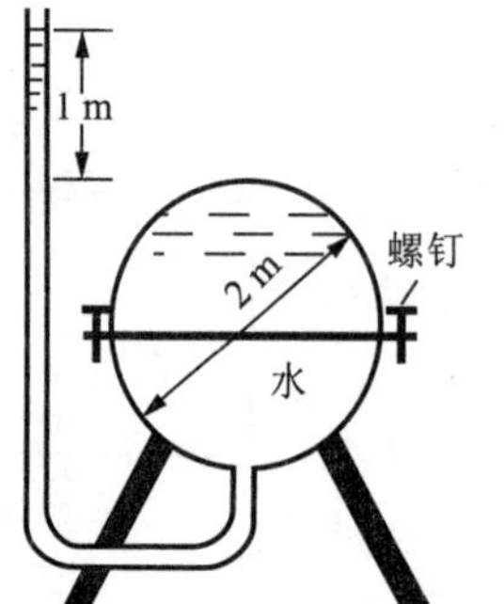

习题 2-21 图

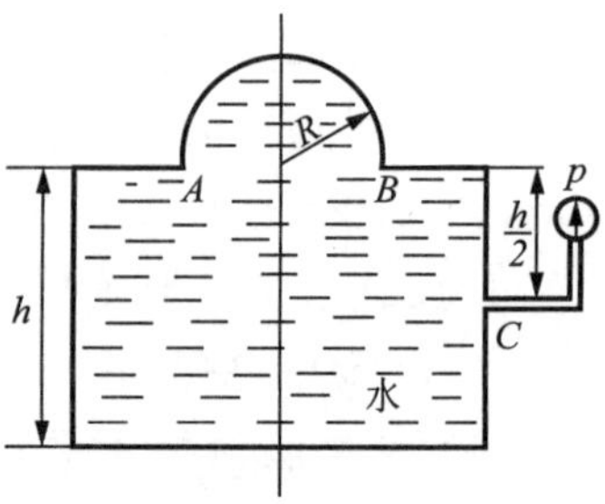

习题 2-22 图

2-23 如图所示，在盛有汽油的容器的底上有一直径 $d_2=20\ \text{mm}$ 的圆阀，该阀用绳系于直径 $d_1=100\ \text{mm}$ 的圆柱形浮子上。设浮子及圆阀的总质量 $m=100\ \text{g}$，汽油相对密度为 0.75，绳长 $Z=150\ \text{mm}$。问圆阀将在油面高度 H 为多少时开启？

2-24 如图所示水泵吸水管内的圆球形吸入阀，管内液面高 $H_1=5\ \text{m}$，管外液面高 $H_2=2\ \text{m}$，液面表压为 0。实心钢球直径 $D=150\ \text{mm}$，材料相对密度 8.5，安装在一个直径 $d=100\ \text{mm}$ 的阀座上。问吸水管内 AB 液面上需有多大真空度 p_0 才能将球阀升起？

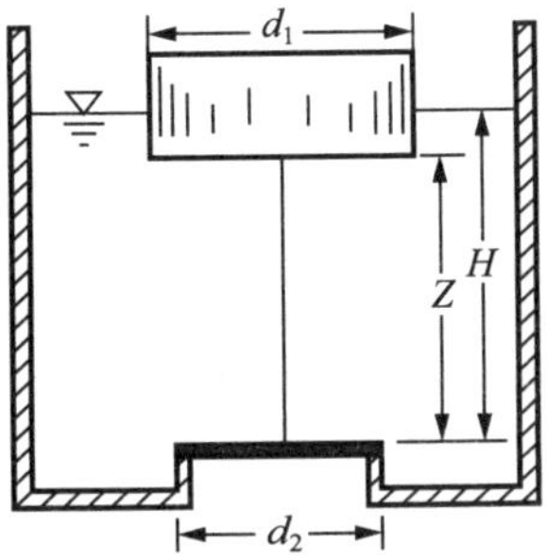

习题 2-23 图

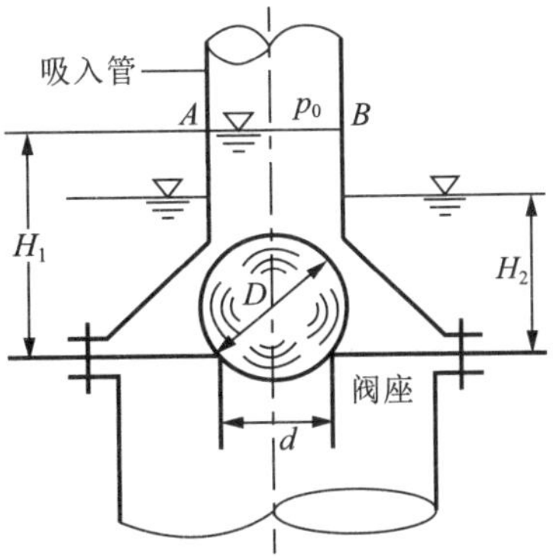

习题 2-24 图

2-25 如图所示，一木排由直径 250 mm、长 10 m 的圆木结成，用以输送 10 000 N 的重物通过河道。设木头相对密度为 0.8，过河时圆木顶面与水面平齐，问至少需要圆木多少根？

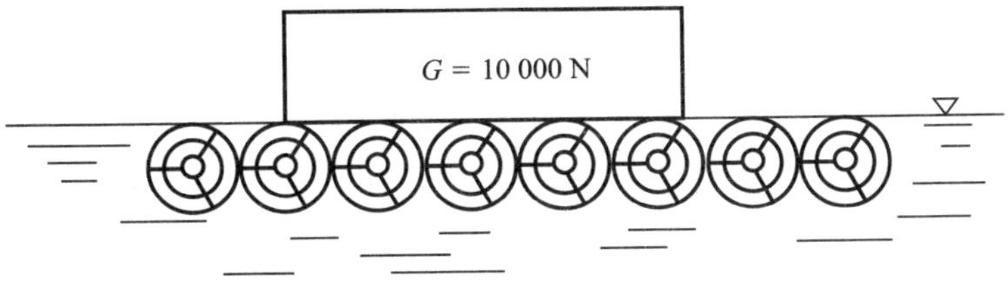

习题 2-25 图

第三章

流体运动学与动力学基础

本章首先介绍描述流体流动的基本方法，讨论流体运动的基本概念，然后应用物理学中的质量守恒定律、牛顿第二定律、动量定理等推导出流体流动的几个重要的基本方程，即连续性方程、欧拉方程、伯努利方程和动量方程等。这些方程是流体流动所共同遵守的普遍规律，是分析流体流动的重要依据。

第一节　研究流体流动的两种方法

3-1　研究方法

流体的运动可以视为充满一定空间的无数个流体质点运动的集合。为了研究流体运动，必须掌握研究流体运动的方法，在流体力学中根据着眼点的不同，有两种描述方法，即拉格朗日法和欧拉法，但它们可相互转化，殊途同归。

一、拉格朗日法

如前所述，流体可视为由无限多个彼此之间无间隙的流体质点所组成的均匀连续介质。如果把流体质点作为研究对象，跟踪一个质点，描述其运动的历史过程，并把足够多的质点运动情况综合起来，就可以了解整个流体的运动。这种方法称为拉格朗日法，这实质是一种质点系法或跟踪法。

拉格朗日法以研究个别流体质点的运动为基础，通过对各个流体质点运动的研究来获得整个流体的运动规律。这就首先需要区别不同的质点。对于直角坐标系来说，在某一初始时刻 t_0，质点坐标位置为(a, b, c)。不同的质点有不同的(a, b, c)值，(a, b, c)称为拉格朗日变数。由于流体质点是无限多的，所以采用拉格朗日变数来标识不同的流体质点。

在任意时刻 t，任何质点在空间的位置(x, y, z)都可以是拉格朗日变数(a, b, c)和时间 t 的函数：

$$\left.\begin{aligned} x &= x(a,b,c,t) \\ y &= y(a,b,c,t) \\ z &= z(a,b,c,t) \end{aligned}\right\} \tag{3-1}$$

在式(3-1)中，如果令(a, b, c)为常数，t 为变数，就可以得出某个指定的质点在任意时刻所处的位置；如果 t 为常数，(a, b, c)为变数，就可以得出某一瞬时不同质点在空间的分布情况。

任一流体质点在任意时刻的速度就可以由式(3-1)对时间求偏导数得出：

$$\left.\begin{aligned} u_x &= \frac{\partial x}{\partial t} = \frac{\partial x(a,b,c,t)}{\partial t} \\ u_y &= \frac{\partial y}{\partial t} = \frac{\partial y(a,b,c,t)}{\partial t} \\ u_z &= \frac{\partial z}{\partial t} = \frac{\partial z(a,b,c,t)}{\partial t} \end{aligned}\right\} \tag{3-2}$$

同理，任一流体质点的加速度可以将式(3-2)对时间求偏导数得出：

$$\left.\begin{aligned} a_x &= \frac{\partial u_x}{\partial t} = \frac{\partial^2 x(a,b,c,t)}{\partial t^2} \\ a_y &= \frac{\partial u_y}{\partial t} = \frac{\partial^2 y(a,b,c,t)}{\partial t^2} \\ a_z &= \frac{\partial u_z}{\partial t} = \frac{\partial^2 z(a,b,c,t)}{\partial t^2} \end{aligned}\right\} \tag{3-3}$$

拉格朗日方法的物理概念比较清楚，容易为初学者接受。但用这种方法进行研究，必须了解各流体质点运动的历史情况，数学上常会遇到很多困难。而且分析流体运动往往只需要了解流体空间中各运动要素之间的关系，没有必要弄清楚每个流体质点的运动。因此，在研究流体运动时除波浪运动、流体振动等少数运动的研究使用这一方法外，都采用另一种分析方法，即欧拉法。

二、欧拉法

欧拉法不研究各个质点的运动过程，而着眼于流场中的空间点，即通过观察流体质点流经每个空间点上的运动要素随时间变化的规律，把足够多的空间点综合起来而得出整个流体运动的规律，如果把拉格朗日法比作“跟踪”法，则欧拉法属于“站岗”法。需要强调的是，因为空间点是固定不动的，所以空间点本身没有运动要素可言，这里所说的空间点上的运动要素是某一瞬时流过该空间点处流体质点的运动要素。

欧拉法是个流场法。在数学上，将每一空间点对应着某个物理量的一个确定值的空间区域定义为该物理量的场。例如，某一瞬时各空间点上皆具有一定流速的流体质点经过，各空间点的速度的综合体就构成了一个速度场。以欧拉法的观点来研究流体运动问题，就归结为研究以时间 t 为参变量的流场，如速度场、压强场等。因此，能够将运动要素视作空间位置(x, y, z)和时间 t 的函数。自变量 x, y, z 称为欧拉变量。

采用欧拉法，速度场 u 可以表示为：

$$u = u(x, y, z, t) \tag{3-4}$$

设速度 $\boldsymbol{u}$ 在 x, y, z 三个坐标轴方向的分量为 u_x, u_y, u_z，则 $\boldsymbol{u} = u_x\boldsymbol{i} + u_y\boldsymbol{j} + u_z\boldsymbol{k}$。速度场可以写成：

$$\left.\begin{aligned} u_x &= u_x(x,y,z,t) \\ u_y &= u_y(x,y,z,t) \\ u_z &= u_z(x,y,z,t) \end{aligned}\right\} \tag{3-5}$$

同样，压力场可以表示为：

$$p = p(x, y, z, t) \tag{3-6}$$

上述公式中，如果令(x, y, z)为常数，t 为变数，则可以得出不同瞬时通过空间某一固定点的流体速度或压力的变化情况。如果 t 为常数，(x, y, z)为变数，则可得出同一瞬时在流场内通过不同空间点的流体速度或压力的分布情况，即瞬时流速场或瞬时压力场。

欧拉法描述运动时，各运动要素是空间位置(x, y, z)和时间 t 的函数。在欧拉法范畴内，可按不同的时空标准，对流动进行分类。

1. 定常流和非定常流

3-2 定常流和非定常流

以时间为标准，各空间点上的运动要素皆不随时间发生变化的流场称为定常流或稳定流；反之，称为非定常流或不稳定流。

对于定常流，式(3-4)可写为：

$$u = u(x, y, z)$$

实际工程中遇到的绝大部分问题都是非定常流。但是，非定常流问题的复杂性给研究带来很大的困难。然而有许多问题虽然属于非定常流范畴，但是其运动要素变化并不显著，接近于定常流。因此在本书中，除了个别章节外，将主要研究定常流的基本规律。

2. 均匀流和非均匀流

以空间位置为标准，场内运动要素不依赖于空间位置的流场称为均匀流；反之，称为非均匀流。

对于均匀场，式(3-4)可写为：

$$u = u(t)$$

3. 一元流动、二元流动、三元流动和一维流动、二维流动、三维流动

一般流体都是在三维空间内流动的，运动要素是 3 个坐标的函数。例如在直角坐标系中，速度、压力等运动要素是与 x, y, z 之中任意一个、两个、三个空间坐标有关，如：$u = u(x, t)$，$u = u(x, y, t)$，$u = u(x, y, z, t)$分别为一元流动、二元流动、三元流动；而流体的

运动要素 u 是 u_x, u_y, u_z 之中任意一个、两个、三个方向的分量，如：$\boldsymbol{u} = u_x\boldsymbol{i}$, $\boldsymbol{u} = u_x\boldsymbol{i} + u_y\boldsymbol{j}$, $\boldsymbol{u} = u_x\boldsymbol{i} + u_y\boldsymbol{j} + u_z\boldsymbol{k}$ 分别为一维流动、二维流动、三维流动。譬如，速度分布为 $\boldsymbol{u} = xy^2\boldsymbol{i} - \frac{1}{3}y^3\boldsymbol{j} + xy\boldsymbol{k}$ 的流场为二元三维流动。

下面讨论流体质点的加速度在欧拉法中是如何表示的。

首先要说明的是，研究速度和加速度的分布可以用欧拉法，但是由速度求加速度却必须用拉格朗日法，即必须用“质点”的观点研究问题。因为加速度是某一质点在单位时间内的速度变化。

其次要注意的是，所选的空间点不是任意的空间点，而是流体质点在运动过程中先后经过的位置，是同一轨迹上的空间点，即流体质点在流场中的空间位置(x, y, z)都应与运动过程中的时间变量 t 有关，即

$$x = x(t),\quad y = y(t),\quad z = z(t)$$

因此，流体质点的运动速度和空间位置之间存在如下关系：

$$\frac{\mathrm{d}x}{\mathrm{d}t} = u_x,\quad \frac{\mathrm{d}y}{\mathrm{d}t} = u_y,\quad \frac{\mathrm{d}z}{\mathrm{d}t} = u_z$$

如图 3-1 所示，在时间 t，流体质点在(x, y, z)处，它在 x 方向的速度分量为：

$$u_x = u_x(x, y, z, t)$$

在时间 $t + \Delta t$，流体质点沿着轨迹移动到位置$(x + \Delta x, y + \Delta y, z + \Delta z)$，它在 x 方向的速度分量为：

$$u_x = u_x(x + \Delta x, y + \Delta y, z + \Delta z, t + \Delta t)$$

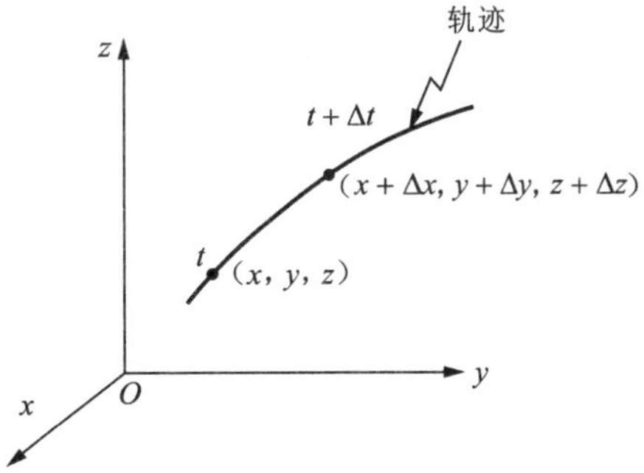

图 3-1　流体质点的加速度

根据加速度的定义和数学中复合函数偏微分法则推导出加速度在 x 方向的分量：

$$\begin{aligned}
a_x &= \lim_{\Delta t\to 0}\frac{u_x(x+\Delta x,\ y+\Delta y,\ z+\Delta z,\ t+\Delta t) - u_x(x, y, z, t)}{\Delta t} \\
&= \lim_{\Delta t\to 0}\frac{u_x(x,\ y,\ z,\ t+\Delta t) - u_x(x, y, z, t)}{\Delta t} + \\
&\quad \lim_{\Delta t\to 0}\frac{\Delta x}{\Delta t}\lim_{\Delta x\to 0}\frac{u_x(x+\Delta x,\ y,\ z,\ t) - u_x(x, y, z, t)}{\Delta x} + \\
&\quad \lim_{\Delta t\to 0}\frac{\Delta y}{\Delta t}\lim_{\Delta y\to 0}\frac{u_x(x,\ y+\Delta y,\ z,\ t) - u_x(x, y, z, t)}{\Delta y} + \\
&\quad \lim_{\Delta t\to 0}\frac{\Delta z}{\Delta t}\lim_{\Delta z\to 0}\frac{u_x(x,\ y,\ z+\Delta z,\ t) - u_x(x, y, z, t)}{\Delta z} \\
&= \frac{\partial u_x}{\partial t} + u_x\frac{\partial u_x}{\partial x} + u_y\frac{\partial u_x}{\partial y} + u_z\frac{\partial u_x}{\partial z}
\end{aligned}$$

故加速度在 x, y, z 方向的分量为：

$$\left.\begin{aligned}a_x&=\frac{\partial u_x}{\partial t}+u_x\frac{\partial u_x}{\partial x}+u_y\frac{\partial u_x}{\partial y}+u_z\frac{\partial u_x}{\partial z}\\a_y&=\frac{\partial u_y}{\partial t}+u_x\frac{\partial u_y}{\partial x}+u_y\frac{\partial u_y}{\partial y}+u_z\frac{\partial u_y}{\partial z}\\a_z&=\frac{\partial u_z}{\partial t}+u_x\frac{\partial u_z}{\partial x}+u_y\frac{\partial u_z}{\partial y}+u_z\frac{\partial u_z}{\partial z}\end{aligned}\right\}\tag{3-7}$$

加速度的表达式也可写成矢量形式：

$$\boldsymbol{a}=\frac{\mathrm{d}\boldsymbol{u}}{\mathrm{d}t}=\frac{\partial \boldsymbol{u}}{\partial t}+(\boldsymbol{u}\cdot\nabla)\boldsymbol{u}$$

由此可见，用欧拉法描述流体的流动时，加速度由以下两部分组成：

（1）式(3-7)中等号右边第一项表示通过空间固定点的流体质点速度随时间的变化率，称为当地加速度（又称局部加速度），由流场的非定常性引起。对于定常场，当地加速度为零。

（2）式(3-7)中等号右边后三项反映了在同一瞬时流体质点从一个空间点转移到另一个空间点，即流体质点所在的空间位置的变化而引起的速度变化率，称为迁移加速度，由流场的非均匀性引起。对于均匀场，迁移加速度为零。

从欧拉法的观点来看：① 流动中在不同空间点位置上的质点可以具有不同的速度。这是因为即使各空间点的速度都不随时间而变化，但如果两个相邻空间点的速度大小不同，则质点也仍有一定的加速度，否则当质点从前一空间点流到后一空间点时，就不可能改变它的速度。② 同一空间点上的质点，也因时间的先后不同可以有不同的速度。

当地加速度与迁移加速度之和称为全加速度。

式(3-7)的导数也称为速度的质点导数，流体质点的其他物理量，不管是标量还是矢量，其质点导数都与此类似。例如，密度的质点导数可表示为：

$$\frac{\mathrm{d}\rho}{\mathrm{d}t}=\frac{\partial\rho}{\partial t}+u_x\frac{\partial\rho}{\partial x}+u_y\frac{\partial\rho}{\partial y}+u_z\frac{\partial\rho}{\partial z}$$

由于研究流体运动时常常希望了解整个流场的速度、压力、加速度等运动要素分布及其变化规律，因此欧拉法得到了广泛的应用。

最后说明：拉格朗日法和欧拉法这两种方法只是研究流体运动的方法，对于同一问题，拉格朗日法和欧拉法只是着眼点不同，其描述的结果是一致的，且可以相互转换。这是“联系是事物本身固有的，不以人的意志为转移”的具体体现，也是马克思辩证唯物主义科学观“联系的客观性”的具体体现。

3-3 流线与迹线

第二节 流体运动学的基本概念

本节主要介绍涉及流体运动的一些基本概念。

一、迹 线

利用拉格朗日法描述流体运动即研究个别质点在不同时刻的运动情况。把某一质点在连续的时间过程内所占据的空间位置连成线，就是迹线。迹线是流体质点在一段时间内运动的轨迹线，是拉格朗日法的几何表示。迹线给出同一质点在不同时刻的速度方向，它只因质点的不同而不同。

求迹线问题实际上就是寻求在拉格朗日变数(a, b, c)下的质点运动规律，如从质点迹线的参数方程

$$\left.\begin{aligned} x &= x(a, b, c, t) \\ y &= y(a, b, c, t) \\ z &= z(a, b, c, t) \end{aligned}\right\} \tag{3-8}$$

中消去时间 t，并给定(a, b, c)值，就可得迹线方程。

速度为质点在单位时间内移动的距离。因此，迹线的微分方程可表示为：

$$\frac{\mathrm{d}x}{u_x(x,y,z,t)} = \frac{\mathrm{d}y}{u_y(x,y,z,t)} = \frac{\mathrm{d}z}{u_z(x,y,z,t)} = \mathrm{d}t \tag{3-9}$$

式中，时间 t 为独立变量，而 x, y, z 皆为时间 t 的函数。

二、流 线

1. 流线的定义

用欧拉法描述流体运动需考察同一时刻各流体质点在不同空间位置上的运动情况。流线的概念是由欧拉法引出的。流线是某一瞬时在流场中绘出的曲线，在这条曲线上所有质点的速度矢量都和该曲线相切。因此，流线表示流体的瞬时流动方向。它的绘制方法如下：

设在某瞬时 t_1，流场中某点 1 处流体质点的速度为 $\boldsymbol{u}_1$，沿 $\boldsymbol{u}_1$ 矢量方向无穷小距离 $\mathrm{d}s_1$ 取点 2，点 2 处流体质点在同一瞬时 t_1 的速度为 $\boldsymbol{u}_2$；沿 $\boldsymbol{u}_2$ 矢量方向无穷小距离 $\mathrm{d}s_2$ 取点 3，点 3 处流体质点在同一瞬时 t_1 的流速为 $\boldsymbol{u}_3$。依此类推，可以找到点 4、点 5、点 6…… 当这些点无限靠近时，则折线 123456…就近似成为一条光滑曲线 s，曲线 s 就称为瞬时 t_1 通过点 1 的流线，如图 3-2(a)所示。如果绘出在同一瞬时各空间点的一簇流线，则这些流线的综合就可以清晰地描绘出整个空间在该瞬时的流动图景。因此，流线是欧拉法分析流动的重要概念。

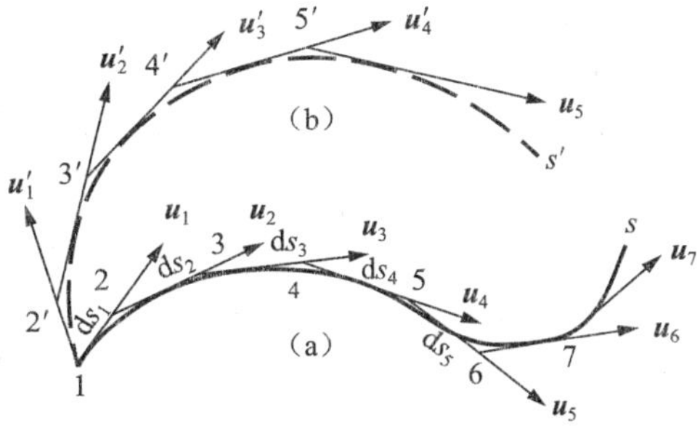

图 3-2 流线

2. 流线特性

流线具有以下特性：

(1) 流线不能相交。如果流线相交，则交

点处的速度向量同时与两条流线相切，即一个质点同时有两个速度向量，这是不可能的。但流线可以相切，例如机翼末端处上下两条流线相切后汇合为一条流线，如图 3-3(a)中的 B 点所示。除此之外，还有两种例外情况：速度为零的点，如图 3-3(a)中的 A 点，称为驻点；速度无限大的点，如图 3-3(b)中的 O 点，称为奇点。也就是说，在流场内驻点、奇点以及流线相切的点上，流线可以相交，因为这些点上不会存在同一点上流动方向不同的问题。

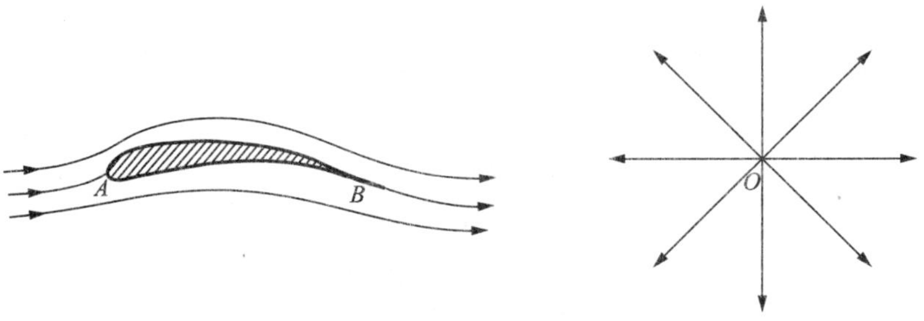

(a)　　　　(b)

图 3-3　驻点、相切点和奇点

(2) 定常流时，由于流场中各点的速度不随时间而改变，因此定常流的流线也不随时间而变化。设想一个位于某条流线上的质点，因为该质点的速度和该流线相切，所以质点没有与流线相垂直的速度分量，质点只能沿流线移动。如果是定常流，则流线不随时间改变，于是质点就沿着这条流线运动而不会偏离它。也就是说，在定常流中质点的迹线与流线重合。

(3) 非定常流时，质点的迹线与流线不重合。由于流场中速度随时间改变，所以在瞬时 t_2 通过流场空间点 1 的速度向量将改变为 $\boldsymbol{u}_1'$。按流线定义，t_2 瞬时流过点 1 的流线将改变为 s'，如图 3-2(b)所示。因而，对于非定常流，经过同一点的流线的空间方向和形状是随时间而改变的。

(4) 流线不能突然转折。流体是连续介质，各运动要素在空间上是连续的，因此流线不可能突然转折，只能是光滑曲线。为了改善物体的动力性能，将运动物体外形设计成“流线型”形状，是适应流线不能突然转折而采取的减小阻力的措施。

(5) 流线的走向和疏密反映了瞬时流场内流体的速度方向和大小。在流场中取几个空间点作流线，在整个空间可绘出一系列流线，称为流线谱。流线谱中流线的疏密反映了该瞬时流场中各点的速度变化情况。流线密的地方速度大，疏的地方速度小。

3-4　流线
演示与模拟

了解了流线的概念和特性，就可以形象地描绘不同边界条件下的流体流动。

3. 流线方程

设流线的某一点处，沿流线取一微分矢量为 $\mathrm{d}\boldsymbol{r}$，该点处的速度为 $\boldsymbol{u}$，根据流线的定义有：

$$\boldsymbol{u}\times \mathrm{d}\boldsymbol{r}=\boldsymbol{0}$$

在直角坐标系中，由矢量运算法则可知：

$$\boldsymbol{u}\times \mathrm{d}\boldsymbol{r}=\begin{pmatrix} \boldsymbol{i} & \boldsymbol{j} & \boldsymbol{k} \\ u_x & u_y & u_z \\ \mathrm{d}x & \mathrm{d}y & \mathrm{d}z \end{pmatrix}=\boldsymbol{0}$$

则流线的微分方程为：

$$\frac{\mathrm{d}x}{u_x(x,y,z,t)}=\frac{\mathrm{d}y}{u_y(x,y,z,t)}=\frac{\mathrm{d}z}{u_z(x,y,z,t)} \tag{3-10}$$

式中，u_x, u_y 和 u_z 都是(x, y, z)和时间 t 的函数。不同瞬时有不同的流线，时间 t 是流线方程的参数。当已知速度分布时，根据微分方程可以求具体流线形状。

例 3-1

已知一平面流场，其分速度为：

$$u_x=-\frac{ky}{x^2+y^2},\quad u_y=\frac{kx}{x^2+y^2},\quad u_z=0$$

求其流线形状。

解：由式(3-10)知平面流场的流线微分方程为：

$$\frac{\mathrm{d}x}{u_x}=\frac{\mathrm{d}y}{u_y}$$

将已知的分速度值代入，得：

$$-\frac{\mathrm{d}x}{y}=\frac{\mathrm{d}y}{x}$$

即有：

$$x\mathrm{d}x+y\mathrm{d}y=0$$

积分可得：

$$x^2+y^2=C$$

给 C 不同值就可得到不同流线，所以流线为不同半径的圆周线簇。因所给速度与时间无关，故为定常流动，即流场中所有质点各自以其所在的半径做圆周定常运动。

三、流管、流束、总流

3-5　断面平均流速等

1. 流　管

在流场中画一条非流线的封闭曲线 C，经过曲线 C 的每一点作流线，由许多流线所围成的管称为流管，如图 3-4 所示。

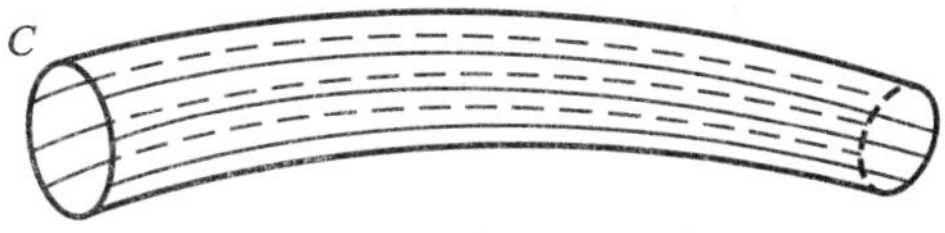

图 3-4　流管

定常流时流管的形状不随时间改变；反之，非定常流时流管的形状随时间而改变。由于管流表面是由流线围成的，流线是不能相交的，所以流管内外无流体质点交换。这样流管就像刚体管壁一样，把流体运动局限在流管之内或流管之外。

2. 流　束

充满在流管内部的流体称为流束。断面无穷小的流束为微小流束，如图3-5中断面为 dA_1 及 dA_2 的流束，由于断面面积为微元面积，故断面上各点的速度等参数均可认为是均匀分布的。

当微小流束的断面面积趋于零时，微小流束达到它的极限，即为流线。

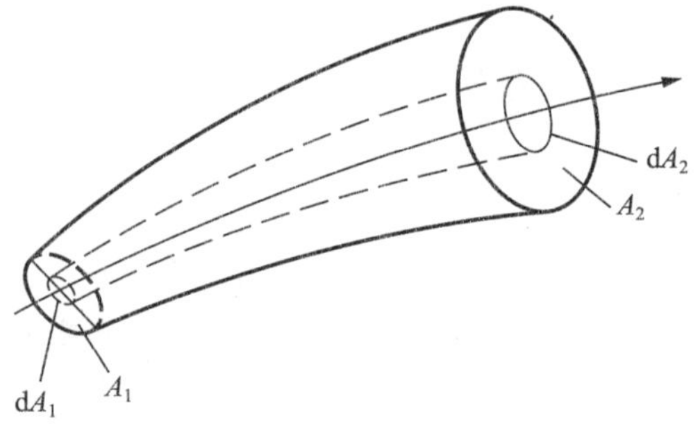

图3-5　流束与总流

3. 总　流

无数微小流束的总和称为总流，如水管及气管中的水流及气流的总体。

在分析总流的速度、流量、压力等运动要素变化时，可以认为微小断面 dA 上各点的运动要素相等，这样可以利用数学积分方法求出相应的总流断面上的运动要素。

四、有效断面、流量和断面平均流速

1. 有效断面

流束或总流上垂直于流线的断面称为有效断面，也称为过流断面。

因为所有的流线都是垂直地通过它，所以沿有效断面上没有流体流动，不存在黏性切应力。

有效断面可能是平面，也可能是曲面。例如在等直径管路中，液流都沿着管轴方向，流线是一簇互相平行的直线，有效断面是平面；在喇叭形管嘴中，液流的有效断面是曲面，如图3-6所示。

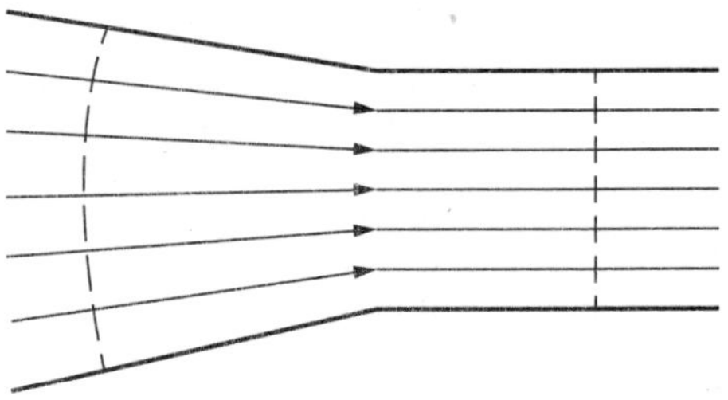

图3-6　有效断面

2. 流　量

单位时间内流经有效断面的流体量，称为流量。流量可以用不同的单位计量，最常用的是体积流量，习惯上简称为流量，即以单位时间内通过有效断面的流体体积表示，记为 Q，其国际单位为 m^3/s；另一种以单位时间内通过有效断面的流体重量表示，称为重量流量，记为 G，其国际单位为 N/s；还有一种以单位时间内通过有效断面的流体质量表示，称为质量流量，记为 m_f，其国际单位为 kg/s。这3种流量之间的换算关系为：

$$G = \gamma Q \tag{3-11}$$

$$m_f = \rho Q \tag{3-12}$$

式中　γ——流体重度，N/m^3；

ρ——流体密度，kg/m^3。

3. 断面平均流速

对微小流束而言，体积流量 dQ 应等于速度 u 与微小有效断面面积 dA 的乘积，即

$$\mathrm{d}Q = u\mathrm{d}A \tag{3-13}$$

对总流而言，体积流量 Q 则是微小流束之流速对总流有效断面面积 A 的积分，即

$$Q = \int_A u\,\mathrm{d}A \tag{3-14}$$

由于流体有黏性，任一有效断面上各点速度大小不等，所以需找出断面上速度分布的函数式才能对式(3-14)进行积分。

为了计算方便，通常引入一个断面平均流速的概念，用v表示。其物理意义是：假想有效断面上的各点流速相等，而按这个各点相等的流速v所通过的流体体积与按实际不同分布的流速 u 所通过的流体体积相等，如图 3-7 所示，即

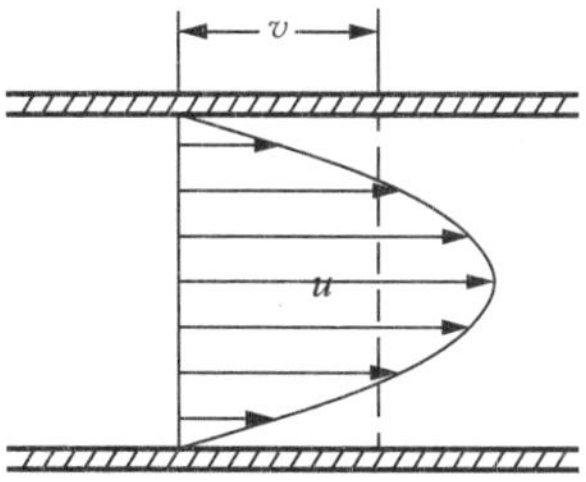

图 3-7　断面平均流速

$$v \cdot A = \int_A u\mathrm{d}A = Q$$

$$v = \frac{\int_A u\mathrm{d}A}{A} = \frac{Q}{A} \tag{3-15}$$

根据式(3-15)确定的流速就称为断面平均流速。由式(3-15)可知，体积流量等于断面平均流速与有效断面面积的乘积；反之，根据有效断面面积与体积流量，可求得断面平均流速。工程上所说的管道中流体的流速便是指断面平均流速。

第三节　连续性方程

因为流体为连续介质，所以流体流动时是连续地充满它所占据的空间，不存在空隙。根据质量守恒定律，对于空间固定的封闭曲面，不定常流动时流入的流体质量与流出的流体质量之差应等于封闭曲面内流体质量的变化；定常流动时流入的流体质量必然等于流出的流体质量。这些结论以数学形式表达，就是连续性方程。

一、一元定常流动的连续性方程

在定常总流中，任取一流束，如图 3-8 所示，设进口 1—1 及出口 2—2 的有效断面面积分别为 dA_1 和 dA_2，速度分别为 u_1 和 u_2，密度分别为 ρ_1 和 ρ_2。

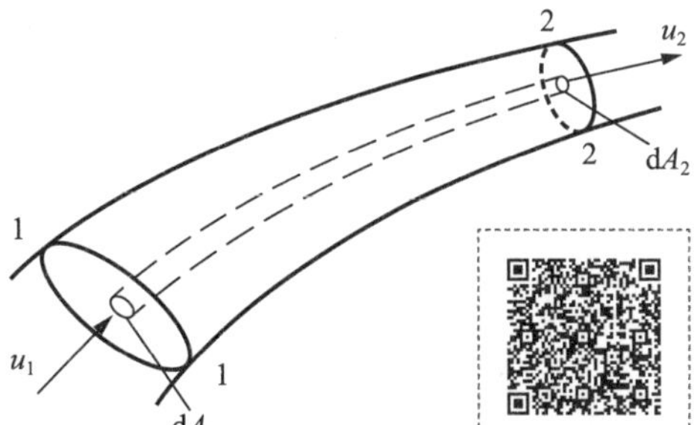

图 3-8　一元流动

3-6　一元连续性方程

由于流束表面是由流线围成的，故没有流体的穿入或穿出，只有两端 dA_1 和 dA_2 流体的流入和流出。根据质量守恒定律，dt 时间内由 dA_1 流

入的流体质量 $\rho_1 u_1 \mathrm{d}A_1$ 必然等于由 $\mathrm{d}A_2$ 流出的流体质量 $\rho_2 u_2 \mathrm{d}A_2$，即

$$\rho_1 u_1 \mathrm{d}A_1 = \rho_2 u_2 \mathrm{d}A_2 \tag{3-16}$$

式(3-16)就是可压缩流体沿微小流束定常流动时的连续性方程。

对于不可压缩流体，ρ 为常数，则有：

$$u_1 \mathrm{d}A_1 = u_2 \mathrm{d}A_2 \tag{3-17}$$

式(3-17)就是不可压缩流体沿微小流束定常流动时的连续性方程。

总流是无数个微小流束的集合，将式(3-17)两边沿整个有效断面 A_1 及 A_2 积分，设 $\rho_{1均}$和 $\rho_{2均}$分别是总流 1—1 和 2—2 两断面上的平均密度，就可得到可压缩流体沿总流的连续性方程，即

$$\rho_{1均}\int_{A_1} u_1 \mathrm{d}A_1 = \rho_{2均}\int_{A_2} u_2 \mathrm{d}A_2$$

积分得：

$$\left.\begin{aligned} \rho_{1均} Q_1 &= \rho_{2均} Q_2 \\ \rho_{1均} v_1 A_1 &= \rho_{2均} v_2 A_2 \end{aligned}\right\} \tag{3-18}$$

式(3-18)说明，可压缩流体定常流时沿流程的质量保持不变。

对不可压缩流体，即 $\rho_{1均} = \rho_{2均} =$ 常数，则式(3-18)可写为：

$$\left.\begin{aligned} Q_1 &= Q_2 \\ v_1 A_1 &= v_2 A_2 \\ \frac{v_1}{v_2} &= \frac{A_2}{A_1} \end{aligned}\right\} \tag{3-19}$$

式(3-19)为不可压缩流体定常流动总流连续性方程。由此可以看出，一元总流在定常流动条件下沿流程体积流量保持不变，为一常数；各有效断面平均流速与有效断面面积成反比，即断面面积大则流速小，断面面积小则流速大。

这种流速与管流断面面积成反比的现象在日常生活中经常遇到。例如，河面变窄时，河水流速加大；风经过山谷、窄口时，风速增大。这是不可压缩流体运动的一个基本规律。

上面讨论的是仅有一个进口和一个出口的情况，但工程实际中常常会遇到多个进、出口有分支的情况，譬如油田的集输管网、注水管网和生活供水管网，总流的连续性方程仍然适用，只是形式上有所不同。

对于图 3-9(a)所示汇流，有：

$$Q_1 + Q_2 = Q_3$$

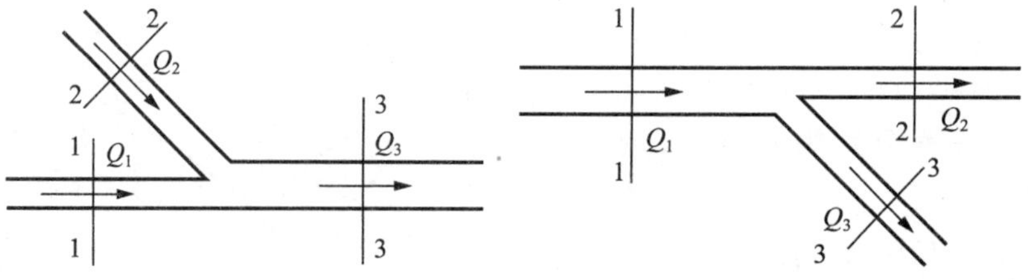

(a)　　(b)

图 3-9　汇流与分流

对于图 3-9(b)所示分流，有：

$$Q_1 = Q_2 + Q_3$$

连续性方程是一个不涉及作用力的运动学方程，因此对于理想流体和实际流体都可适用。

3-7　连续性微分方程

二、空间运动连续性微分方程

流体最普遍的运动形式是空间运动，即在空间 x, y, z 三个坐标方向都有流体运动的分速度。为了导出这一方程，在流场中取以 $A(x, y, z)$ 点为中心的微小正六面体为控制体，其边长分别为 dx, dy, dz，各边分别平行于坐标轴 x, y, z，设 t 时刻通过中心 A 点的速度为 $u(x, y, z)$，在直角坐标系中三个速度分量为 u_x, u_y, u_z，密度为 $\rho(x, y, z)$，如图 3-10 所示。

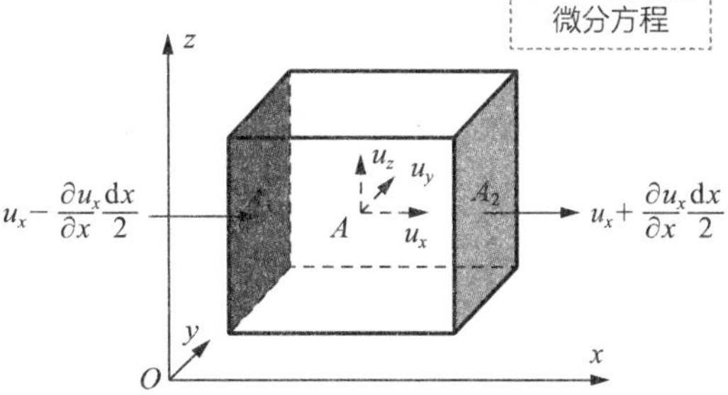

图 3-10　空间平行六面体

速度、密度在 A 点附近的变化可用泰勒级数展开，并略去二阶以上各高阶无穷小项来求得。例如，沿 x 方向作用边界上中心 A_1 及 A_2 的坐标分别为 $\left(x-\frac{1}{2}dx, y, z\right)$ 和 $\left(x+\frac{1}{2}dx, y, z\right)$，$x$ 方向速度分量分别为 $u_x-\frac{1}{2}\frac{\partial u_x}{\partial x}dx$ 和 $u_x+\frac{1}{2}\frac{\partial u_x}{\partial x}dx$。同理，密度分别为 $\rho-\frac{1}{2}\frac{\partial \rho}{\partial x}dx$ 和 $\rho+\frac{1}{2}\frac{\partial \rho}{\partial x}dx$。由于微元体无限小，可认为微元正六面体各表面上速度、密度都是均匀的。所以，dt 时间内在 x 轴方向流入微元六面体空间的质量（略去二阶无穷小项）为：

$$\left(u_x-\frac{\partial u_x}{\partial x}\frac{dx}{2}\right)\left(\rho-\frac{\partial \rho}{\partial x}\frac{dx}{2}\right)dydzdt=\rho u_x dydzdt-\frac{1}{2}\left(u_x\frac{\partial \rho}{\partial x}+\rho\frac{\partial u_x}{\partial x}\right)dxdydzdt$$

dt 时间内在 x 轴方向流出微元六面体空间的质量为：

$$\left(u_x+\frac{\partial u_x}{\partial x}\frac{dx}{2}\right)\left(\rho+\frac{\partial \rho}{\partial x}\frac{dx}{2}\right)dydzdt=\rho u_x dydzdt+\frac{1}{2}\left(u_x\frac{\partial \rho}{\partial x}+\rho\frac{\partial u_x}{\partial x}\right)dxdydzdt$$

在 dt 时间内，流体在微元六面体空间中在 x 轴方向的流出与流入的流体质量之差为：

$$\left(u_x\frac{\partial \rho}{\partial x}+\rho\frac{\partial u_x}{\partial x}\right)dxdydzdt$$

同理可得，在 dt 时间内，流体在微元六面体空间中在 y 和 z 轴方向的流出与流入的流体质量之差分别为：

$$\left(u_y\frac{\partial \rho}{\partial y}+\rho\frac{\partial u_y}{\partial y}\right)dxdydzdt$$

$$\left(u_z\frac{\partial\rho}{\partial z}+\rho\frac{\partial u_z}{\partial z}\right)\mathrm{d}x\mathrm{d}y\mathrm{d}z\mathrm{d}t$$

因此，dt时间内，整个微元六面体流出与流入的流体质量之差为：

$$\left[\left(u_x\frac{\partial\rho}{\partial x}+\rho\frac{\partial u_x}{\partial x}\right)+\left(u_y\frac{\partial\rho}{\partial y}+\rho\frac{\partial u_y}{\partial y}\right)+\left(u_z\frac{\partial\rho}{\partial z}+\rho\frac{\partial u_z}{\partial z}\right)\right]\mathrm{d}x\mathrm{d}y\mathrm{d}z\mathrm{d}t$$

$$=\left[\frac{\partial(\rho u_x)}{\partial x}+\frac{\partial(\rho u_y)}{\partial y}+\frac{\partial(\rho u_z)}{\partial z}\right]\mathrm{d}x\mathrm{d}y\mathrm{d}z\mathrm{d}t \tag{3-20}$$

下面分析dt时间前后微元六面体的流体质量变化。dt时间开始前流体密度为ρ，则dt时间后密度为$\rho+\frac{\partial\rho}{\partial t}\mathrm{d}t$。由于在d$t$时间内从六面体流到外部一定的流体质量[式(3-20)]，所以内部质量要减少。这样，dt时间内六面体内流体密度变化所引起的质量减少量为：

$$\rho\mathrm{d}x\mathrm{d}y\mathrm{d}z-\left(\rho+\frac{\partial\rho}{\partial t}\mathrm{d}t\right)\mathrm{d}x\mathrm{d}y\mathrm{d}z=-\frac{\partial\rho}{\partial t}\mathrm{d}x\mathrm{d}y\mathrm{d}z\mathrm{d}t \tag{3-21}$$

由于流体连续流动，不出现空隙，按质量守恒定律，dt时间内质量的减少量必然等于流出与流入的质量之差，即式(3-20)及式(3-21)应相等，则有：

$$\left[\frac{\partial(\rho u_x)}{\partial x}+\frac{\partial(\rho u_y)}{\partial y}+\frac{\partial(\rho u_z)}{\partial z}\right]\mathrm{d}x\mathrm{d}y\mathrm{d}z\mathrm{d}t=-\frac{\partial\rho}{\partial t}\mathrm{d}x\mathrm{d}y\mathrm{d}z\mathrm{d}t$$

化简得：

$$\frac{\partial\rho}{\partial t}+\frac{\partial(\rho u_x)}{\partial x}+\frac{\partial(\rho u_y)}{\partial y}+\frac{\partial(\rho u_z)}{\partial z}=0 \tag{3-22}$$

式(3-22)为流体运动的连续性微分方程式。其物理意义是：流体在单位时间内经单位体积空间流出和流入的质量差与其内部质量变化的代数和为零。

对于可压缩流体定常流，$\partial\rho/\partial t=0$，则式(3-22)变为：

$$\frac{\partial(\rho u_x)}{\partial x}+\frac{\partial(\rho u_y)}{\partial y}+\frac{\partial(\rho u_z)}{\partial z}=0 \tag{3-23}$$

或表示成矢量形式：

$$\nabla\cdot(\rho\boldsymbol{u})=0 \tag{3-24}$$

式(3-22)和式(3-23)即可压缩流体定常流动的空间连续性方程。这说明流体在单位时间内经单位体积空间流出与流入质量相等，或者说该空间内质量保持不变。

对于不可压缩流体，$\rho=$常数，则式(3-22)变为：

$$\frac{\partial u_x}{\partial x}+\frac{\partial u_y}{\partial y}+\frac{\partial u_z}{\partial z}=0 \tag{3-25}$$

或表示成矢量形式：

$$\nabla\cdot\boldsymbol{u}=0 \tag{3-26}$$

或表示成圆柱坐标系(r,θ,x)下的不可压缩流体的连续性方程式：

$$\frac{\partial u_r}{\partial r}+\frac{u_r}{r}+\frac{1}{r}\frac{\partial u_\theta}{\partial \theta}+\frac{\partial u_x}{\partial x}=0 \tag{3-27}$$

式(3-25)、式(3-26)、式(3-27)即不可压缩流体流动的空间连续性方程。这说明单位时间单位体积空间内的流体体积保持不变。

连续性方程是质量守恒原理在流体力学中的表达形式，是支配流体运动的基本方程式。

例 3-2

假设有一不可压缩流体的平面流动，其 x 方向的速度分量为：

$$u_x=\frac{m}{2\pi}\frac{y}{(x^2+y^2)}$$

而且在 x 轴上处处 $u_y=0$。试确定其 y 方向的速度分量。

解：不可压缩流体的平面流动必须满足如下形式的连续性方程：

$$\frac{\partial u_x}{\partial x}+\frac{\partial u_y}{\partial y}=0$$

将上式左边第一项移至右边并对 y 进行积分可得：

$$u_y=-\int\frac{\partial u_x}{\partial x}\mathrm{d}y+f(x)$$

其中，$f(x)$ 为对 y 积分后所得到的积分函数，它仅是 x 的函数。

将题中已知的 u_x 代入上式，并积分：

$$u_y=-\int\frac{m}{2\pi}\frac{y^2-x^2}{(x^2+y^2)^2}\mathrm{d}y+f(x)$$

所以有：

$$u_y=\frac{m}{2\pi}\frac{y}{(x^2+y^2)}+f(x)$$

在 x 轴上 $y=0$，$u_y=0$，代入上式得：

$$f(x)=0$$

因此可得：

$$u_y=\frac{m}{2\pi}\frac{y}{(x^2+y^2)}$$

具有这种速度分布的流动称为源，m 为源的强度。在 $x=y=0$ 处，速度为无限大。

第四节　理想流体运动微分方程及流线伯努利方程

上节讨论了连续性方程，它反映了流体运动速度场必须满足的条件，这是一个运动学方程。下面将分析流体受力及运动之间的动力学关系，即建立理想流体动力学方程。

一、理想流体运动微分方程

3-8 理想运动微分方程

在运动着的理想流体中取出边长分别为 dx，dy 和 dz 的微元六面体的流体，如图 3-11 所示。六面体中心 $A(x, y, z)$ 点的流体压强为 p，流速沿坐标轴的分量为 u_x，u_y 和 u_z，密度为 ρ。作用在微元六面体上的力有表面力和质量力。现以 x 方向为例进行分析。

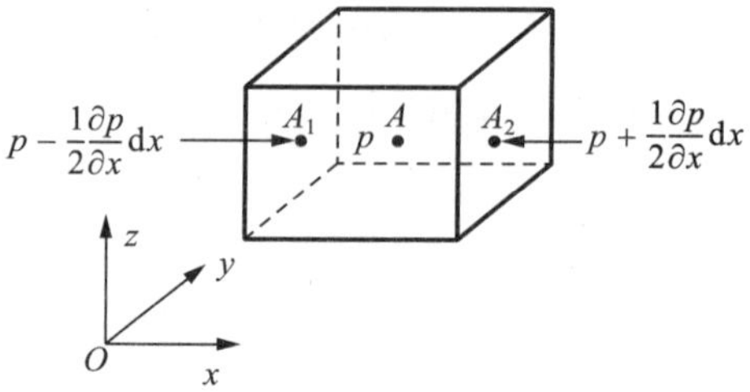

图 3-11 微元六面体

由于流体为理想流体，没有黏性，表面力只有压力：作用在微元六面体中心 A 点的压强为 p，微元六面体左侧 A_1 点压强为 $p-\frac{1}{2}\frac{\partial p}{\partial x}\mathrm{d}x$，右侧 A_2 点压强为 $p+\frac{1}{2}\frac{\partial p}{\partial x}\mathrm{d}x$。

设流体的单位质量力在 x 轴上的分量为 X，则微元六面体的质量力在 x 轴的分量为 $X\rho\mathrm{d}x\mathrm{d}y\mathrm{d}z$。

根据牛顿第二定律，作用在微元六面体上的诸力在任一轴上投影的代数和应等于微元六面体的质量与该轴上的分加速度的乘积。对于 x 轴，有：

$$X\rho\mathrm{d}x\mathrm{d}y\mathrm{d}z+\left(p-\frac{1}{2}\frac{\partial p}{\partial x}\mathrm{d}x\right)\mathrm{d}y\mathrm{d}z-\left(p+\frac{1}{2}\frac{\partial p}{\partial x}\mathrm{d}x\right)\mathrm{d}y\mathrm{d}z=\rho\mathrm{d}x\mathrm{d}y\mathrm{d}z\frac{\mathrm{d}u_x}{\mathrm{d}t}$$

等式两边除以微元六面体质量 $\rho\mathrm{d}x\mathrm{d}y\mathrm{d}z$，可得到单位质量流体的运动方程，即

$$X-\frac{1}{\rho}\frac{\partial p}{\partial x}=\frac{\mathrm{d}u_x}{\mathrm{d}t} \tag{3-28a}$$

同理可得：

$$Y-\frac{1}{\rho}\frac{\partial p}{\partial y}=\frac{\mathrm{d}u_y}{\mathrm{d}t} \tag{3-28b}$$

$$Z-\frac{1}{\rho}\frac{\partial p}{\partial z}=\frac{\mathrm{d}u_z}{\mathrm{d}t} \tag{3-28c}$$

其矢量形式为：

$$\boldsymbol{f}-\frac{1}{\rho}\nabla\boldsymbol{p}=\frac{\mathrm{d}\boldsymbol{u}}{\mathrm{d}t} \tag{3-29}$$

对于平衡流体来说，$u_x=u_y=u_z=0$，则由式(3-28)可以直接得出欧拉平衡微分方程式(2-5)。

式(3-28)中，$\frac{\mathrm{d}u_x}{\mathrm{d}t}$，$\frac{\mathrm{d}u_y}{\mathrm{d}t}$ 和 $\frac{\mathrm{d}u_z}{\mathrm{d}t}$ 为 A 点的分加速度。将式(3-7)各分加速度代入式(3-28)，则得：

$$
\left.\begin{aligned}
X-\frac{1}{\rho}\frac{\partial p}{\partial x}&=\frac{\partial u_x}{\partial t}+u_x\frac{\partial u_x}{\partial x}+u_y\frac{\partial u_x}{\partial y}+u_z\frac{\partial u_x}{\partial z}\\
Y-\frac{1}{\rho}\frac{\partial p}{\partial y}&=\frac{\partial u_y}{\partial t}+u_x\frac{\partial u_y}{\partial x}+u_y\frac{\partial u_y}{\partial y}+u_z\frac{\partial u_y}{\partial z}\\
Z-\frac{1}{\rho}\frac{\partial p}{\partial z}&=\frac{\partial u_z}{\partial t}+u_x\frac{\partial u_z}{\partial x}+u_y\frac{\partial u_z}{\partial y}+u_z\frac{\partial u_z}{\partial z}
\end{aligned}\right\}\tag{3-30}
$$

式(3-28)、式(3-29)及式(3-30)就是理想流体运动微分方程式，也称欧拉运动方程式。它建立了作用在理想流体上的力与流体运动加速度之间的关系，是研究理想流体各种运动规律的基础，对于可压缩及不可压缩理想流体的定常流或非定常流都是适用的。在不可压缩流体中，密度 ρ 为常数；在可压缩流体中，密度是压力和温度的函数，即 $\rho=f(p, T)$。

一般情况下，作用在流体上的单位质量力 $\boldsymbol{f}=X\boldsymbol{i}+Y\boldsymbol{j}+Z\boldsymbol{k}$ 是已知的。对理想不可压缩流体，由于 $\rho=$ 常数，故上述微分方程的未知数有 4 个，即 u_x, u_y, u_z 和 p。式(3-30)有 3 个方程，加上连续性方程式(3-25)就有 4 个方程，所以从理论上来说，理想流体的流动问题是完全可解的。

3-9　理想流体流线方程

二、理想流体流线的伯努利方程

在定常流条件下，流体的速度、压力只是坐标的连续性函数，而与时间无关，即

$$
\frac{\partial u_x}{\partial t}=\frac{\partial u_y}{\partial t}=\frac{\partial u_z}{\partial t}=\frac{\partial p}{\partial t}=0
$$

为了从欧拉运动方程式推导出伯努利方程式，将式(3-28)中各式分别乘以流线上两点坐标的增量 dx, dy, dz，得：

$$
\left.\begin{aligned}
\left(X-\frac{1}{\rho}\frac{\partial p}{\partial x}\right)\mathrm{d}x&=\frac{\mathrm{d}u_x}{\mathrm{d}t}\mathrm{d}x\\
\left(Y-\frac{1}{\rho}\frac{\partial p}{\partial y}\right)\mathrm{d}y&=\frac{\mathrm{d}u_y}{\mathrm{d}t}\mathrm{d}y\\
\left(Z-\frac{1}{\rho}\frac{\partial p}{\partial z}\right)\mathrm{d}z&=\frac{\mathrm{d}u_z}{\mathrm{d}t}\mathrm{d}z
\end{aligned}\right\}
$$

然后相加得：

$$
(X\mathrm{d}x+Y\mathrm{d}y+Z\mathrm{d}z)-\frac{1}{\rho}\left(\frac{\partial p}{\partial x}\mathrm{d}x+\frac{\partial p}{\partial y}\mathrm{d}y+\frac{\partial p}{\partial z}\mathrm{d}z\right)=\frac{\mathrm{d}u_x}{\mathrm{d}t}\mathrm{d}x+\frac{\mathrm{d}u_y}{\mathrm{d}t}\mathrm{d}y+\frac{\mathrm{d}u_z}{\mathrm{d}t}\mathrm{d}z \tag{3-31}
$$

下面对式(3-31)进行条件简化：

(1) 定常流时流线与迹线重合，质点沿流线运动，故流线上的速度分量为：

$$
u_x=\frac{\mathrm{d}x}{\mathrm{d}t},\quad u_y=\frac{\mathrm{d}y}{\mathrm{d}t},\quad u_z=\frac{\mathrm{d}z}{\mathrm{d}t}
$$

因此：

$$\frac{\mathrm{d}u_x}{\mathrm{d}t}\mathrm{d}x+\frac{\mathrm{d}u_y}{\mathrm{d}t}\mathrm{d}y+\frac{\mathrm{d}u_z}{\mathrm{d}t}\mathrm{d}z=u_x\mathrm{d}u_x+u_y\mathrm{d}u_y+u_z\mathrm{d}u_z$$
$$=\frac{1}{2}\mathrm{d}(u_x^2+u_y^2+u_z^2)=\frac{1}{2}\mathrm{d}u^2 \tag{3-32}$$

（2）压力只是坐标的连续性函数，$p=p(x,y,z)$，则：

$$\mathrm{d}p=\frac{\partial p}{\partial x}\mathrm{d}x+\frac{\partial p}{\partial y}\mathrm{d}y+\frac{\partial p}{\partial z}\mathrm{d}z \tag{3-33}$$

（3）如果作用在流体上的质量力仅为重力，z 轴垂直向上为正，则：

$$X=0,\quad Y=0,\quad Z=-g$$

则式（3-31）可写成：

$$g\mathrm{d}z+\frac{1}{\rho}\mathrm{d}p+\frac{1}{2}\mathrm{d}u^2=0$$

如果流体为不可压缩，即 $\rho=$ 常数，对上式积分得：

$$gz+\frac{p}{\rho}+\frac{u^2}{2}=C'$$

上式各项除以 g 得：

$$z+\frac{p}{\gamma}+\frac{u^2}{2g}=C \tag{3-34}$$

式（3-34）即单位重量不可压缩理想流体在定常流条件下沿流线的伯努利方程式。对同一流线上的任意两点，上式可写成：

$$z_1+\frac{p_1}{\gamma}+\frac{u_1^2}{2g}=z_2+\frac{p_2}{\gamma}+\frac{u_2^2}{2g} \tag{3-35}$$

从推导中可以看出，伯努利方程式的应用条件和范围应满足下列各项：理想流体，不可压缩流体，质量力只受重力作用，运动沿定常流动的流线或微元流束。

三、伯努利方程的意义

1. 物理意义

在伯努利方程式中，z 和 p/γ 两项如第二章所指出的，是表示单位重量流体所具有的能量。z 称为比位能，p/γ 称为比压能。再看 $u^2/(2g)$ 一项，假如质量为 m 的流体流速为 u，根据物理学知道，$mu^2/2$ 为流体动能，而单位重量流体所具有的动能为 $\frac{mu^2}{2mg}=\frac{u^2}{2g}$，所以 $u^2/(2g)$ 表示单位重量流体所具有的动能，称为比动能。流体力学中将

$$e=z+\frac{p}{\gamma}+\frac{u^2}{2g}$$

称为总比能，单位为 m。

上式说明：同一流线上各点的单位重量流体的总比能为一常数。但需注意，并不是总比能中的各组成部分不沿运动途径改变，而是某项比能沿流线的增加依赖于其他项比能的减少。

2. 几何意义

伯努利方程式中的 z 和 p/γ 以及两者之和($z+p/\gamma$)的几何意义分别表示位置水头、压力水头和测压管水头，$u^2/(2g)$ 也代表一个高度，由流体的流动速度决定，所以称之为流速水头，流体力学中将

$$e=z+\frac{p}{\gamma}+\frac{u^2}{2g}$$

也称为总水头，单位为 m。伯努利方程的几何意义是：沿流线总水头为常数。

第五节　实际流体总流的伯努利方程

前一节推导了理想流体在定常流条件下沿流线的伯努利方程式，但在解决工程实际问题时，遇到的往往都是总流，如流体在管道、明渠中的流动。因此，必须把沿流线的伯努利方程对总流断面积分，才能得到总流的伯努利方程。

3-10　实际流体流线伯努利方程

一、实际流体总流的伯努利方程的推导

1. 实际流体流束的伯努利方程

前面推导出的式(3-35)只适合于理想流体的流线或微元流束，它实际说明流束上单位重量流体的总比能(机械能)处处相等，这与事实是不相符的。实际流体有黏性，当它流动时，流体与边界的摩擦、流体与流体之间的摩擦产生阻力；同时，一些局部装置会引起流体流动的干扰而产生附加阻力，使流体能量在局部装置处突然降低。这些克服阻力损失的机械能变成热能而散失，因此实际流体沿流束流动时，沿流动方向总比能总是逐渐减小的。因此，实际流体微元流束的伯努利方程式为：

$$z_1+\frac{p_1}{\gamma}+\frac{u_1^2}{2g}=z_2+\frac{p_2}{\gamma}+\frac{u_2^2}{2g}+h'_{w1-2} \tag{3-36}$$

式中　h'_{w1-2} ——流束上 1，2 两点间单位重量流体的能量损失。

2. 实际流体总流的伯努利方程推导思路

现在讨论如何从实际流体流束的伯努利方程推导出实际流体总流的伯努利方程。

总流是由无数微元流束组成的。在任一微元流束上某点的流体质点所具有的单位重量的能量为：

$$e = z + \frac{p}{\gamma} + \frac{u^2}{2g} \tag{3-37}$$

以 $\mathrm{d}G=\gamma u\mathrm{d}A$ 的重量流量通过微元流束有效断面的流体总能量为：

$$\mathrm{d}E = e\mathrm{d}G = \left(z + \frac{p}{\gamma} + \frac{u^2}{2g}\right)\gamma u\mathrm{d}A$$

单位时间通过总流有效断面流体的总能量 E 为：

$$E = \int_A \mathrm{d}E = \int_A \left(z + \frac{p}{\gamma} + \frac{u^2}{2g}\right)\gamma u\mathrm{d}A \tag{3-38}$$

上式各项除以通过总流有效断面流体重量流量 $G=\gamma Q$，则得到给定断面单位重量流体的平均能量 $\bar{e}$：

$$\bar{e} = \frac{E}{\gamma Q} = \frac{1}{\gamma Q}\int_A \left(z + \frac{p}{\gamma} + \frac{u^2}{2g}\right)\gamma u\mathrm{d}A \tag{3-39}$$

实际总流伯努利方程的积分形式为：

$$\frac{1}{\gamma Q}\int_{A_1}\left(z_1 + \frac{p_1}{\gamma} + \frac{u_1^2}{2g}\right)\gamma\mathrm{d}Q = \frac{1}{\gamma Q}\left[\int_{A_2}\left(z_2 + \frac{p_2}{\gamma} + \frac{u_2^2}{2g}\right)\gamma\mathrm{d}Q + \int_Q h'_{\mathrm{w}1-2}\gamma\mathrm{d}Q\right]$$

或表示为：

$$\frac{1}{\gamma Q}\left[\int_{A_1}\left(z_1 + \frac{p_1}{\gamma}\right)\gamma\mathrm{d}Q + \int_{A_1}\frac{u_1^2}{2g}\gamma\mathrm{d}Q\right] = \frac{1}{\gamma Q}\left[\int_{A_2}\left(z_2 + \frac{p_2}{\gamma}\right)\gamma\mathrm{d}Q + \int_{A_2}\frac{u_2^2}{2g}\gamma\mathrm{d}Q + \int_Q h'_{\mathrm{w}1-2}\gamma dQ\right] \tag{3-40}$$

由于实际流体具有黏性，所以有效断面上各点压力 p、速度 u 是不同的。为了顺利地进行式(3-40)的积分，有必要引进两个新的概念以解决被积函数特定条件下的关系问题。

3-11 总流伯努利方程建立 1

3. 缓变流及其动能修正系数

1）缓变流

前面已经给出了均匀流和非均匀流的概念，按非均匀程度的不同，流动又可分为缓变流和急变流。

缓变流是指流线之间的夹角比较小、流线曲率半径比较大的流动；反之，称为急变流，如图 3-12 所示。

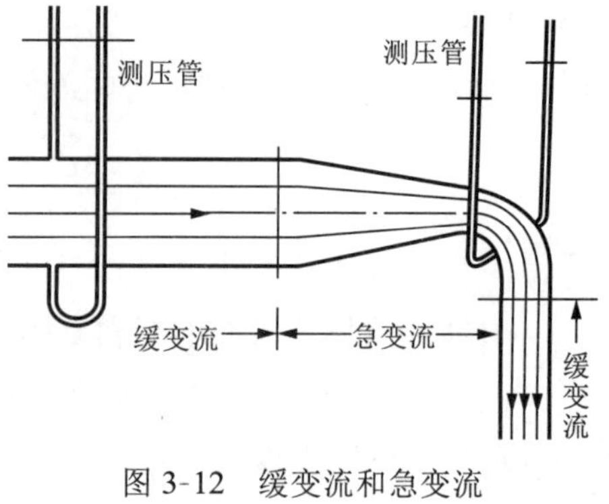

图 3-12　缓变流和急变流

显然，缓变流是均匀流的宽延，所以均匀流的性质对于缓变流都近似成立。缓变流的有效断面可以看成是平面，面上各点速度方向几乎垂直于平面，平面上没有流体质点的运动，不存在切向黏性力，只有法向压力。

缓变流流线之间的夹角比较小，流线几乎平行，故流体运动的直线加速度和离心加速度都很小，可以忽略由于速度数值或方向变化而产生的惯性力。因此，缓变流断面流体质点受力为重力和压力。

流体静力学已证明：

$$z+\frac{p}{\gamma}=\text{常数} \tag{3-41}$$

这说明在缓变流有效断面上，不同流线上各点压力的分布与静压强分布规律相同，即同一有效断面上各点的 $z+p/\gamma=$ 常数，但不同断面上则为不同常数值，如图 3-12 所示。

3-12　总流伯努利方程建立 2

2）动能修正系数

总流有效断面上的速度分布是不均匀的，设各点真实速度 u 与断面平均流速 v 之差为 Δu，则：

$$u=v+\Delta u \tag{3-42}$$

根据式(3-42)有：

$$\begin{aligned}Q&=\int_A u\mathrm{d}A=\int_A(v+\Delta u)\mathrm{d}A=v\int_A\mathrm{d}A+\int_A\Delta u\mathrm{d}A\\&=vA+\int_A\Delta u\mathrm{d}A=Q+\int_A\Delta u\mathrm{d}A\end{aligned}$$

故 $\int_A\Delta u\mathrm{d}A=0$，因而式(3-40)中右边第二式可做以下演变：

$$\begin{aligned}\frac{1}{\gamma Q}\int_A\frac{u^2}{2g}\gamma u\mathrm{d}A&=\frac{1}{2gQ}\int_A u^3\mathrm{d}A=\frac{1}{2gQ}\int_A(v+\Delta u)^3\mathrm{d}A\\&=\frac{1}{2gQ}\left(\int_A v^3\mathrm{d}A+3\int_A v^2\Delta u\mathrm{d}A+3\int_A v\Delta u^2\mathrm{d}A+\int_A\Delta u^3\mathrm{d}A\right)\end{aligned}$$

式中，$\int_A\Delta u^3\mathrm{d}A$ 值很小，可以忽略。又因 v 在总流有效断面上为常数，同时注意到 $\int_A\Delta u\mathrm{d}A=0$，则上式可写为：

$$\begin{aligned}\frac{1}{\gamma Q}\int_A\frac{u^2}{2g}\gamma u\mathrm{d}A&=\frac{1}{2gQ}\int_A u^3\mathrm{d}A\approx\frac{1}{2gQ}\left(v^3\int_A\mathrm{d}A+3v\int_A\Delta u^2\mathrm{d}A\right)=\frac{1}{2gQ}\left(v^3A+3v\int_A\Delta u^2\mathrm{d}A\right)\\&=\frac{1}{2gQ}v^3A\left(1+\frac{3\int_A\Delta u^2\mathrm{d}A}{v^2A}\right)\end{aligned}$$

令

$$\alpha=1+\frac{3\int_A\Delta u^2\mathrm{d}A}{v^2A}=\frac{\int_A u^3\mathrm{d}A}{v^3A} \tag{3-43}$$

式中　α——动能修正系数。

显然，Δu^2 永为正值，故 α 永远大于 1。

动能修正系数的物理意义可以由式(3-43)看出，它是总流有效断面上的实际动能对按断面平均流速算出的假想动能的比值。α 是由断面上速度分布不均匀而引起的，断面上的速度分布越不均匀，α 值越大。如果流体为理想流体，则当断面流速均匀分布时，$\alpha=1$；在圆管湍流运动中，$\alpha=1.05\sim1.10$；在圆管层流运动中，$\alpha=2$。在工程实际计算中，由于比动能本身所占比例较小，故一般常取 $\alpha=1$。

4. 实际总流的伯努利方程

现可分别确定式(3-40)中的 3 种类型积分。

(1) 势能积分$\int_A\left(z+\frac{p}{\gamma}\right)\gamma \mathrm{d}Q$。如果所取断面为缓变流断面，则由式(3-41)可得：

$$\frac{1}{\gamma Q}\int_A\left(z+\frac{p}{\gamma}\right)\gamma \mathrm{d}Q=z+\frac{p}{\gamma} \tag{3-44}$$

(2) 动能积分$\int_A\frac{u^2}{2g}\gamma \mathrm{d}Q$。将式(3-43)代入动能积分式，则结果为：

$$\frac{1}{\gamma Q}\int_A\frac{u^2}{2g}\gamma \mathrm{d}Q=\frac{1}{2gQ}\int_A u^3\mathrm{d}A=\frac{1}{2gQ}v^3A\alpha=\alpha\frac{v^2}{2g} \tag{3-45}$$

(3) 水头损失积分$\int_Q h'_{\mathrm{w}1-2}\gamma \mathrm{d}Q$。积分$\int_Q h'_{\mathrm{w}1-2}\gamma \mathrm{d}Q$是由于实际流体黏性的影响，总流在单位时间内从 1—1 断面到 2—2 断面的平均机械能损失，用 $h_{\mathrm{w}1-2}$ 表示，简称为总流的水头损失，则：

$$\int_Q h'_{\mathrm{w}1-2}\gamma \mathrm{d}Q=h_{\mathrm{w}1-2}\gamma Q \tag{3-46}$$

将式(3-44)、式(3-45)、式(3-46)代入式(3-40)可得：

$$z_1+\frac{p_1}{\gamma}+\frac{\alpha_1 v_1^2}{2g}=z_2+\frac{p_2}{\gamma}+\frac{\alpha_2 v_2^2}{2g}+h_{\mathrm{w}1-2} \tag{3-47}$$

这就是实际总流的伯努利方程式，也称为实际总流的能量方程。

二、实际总流伯努利方程意义及适用条件

1. 意 义

实际总流伯努利方程的意义和流线伯努利方程的意义类似，需要注意的是方程的“平均”意义。

z——总流过流断面上某点(所取计算点)单位重量流体所具有的位能，简称为比位能或位置水头，单位为 m。

$\frac{p}{\gamma}$——总流过流断面上某点(所取计算点)单位重量流体所具有的压能，简称比压能或压力水头，单位为 m。

因为所取断面是缓变流断面，断面上各点的势能 $z+p/\gamma$ 相等，即 $z+p/\gamma$ 代表总流过流断面上单位重量流体所具有的平均势能。

$\frac{\alpha v^2}{2g}$——总流过流断面上单位重量流体所具有的平均动能，简称比动能或流速水头，单位为 m。

$z+\frac{p}{\gamma}+\frac{\alpha v^2}{2g}$ —— 总流过流断面上单位重量流体所具有的平均机械能，简称总比能或总水头，单位为 m。

$h_{w1\text{-}2}$ —— 总流单位重量流体从 1—1 断面到 2—2 断面的平均机械能损失，简称为总流的水头损失。

实际总流伯努利方程表明，液流的流向是由总比能（或总水头）大的断面流到总比能（或总水头）小的断面。

2. 适用条件

总流能量方程由微元流束或流线的伯努利方程积分得到，积分过程中又加入了一些限制条件，所以在应用实际总流伯努利方程时要注意其适用条件：

（1）定常流动；

（2）流体为不可压缩流体；

（3）作用于流体上的质量力只有重力；

（4）所取两计算断面为缓变流断面，但两计算断面之间允许存在急变流；

（5）如果流量沿流程发生变化，譬如存在分流或汇流现象（图 3-9），则应用方程时所取两计算断面必须有共同的流线经过。

总流的能量方程式（3-47）是在两计算断面间无分流或汇流的条件下导出的，而实际输油、输水等工程中多有分流和汇流，这种情况下公式（3-47）是否还能适用呢？事实上，对于两计算断面间有分流或汇流的流动，仍可对每一支液流建立能量方程。

总流能量方程的各项都代表单位重量流体所具有的能量。如图 3-9（a）所示，根据能量守恒原理，在单位时间内从有效断面 1—1 和 2—2 输入的流体总能量应当等于在 3—3 断面输出的总能量加上能量损失，即

$$\gamma Q_1\left(z_1+\frac{p_1}{\gamma}+\frac{\alpha_1 v_1^2}{2g}\right)+\gamma Q_2\left(z_2+\frac{p_2}{\gamma}+\frac{\alpha_2 v_2^2}{2g}\right)=\gamma Q_3\left(z_3+\frac{p_3}{\gamma}+\frac{\alpha_3 v_3^2}{2g}\right)+\gamma Q_1 h_{w1-3}+\gamma Q_2 h_{w2-3}$$

将连续性方程 $Q_1+Q_2=Q_3$ 代入上式并整理得：

$$Q_1\left[\left(z_1+\frac{p_1}{\gamma}+\frac{\alpha_1 v_1^2}{2g}\right)-\left(z_3+\frac{p_3}{\gamma}+\frac{\alpha_3 v_3^2}{2g}\right)-h_{w1-3}\right]+$$

$$Q_2\left[\left(z_2+\frac{p_2}{\gamma}+\frac{\alpha_2 v_2^2}{2g}\right)-\left(z_3+\frac{p_3}{\gamma}+\frac{\alpha_3 v_3^2}{2g}\right)-h_{w2-3}\right]=0$$

由于 $Q_1\neq 0$，$Q_2\neq 0$，上式左端两大项的物理意义为各支流输入的总能量与输出、损失能量之差，对于每一支流有：

$$z_1+\frac{p_1}{\gamma}+\frac{\alpha_1 v_1^2}{2g}=z_3+\frac{p_3}{\gamma}+\frac{\alpha_3 v_3^2}{2g}+h_{w1-3} \tag{3-48}$$

$$z_2+\frac{p_2}{\gamma}+\frac{\alpha_2 v_2^2}{2g}=z_3+\frac{p_3}{\gamma}+\frac{\alpha_3 v_3^2}{2g}+h_{w2-3} \tag{3-49}$$

对于两断面间有汇流的情况，可做类似分析，得出同样的结论。

对于实际总流伯努利方程的适用条件，其实也不难理解，因为总流能量方程的各项都代表单位重量流体所具有的能量，即是一种比能概念，而方程的推导又是从流线方程积分得到的。

三、实际总流伯努利方程的几何表示

1. 水力坡降

3-13　几何表示

沿流程单位长度上总水头的降低值称为水力坡降，是无因次量，用 i 表示：

$$i=\frac{h_{w1-2}}{L_{1-2}} \tag{3-50}$$

在输油工程上，水力坡降是一个很重要的概念，它和地形条件一起成为布置泵站的基本依据。

2. 水头线

伯努利方程的每项比能都可以用液柱高度表示，因此可以沿流程把它们描绘出来，得到水头线图。水头线可分为位置水头线、压力水头线（或测压管水头线）和总水头线。如图 3-13（a）所示为一变径管线的水头线图，而图 3-13（b）所示为等直径管线的水头线图。

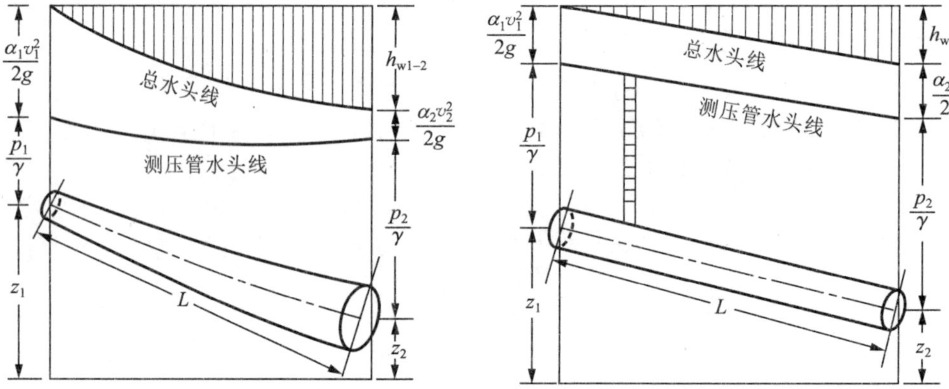

（a）　　　　（b）

图 3-13　水头线图

1）位置水头线

位置水头线实质上是液流的中心线，即液流的轴线（或管轴）。

2）压力水头线

图中压力水头加在位置水头线之上，其顶点连线为压力水头线。如果压力用表压表示，则压力水头线代表各处液体在压力作用下在大气中能上升的位置高度，所以又称为测压管水头线。

3）总水头线

压力水头线上面再加上流速水头，其顶点连线就是总水头线，表示各断面处总比能

$z+\frac{p}{\gamma}+\frac{\alpha v^2}{2g}$沿流程的变化情况。对于实际流体的总水头，其沿流程总是下降的，表示流动过程中存在能量损耗。

3. 水头线的画法

水头线的画法大致可以分成以下 4 步。

（1）分段，在管道中不同直径管段连接处和管件等位置，垂直向上作辅助线进行分段。

（2）先画总水头线，一般可从上游画到下游，同时需要注意：

① 等径管段中，总水头线沿流向总是一条倾斜向下的直线。

② 对于同一串联管路，管径越大，直线的坡度越小；反之，坡度越大。这表示在同一串联管路中，管径大的管道单位长度上的能耗比管径小的能耗小。

③ 如果考虑局部能量损失，则局部障碍处总水头线应竖直向下一段，表示存在局部能量损失。

④ 总水头起、终点高度应与实际液流在该断面上的总水头相符合。

（3）后画压力水头线（测压管水头线），一般可从下游画到上游，同时需要注意：

① 对于等径管，压力水头线平行于总水头线，但低于总水头线一流速水头。

② 对于同一串联管路，管径越大，流速水头越小，压力水头线与总水头线的间距越小；反之，管径越小，压力水头线与总水头线的间距越大。

③ 起、终点高度应与实际液流在该断面上的测压管水头相符合。譬如，管路终点出口通大气，则测压管水头应与出口断面的形心相交。

（4）说明。

① 当液流通过泵时，泵的机械能转化为液流机械能，总水头线于泵中心处竖直上升一段高度。

② 对于非等径管，总水头线与压力水头线为曲线。

图 3-14 表示一由两段直管串联的管路，全管路总水头线为一折线，这是因为小管内的水力坡降比大管内的水力坡降大。从图中可以清楚地看出液体流动过程中能量的转化

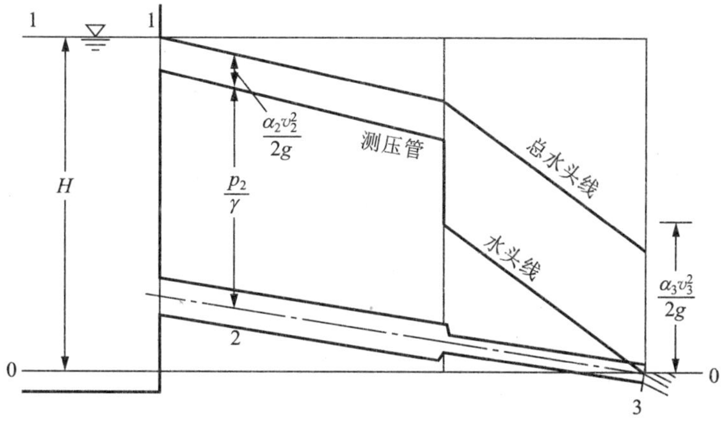

图 3-14　串联管路的水头线图

情况。如果取基准面 0—0 通过管路出口断面的形心，现以点 1，2，3 为例来分析能量的转化。液体在 1 处时具有位能 H，其压能（按表压计算）和动能均为 0。当液体由 1 运动到 2 时，位能减小，动能增大，压能增大，能量损失增加，也就是说，液体从 1 到 2 时减少的位能转化成了动能、压能和水头损失掉的一部分。同理可分析液体从 2 到 3，从 1 到 3 的能量转化，如表 3-1 所示。

表 3-1　由水头线分析能量转化关系

液流方向	位　能	压　能	动　能	损失能量	转化关系
1→2	↓	↑	↑	↑	位能↓ = 压能↑ + 动能↑ + 损失能量↑
2→3	↓	↓	↑	↑	位能↓ + 压能↓ = 动能↑ + 损失能量↑
1→3	↓	不　变	↑	↑	位能↓ = 动能↑ + 损失能量↑

通过水头线图，可以更直观地看出各项能量之间的转化关系。

四、实际总流伯努利方程的应用

3-14　一般水力计算

伯努利方程在实际工程问题中应用很广。输油、输水管路系统，液压传动系统，机械润滑系统，消防系统，泵的吸入高度、扬程和功率的计算，喷射泵以及节流式流量计的水力原理等，都涉及液流能量方程的运用。下面通过几个实例来说明能量方程的应用。在举例前，先说明几点注意事项：

（1）方程不是对任何液流问题都适用，必须注意它的适用条件（这些条件已经在前面叙述过）。

（2）有效断面上的计算点原则上可以任意选取。因缓变流有效断面上各点的 $z + p/\gamma$ 为常数，速度值采用断面平均流速，故断面上任一点均可作为计算点，但断面上的压强 p 和位置 z 高度必须选择同一点的值。为了计算方便，对管路流动问题一般取管轴中心点作为计算点，明渠流动常常选在自由液面上。

（3）方程中，位置水头是相比较而言的。基准面只要是水平面就可以。为了方便起见，常常以两个计算点中较低的一点所在的水平面作为基准面，这样可以使方程式中的一个位置水头为 0，另一个位置水头为正值。

（4）在选取两个断面时，尽可能包含一个未知数。但两个断面的平均流速可以通过连续性方程求得，只要知道一个流速，就能算出另一个流速。换句话说，有时需要同时使用伯努利方程和连续性方程来解两个未知数。

（5）两个断面所用的压强标准必须一致，一般多用表压。

（6）在多数情况下，位置水头或压力水头都比较大，而流速水头相对来说很小，因此动能修正系数 α 常近似地取 1，即 $\alpha = 1$。

（7）如果计算点取在容器或水池的液面上，则由于该容器或水池液面面积远大于管路的有效断面面积，而其流速远小于管内流速，因此容器或水池液面上的流速水头可以忽略不计。

1. 一般水力计算

举例说明如下：

例 3-3

有一救火水龙带，喷嘴和泵的相对位置如图 3-15 所示，泵出口压力（A 点压力）为 2 at（表压），泵排出管断面直径为 50 mm，喷嘴出口 C 的直径为 20 mm，水龙带 AB 的水头损失设为 0.5 m，喷嘴 BC 水头损失为 0.1 m。试求喷嘴出口流速、泵的排量及 B 点压力。

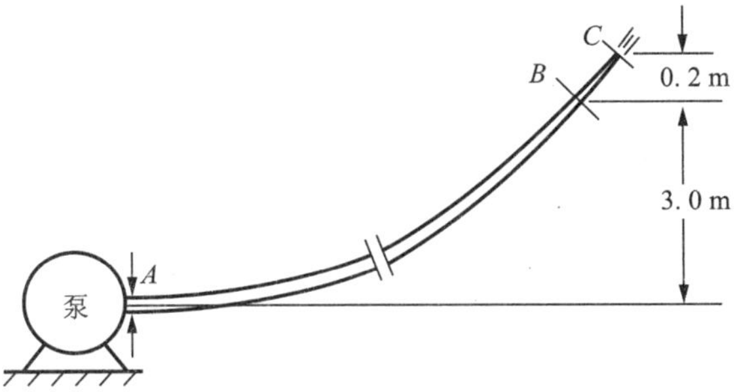

图 3-15　例 3-3 图

解：取 A 和 C 两断面列能量方程：

$$z_A+\frac{p_A}{\gamma}+\frac{v_A^2}{2g}=z_C+\frac{p_C}{\gamma}+\frac{v_C^2}{2g}+h_{wA-C}$$

通过 A 点的水平面为基准面，则 $z_A=0, z_C=3.2\ \text{m}; p_A=2\ \text{at}=1.96\times10^5\ \text{Pa}, p_C=0$（在大气中）；水的重度 $\gamma=9\,800\ \text{N/m}^3$；重力加速度 $g=9.8\ \text{m/s}^2$；$h_{wA-C}=0.5+0.1=0.6\ \text{mH}_2\text{O}$。剩下的未知数是 v_A 和 v_C，将 v_A 用 v_C 表示，即

$$v_A=v_C\frac{A_C}{A_A}=v_C\left(\frac{d_C}{d_A}\right)^2=v_C\times\left(\frac{20}{50}\right)^2=0.16v_C$$

将各量代入能量方程，得：

$$0+\frac{2\times9.8\times10^4}{9\,800}+\frac{(0.16v_C)^2}{2\times9.8}=3.2+0+\frac{v_C^2}{2\times9.8}+0.6$$

于是可得喷嘴出口流速为：

$$v_C=\sqrt{326}\ \text{m/s}=18.06\ \text{m/s}$$

而泵的排量，即管内流量为：

$$Q=v_CA_C=18.06\times\pi\times(0.02)^2/4\ \text{m}^3/\text{s}=0.00\,568\ \text{m}^3/\text{s}=5.68\ \text{L/s}$$

为了计算 B 点压力，需要取断面 A 和 B 或 B 和 C 列能量方程式。现取 B 和 C 两断面进行计算，即

$$z_B+\frac{p_B}{\gamma}+\frac{v_B^2}{2g}=z_C+\frac{p_C}{\gamma}+\frac{v_C^2}{2g}+h_{wB-C}$$

这时，可通过 B 点作水平面基准面，则 $z_B=0, z_C=0.2\ \text{m}; v_B=v_A=0.16v_C=0.16\times$

18. 06 m/s = 2. 89 m/s; $h_{wB-C}=0.1$ m; 其余数值同前。代入能量方程得:

$$0+\frac{p_B}{9\,800}+\frac{(2.89)^2}{2\times9.8}\text{ m}=0.2\text{ m}+0+\frac{18.06^2}{2\times9.8}\text{ m}+0.1\text{ m}$$

$$\frac{p_B}{9\,800}=\frac{(18.06)^2-(2.89)^2}{2\times9.8}\text{ m}+0.3\text{ m}=16.2\text{ m}+0.3\text{ m}=16.5\text{ m}$$

于是 B 点压力为:

$$p_B=16.5\times9\,800\text{ Pa}=161\,700\text{ Pa}=1.65\text{ at}$$

2. 节流式流量计

3-15 节流式流量计

工业上常用的节流式流量计主要有孔板、文丘利管(又称圆锥式)和喷嘴 3 种类型,其结构如图 3-16 所示。

节流式流量计的基本原理为:当液体流经节流装置时,液流断面收缩减小,在收缩断面处流速增加,压力降低,使节流装置前后产生压差。在选择一定的节流装置情况下,液体流量越大,节流装置前后压差也越大,因而可以通过测量压差来计算流量大小。

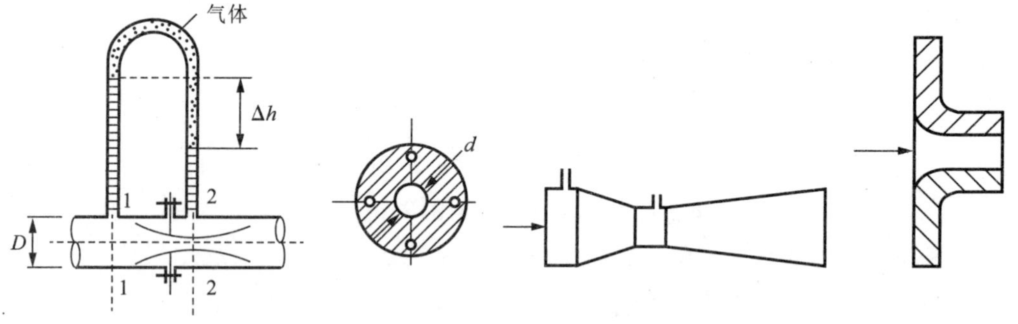

(a) 孔板　(b) 文丘利管　(c) 喷嘴

图 3-16　节流式流量计

下面以孔板流量计为例,运用伯努利方程和连续性方程来推导流量计算公式。

设管径为 D,孔板的孔径为 d。液流通过孔板时收缩,并在孔板后形成最小收缩断面,然后液流再扩大。

取孔板前有效断面 1—1 和孔板后最小收缩断面 2—2 列出伯努利方程式。假设暂不考虑水头损失,也不考虑两断面处的动能修正系数,即取 $\alpha_1=\alpha_2=1$。假设孔板装在水平管路上,则 $z_1=z_2$,所以有:

$$\frac{p_1}{\gamma}+\frac{v_1^2}{2g}=\frac{p_2}{\gamma}+\frac{v_2^2}{2g}$$

设孔板孔眼的断面面积为 A,该处的流速为 v,由连续性方程可得:

$$vA=v_1A_1=v_2A_2$$

故有:

$$v_1=\frac{A}{A_1}v,\quad v_2=\frac{A}{A_2}v$$

将v_1和v_2代入伯努利方程式，得：

$$\frac{p_1-p_2}{\gamma}=\frac{v_2^2-v_1^2}{2g}=\frac{v^2}{2g}\left[\left(\frac{A}{A_2}\right)^2-\left(\frac{A}{A_1}\right)^2\right]$$

解得：

$$v=\frac{1}{\sqrt{\left(\frac{A}{A_2}\right)^2-\left(\frac{A}{A_1}\right)^2}}\sqrt{2g\frac{p_1-p_2}{\gamma}}$$

于是，理论流量$Q_{理}$为：

$$Q_{理}=vA=\frac{A}{\sqrt{\left(\frac{A}{A_2}\right)^2-\left(\frac{A}{A_1}\right)^2}}\sqrt{2g\frac{p_1-p_2}{\gamma}}$$

令理论流量系数μ为：

$$\mu=\frac{1}{\sqrt{\left(\frac{A}{A_2}\right)^2-\left(\frac{A}{A_1}\right)^2}}$$

则理论流量可表示为：

$$Q_{理}=\mu A\sqrt{2g\frac{p_1-p_2}{\gamma}} \tag{3-51}$$

实际上，通过流量计是有能量损失的。这种损失随节流装置形式、孔板孔眼断面与管路断面的比值的不同而不同。同时，严格来说，两个断面处的动能修正系数也不等于1。因此，实际流量比理论流量要小，需要对上式进行校正，一般用由实验测得的实际流量系数α代替公式中的理论流量系数μ，则实际流量为：

$$Q=\alpha\frac{\pi d^2}{4}\sqrt{2g\frac{p_1-p_2}{\gamma}} \tag{3-52}$$

使用式(3-52)时需注意：

(1) 公式是以孔板为例推导得到的，也适合其他的节流式流量计。对于孔板，d为孔径；对于文丘利管，d为喉道直径。

(2) 节流式流量计在出厂前都要按实测压差和流量对流量系数进行实验标定，给出使用图表。不同节流式流量计，其流量系数不同；同一种节流式流量计，由于使用时间不同，其流量系数也不同。

(3) 设节流式流量计中的流动介质为水，如压差计为气-水压差计，如图3-17(a)所示，则有：

$$p_1=p_0+\gamma_{水}h_1$$
$$p_2=p_0+\gamma_{水}h_2$$
$$\frac{p_1-p_2}{\gamma_{水}}=\Delta h$$

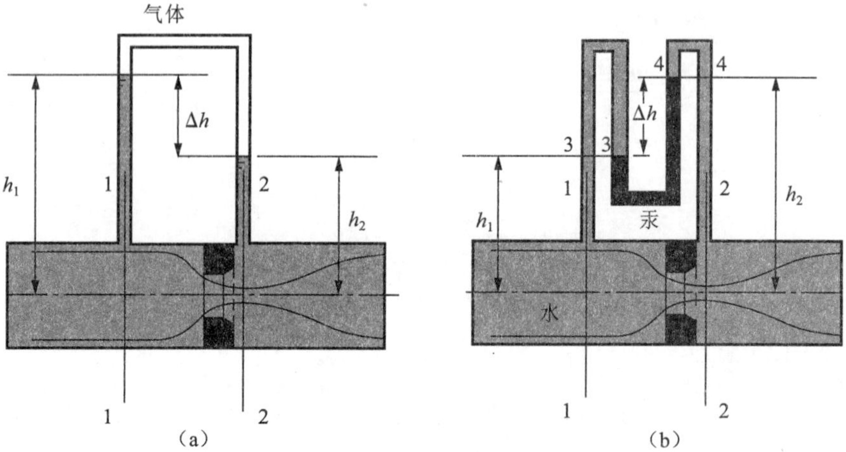

图 3-17　节流式流量计压差测量

$$Q=\alpha A\sqrt{2g\frac{p_1-p_2}{\gamma_{水}}}=\alpha A\sqrt{2g\Delta h} \tag{3-53}$$

若压差计为汞-水压差计，如图 3-17(b)所示，则：

$$p_1=p_3+\gamma_{水}h_1$$

$$p_2=p_4+\gamma_{水}h_2$$

$$p_1-p_2=p_3-p_4+\gamma_{水}(-\Delta h)=\gamma_{汞}\Delta h-\gamma_{水}\Delta h$$

$$\frac{p_1-p_2}{\gamma_{水}}=\frac{\gamma_{汞}-\gamma_{水}}{\gamma_{水}}\Delta h=12.6\Delta h$$

$$Q=\alpha A\sqrt{2g\frac{p_1-p_2}{\gamma_{水}}}=\alpha A\sqrt{2g\times 12.6\Delta h} \tag{3-54}$$

3. 测速管

设想在一均匀的水平平行流动中有一个障碍物，如图 3-18 所示。流体自远处以未被干扰的速度 u_0 平行流动而来，由于遇到一个刚体，流线发生弯曲，在刚体前端接触刚体后分成两股绕流过去。显然这是二元流动，每一水平切面中都有一根流线撞在障碍物前缘 A 点上，并且在这里发生分岔。在 A 点分岔的流线一定有一个折点，按流线的定义与性质，只有 A 处的流速等于零才可能实现。A 点称为驻点，表明流体在障碍物前要发生停驻。现在在分岔的流线上选择上游离障碍物很远的一点和 A 点来列能量方程。因两点的高差等于零，并且 $u_A=0$，故得：

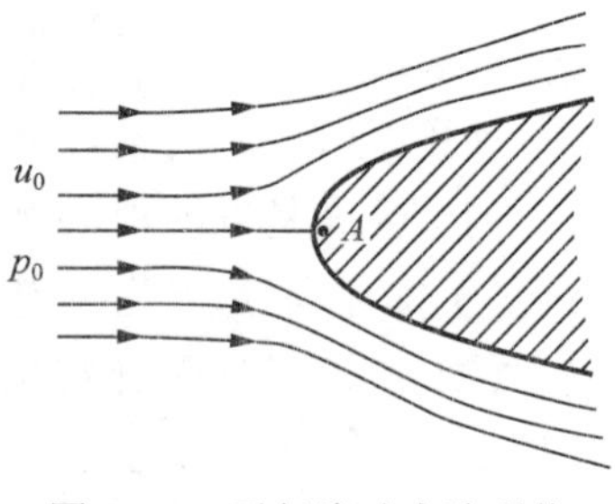

图 3-18　平行流动中障碍物

3-16　测速管

$$\frac{p_0}{\gamma}+\frac{u_0^2}{2g}=\frac{p_A}{\gamma}$$

可见 A 点的压强要比流动未被扰动的静压强增大 $u_0^2/(2g)$，这也就是未被扰动时流体的比动能，称为动压强。运动流体的静压强与动压强之和称为运动流体的总压强，也称为驻压强。

根据实测某处的驻压强 p_A/γ，可以计算流体在该处的流速。这种测定某点流速的仪器称为测速管。测速管有 2 种类型，如图 3-19 所示。

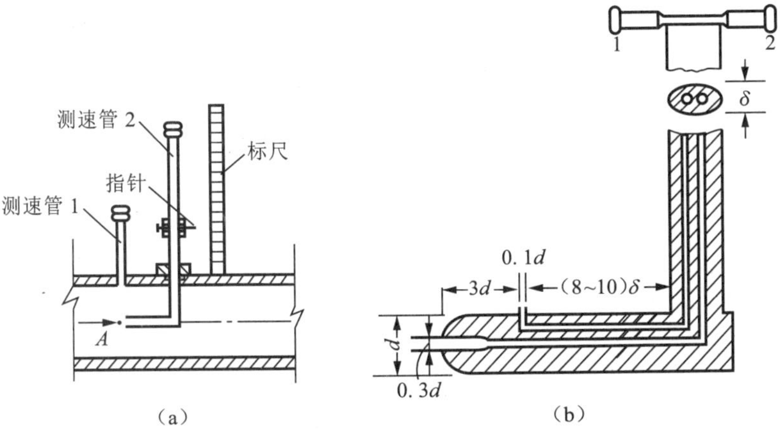

图 3-19 测速管

1）单孔测速管

如图 3-19(a)所示，在管壁上开一特制的洞，洞盖用螺丝固定在管壁上，盖上开 2 个孔，左侧的孔接测压管 1，其下口对着点 A；右侧的孔镶入测速管 2，其弯口也对着 A 点，用压盖及填料压紧，可以上下滑动；迎着液流的开口(即 A 处)在管中的位置由指针及标尺测定。把管 1 和 2 接上压差计，就可以量出两管的压差，进而计算出测点 A 处的流速 u_A。因 1 管测出的是不受流速影响的静压强 p_0，而 2 管测出的是水总压强 p_A，故测得 A 点处的动压强为：

$$\frac{p_A - p_0}{\gamma} = \frac{u_A^2}{2g}$$

A 点前方来流的流速为：

$$u_A = \sqrt{2g\frac{p_A - p_0}{\gamma}} \tag{3-55}$$

实际上由于测速管在液流中会引起微小阻力，使得测出的压强差不能真正反映实际结果，故常在上式中乘以校正系数 c，而写成：

$$u_A = c\sqrt{2g\frac{p_A - p_0}{\gamma}} \tag{3-56}$$

c 值一般由实验确定，为 0.95～1.0。

2）双孔测速管

双孔测速管如图 3-19(b)所示，又称皮托 - 普朗特管，是把测压管和测速管结合在一起制成的，原理同上。经过试验，如果按图示尺寸制造，则此种测速管的校正系数 $c=1$，故使用起来比较方便。

4. 流动流体的吸力

3-17 流动流体的吸力

图 3-20 表示一喷射泵。它利用喷嘴处高速水流造成低压，将液箱内的液体吸入泵内，与水混合排出。为了说明它的作用原理，先想象拿掉图中连接到液箱中的铅垂管子。假定所有流动不计能量损失，现取水流进入喷嘴前的 A 断面和水流出口喷嘴时的 C 断面列水流的能量方程：

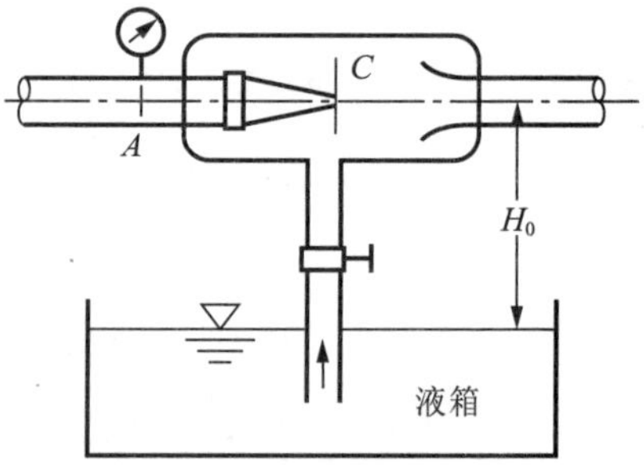

图 3-20 喷射泵

$$\frac{p_A}{\gamma}+\frac{v_A^2}{2g}=\frac{p_C}{\gamma}+\frac{v_C^2}{2g}$$

或

$$\frac{p_A-p_C}{\gamma}=\frac{v_C^2-v_A^2}{2g}$$

由连续性方程可知：

$$v_C=v_A\left(\frac{A_A}{A_C}\right)$$

故前式变为：

$$\frac{p_A-p_C}{\gamma}=\frac{v_A^2}{2g}\left[\left(\frac{A_A}{A_C}\right)^2-1\right]$$

因 $A_A>A_C$，所以上式左端为正值，即 p_C 小于 p_A。A_C 越小，则 p_C 值越低，当 p_C 值变得比当地大气压 p_a 还要小时，若在 C 处把管壁钻一小洞，管内液体并不会流出来，而外面的空气反而会被大气压压进管子里去。现在 C 处接上一根管子，其下端浸在液箱中。由于箱内液面受大气压 p_a 的作用，箱内液体便将上升。如 p_C 采用绝对压强，只要 $H_0\leqslant(p_a-p_C)/\gamma$，箱内液体就会被 C 处存在的真空度吸到水平管中，被液流夹带着冲走。这就是喷射泵的作用原理。

虹吸管俗称“过山龙”，是人类的一种古老发明，早在公元前 1 世纪，就有人造出了一种奇特的虹吸管。虹吸是一种流体力学现象，可以不借助泵而抽吸液体。处于较高位置的液体充满一根管状结构（称为虹吸管）之后，开口位于更低的位置，如图 3-21 所示。虹吸管两端水体都是自由液面，其中水流可实现由低—高—低的流动现象，水流的能量由位能、压能、动能组成。

简单分析，在等径虹吸管中，因为动能不变，如果忽略水的能量损失，则应该是位能和压能之和守恒。在虹吸管的顶部，位能最大，压能最小，并且压强小于大气压（负压）。因此，如在虹吸管道顶部打一孔，水不会出来，而是空气进去，压强增大，虹吸中断。A 和 B 两端

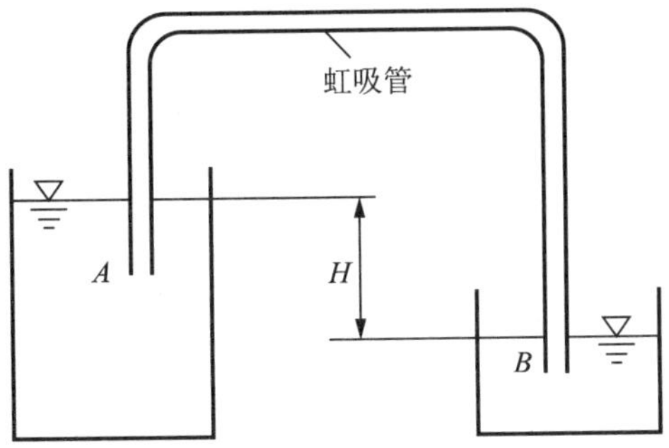

图 3-21　虹吸管

的压强都基本等于大气压，而入口 A 端的位能大于出口 B 端的位能，因此推动虹吸流动的能量来源是虹吸管进出口之间的水位差，可以说是水位差推动水的流动。即使有了此推动力，但是虹吸流动不会自动开始，必须首先在虹吸管中制造出负压条件。

譬如，日常生活中可利用虹吸原理用橡胶软管吸走鱼缸内的粪便、杂物等，流动前可通过嘴吸虹吸管 B 端，在虹吸管中制造出负压来以实现虹吸排水、排污的目的。

例 3-4

设如图 3-20 所示的喷射泵，其吸水管的 $H_0=1.5\ \text{m}$，水管直径 $D=25\ \text{mm}$，喷嘴出口直径 $d=10\ \text{mm}$，喷嘴损失水头为 0.6 m，$p_A=3\ \text{at}$（表压），水管供水量为 $Q=2\ \text{L/s}$，掺入的液体相对密度为 1.2。试计算喷嘴出口压力 p_C，并判断能否将欲掺的液体吸上来。

解：取 A，C 两断面列能量方程：

$$\frac{p_A}{\gamma}+\frac{v_A^2}{2g}=\frac{p_C}{\gamma}+\frac{v_C^2}{2g}+h_{wA-C}$$

由已知假设条件得：

$$Q=2\ \text{L/s}=0.002\ \text{m}^3/\text{s}$$

$$A_A=\frac{\pi}{4}D^2=\frac{\pi}{4}\times0.025^2\ \text{m}^2=0.49\times10^{-3}\ \text{m}^2$$

$$A_C=\frac{\pi}{4}d^2=\frac{\pi}{4}\times0.01^2\ \text{m}^2=0.785\times10^{-4}\ \text{m}^2$$

$$v_A=\frac{Q}{A_A}=\frac{0.002}{0.49\times10^{-3}}\ \text{m/s}=4.1\ \text{m/s}$$

$$v_C=\frac{Q}{A_C}=\frac{0.002}{0.785\times10^{-4}}\ \text{m/s}=25.5\ \text{m/s}$$

将各量代入能量方程得：

$$\frac{3\times9.8\times10^4}{9\ 800}\ \text{m}+\frac{4.1^2}{2\times9.8}\ \text{m}=\frac{p_C}{\gamma}+\frac{25.5^2}{2\times9.8}\ \text{m}+0.6\ \text{m}$$

解得：

$$\frac{p_C}{\gamma}=-2.94\ \text{mH}_2\text{O}$$

因此，喷嘴出口压力为：

$$p_C = -2.94\gamma = -2.94 \times 9\,800\ \text{Pa} = -28\,812\ \text{Pa} = -0.294\ \text{at}(\text{表压})$$

即 0.294 at 的真空度。这样的真空度可以将相对密度为 1.2 的液体吸上的高度 H 为：

$$H = -\frac{p_C}{\gamma} = \frac{28\,812}{1.2 \times 9\,800}\ \text{m} = 2.45\ \text{m}$$

而实际安装高度 $H_0 = 1.5$ m，故可以将箱中的液体吸上来。

第六节　泵对液流能量的增加

3-18　泵对液流能量增加

在液流没有从外界获得能量的情况下，我们研究了能量守恒以及它们之间的转换规律，得到了实际总流的伯努利方程。但是，实际输油管线上油品的输送，以及供排水和消防系统，经常使用泵来提高输送能力，使其达到规定的输送量和输送高度。

一、有能量输入的伯努利方程

1. 泵的扬程

当管路与泵连接在一起时，泵把机械能传给液体，使液体本身的能量增加。

泵使单位重量液体所增加的机械能称为泵的扬程，用 H 表示，单位为 m，它也是一个液柱高度。

2. 伯努利方程

如果在运用伯努利方程时，所取两个计算断面中一个位于泵的前面，另一个位于泵的后面，那么就必须考虑两个断面之间由于泵的工作而外加给液体的能量，即泵的扬程。伯努利方程可写成：

$$z_1 + \frac{p_1}{\gamma} + \frac{\alpha_1 v_1^2}{2g} + H = z_2 + \frac{p_2}{\gamma} + \frac{\alpha_2 v_2^2}{2g} + h_{w1-2} \tag{3-57}$$

这种能量平衡关系通过图 3-22 可以看得更加清楚。图 3-22 表示了由水池通过泵将水送至水塔的流程。

取 1—1 和 2—2 两个计算断面，由于液面敞开在大气中，所以 $p_1 = p_2 = 0$（表压），液面上的流速 $v_1 = v_2 = 0$，设泵的吸入管和排出管的水头损失分别为 h_{w1} 和 h_{w2}，令 $h_{w1-2} = h_{w1} + h_{w2}$，则伯努利方程可简化为：

$$H = z_2 - z_1 + h_{w1-2}$$

在这种情况下，泵的扬程主要用于克服位差和水头损失。

由于水池和水箱内液面上的流速 $v_1 = v_2 = 0$，且液面压强为 0，所以总水头线位置和液面位置一致。水从水池经过吸入管流到泵内，产生能量损失 h_{w1}，使得总水头线下降到 a，再由于泵工作使得总水头线上升到 b，ab 段高度即泵的扬程 H。然后经过排出管产生能量损失 h_{w2}，使得总水头线从 b 下降到水箱的液面。

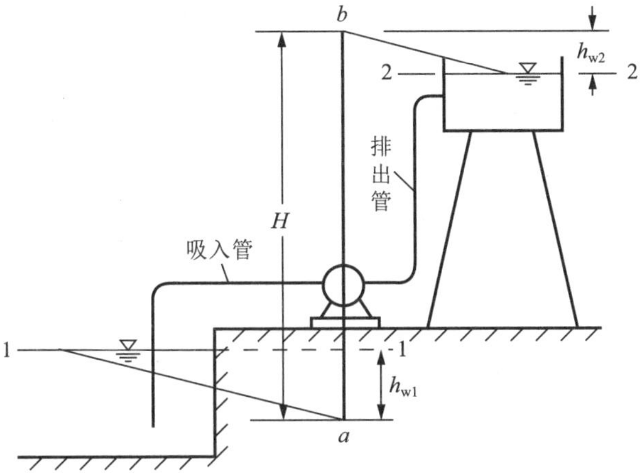

图 3-22　泵前后水头线的变化

二、泵的功率

泵在单位时间内对通过的液体所做的功称为泵的输出功率，也称为泵的有效功率，用 N 表示。

$$N = \gamma QH \tag{3-58}$$

式中　γ——液体重度，N/m^3；

Q——通过泵的流量，又称泵的排量，m^3/s；

H——扬程，m；

N——有效功率，W。

根据式(3-57)和式(3-58)，如果已知泵前后两断面的位置，测出流量、压强差及水头损失，就可以算出泵的有效功率。

因为泵内有多方面的能量损失，譬如漏损、水头损失、机械摩擦损失等，所以泵所需要的功率将大于其输出功率(有效功率)。离心泵一般由电动机通过联轴器带动，所以输入功率也称为轴功率，用 $N_{轴}$ 表示。习惯上把有效功率和轴功率之比称为泵的效率，用 $\eta_{泵}$ 表示，即

$$\eta_{泵} = \frac{N}{N_{轴}} \tag{3-59}$$

泵的轴功率即电动机的输出功率。电动机的输出功率与电动机的输入功率之比称为电动机的效率 $\eta_{电}$，故泵与电动机机组全装置需要的功率，即电动机的输入功率为：

$$N_{电}=\frac{N_{轴}}{\eta_{电}} \tag{3-60}$$

例 3-5

图 3-23 所示为测定水泵扬程装置图，已知泵的排量 $Q=60\ \mathrm{L/s}$，其吸水管直径为 200 mm，排出管直径为 150 mm，泵前真空表的读数为 4.0 $\mathrm{mH_2O}$，泵后压力表的读数为 2 at，两测点高差为 $\Delta z=0.5\ \mathrm{m}$。试求：

（1）泵的扬程 H；

（2）若泵的轴功率为 18.4 kW，则其效率 $\eta_{泵}$ 为多少？

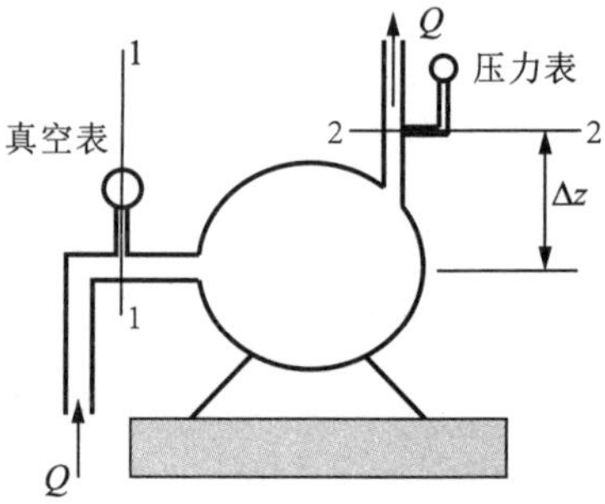

图 3-23　测定水泵扬程装置图

解：于泵前真空表 1—1 和泵后压力表 2—2 两断面间列伯努利方程：

$$v_1=\frac{Q}{A_1}=\frac{4\times 60\times 10^{-3}}{3.14\times 0.2^2}\ \mathrm{m/s}=1.91\ \mathrm{m/s}$$

$$v_2=\frac{Q}{A_2}=\frac{4\times 60\times 10^{-3}}{3.14\times 0.15^2}\ \mathrm{m/s}=3.40\ \mathrm{m/s}$$

$$z_1+\frac{p_1}{\gamma}+\frac{v_1^2}{2g}+H=z_2+\frac{p_2}{\gamma}+\frac{v_2^2}{2g}+h_{\mathrm{w1-2}}$$

$$0-4+\frac{1.91^2}{2g}+H=0.5+20+\frac{3.40^2}{2g}+0$$

$$H=24.9\ \mathrm{m}$$

泵的有效功率为：

$$N=\gamma QH=9\,800\times 0.06\times 24.9\ \mathrm{W}=14.6\times 10^3\ \mathrm{W}$$

泵的效率为：

$$\eta_{泵}=\frac{N}{N_{轴}}=\frac{14.6\ \mathrm{kW}}{18.4\ \mathrm{kW}}\times 100\%=79.3\%$$

第七节　定常总流的动量方程及其应用

前面讨论了流体动力学的两个重要方程——连续性方程和伯努利方程。应用这两个方程可以解决许多实际问题。但是，液流作为流动的流体，与其他物体一样，在具有动能的同时，还具有动量，动量为矢量。当液流的流速大小、方向发生变化时，即液流的动量发生变化，会使液流对管壁产生作用力，连续性方程和伯努利方程都无法计算流体与固体相互作用力的大小和方向，动量方程提供了流体与固体相互作用的动力学规律。

一、定常总流的动量方程

3-19　动量方程建立

由物理学中的动量定律可知，单位时间内物体的动量（$\boldsymbol{K}$）变化等于作用于该物体上外力（$\boldsymbol{F}$）的总和，即

$$\frac{\mathrm{d}\boldsymbol{K}}{\mathrm{d}t}=\sum \boldsymbol{F} \tag{3-61}$$

根据上述普遍的动量定理，推导表达流体运动动量变化规律的方程式。

1. 定常总流的动量方程的推导

在定常总流中，以 1—1 及 2—2 两有效断面之间的流段为控制体，两断面面积分别为 A_1 和 A_2，断面平均速度分别为 v_1 和 v_2。从中任取一微元流束，其两断面面积分别为 $\mathrm{d}A_1$ 和 $\mathrm{d}A_2$，速度分别为 $\boldsymbol{u}_1$ 和 $\boldsymbol{u}_2$；设流体不可压缩，密度为 ρ，如图 3-24 所示。现分析其动量的变化和作用在其上外力之间的关系。

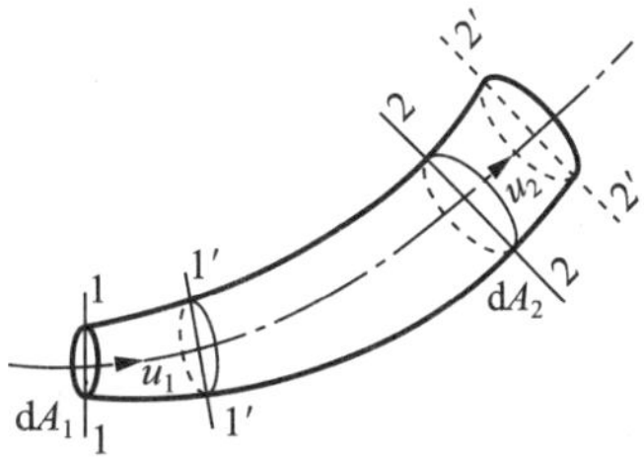

图 3-24　微元流束动量方程推导模型

设经过微小时段 $\mathrm{d}t$ 后，流束 1—1 至 2—2 沿流动方向运动到了新的位置 1′—1′ 至 2′—2′，动量发生了变化。

由于流动为定常流，微元流束的形状以及各空间点处的流速不随时间变化，所以在断面 1′—1′ 和断面 2′—2′ 之间的流体，在 $\mathrm{d}t$ 时段前和 $\mathrm{d}t$ 时段后，虽然流体质点不同，但该位置处的流体质量和流速均保持不变。可以认为，在 $\mathrm{d}t$ 时段前处于该位置处的流体和 $\mathrm{d}t$ 时段后处于该位置处的流体所具有的动量相等，所以流体经 $\mathrm{d}t$ 时段的动量变化实际上是 2—2 断面至 2′—2′ 断面之间的流体所具有的动量 $\boldsymbol{K}_{2-2'}$ 与 1—1 断面至 1′—1′ 断面之间的流体所具有的动量 $\boldsymbol{K}_{1-1'}$ 之差，即

$$\mathrm{d}\boldsymbol{K}=\boldsymbol{K}_{2-2'}-\boldsymbol{K}_{1-1'}=\mathrm{d}(m_{2-2}\boldsymbol{u}_2)-\mathrm{d}(m_{1-1}\boldsymbol{u}_1)=\mathrm{d}[m(\boldsymbol{u}_2-\boldsymbol{u}_1)]$$

对于不可压缩流体，$\rho_1=\rho_2=\rho$，上式可表示为：

$$\mathrm{d}\boldsymbol{K}=\rho\mathrm{d}Q\mathrm{d}[t(\boldsymbol{u}_2-\boldsymbol{u}_1)]$$

根据动量定理，定常流微元流束的动量方程为：

$$\boldsymbol{F}=\rho\mathrm{d}[Q(\boldsymbol{u}_2-\boldsymbol{u}_1)] \tag{3-62}$$

式中　$\boldsymbol{F}$——控制体内的流体所受到的外力的合力。

总流是无数微元流束的总和，总流在运动过程中产生的动量增量应等于所有微元流束动量增量的矢量和，即总流的动量增量应为 $\sum\mathrm{d}\boldsymbol{K}$。因此，总流经过 $\mathrm{d}t$ 时段的运动所产生的动量增量为：

$$\sum\mathrm{d}\boldsymbol{K}=\int_{A_2}\rho\mathrm{d}Q\mathrm{d}(t\boldsymbol{u}_2)-\int_{A_1}\rho\mathrm{d}Q\mathrm{d}(t\boldsymbol{u}_1)=\rho\mathrm{d}t\left(\int_{A_2}\boldsymbol{u}_2u_2\mathrm{d}A_2-\int_{A_1}\boldsymbol{u}_1u_1\mathrm{d}A_1\right)$$

由于实际流速 u 在断面上的分布一般难以确定，所以用断面平均流速 v 来计算总流的动量增量。

总流有效断面上的速度分布是不均匀的，设各点真实速度与断面平均流速之差为Δu，则：

$$u = v + \Delta u$$

则有：

$$\int_A u^2 \mathrm{d}A = \int_A (v + \Delta u)^2 \mathrm{d}A = \int_A (v^2 + 2v\Delta u + \Delta u^2)\,\mathrm{d}A$$

因为：

$$Q = \int_A u \mathrm{d}A = \int_A (v + \Delta u)\mathrm{d}A = v\int_A \mathrm{d}A + \int_A \Delta u \mathrm{d}A = Q + \int_A \Delta u \mathrm{d}A$$

所以 $\int_A \Delta u \mathrm{d}A = 0$，则：

$$\int_A u^2 \mathrm{d}A = \int_A \Delta u^2 \mathrm{d}A + v^2 A$$

而 $\int_A \Delta u^2 \mathrm{d}A > 0$，必然有 $\int_A u^2 \mathrm{d}A > v^2 A$，可写为：

$$\rho \int_A u^2 \mathrm{d}A > \rho v^2 A$$

由上述分析可知，用断面平均流速计算的动量与实际的动量存在差异。因此，需要引进动量修正系数β加以修正。β的物理意义为实际动量与按断面平均流速计算的动量的比值：

$$\beta = \frac{\int_A u^2 \mathrm{d}A}{v^2 A} \tag{3-63}$$

β值大于1，其大小取决于总流有效断面上流速分布是否均匀，断面速度分布越均匀，湍流时β值越趋于1，圆管层流时$\beta = 1.33$。

引进动量修正系数β后，定常总流的动量增量为：

$$\sum \mathrm{d}\boldsymbol{K} = \rho Q \mathrm{d}t(\beta_2 \boldsymbol{v}_2 - \beta_1 \boldsymbol{v}_1)$$

根据动量定理，定常总流的动量方程为：

$$\sum \boldsymbol{F} = \rho Q(\beta_2 \boldsymbol{v}_2 - \beta_1 \boldsymbol{v}_1) \tag{3-64}$$

对于一般流动，动量修正系数$\beta = 1.02 \sim 1.05$，为了简单起见，β值通常取为1。在直角坐标系中，定常总流的动量方程可以写成x, y, z三个坐标方向的投影式：

$$\left.\begin{aligned} \sum F_x &= \rho Q\,(v_{2x} - v_{1x}) \\ \sum F_y &= \rho Q\,(v_{2y} - v_{1y}) \\ \sum F_z &= \rho Q\,(v_{2z} - v_{1z}) \end{aligned}\right\} \tag{3-65}$$

式中 v_{1x}, v_{1y}, v_{1z}——1—1断面上平均流速$\boldsymbol{v}_1$在x, y, z三个坐标方向的分量；

v_{2x}, v_{2y}, v_{2z}——2—2断面上平均流速$\boldsymbol{v}_2$在x, y, z三个坐标方向的分量；

$\sum F_x, \sum F_y, \sum F_z$——控制体内的流体所受到的合外力在$x, y, z$三个坐标方向的分量。

动量方程表明：在定常流条件下，单位时间内流入控制体的流体所具有的动量与流出控制体的流体所具有的动量之差，等于作用在该控制体内流体上的所有质量力与表面力的矢量和。

2. 动量方程应用范围

总流动量方程的应用条件有：

（1）定常流；

（2）不仅适用于理想流体，也适用于实际流体；

（3）不可压缩流体，如果是可压缩流体，则密度取平均值；

（4）定常总流动量方程的推导是从简单的一元流动出发的。

实际上，动量方程也可以像能量方程、连续性方程一样，推广应用到流场中任意选取的控制体。如图 3-25 所示的分流管路，当对分叉管段流动应用动量方程时，可以把由管路壁以及上下游有效断面所组成的封闭体作为控制体，如图中 0—0，1—1 和 2—2 三断面间控制体，其动量方程可表示为：

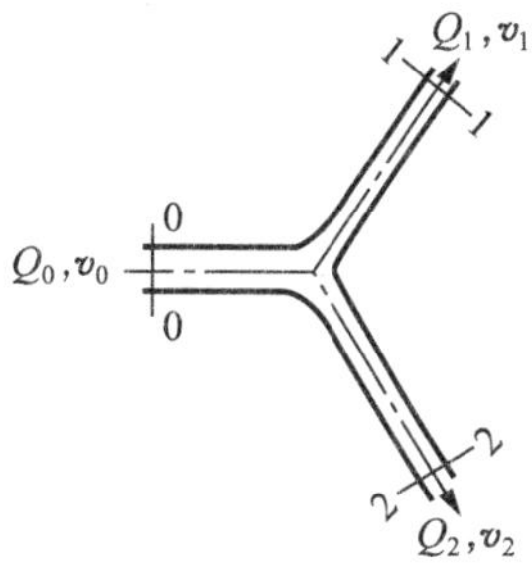

图 3-25　分流管路

$$\sum \boldsymbol{F} = (\rho Q_1 \beta_1 \boldsymbol{v}_1 + \rho Q_2 \beta_2 \boldsymbol{v}_2) - \rho Q_0 \beta_0 \boldsymbol{v}_0 \tag{3-66}$$

3. 动量方程的应用步骤

3-20　动量方程应用 1

应用动量方程的基本步骤如下。

（1）选择控制体。应用动量方程解决问题，无论是分析动量变化，还是分析流体受力，都涉及控制体的问题。

控制体由以下几个曲面封闭而成：运动流体与固体边界的接触面，上游、下游过流断面。

（2）建立坐标系。因为动量方程是矢量方程，所以应用方程时可以灵活选择坐标系，以有利于分析解题为原则。

（3）受力分析。完整地表达出控制体内流体上的所有质量力和表面力，一般包括过流断面压强、液流重力、固体边界反力。受力分析时应注意：

① 过流断面压强方向为作用面内法线方向；计算压强时采用相对压强，因为在流体与固体边界面上也存在大气压，从而使控制面上所有大气压作用抵消。

② 当液流水平流动时，不考虑重力的影响。

③ 对于未知的固体边界，反力可先假定一个方向，如解出结果为正值，则作用力方向与假定方向相符合；如解出结果为负值，则作用力方向与假定方向相反。

（4）标清两计算面上流速的具体方向。

（5）应用方程求解。应用方程时注意各作用力、流速的分量与坐标方向是否一致，如一致，取正，如相反，取负。

稳定流的动量方程的特点是：在计算过程中只涉及控制面上的运动要素，而不必考虑控制体内部的流动状态。

实际工程问题中，常常是未知量比较多，一般需要补充能量方程和连续性方程，进行联立求解。

二、动量方程的应用

1. 流体作用于弯管的力

图 3-26 表示一水平弯管的等径管路。由于液流在弯道改变了流动方向，也就改变了动量，于是就会产生作用于管壁的压力。因此在设计管道时，在管路拐弯处必须考虑这个作用力，并设法加以平衡，以防管道破裂。

利用总流的动量方程来确定水流对弯管的作用力。取过流断面 1—1 与 2—2 以及管内壁所组成的封闭曲面为控制体。

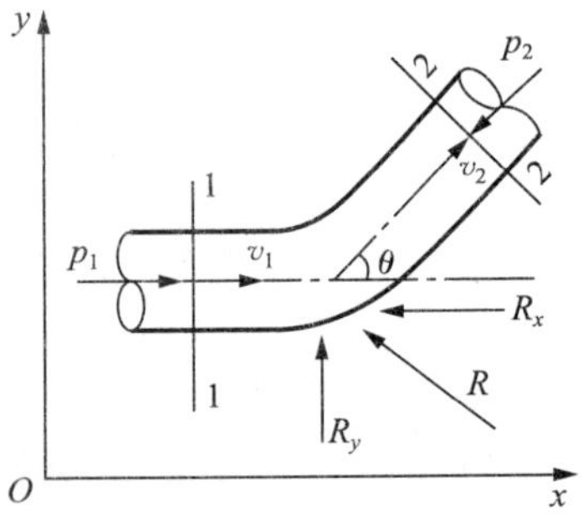

图 3-26　弯管受力分析

建立坐标轴 x 与 y，作用在控制体内流体上的表面力以及流入与流出控制体的流速如图 3-26 所示，其中 R_x，R_y 为弯管对水流的反作用力，p_1，p_2 分别为 1—1 断面与 2—2 断面的形心点的相对压强，作用在两断面上的总压力分别为：

$$P_1 = p_1A_1,\quad P_2 = p_2A_2$$

控制体内流体的重力因与所研究的水平面垂直，故不必考虑。

沿 x 轴方向的动量方程为：

$$p_1A_1 - p_2A_2\cos\theta - R_x = \rho Q(v_2\cos\theta - v_1)$$

则：

$$R_x = p_1A_1 - p_2A_2\cos\theta - \rho Q(v_2\cos\theta - v_1)$$

同理，沿 y 轴方向的动量方程为：

$$0 - p_2A_2\sin\theta + R_y = \rho Q(v_2\sin\theta - 0)$$

则：

$$R_y = p_2A_2\sin\theta + \rho Qv_2\sin\theta$$

从以上公式可求出 R_x 与 R_y，从而可以计算出 R：

$$R = \sqrt{R_x^2 + R_y^2}$$

水流对弯管的作用力与 R 大小相等、方向相反。

2. 水流对堰的水平推力

如图 3-27 所示，过水堰位于一水平河床中，上游水深 $h_1 = 1.8$ m，下游收缩断面水深 $h_2 = 0.6$ m，在不计水头损失的情况下，求水流对单宽堰段的水平推力。

取上游过流断面 1—1 与下游流线基本平行的收缩断面 2—2 以及自由液面、上下游河床、过水堰面所包围的封闭曲面为控制体。

建立坐标轴 x 如图 3-27 所示，作用在控制体内水流上的质量力只有重力，但它在 x 轴方向没有投影；p_1，p_2 分别为断面 1—1 与 2—2 形心点的相对压强，作用在两断面上的总压力可以按照流体静力学方法计算。

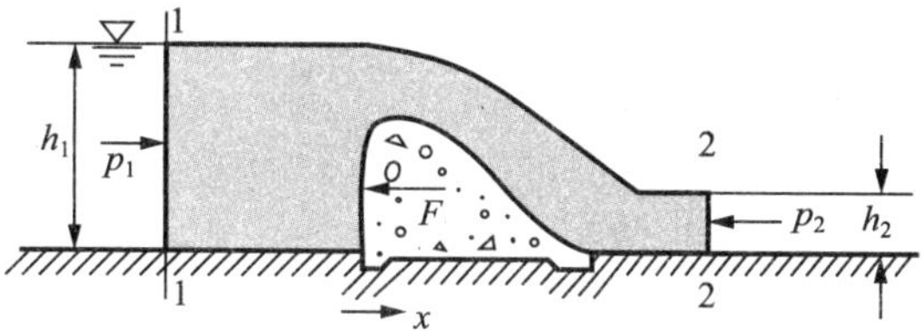

图 3-27 过水堰流

对于单宽上游过流断面 1—1，有：

$$P_1 = p_1 A_1 = \frac{1}{2}\gamma h_1 \cdot h_1 \cdot 1 = 15.88\ \text{kN}$$

对于单宽下游过流断面 2—2，有：

$$P_2 = p_2 A_2 = \frac{1}{2}\gamma h_2 \cdot h_2 \cdot 1 = 1.76\ \text{kN}$$

设 F 为堰对水流的反作用力，沿 x 轴方向的动量方程为：

$$p_1 A_1 - p_2 A_2 - F = \rho Q(v_2 - v_1)$$

式中，v_1 和 v_2 均未知，需要通过其他方程求解。由连续性方程得：

$$v_1 = v_2 \frac{h_2}{h_1}$$

取上游过流断面 1—1 与下游过流断面 2—2 列能量方程：

$$\frac{h_1}{2} + \frac{\gamma h_1/2}{\gamma} + \frac{v_1^2}{2g} = \frac{h_2}{2} + \frac{\gamma h_2/2}{\gamma} + \frac{v_2^2}{2g}$$

由连续性方程和能量方程得：

$$v_2 = \frac{1}{\sqrt{1-(h_2/h_1)^2}}\sqrt{2g(h_1 - h_2)} = \frac{1}{\sqrt{1-(0.6/1.8)^2}}\sqrt{2\times 9.8\times(1.8-0.6)}\ \text{m/s} = 5.14\ \text{m/s}$$

$$v_1 = v_2 \frac{h_2}{h_1} = 5.14 \times \frac{0.6}{1.8}\ \text{m/s} = 1.71\ \text{m/s}$$

$$Q = v_2 h_2 = 5.14 \times 0.6\ \text{m}^3/\text{s} = 3.09\ \text{m}^3/\text{s}$$

代入动量方程，得：

$$F = p_1 A_1 - p_2 A_2 - \rho Q(v_2 - v_1) = 3.51\ \text{kN}$$

水流对单宽过水堰段的水平推力与 F 互为反推力，大小为 3.51 kN，方向水平向右。

3. 射流的反推力

图 3-28 所示容器在液面下深度等于 h 处有一比液面面积小得多的出流孔，其面积为 A。在出流孔很小的前提下，其出流过程就可以当作近似的定常流看待。这时，理想流体的出流速度为 $v=\sqrt{2gh}$。这一瞬时，容器内流体水平方向的动量变化取决于单位时间内由容器流出来的动量 $\rho Q v = \rho A v^2$。这一动量变化在大小上、方向上、位置上恰好等于在器壁上作用一个方向与出流速度相反的水平反推力，这个力的大小也就等于容器内流体的动量变化率，

3-21 射流反推力演示

即

$$F = \rho A v^2 = 2\rho A g h = 2A\gamma h$$

该式表明，射流反推力的大小恰好等于出流孔处的流体静水总压力的2倍。如果容器能够运动，则射流就可能克服容器移动的阻力而使容器向流体射出速度的反方向运动。

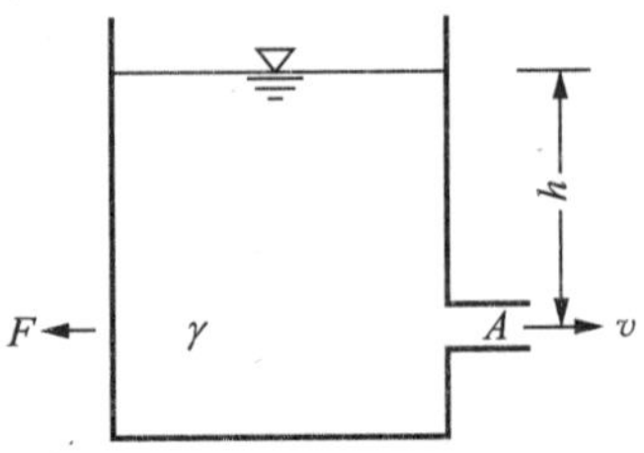

图3-28 射流的背压

4. 自由射流对挡板的压力

3-22 动量方程应用2

如图3-29所示，从喷嘴以速度 v_0 向挡板射流的流体，撞击挡板后将沿挡板表面分成两股射流，速度分别为 v_1 和 v_2，流量由 Q_0 分成 Q_1 和 Q_2。由于射流的冲击作用，在挡板上产生一个反作用力 R（流体作用于挡板上的力与之大小相等、方向相反）。

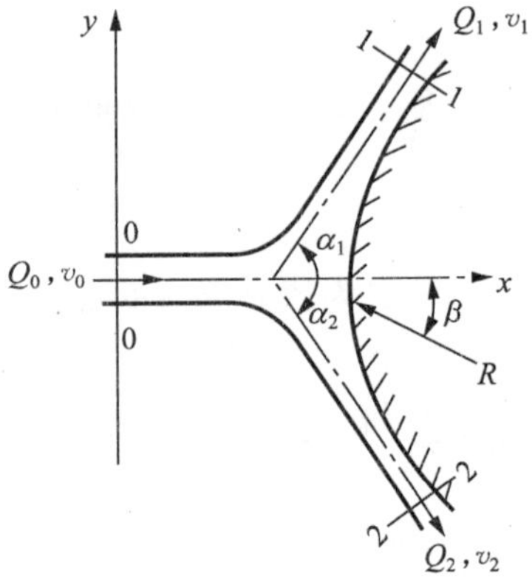

图3-29 自由射流射向 $\alpha < 90°$ 的挡板

根据动量方程式(3-66)可以写出 R 的表达式。

x 轴方向有：

$$-R_x = \rho Q_1 v_1 \cos\alpha_1 + \rho Q_2 v_2 \cos\alpha_2 - \rho Q_0 v_0$$

y 轴方向有：

$$R_y = \rho Q_1 v_1 \sin\alpha_1 + (-\rho Q_2 v_2 \sin\alpha_2) - 0$$

合力为：

$$R = \sqrt{R_x^2 + R_y^2}$$

$$\tan\beta = \frac{R_y}{R_x}$$

现在看下面几种特殊情况：

（1）当 $\alpha_1 = \alpha_2 = \alpha$，$\beta = 0$ 时，两股射流的动量必然相等，即

$$\rho Q_1 v_1 = \rho Q_2 v_2 = \frac{1}{2}\rho Q_0 v_0$$

此时，推得的作用力为：

$$R = \rho Q_0 v_0 (1 - \cos\alpha)$$

（2）当 $\alpha = 90°$ 时，如图3-30所示，此时挡板是平面，而不是曲面。这时的作用力为：

$$R = \rho Q_0 v_0$$

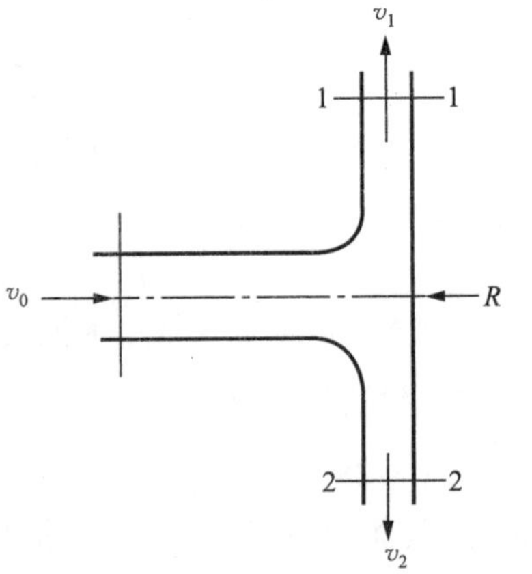

图3-30 自由射流射向 $\alpha = 90°$ 的挡板

（3）当 $\alpha > 90°$ 时，如图3-31所示，此时作用在曲面上的作用力比作用在平面上的作用力大。当 $\alpha = 180°$ 时，作用力最大，这时有：

$$R = 2\rho Q_0 v_0$$

以上所得结果都没有考虑摩擦阻力的影响。实际上，由于阻力的影响，作用力将略微

减小。

最后必须指出，当流体射到运动部件时，假设坐标建立在运动部件上，对这个坐标系来讲，流动是稳定流。应用动量方程时完全可以采用相对速度。如图 3-32 所示，若喷嘴固定，射流速度为v，叶片后退速度为v_e，则相对速度为$v - v_e$。必须注意，这时冲击叶片的流量应按相对速度计算，即 $Q = A(v - v_e)$，故动量方程为：

$$R = \rho Q(v - v_e) = \rho A(v - v_e)^2$$

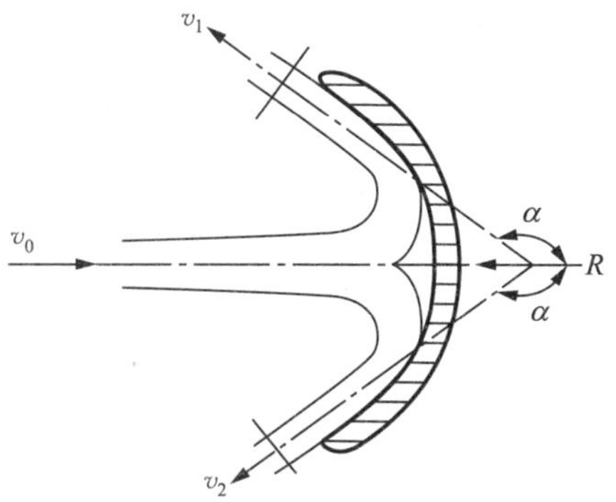

图 3-31　自由射流射向 $\alpha > 90°$ 的挡板

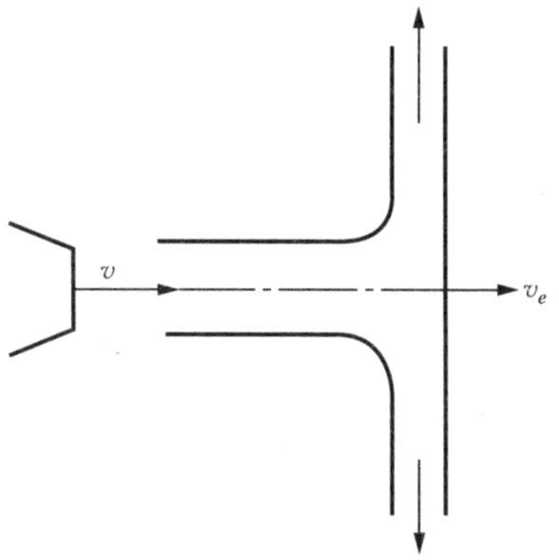

图 3-32　射流射向移动的挡板

思考题

3-1　拉格朗日法和欧拉法在分析流体运动上有什么区别？为什么常用欧拉法？

3-2　欧拉法中流体的加速度如何表示？

3-3　何谓定常流和非定常流？试举例说明其区别。

3-4　何谓流线？流线有什么特点？流线与迹线有什么不同？

3-5　引入断面平均流速有什么好处？它和实际流速有什么关系？

3-6　重量流量与体积流量之间的关系是什么？常用的单位各是什么？

3-7　连续性方程式的物理意义是什么？

3-8　欧拉运动微分方程式的物理意义是什么？适用于什么情况？

3-9　流束和总流的伯努利方程式有何区别？其适用条件各是什么？各项的物理意义是什么？

3-10　何谓缓变流？动能修正系数的物理意义是什么？

3-11　应用伯努利方程时要注意哪些问题？

3-12　常用的节流式流量计有哪些？其基本原理是什么？

3-13　何谓驻压强、总压强？测速管的基本原理是什么？

3-14　为什么伯努利方程可以用图表示出来？如何表示？何谓水力坡降？

3-15　何谓泵的扬程？泵的功率和扬程是怎样的关系？

3-16　当两船并行时如果间距太近，会引起并行船舶的靠拢和偏转，严重时会撞船，这个现象称为船吸现象，试用伯努利方程来解释船吸现象。同样解释为什么等候地铁、高铁等高速运行交通工具时，需要站在1米线以外？

3-17 何谓液流的动量方程？它可以解决哪些问题？

习 题

3-1 已知流场的速度分布为$\boldsymbol{u}=xy^2\boldsymbol{i}-\frac{1}{3}y^3\boldsymbol{j}+xy\boldsymbol{k}$，试问：

(1) 属几元流动？

(2) 求$(x,y,z)=(1,2,3)$点的加速度。

3-2 已知平面流动的速度分布规律为$\boldsymbol{u}=\frac{B}{2\pi}\frac{y}{(x^2+y^2)}\boldsymbol{i}+\frac{B}{2\pi}\frac{x}{(x^2+y^2)}\boldsymbol{j}$，式中$B$为常数。试求流线方程。

3-3 已知不可压缩流体的运动速度$\boldsymbol{u}$在x，y两个轴方向的分量为$u_x=2x^2+y$和$u_y=2y^2+z$，且在$z=0$处有$u_z=0$。试求z轴方向的速度分量u_z。

3-4 确定下列流场是否连续：

(1) $u_x=x^2+2xy$，$u_y=y^2+2xy$；

(2) $u_x=y+z$，$u_y=x+z$，$u_z=x+y$；

(3) $u_x=\frac{kx}{x^2+y^2}$，$u_y=\frac{ky}{x^2+y^2}$。

3-5 用直径为200 mm的管子输送相对密度为0.7的汽油，使流速不超过1.2 m/s，问每个小时最多输送多少吨？

3-6 一离心泵吸入管直径为150 mm，排出管直径为100 mm，若限制吸入管流速不超过0.7 m/s，问流量及排出管流速各为多少？

3-7 如图所示自水箱接出一个水龙头，水龙头前有压力表。当水龙头关闭时，压力表读数为0.8 at；当水龙头开启时，压力表读数降为0.6 at。如果管子直径$D=12$ mm，问此时的流量为多少？

3-8 水从井A利用虹吸管引到井B中，设已知体积流量$Q=100$ m³/h，$H=3$ m，$z=6$ m，不计虹吸管中的水头损失，试求虹吸管的管径D及上端管中的负压值p。

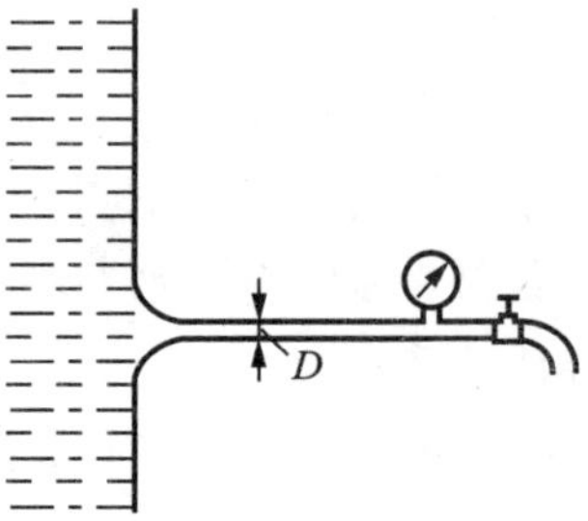

习题3-7图

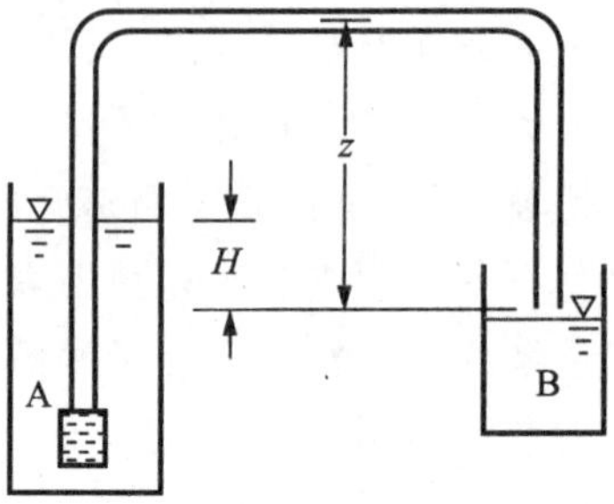

习题3-8图

3-9　为测管路轴线处的流速，装置如图所示的测速管。左管接于水管壁，量出不受流速影响的静压强；右管为 90° 弯管，量出受流速影响的总压强。把两管连于 U 形管水银压差计上。若 $\Delta h = 200$ mm，求管轴处的流速。

3-10　为测量输油管内流量，安装了圆锥式流量计。若油的相对密度为 0.8，管线直径 $D = 100$ mm，喉道直径 $d = 50$ mm，水银压差计读数 $\Delta h = 40$ cm，流量系数为 0.9，问每小时流量为多少吨？

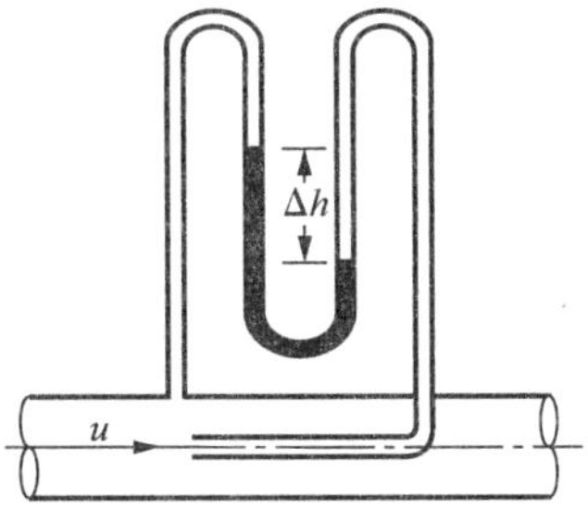

习题 3-9 图

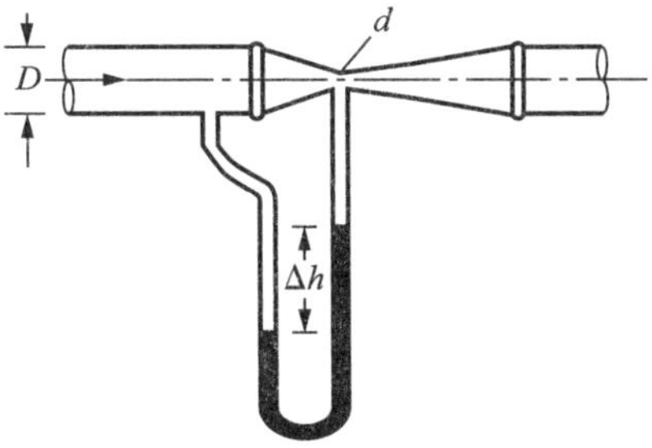

习题 3-10 图

3-11　为了在直径 $D = 160$ mm 的管线上自动掺入另一种油品，安装了如下装置：自锥管喉道处引出一个小支管通入油池内。若压力表读数为 2.4 at，喉道直径 $d = 40$ mm，T 管流量 $Q = 30$ L/s，油品相对密度 $\delta = 0.9$，欲掺入的油品相对密度 $\delta_1 = 0.8$，油池油面距喉道高度 $H = 1.5$ m，若掺入油量为原输送量的 10%，B 管水头损失设为 0.5 m 油柱，试确定 B 管直径以多大为宜。

3-12　如图所示，水箱在水深 $H = 3$ m 处接一水平管线，管线由 2 种直径串联，$D_1 = 20$ mm，$D_2 = 10$ mm，$L_1 = L_2 = 10$ m。设粗管水头损失为 0.6 m 水柱，细管水头损失为 1 m 水柱，问流量为多少？各段水力坡降为多少？并绘出水头线。（长度和高度可取不同比例）

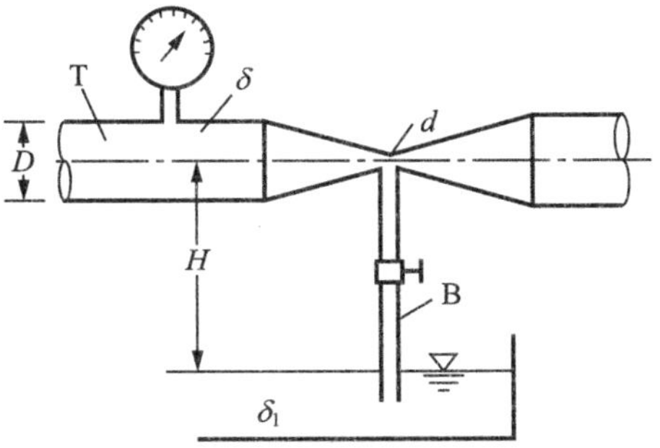

习题 3-11 图

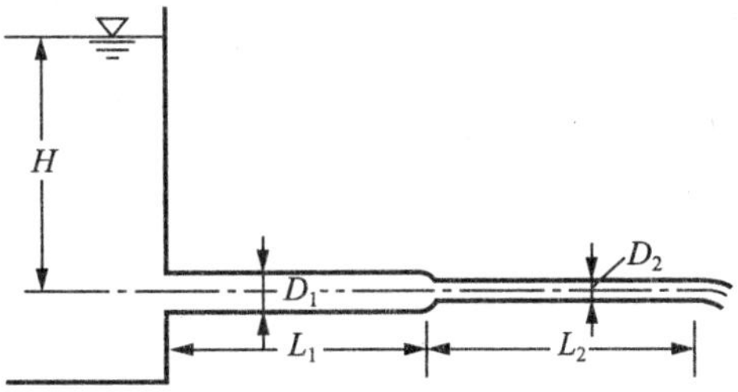

习题 3-12 图

3-13　如图所示，用 80 kW 的水泵抽水，泵的效率为 90%，管径为 30 cm，全管路的水头损失为 1 m，吸水管水头损失为 0.2 m。试求抽水量、管内流速及泵前真空表的读数。

3-14　如图所示一管路系统，吸入管和排出管的管径均为 2 cm，管路出口变径至 1 cm，欲维持其出口流速为 20 m/s，问需多大功率的水泵？设全管路的水头损失为 2 m，泵的效率为 80%，若压水管路的水头损失为 1.7 m，则压力表上的读数为多少？

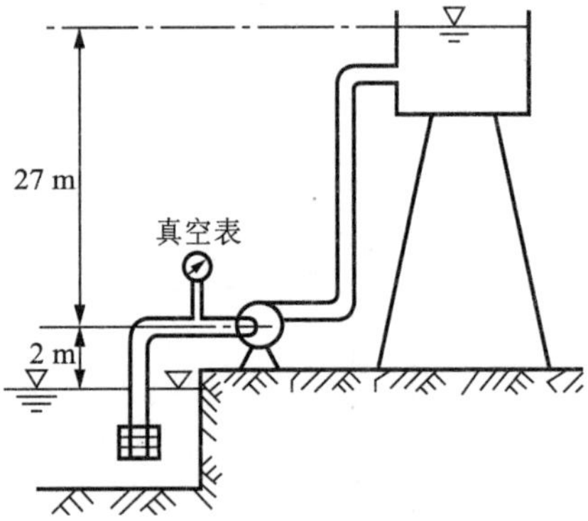

习题 3-13 图

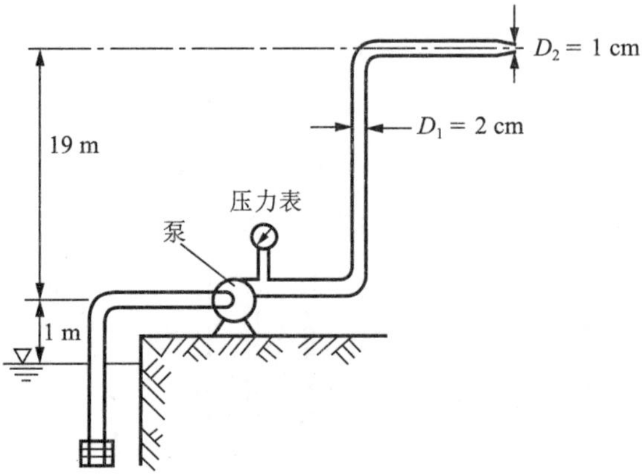

习题 3-14 图

3-15 如图所示，离心泵以 20 m^3/h 的流量将相对密度为 0.8 的油品从地下油罐送到山上洞库油罐。地下油罐油面压力为 0.2 at，洞库油罐油面压力为 0.3 at。设泵的效率为 0.8，电动机效率为 0.9，两罐液面差 $H = 40$ m，全管路水头损失为 5 m。试求泵及电动机的额定功率（即输入功率）。

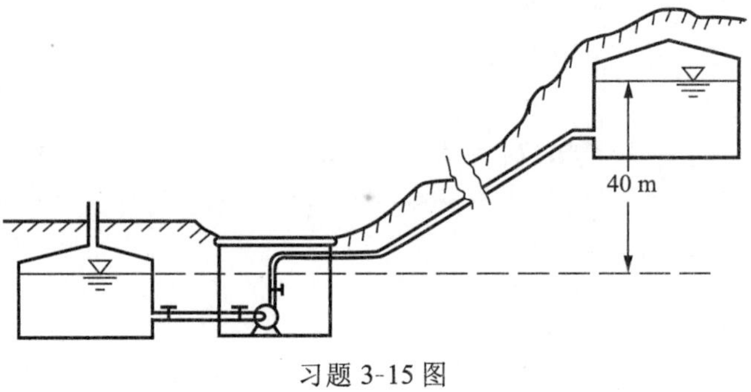

习题 3-15 图

3-16 输油管上水平转弯 90° 处设固定支座，所输油品相对密度为 0.8，管径为 300 mm，通过流量为 100 L/s，断面 1 处压力为 2.23 at，断面 2 处压力为 2.11 at。试求支座受压力大小和方向。

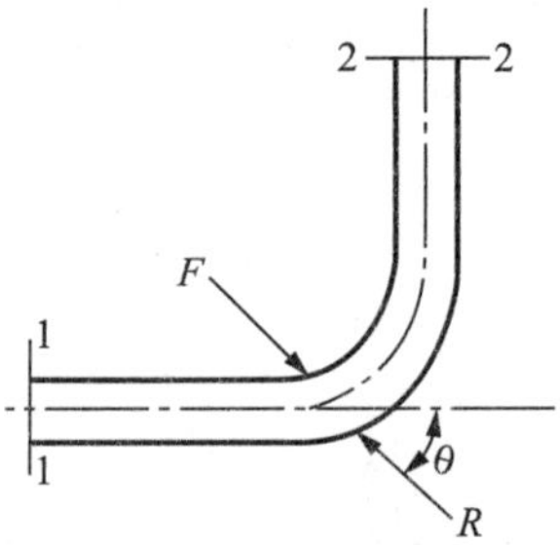

习题 3-16 图

3-17 水流经过 60° 渐细弯头 AB，已知 A 处管径 $D_A = 0.5$ m，B 处管径 $D_B = 0.25$ m，通过的流量为 0.1 m^3/s，B 处压强 $p_B = 1.8$ at。设弯头在同一水平面上，摩擦力不计，求弯头所受推力。

3-18 消防队员利用消火唧筒熄灭火焰，消火唧筒口径 $d = 1$ cm，水龙带端部口径 $D = 5$ cm。从消火唧筒射出流体的流速 $v = 20$ m/s。试求消防队员用手握住消火唧筒所需的力 R。（设消火唧筒水头损失为 1 m 水柱）

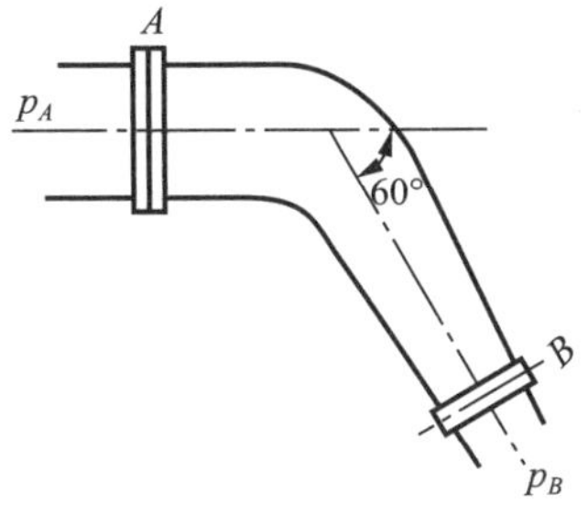

习题 3-17 图

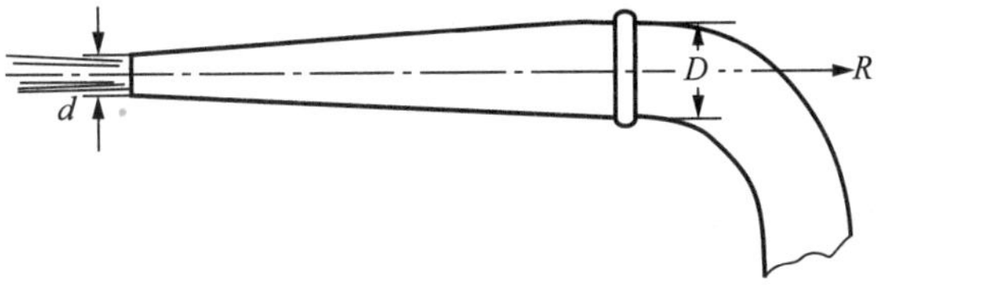

习题 3-18 图

3-19　嵌入支座的一段渐缩输水管如图所示，其直径由 $D_1 = 1.5$ m 变化为 $D_2 = 1$ m。当支座前压强 $p_1 = 4$ at，流量 $Q = 1.8\ m^3/s$ 时，不计能量损失，试确定渐缩段中支座所承受的轴向力。

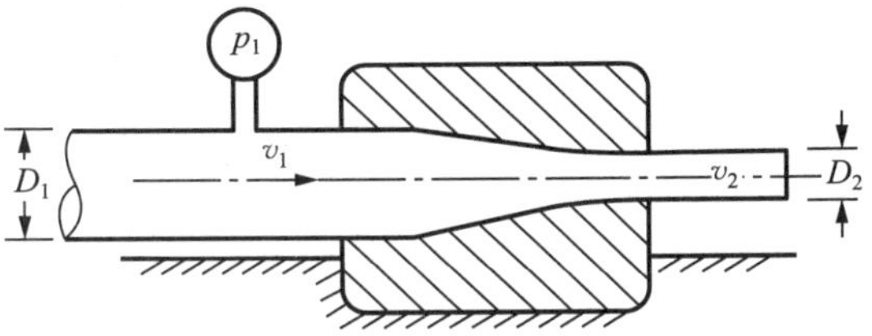

习题 3-19 图

3-20　如图所示，将一平板伸入水平自由水射流内，平板垂直于射流的轴线。该平板截去射流流量的一部分 Q_1（$Q_1 = 12 \times 10^{-3}\ m^3/s$），并使射流剩余部分偏转角度 α。已知射流流速 $v = 30$ m/s，全部流量 $Q = 36 \times 10^{-3}\ m^3/s$，不计摩擦。试求偏转角 α 及平板受力 F。

3-21　如图所示，水自铅垂方向的管嘴喷出射向下方的水平板面上。已知水的密度 $\rho = 1\,000\ kg/m^3$，管嘴直径 $d = 30$ mm，管嘴处水流速度 $v = 15$ m/s，板面至管嘴的高度 $h = 5$ m。假设射流冲击板面后沿板面向四周流去，不计板面上四周流水的重量，求此射流对板面的冲击力。

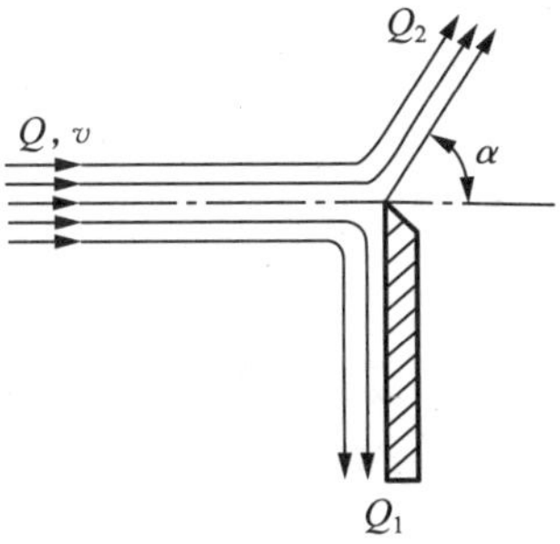

习题 3-20 图

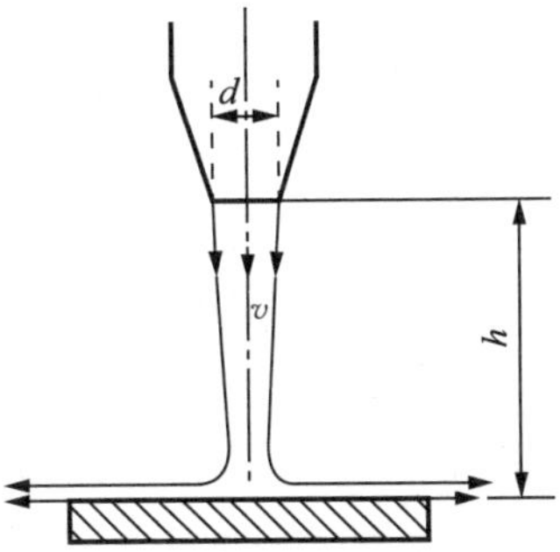

习题 3-21 图

第四章 流体阻力和水头损失

前一章着重讨论了实际流体流动时遵循的能量方程。由于实际流体具有黏性，所以流体在运动过程中会产生能量的损失，形成流动阻力，但其原因以及如何计算尚未分析。本章将讨论具有黏性的实际流体运动阻力产生的原因、水头损失分类及两种不同的流动状态，进而从理论上建立实际流体运动的微分方程式，导出流体层流流动基本规律。由于流体湍流流动的复杂性，必须依靠实验分析才能定量地确定因流动阻力而产生水头损失的计算方法，而实验的基础是因次分析和相似原理。

第一节 管路中流动阻力产生的原因及分类

一、管路中流动阻力产生的原因

4-1 阻力产生的原因

管路中流动阻力产生的原因是多方面的。

首先，流体流动中永远存在质点的摩擦和撞击现象。质点摩擦所表现出的黏性，以及质点撞击引起运动速度变化所表现出的惯性，才是流动阻力产生的根本原因。

其次，由于管壁的限制，液流与管壁接触，发生流体质点与管壁间的摩擦和撞击，消耗能量，形成阻力。所以，与管壁接触面积的大小是影响阻力的一个因素。阻力还与有效断面形状和几何尺寸有关，一般采用有效断面的湿周来衡量阻力大小。

通常把有效断面上流体与固体壁面相接触的固体边界长度称为湿周，用 χ 表示，湿周越长，阻力越大。然而，仅用湿周长短还不能全面地表明有效断面形状和几何尺寸对流动阻力的影响。例如，如图 4-1 所示的两种断面，虽然湿周相同，但阻力不同。

管路断面面积 A 的大小也是影响流动阻力的一个重要因素，当有效断面形状相同时，断面面积越大，阻力越小，例如有编号分别是 1 和 2 的两圆管，面积 $A_1 < A_2$，半径 $r_1 < r_2$，当通过流量 Q 相同时，流速 $v_1 > v_2$，则速度梯度 $\frac{du_1}{dr_1} > \frac{du_2}{dr_2}$，$\tau_1 > \tau_2$。然而，仅靠面积大小也不能全面地表明有效断面面积对流动阻力的影响。例如，图 4-2 所示的两种断面面积相同，但阻力不同。

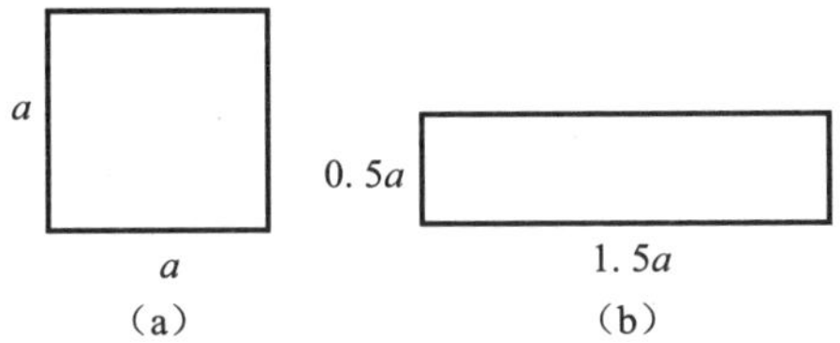

图 4-1　湿周相同，阻力不同

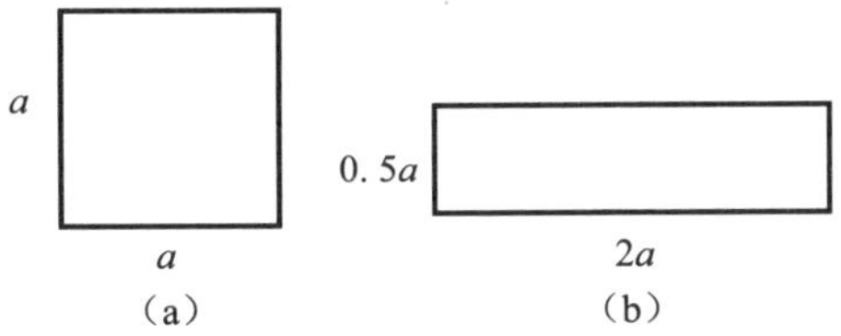

图 4-2　面积相同，阻力不同

由于面积和湿周均不能全面地表征流动阻力的水力特性，所以流体力学上就用断面面积 A 和湿周长度 χ 的比值来标志管路的面积和湿周对阻力的综合影响，用 R 表示，称为水力半径，即

$$R = \frac{A}{\chi} \tag{4-1}$$

水力半径愈大，流体的流动阻力愈小；水力半径愈小，流体的流动阻力愈大。

值得注意的是，水力半径与几何半径不相等。例如，直径为 D 的圆管满流时，其水力半径为：

$$R = \frac{\frac{\pi}{4}D^2}{\pi D} = \frac{D}{4} \tag{4-2}$$

另外，不同材料制成的管子，壁面粗糙程度也不一样。管壁上凸起的高度称为绝对粗糙度，而其平均值称为平均粗糙度，用 Δ 表示。当液流近管壁流速大到一定程度时，粗糙度会引起较大的涡流而消耗能量。当然，管路的长度 L 直接影响接触面积的大小，也对流动阻力起主要作用。

例 4-1

试确定下列过流断面的水力半径：

(1) 边长为 a 的正方形；

(2) 长为 $2a$、宽为 a 的矩形；

(3) 边长为 a 的正三角形；

(4) 外径为 D、内径为 d 的环形。

解：(1) 正方形的面积 $A = a^2$，其湿周 $\chi = 4a$，则水力半径为：

$$R = \frac{A}{\chi} = \frac{a^2}{4a} = \frac{a}{4}$$

（2）矩形的面积为：

$$A = 2a \cdot a = 2a^2$$

湿周为：

$$\chi = 2(2a + a) = 6a$$

水力半径为：

$$R = \frac{A}{\chi} = \frac{2a^2}{6a} = \frac{a}{3}$$

（3）正三角形的面积为：

$$A = \frac{1}{2}a \cdot \frac{\sqrt{3}}{2}a = \frac{\sqrt{3}}{4}a^2$$

湿周为：

$$\chi = 3a$$

水力半径为：

$$R = \frac{A}{\chi} = \frac{\frac{\sqrt{3}}{4}a^2}{3a} = \frac{\sqrt{3}}{12}a$$

（4）环形的面积为：

$$A = \frac{\pi}{4}(D^2 - d^2)$$

湿周为：

$$\chi = \pi(D + d)$$

水力半径为：

$$R = \frac{A}{\chi} = \frac{\frac{\pi}{4}(D^2 - d^2)}{\pi(D + d)} = \frac{D - d}{4}$$

二、流动阻力和水头损失的分类

实际工程管路都是由许多直管段和各种管件连接的管系。我们把直管段的流体流动阻力称为沿程阻力，所引起的水头损失称为沿程水头损失，用 h_f 表示；而把通过局部管件的流体流动阻力称为局部阻力，所引起的水头损失称为局部水头损失，用 h_j 表示。全流程总的水头损失 h_w 应是所有沿程水头损失和局部水头损失的总和，即

$$h_w = \sum h_f + \sum h_j \tag{4-3}$$

沿程水头损失的计算采用达西公式：

$$h_f = \lambda \frac{L}{D} \frac{v^2}{2g} \tag{4-4}$$

局部水头损失的计算通式为：

$$h_j=\zeta\frac{v^2}{2g} \tag{4-5}$$

式中　λ,ζ——沿程阻力系数和局部阻力系数。

上述公式是长期工程实践经验的总结。计算水头损失的关键是计算各种流动条件下沿程阻力系数λ和局部阻力系数ζ。但由于流体流动的复杂性，除了少数简单流动状态之外，λ和ζ目前只能通过实验和半经验半理论的方法获得。

在一般的长输输油管或输水管中，沿程水头损失是主要的，通常约占总水头损失的90%，而局部水头损失只占10%左右。室内管线，由于管件较多，局部水头损失在30%以上。以后讨论的重点将放在沿程水头损失上，而对于局部水头损失，由于种类繁多，仅概略介绍一些经验结果。

第二节　两种流动状态及判别标准

在日常生活中，仔细观察可以发现，当河水流速比较小时，水流比较平稳；反之，当河水流速比较大时，水流就比较湍急。这就表明：水流因流速不同而存在着不同的流动状态。流动阻力与水头损失的大小不仅与流动的几何边界有关，还与流动所处的状态有关。人们在大量的实践中，通过观察、实验，逐渐掌握了液流阻力的发展规律。早在1883年，雷诺就总结了大量的实验结果，发现管流中存在2种截然不同的流动状态，并找出了划分2种流态的标准。

4-2　流态判别

一、雷诺实验

4-3　雷诺实验演示

雷诺实验装置如图4-3所示，在具有溢流装置且能保持液面恒定的水箱1的侧壁上接出一个流线型管嘴2，再水平接出一根等直径玻璃管7，玻璃管末端用节流阀3控制流量，为了便于观察流态变化，在水箱上装有盛

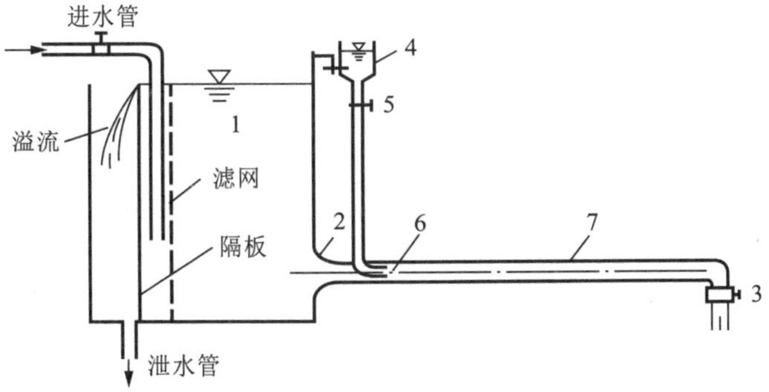

图4-3　雷诺实验装置图

有色液的容器4，从容器4接出细管用针形阀5调节有色液的排量，通过细管下部的针头6将有色液导入玻璃管中，使有色液随水流一起流动。

通过观察有色液在水流中的运动状态，可看出如下变化：

（1）微开节流阀3，控制针形阀5放入有色液，可以看出有色液在玻璃管内呈非常平稳的直线，如图4-4(a)所示，说明液流呈平行的直线流动。

4-4 层流-过渡-湍流

（2）当逐渐开大节流阀3时，起初有色液线并不改变，直到管内流速增到某一数值时，有色液线开始颤动，直线变为弯曲线，而后出现断断续续的不稳定状态，如图4-4(b)所示。

（3）随着流速的继续增大，有色液线将不再连续，而是立即向周围湍乱地扩散，流动变得杂乱无章，如图4-4(c)所示。

第一种流动状态主要表现为液体质点的摩擦和变形，称为层流状态。第二种流动状态主要表现为液体质点的互相撞击和掺混，称为湍流（或称紊流）状态。中间的流动状态表现为层流到湍流的过渡，称为临界状态。

从雷诺实验来看，随着流速增加，流动状态由层流转变为湍流，其中蕴含着由量变到质变的哲学思想，由此可折射出知识的积累也是一个由量变到质变的过程，也提醒大家只有“好好学习”，才能“天天向上”。

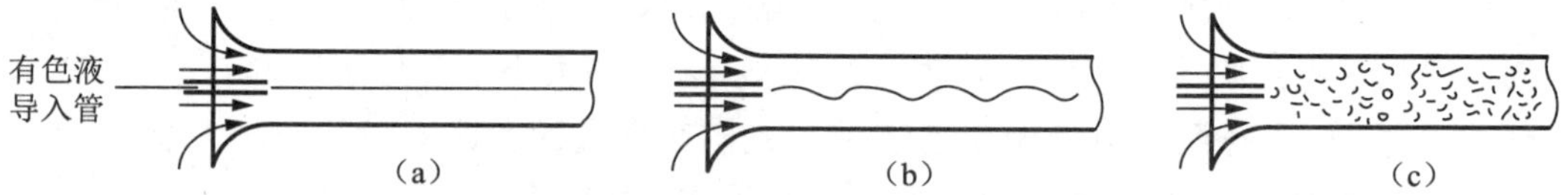

图4-4　2种流动状态

如果这时再将实验管子出口的阀门逐渐关小，即实验从大流速到小流速来进行，则湍乱现象逐渐减弱，当管内流速降低到一定程度时，有色液线会恢复成直线，流动再次呈现层流状态。

二、流态的判别

1. 临界流速

从表面上看，流动状态的改变与流速的大小有直接关系。流态转化时的流速称为临界流速。临界流速又可分为上临界流速和下临界流速，其中由层流转变为湍流时的流速为上临界流速v_c'；由湍流转变为层流时的流速为下临界流速v_c，如图4-5所示。实验还证明，从层流过渡到湍流与从湍流过渡到层流，临界流速有所不同，即$v_c' > v_c$。这是由于从湍流返回层流时，惯性影响不易很快减弱；而从层流过渡到湍流时，如果实验非常小心，水箱水面非常平稳，临界流速有时能达到相当大的数值。但通常工程管路都不会是那么平稳的，故规定以湍流过渡到层流时的较小的下临界流速v_c作为判别流态的依据。大量实验证明，下临界流速v_c是比较稳定的，超过v_c就有可能变为湍流。

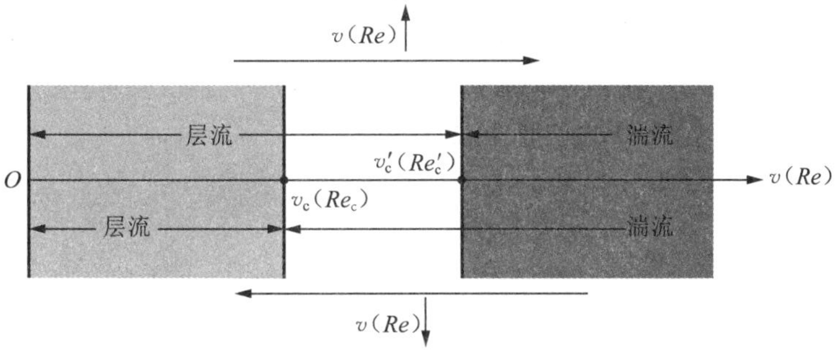

Re—雷诺数；Re_c'，Re_c—上、下临界雷诺数。

图 4-5　流态判断

2. 雷诺数

实验中进一步发现，当变换管径或变换流动介质时，临界流速会发生变化，即同一种流体在不同管径的管道中流动，其临界流速不同；在同一条管道中，不同流体流动时，其临界流速也不同；即使同一管道、同一种流体，因流体温度不同，临界流速也可能不同。因此，用临界流速来判别流态时存在针对性而且不方便。雷诺锲而不舍地探索，通过实验进一步得到，影响流动状态的无因次数（即雷诺数）在临界流速时是个常数。雷诺数 Re 表达式为：

$$Re=\frac{vD\rho}{\mu}=\frac{vD}{\nu} \tag{4-6}$$

式中　v ——平均流速；

D ——管子内径；

ρ ——流体密度；

μ ——流体动力黏度；

ν ——流体运动黏度。

对于任何一种管内液流或气流，无论它是何种流态，都可以确定出一个雷诺数 Re 值。对应于上临界流速 v_c'、下临界流速 v_c 的雷诺数分别称为上临界雷诺数 Re_c'、下临界雷诺数 Re_c，如图4-5所示。大量实验证明，下临界雷诺数比较稳定，而上临界雷诺数 Re_c' 不易确定。

$$Re_c=\frac{v_cD}{\nu}=2\,000\sim2\,300$$

工程流体力学中习惯上取 $Re_c=2\,000$ 作为流态判别标准。在一般的输液（或低速气体）管路中，$Re\leqslant2\,000$ 即认为是层流，而 $Re>2\,000$ 则认为是紊流。当不同流体通过不同直径的管路时，虽然临界流速各不相同，但其临界雷诺数大致相同，这就进一步说明了用临界雷诺数作为判别流态标准的可靠性。

在紊流状态下，惯性力占主要地位，雷诺数较大；在层流状态下，惯性力较弱，黏性力居主导地位，雷诺数较小。因此，用雷诺数来判别流态，能同时反映出流速、管径和流体物理性质 3 个方面对流态的影响，雷诺数 Re 综合了影响流动状态的各种因素，反映了流体惯性力与黏性力的比值。

三、流动状态与沿程水头损失的关系

4-5 流态与沿程损失

雷诺实验不仅证明了液流存在两种不同的流动状态，而且揭示了流动状态与沿程水头损失的关系。在雷诺实验装置的实验管段上，接出两根相距为 L 的测压管，如图 4-6 所示。

因为当水平等直径管路中流体为定常流时，根据伯努利方程，其沿程水头损失就等于两断面间的压力水头差，即

$$h_f = \frac{p_1 - p_2}{\gamma} \tag{4-7}$$

同时，根据实测流量和管子断面面积可以算出平均流速。在阀门开启程度不同时，依序可以测出各流速对应的沿程水头损失。将实测结果整理在双对数坐标纸上，如图 4-7 所示。

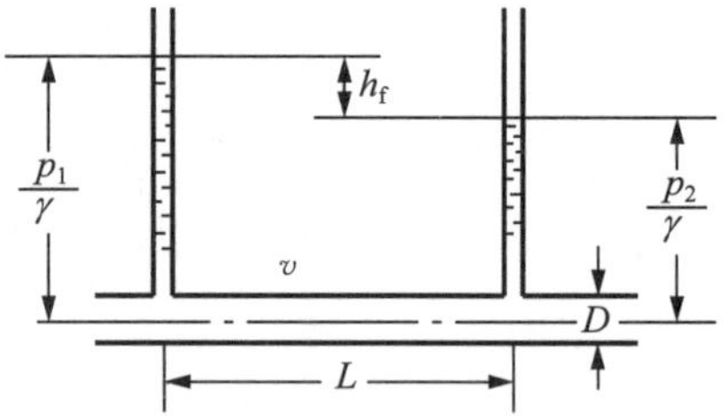

图 4-6　实验管段起、终点测压管

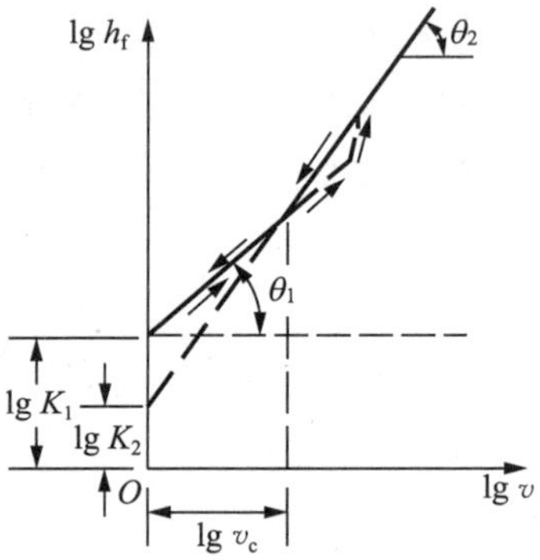

图 4-7　流速与沿程水头损失的关系

实验结果表明：无论是层流状态还是湍流状态，实验点都分别集中在不同斜率的直线上，它们的方程式为：

$$\lg h_f = \lg K + m \lg v \tag{4-8}$$

式中　$\lg K$——直线的截距；

m——直线的斜率，且 $m = \tan\theta$（θ 为直线与水平线的夹角）。

大量实验证实：

（1）层流时，$\theta_1 = 45°$，$m = 1$，即

$$\lg h_f = \lg K_1 + \lg v \quad 或 \quad h_f = K_1 v$$

（2）湍流时，$\theta_2 > 45°$，$m = 1.75 \sim 2$，即

$$\lg h_f = \lg K_2 + m \lg v \quad 或 \quad h_f = K_2 v^m$$

这说明：层流时，沿程水头损失与平均流速成正比；湍流时，沿程水头损失与平均流速的 1.75～2 次方成正比。

例 4-2

水在内径 D 为 100 mm 的管中流动，流速 $v = 0.5$ m/s，水的运动黏度 $\nu = 10^{-6}$ m²/s，

则水在管中呈何种流态？如果管中流动的是油，流速不变，设油的运动黏度 $\nu = 31 \times 10^{-6}\ \mathrm{m^2/s}$，则油在管中呈何种流态？

解：水流的雷诺数为：

$$Re = \frac{vD}{\nu} = \frac{0.5 \times 0.1}{10^{-6}} = 5 \times 10^4 > 2\,000$$

故水在管中呈湍流状态。

油流的雷诺数为：

$$Re = \frac{vD}{\nu} = \frac{0.5 \times 0.1}{31 \times 10^{-6}} = 1\,613 < 2\,000$$

故油在管中呈层流状态。

第三节　实际流体运动微分方程式——纳维-斯托克斯方程式

第三章中已经导出理想流体运动的微分方程式，即欧拉运动方程式。实际流体与理想流体的区别仅在于存在内摩擦力或黏性力，因此在分析方法上仍可从运动着的流体中取出一块微小六面体来分析其受力、运动状况。

4-6　实际运动微分方程

一、黏性流体的受力分析

如图 4-8 所示，取微小六面体 $ABCDEFGH$，其平行于坐标轴各边的长度分别为 $\mathrm{d}x$，$\mathrm{d}y$，$\mathrm{d}z$，设其密度为 ρ，则其质量 $m = \rho \mathrm{d}x\mathrm{d}y\mathrm{d}z$。

设流体的单位质量力在 x, y, z 三坐标轴上的分量为 X, Y, Z，则微元六面体的质量力在 x, y, z 三坐标轴上的分量分别为 $X\rho \mathrm{d}x\mathrm{d}y\mathrm{d}z$，$Y\rho \mathrm{d}x\mathrm{d}y\mathrm{d}z$，$Z\rho \mathrm{d}x\mathrm{d}y\mathrm{d}z$。暂不讨论它们在空间方向上的质量力 $\boldsymbol{F}$ 以及它们在空间方向上的加速度 $\mathrm{d}\boldsymbol{u}/\mathrm{d}t$，因为这些都与推导理想流体运动微分方程时完全相同，所不同的仅是表面力的分布状况。

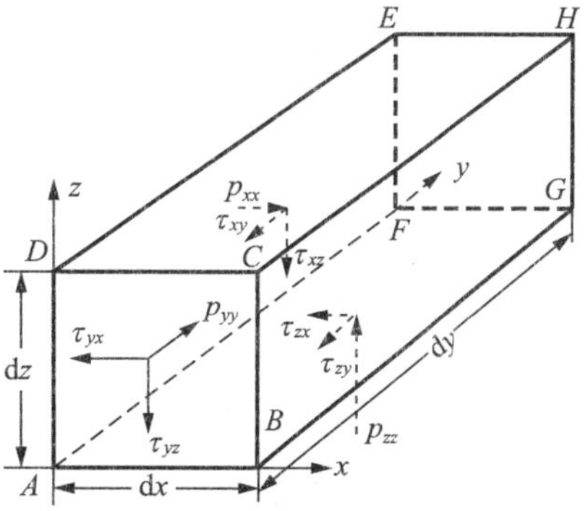

图 4-8　微小六面体上的表面力

现着重分析作用在六面体表面上的表面力。在六面体各表面上，除了与受压面垂直的法向应力 p 外，还有切向应力 τ，分别垂直于 p 而平行于作用面的坐标轴。由于每个表面上都有 1 个法向应力和 2 个切向应力，且共有 3 个这样的表面力，所以六面体的 6 个面上就有 18 个应力，区别于理想流体中每个表面上只有 1 个法向应力。为了便于分析，图 4-8

中仅绘出围绕坐标轴原点 A 的 3 个面上的应力分布，而其他各表面上的应力分布如表 4-1 所示。各应力下标按如下约定：第 1 个下标代表作用面的法线方向，第 2 个下标代表应力本身的方向。

表 4-1　表面应力分布

面	法向应力	切向应力	
AE	$+p_{xx}$	$-\tau_{xy}$	$-\tau_{xz}$
AC	$+p_{yy}$	$-\tau_{yz}$	$-\tau_{yx}$
AG	$+p_{zz}$	$-\tau_{zx}$	$-\tau_{zy}$
BH	$-\left(p_{xx}+\frac{\partial p_{xx}}{\partial x}\mathrm{d}x\right)$	$+\left(\tau_{xy}+\frac{\partial \tau_{xy}}{\partial x}\mathrm{d}x\right)$	$+\left(\tau_{xz}+\frac{\partial \tau_{xz}}{\partial x}\mathrm{d}x\right)$
FH	$-\left(p_{yy}+\frac{\partial p_{yy}}{\partial y}\mathrm{d}y\right)$	$+\left(\tau_{yz}+\frac{\partial \tau_{yz}}{\partial y}\mathrm{d}y\right)$	$+\left(\tau_{yx}+\frac{\partial \tau_{yx}}{\partial y}\mathrm{d}y\right)$
DH	$-\left(p_{zz}+\frac{\partial p_{zz}}{\partial z}\mathrm{d}z\right)$	$+\left(\tau_{zx}+\frac{\partial \tau_{zx}}{\partial z}\mathrm{d}z\right)$	$+\left(\tau_{zy}+\frac{\partial \tau_{zy}}{\partial z}\mathrm{d}z\right)$

二、应力形式的运动微分方程

4-7　N-S 方程

根据牛顿第二定律 $\sum \boldsymbol{F}=m\boldsymbol{a}$，流体在空间方向上的加速度 $\boldsymbol{a}=\mathrm{d}\boldsymbol{u}/\mathrm{d}t$，以 x 方向为例，列出运动微分方程式：

$$X\rho\mathrm{d}x\mathrm{d}y\mathrm{d}z+p_{xx}\mathrm{d}y\mathrm{d}z-\left(p_{xx}+\frac{\partial p_{xx}}{\partial x}\mathrm{d}x\right)\mathrm{d}y\mathrm{d}z-\tau_{yx}\mathrm{d}x\mathrm{d}z+\left(\tau_{yx}+\frac{\partial \tau_{yx}}{\partial y}\mathrm{d}y\right)\mathrm{d}x\mathrm{d}z-$$

$$\tau_{zx}\mathrm{d}x\mathrm{d}y+\left(\tau_{zx}+\frac{\partial \tau_{zx}}{\partial z}\mathrm{d}z\right)\mathrm{d}x\mathrm{d}y=\rho\mathrm{d}x\mathrm{d}y\mathrm{d}z\frac{\mathrm{d}u_x}{\mathrm{d}t}$$

用质量 $m=\rho\mathrm{d}x\mathrm{d}y\mathrm{d}z$ 除上式，简化得到：

$$X+\frac{1}{\rho}\left(-\frac{\partial p_{xx}}{\partial x}+\frac{\partial \tau_{yx}}{\partial y}+\frac{\partial \tau_{zx}}{\partial z}\right)=\frac{\mathrm{d}u_x}{\mathrm{d}t} \tag{4-9a}$$

同理

$$Y+\frac{1}{\rho}\left(\frac{\partial \tau_{xy}}{\partial x}-\frac{\partial p_{yy}}{\partial y}+\frac{\partial \tau_{zy}}{\partial z}\right)=\frac{\mathrm{d}u_y}{\mathrm{d}t} \tag{4-9b}$$

$$Z+\frac{1}{\rho}\left(\frac{\partial \tau_{xz}}{\partial x}+\frac{\partial \tau_{yz}}{\partial y}-\frac{\partial p_{zz}}{\partial z}\right)=\frac{\mathrm{d}u_z}{\mathrm{d}t} \tag{4-9c}$$

式(4-9)是以应力形式表示的实际流体运动微分方程式，其中包含 9 个应力和 3 个分速度，共 12 个未知数，求解非常困难。下面将讨论这 12 个未知数之间的联系，以便减少未知数的数目。为此要分别讨论切向应力、法向应力和变形之间的关系。因变形和流速变化有关，故由此可找出应力和流速变化之间的关系，从而达到减少未知数的目的。

三、广义牛顿内摩擦定律

牛顿内摩擦定律给出了一元流动中内摩擦应力 τ 与流速梯度 $\mathrm{d}u/\mathrm{d}y$ 成正比，且流速梯度 $\mathrm{d}u/\mathrm{d}y$ 等于流体变形角速度 $\mathrm{d}\theta/\mathrm{d}t$（图 4-9），即

$$\tau=\mu\frac{\mathrm{d}u}{\mathrm{d}y}=\mu\frac{\mathrm{d}\theta}{\mathrm{d}t} \tag{4-10}$$

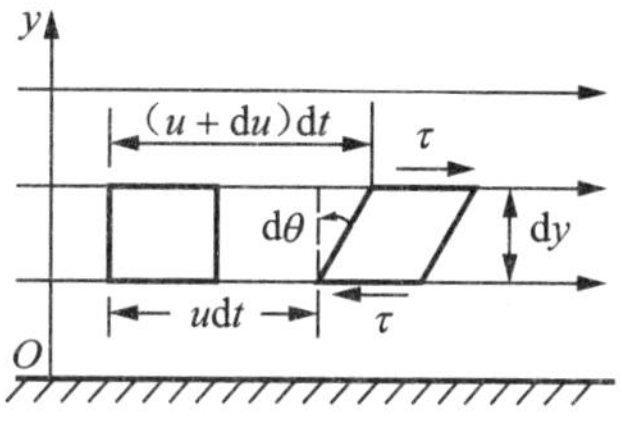

图 4-9　切应力和变形

对于三元流动，斯托克斯（Stokes）将 $\tau=\pm\mu\mathrm{d}u/\mathrm{d}y$ 推广到黏性流体的任意流动中，提出了广义牛顿内摩擦定律。其假设为：

（1）流体是连续的，它的应力与变形速度之间为线性函数；

（2）流体是各向同性的，即其性质与方向无关，因此应力与变形速度之间的关系是不变的；

（3）考虑流体为不可压缩，仅用流体黏度 μ 来表示流体的特性；

（4）所建立的关系式，适合于动、静两种情况，静止是运动的特例。

在这些假设条件的基础上，可导出切向应力、法向应力与变形速度之间的关系式。

1. 切向应力

二元流动与一元流动类似，不过此时矩形微团剪切变形后将变成平行四边形，其两邻边都将产生转角，如图 4-10 所示。

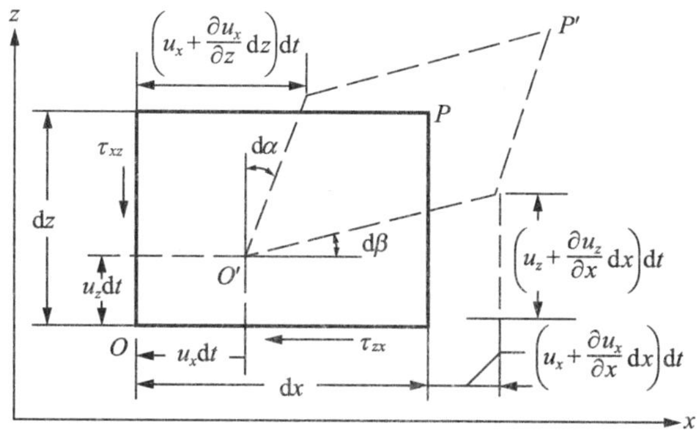

图 4-10　流体微团的剪切变形

此时，流速梯度与变形角速度的关系为：

$$\frac{\partial u_x}{\partial z}=\frac{\mathrm{d}\alpha}{\mathrm{d}t},\quad \frac{\partial u_z}{\partial x}=\frac{\mathrm{d}\beta}{\mathrm{d}t} \tag{4-11}$$

而总的变形角速度为两个变形角速度之和，即

$$\frac{\mathrm{d}\theta}{\mathrm{d}t}=\frac{\mathrm{d}\alpha}{\mathrm{d}t}+\frac{\mathrm{d}\beta}{\mathrm{d}t}=\frac{\partial u_x}{\partial z}+\frac{\partial u_z}{\partial x} \tag{4-12}$$

由牛顿流体内摩擦定律可知：

$$\tau_{zx}=\mu\frac{\mathrm{d}\theta}{\mathrm{d}t}=\mu\left(\frac{\partial u_x}{\partial z}+\frac{\partial u_z}{\partial x}\right) \tag{4-13}$$

若为三元流动，则存在相互正交的3个面，则有：

$$\left.\begin{aligned}\tau_{zx}&=\mu\left(\frac{\partial u_x}{\partial z}+\frac{\partial u_z}{\partial x}\right)\\\tau_{xy}&=\mu\left(\frac{\partial u_y}{\partial x}+\frac{\partial u_x}{\partial y}\right)\\\tau_{yz}&=\mu\left(\frac{\partial u_z}{\partial y}+\frac{\partial u_y}{\partial z}\right)\end{aligned}\right\}\tag{4-14}$$

其余3个切向应力 τ_{xz}，τ_{yx} 和 τ_{zy} 与式(4-14)的3个切向应力之间存在着对应相等的关系。因为在微元六面体中各表面上的应力可以认为是均匀分布的，各表面力通过相应面的中心。若通过六面体的形心且平行于 z 轴取力矩，则由于质量力和法向应力都通过形心而不产生力矩，所受外力的力矩总和 $\sum M$ 为：

$$\sum M=\tau_{xy}\mathrm{d}y\mathrm{d}z\frac{\mathrm{d}x}{2}+\left(\tau_{xy}+\frac{\partial\tau_{xy}}{\partial x}\mathrm{d}x\right)\mathrm{d}y\mathrm{d}z\frac{\mathrm{d}x}{2}-\tau_{yx}\mathrm{d}x\mathrm{d}z\frac{\mathrm{d}y}{2}-\left(\tau_{yx}+\frac{\partial\tau_{yx}}{\partial y}\mathrm{d}y\right)\mathrm{d}x\mathrm{d}z\frac{\mathrm{d}y}{2}$$

根据转动定律有：

$$\sum M=Ja$$

式中　J——物体的转动惯量；

　　a——转动加速度。

现六面体的转动惯量为 $J=\rho\mathrm{d}x\mathrm{d}y\mathrm{d}zr^2$，$r$ 为回转半径，则 J 已属五阶微量，可略去，即可写成 $\sum M=0$，据此可得：

$$(\tau_{xy}-\tau_{yx})\mathrm{d}x\mathrm{d}y\mathrm{d}z=0$$

则有：

$$\tau_{xy}=\tau_{yx}$$

同理可证：

$$\tau_{yz}=\tau_{zy},\quad \tau_{zx}=\tau_{xz}$$

即切向应力具有对称性，故6个切向应力中只有3个是独立的。因此对整个六面体来说，式(4-14)变为：

$$\left.\begin{aligned}\tau_{zx}&=\tau_{xz}=\mu\left(\frac{\partial u_x}{\partial z}+\frac{\partial u_z}{\partial x}\right)\\\tau_{xy}&=\tau_{yx}=\mu\left(\frac{\partial u_y}{\partial x}+\frac{\partial u_x}{\partial y}\right)\\\tau_{yz}&=\tau_{zy}=\mu\left(\frac{\partial u_z}{\partial y}+\frac{\partial u_y}{\partial z}\right)\end{aligned}\right\}\tag{4-15}$$

2. 法向应力

法向应力不仅对流体造成作用力方向上的压缩或拉伸，而且引起与作用力垂直方向上的拉伸或压缩，因而法向应力除了与流体静压强有关外，还与线性变形有关，即认为法向应力由静压强(p)和附加法向应力(p'_{xx}，p'_{yy}，p'_{zz})两部分组成，即

$$\left.\begin{aligned}p_{xx}&=p+p'_{xx}\\p_{yy}&=p+p'_{yy}\\p_{zz}&=p+p'_{zz}\end{aligned}\right\}\tag{4-16a}$$

对于线性变形引起的附加法向应力，在此不作严格推导，可仿照牛顿内摩擦定律给出：

$$\left.\begin{aligned}p'_{xx}&=-\mu\left(\frac{\partial u_x}{\partial x}+\frac{\partial u_x}{\partial x}\right)=-2\mu\frac{\partial u_x}{\partial x}\\p'_{yy}&=-\mu\left(\frac{\partial u_y}{\partial y}+\frac{\partial u_y}{\partial y}\right)=-2\mu\frac{\partial u_y}{\partial y}\\p'_{zz}&=-\mu\left(\frac{\partial u_z}{\partial z}+\frac{\partial u_z}{\partial z}\right)=-2\mu\frac{\partial u_z}{\partial z}\end{aligned}\right\}\tag{4-16b}$$

（1）当$\frac{\partial u_x}{\partial x}$为正时，微团伸长，作用的是拉力，$p'_{xx}$应为负值；

（2）当$\frac{\partial u_x}{\partial x}$为负时，微团压缩，作用的是压力，$p'_{xx}$应为正值；

（3）在$\frac{\partial u_x}{\partial x}$或$\frac{\partial u_y}{\partial y}$或$\frac{\partial u_z}{\partial z}$前加负号，与微团伸长和压缩相适应。

将式(4-16b)代入式(4-16a)，则法向应力可以表达为：

$$\left.\begin{aligned}p_{xx}&=p+p'_{xx}=p-2\mu\frac{\partial u_x}{\partial x}\\p_{yy}&=p+p'_{yy}=p-2\mu\frac{\partial u_y}{\partial y}\\p_{zz}&=p+p'_{zz}=p-2\mu\frac{\partial u_z}{\partial z}\end{aligned}\right\}\tag{4-17}$$

值得说明的是：如果流体质点无相对运动，或是理想流体，则$p_{xx}=p_{yy}=p_{zz}$；实际流体在计入黏性以后，流动流体的动压强受切向应力的影响，同一点互相垂直的法向应力的3个分量p_{xx}，p_{yy}，p_{zz}一般并不相等。将式(4-17)中3式相加得：

$$(p_{xx}+p_{yy}+p_{zz})+2\mu\left(\frac{\partial u_x}{\partial x}+\frac{\partial u_y}{\partial y}+\frac{\partial u_z}{\partial z}\right)=3p\tag{4-18}$$

对于不可压缩流体，其连续性方程式为：

$$\frac{\partial u_x}{\partial x}+\frac{\partial u_y}{\partial y}+\frac{\partial u_z}{\partial z}=0$$

于是有：

$$p=\frac{p_{xx}+p_{yy}+p_{zz}}{3}\tag{4-19}$$

上式表明，对于不可压缩的实际流体，其任意一点的法向应力的3个分量p_{xx}，p_{yy}和p_{zz}并不相等，但它们的算术平均值刚好与流体静压强p相等。

公式中所谓流体“静压强p”实际是代表法向应力分量中的各向同性部分，若流体质点无相对运动或为理想流体则为静压强；若流体运动，则p_{xx}，p_{yy}和p_{zz}的算术平均值p就称为水动压强，即各法向应力可以认为是水动压强加上1个附加应力，这个附加应力与沿该坐标轴向的线性变形速度$\frac{\partial u_x}{\partial x}$，$\frac{\partial u_y}{\partial y}$，$\frac{\partial u_z}{\partial z}$成正比。

3. 广义牛顿流体内摩擦定律

综合上述应力与变形速度之间关系，可得广义牛顿流体内摩擦定律：

$$\left.\begin{aligned}
p_{xx}&=p-2\mu\frac{\partial u_x}{\partial x}\\
p_{yy}&=p-2\mu\frac{\partial u_y}{\partial y}\\
p_{zz}&=p-2\mu\frac{\partial u_z}{\partial z}\\
\tau_{yx}&=\tau_{xy}=\mu\left(\frac{\partial u_x}{\partial y}+\frac{\partial u_y}{\partial x}\right)\\
\tau_{yz}&=\tau_{zy}=\mu\left(\frac{\partial u_y}{\partial z}+\frac{\partial u_z}{\partial y}\right)\\
\tau_{zx}&=\tau_{xz}=\mu\left(\frac{\partial u_x}{\partial z}+\frac{\partial u_z}{\partial x}\right)
\end{aligned}\right\}\tag{4-20}$$

该定律将黏性流体的表面应力与变形速度联系了起来，并且指出在黏性流体中不仅产生了剪切应力，而且产生了附加的法向应力。广义牛顿流体内摩擦定律又称为实际牛顿流体的本构方程。大量的应用实践证明，此本构方程对多数常见流体是适用的。

四、N-S 方程

将关系式(4-20)代入以应力形式表示的实际流体运动微分方程式(4-9)中，可大大减少未知数。

现以沿 x 轴方向的平衡式为例，有：

$$X+\frac{1}{\rho}\left[-\frac{\partial}{\partial x}\left(p-2\mu\frac{\partial u_x}{\partial x}\right)+\mu\frac{\partial}{\partial y}\left(\frac{\partial u_y}{\partial x}+\frac{\partial u_x}{\partial y}\right)+\mu\frac{\partial}{\partial z}\left(\frac{\partial u_x}{\partial z}+\frac{\partial u_z}{\partial x}\right)\right]=\frac{\mathrm{d}u_x}{\mathrm{d}t}$$

展开并整理得：

$$X-\frac{1}{\rho}\frac{\partial p}{\partial x}+\frac{\mu}{\rho}\left(\frac{\partial^2 u_x}{\partial x^2}+\frac{\partial^2 u_x}{\partial y^2}+\frac{\partial^2 u_x}{\partial z^2}\right)+\frac{\mu}{\rho}\frac{\partial}{\partial x}\left(\frac{\partial u_x}{\partial x}+\frac{\partial u_y}{\partial y}+\frac{\partial u_z}{\partial z}\right)=\frac{\mathrm{d}u_x}{\mathrm{d}t}$$

对于不可压缩流体，等式左边第四项括号内的项等于零，且 $\mu/\rho=\nu$，故：

$$X-\frac{1}{\rho}\frac{\partial p}{\partial x}+\nu\left(\frac{\partial^2 u_x}{\partial x^2}+\frac{\partial^2 u_x}{\partial y^2}+\frac{\partial^2 u_x}{\partial z^2}\right)=\frac{\mathrm{d}u_x}{\mathrm{d}t}\tag{4-21a}$$

同理：

$$Y-\frac{1}{\rho}\frac{\partial p}{\partial y}+\nu\left(\frac{\partial^2 u_y}{\partial x^2}+\frac{\partial^2 u_y}{\partial y^2}+\frac{\partial^2 u_y}{\partial z^2}\right)=\frac{\mathrm{d}u_y}{\mathrm{d}t}\tag{4-21b}$$

$$Z-\frac{1}{\rho}\frac{\partial p}{\partial z}+\nu\left(\frac{\partial^2 u_z}{\partial x^2}+\frac{\partial^2 u_z}{\partial y^2}+\frac{\partial^2 u_z}{\partial z^2}\right)=\frac{\mathrm{d}u_z}{\mathrm{d}t}\tag{4-21c}$$

式中，括号内的项可以写成拉普拉斯算子 $\nabla^2 u_x$，$\nabla^2 u_y$，$\nabla^2 u_z$，故式(4-21)可写为：

$$
\left.\begin{aligned}
X-\frac{1}{\rho}\frac{\partial p}{\partial x}+\nu\nabla^2 u_x=\frac{\mathrm{d}u_x}{\mathrm{d}t}\\
Y-\frac{1}{\rho}\frac{\partial p}{\partial y}+\nu\nabla^2 u_y=\frac{\mathrm{d}u_y}{\mathrm{d}t}\\
Z-\frac{1}{\rho}\frac{\partial p}{\partial z}+\nu\nabla^2 u_z=\frac{\mathrm{d}u_z}{\mathrm{d}t}
\end{aligned}\right\}\tag{4-22}
$$

式(4-21)或式(4-22)就是适用于不可压缩实际流体的运动微分方程式，通称为纳维-斯托克斯方程式，简称 N-S 方程。

实际流体的运动微分方程式与理想流体欧拉运动微分方程式一样，它包含 4 个未知数 p, u_x, u_y, u_z。式(4-21)或式(4-22)有 3 个方程，加上连续性方程式(3-25)共 4 个方程，所以从理论上来说，实际流体的流动问题是完全可以解决的。

通过直角坐标和曲线坐标转化，可得到在圆柱坐标系(r, θ, x)下的不可压缩实际流体的运动微分方程式为：

$$
\begin{aligned}
&\frac{\partial u_r}{\partial t}+u_r\frac{\partial u_r}{\partial r}+\frac{u_\theta}{r}\frac{\partial u_r}{\partial \theta}+u_x\frac{\partial u_r}{\partial x}-\frac{u_\theta^2}{r}\\
&=f_r-\frac{1}{\rho}\frac{\partial p}{\partial r}+\nu\left(\frac{\partial^2 u_r}{\partial r^2}+\frac{1}{r^2}\frac{\partial^2 u_r}{\partial \theta^2}+\frac{\partial^2 u_r}{\partial x^2}+\frac{1}{r}\frac{\partial u_r}{\partial r}-\frac{2}{r^2}\frac{\partial u_\theta}{\partial \theta}-\frac{u_r}{r^2}\right)
\end{aligned}\tag{4-23a}
$$

$$
\begin{aligned}
&\frac{\partial u_\theta}{\partial t}+u_r\frac{\partial u_\theta}{\partial r}+\frac{u_\theta}{r}\frac{\partial u_\theta}{\partial \theta}+u_x\frac{\partial u_\theta}{\partial x}+\frac{u_\theta u_r}{r}\\
&=f_\theta-\frac{1}{\rho r}\frac{\partial p}{\partial \theta}+\nu\left(\frac{\partial^2 u_\theta}{\partial r^2}+\frac{1}{r^2}\frac{\partial^2 u_\theta}{\partial \theta^2}+\frac{\partial^2 u_\theta}{\partial x^2}+\frac{1}{r}\frac{\partial u_\theta}{\partial r}+\frac{2}{r^2}\frac{\partial u_r}{\partial \theta}-\frac{u_\theta}{r^2}\right)
\end{aligned}\tag{4-23b}
$$

$$
\begin{aligned}
&\frac{\partial u_x}{\partial t}+u_r\frac{\partial u_x}{\partial r}+\frac{u_\theta}{r}\frac{\partial u_x}{\partial \theta}+u_x\frac{\partial u_x}{\partial x}\\
&=f_x-\frac{1}{\rho}\frac{\partial p}{\partial x}+\nu\left(\frac{\partial^2 u_x}{\partial r^2}+\frac{1}{r^2}\frac{\partial^2 u_x}{\partial \theta^2}+\frac{\partial^2 u_x}{\partial x^2}+\frac{1}{r}\frac{\partial u_x}{\partial r}\right)
\end{aligned}\tag{4-23c}
$$

式中 f_r, f_θ, f_x——单位质量力在 r, θ, x 方向上的分量。

式(4-23)有 3 个方程，同样包含有 4 个未知数(p, u_x, u_r, u_θ)，加上连续性方程式(3-27)共 4 个方程，所以从理论上来说，方程封闭，可以求解。

若为理想流体，则 $\nu=0$，方程就转化为欧拉运动方程式。若流体静止，则 $u_x=u_y=u_z=0$，就变成欧拉平衡方程式。因此，N-S 方程式更具有普遍意义。

求解 N-S 方程式是流体力学的一项重要任务。许多层流问题，如圆管层流、平行平面间层流、同心圆环间层流都可用纳维-斯托克斯方程式求出精确解。此外，润滑问题，边界层问题也可以用 N-S 方程式求得近似解。更复杂的问题还不能用纯数学分析解出。

4-8 N-S 方程应用

例 4-3

如图 4-11 所示，假定不可压缩黏性流体流过水平放置的宽为 $2H$ 的二元静止平行平板,流动状态为层流,而且是定常流动,质量力可以略去不计。试推导平板间的流体流动速度分布公式。

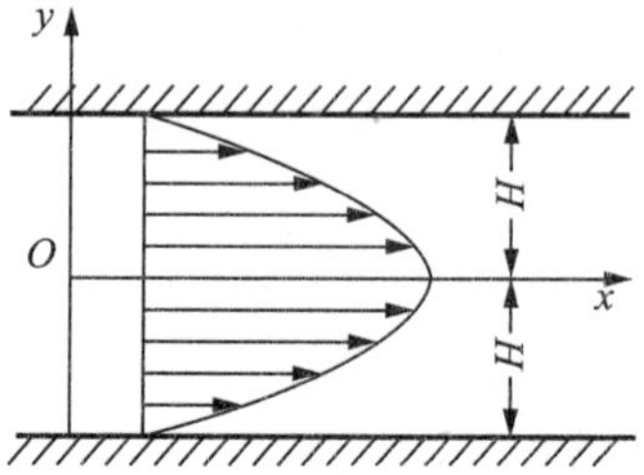

图 4-11 二元平板间的层流

解:在此条件下,流动是二元的,纳维-斯托克斯方程和连续性方程可简化为:

$$\left.\begin{aligned} u_x\frac{\partial u_x}{\partial x}+u_y\frac{\partial u_x}{\partial y}&=-\frac{1}{\rho}\frac{\partial p}{\partial x}+\nu\left(\frac{\partial^2 u_x}{\partial x^2}+\frac{\partial^2 u_x}{\partial y^2}\right)\\ u_x\frac{\partial u_y}{\partial x}+u_y\frac{\partial u_y}{\partial y}&=-\frac{1}{\rho}\frac{\partial p}{\partial y}+\nu\left(\frac{\partial^2 u_y}{\partial x^2}+\frac{\partial^2 u_y}{\partial y^2}\right)\\ \frac{\partial u_x}{\partial x}+\frac{\partial u_y}{\partial y}&=0 \end{aligned}\right\}\tag{a}$$

下面将上述方程积分求解。

由于流体沿平板做层流流动,没有垂直于平板的速度分量,如果取流动方向为 x 轴方向,则:

$$u_x=u,\quad u_y=0$$

将上式代入式(a)中的连续性方程,得:

$$\frac{\partial u}{\partial x}=0\tag{b}$$

所以:

$$u=u(y)\tag{c}$$

可见,流速仅为 y 的函数,与 x 无关,即沿 x 轴取不同的横截面,这些截面上的速度分布都相同。

将关系式 $u_y=0$ 代入式(a)中 y 方向的分式,可得 $\partial p/\partial y=0$,则:

$$p=p(x)\tag{d}$$

可见,压强仅为 x 的函数,与 y 无关,即沿 x 轴取不同横截面上的压力分布是均匀的,但不同截面具有不同的压力。

将式(a)中 x 方向分式整理、并项后可得:

$$0=-\frac{1}{\rho}\frac{\partial p}{\partial x}+\nu\frac{\partial^2 u_x}{\partial y^2}$$

考虑到式(c)和式(d),将上式的偏微分改变为常微分:

$$\frac{\mathrm{d}^2 u}{\mathrm{d}y^2}=\frac{1}{\mu}\frac{\mathrm{d}p}{\mathrm{d}x}\tag{e}$$

式(e)左边为 y 的函数,而右边为 x 的函数,因此两边相等的条件应该是两边均为常数,即

$$\frac{\mathrm{d}p}{\mathrm{d}x}=c\tag{f}$$

可见,压力沿 x 轴是线性变化的。对式(e)进行积分得:

$$\frac{\mathrm{d}u}{\mathrm{d}y}=\frac{1}{\mu}\frac{\mathrm{d}p}{\mathrm{d}x}y+c_1$$

再积分：

$$u=\frac{1}{2\mu}\frac{\mathrm{d}p}{\mathrm{d}x}y^2+c_1y+c_2 \tag{g}$$

应用边界条件：当 $y=\pm H, u=0$，得：

$$0=\frac{1}{2\mu}\frac{\mathrm{d}p}{\mathrm{d}x}H^2+c_1H+c_2 \tag{h}$$

$$0=\frac{1}{2\mu}\frac{\mathrm{d}p}{\mathrm{d}x}(-H)^2+c_1(-H)+c_2 \tag{i}$$

由式(h)和式(i)可得：

$$c_1=0,\quad c_2=-\frac{1}{2\mu}\frac{\mathrm{d}p}{\mathrm{d}x}H^2$$

则平板间的流体流动速度分布公式为：

$$u=-\frac{1}{2\mu}\frac{\mathrm{d}p}{\mathrm{d}x}(H^2-y^2) \tag{h}$$

在 x 轴上，$y=0$，速度为最大，$u=u_{\max}$。速度分布也可表示为：

$$u=u_{\max}\left(1-\frac{y^2}{H^2}\right)$$

由此可见，平板间的流体流动速度分布为抛物面规律，这是层流的重要性质。

第四节　因次分析和相似原理

流体力学中许多实际问题目前尚不能用数学分析求解。有时虽然导出了微分方程，但它是非线性的，通常难以求得精确解。这就不得不借助实验来寻求规律性，此即经验公式的来源。经验公式能近似地在一定范围内符合实际。经验公式的导出又与某一物理现象相关的各个参数的合理排列有关。借助因次分析把控制物理现象的参数化为无因次群的关系，可为实验方案设计和实验数据处理提供极大的方便。

自然科学领域内存在着许多同类的现象，它们之间具有相似关系。同一类物理现象可用同一形式的数学方程描述，在因次上也存在类似关系。运用相似原理，通过模型实验探讨流动规律，已成为流体力学中的重要方法。

因次分析和相似原理经常分不开。然而，因次分析并不都用于相似原理，相似原理的基础也不都出自因次分析，它们是相辅相成的两种重要的分析工具。下面着重介绍因次分析方法，对相似原理仅概略介绍几种相似准数。

一、因次分析

1. 单位和因次

4-9 因次分析之雷利法

通常要用数值和单位一起来表示一个物理量的大小。单位表示一个物理量数值大小所采用的标准。任一种单位制中都有几个互相独立不能互换的单位，称为基本单位，其他物理量的单位都是可由基本单位根据物理方程或定义综合的单位，称为导出单位。常用的单位制有国际单位制、工程单位制和物理单位制。不同单位制中的基本单位如表 4-2 所示。

表 4-2 不同单位制中的基本单位

单位制	基本单位		
国际单位制	千 克	米	秒
工程单位制	千克力	米	秒
物理单位制	克	厘 米	秒

因次又称为量纲，表示性质不同的物理量符号，如长度用 [L]、时间用 [T]、质量用 [M] 表示。因次和单位是相对应的，因次也可分为基本因次和导出因次，其中对应于基本单位的称为基本因次，对应于导出单位的称为导出因次。

任一物理量 x，根据其性质和定义，可写出其因次表达式。因次表达式常用方括号标示，如 $[\mu]=[\mathrm{ML^{-1}T^{-1}}]$ 和 $[F]=[\mathrm{MLT^{-2}}]$ 等。任一物理定律，都可导出某一量的因次表达式。例如，牛顿流体内摩擦定律：

$$\tau=\mu\frac{\mathrm{d}u}{\mathrm{d}y}$$

μ 的因次表达式按国际单位制为：

$$[\mu]=\frac{[\tau]}{\left[\frac{\mathrm{d}u}{\mathrm{d}y}\right]}=\frac{[\mathrm{ML^{-1}T^{-2}}]}{\frac{[\mathrm{LT^{-1}}]}{[\mathrm{L}]}}=[\mathrm{ML^{-1}T^{-1}}]$$

而运动黏度 ν，按照定义 $\nu=\mu/\rho$，其因次表达式为：

$$[\nu]=\frac{[\mu]}{[\rho]}=\frac{[\mathrm{ML^{-1}T^{-1}}]}{[\mathrm{ML^{-3}}]}=[\mathrm{L^2T^{-1}}]$$

任一物理量 x 的因次表达式都可写成如下形式：

$$[x]=[\mathrm{L}^{\alpha}\mathrm{T}^{\beta}\mathrm{M}^{\gamma}]$$

物理量 x 的性质或种类可由因次指数（又称量纲指数）α,β,γ 来反映。如果 α,β 和 γ 中有一个不为零，则 x 为有因次的物理量；如果因次表达式中的因次指数全部为零，称之为无因次量。

无因次量可以是两个相同因次的物理量之比，如相对密度（比重）、马赫数等物理量；

也可以是由几个有因次量通过乘除组合而成的，如雷诺数、弗劳德数、欧拉数等物理量。值得说明的是，无因次量的大小与所选用的单位制无关。

常用物理量的符号、单位和因次如表 4-3 所示。

表 4-3　常用物理量的符号、单位和因次

类　别	物理量	符　号	国际单位		物理单位	
			单　位	因　次	单　位	因　次
基本单位	长　度	l	m	L	cm	L
	质　量	m	kg	M	g	M
	时　间	t	s	T	s	T
导出单位	面　积	A	m^2	L^2	cm^2	L^2
	体　积	V	m^3	L^3	cm^3	L^3
	速　度	v	m/s	LT^{-1}	cm/s	LT^{-1}
	加速度	a	m/s^2	LT^{-2}	cm/s^2	LT^{-2}
	角速度	ω	1/s	T^{-1}	1/s	T^{-1}
	流　量	Q	m^3/s	L^3T^{-1}	cm^3/s	L^3T^{-1}
	运动黏度	ν	m^2/s	L^2T^{-1}	cm^2/s	L^2T^{-1}
	力	F	N	MLT^{-2}	$g\cdot cm/s^2$	MLT^{-2}
	压　强	p	Pa	$ML^{-1}T^{-2}$	$g/(cm\cdot s^2)$	$ML^{-1}T^{-2}$
	表面张力	σ	kg/s^2	MT^{-2}	g/s^2	MT^{-2}
	密　度	ρ	kg/m^3	ML^{-3}	g/cm^3	ML^{-3}
	重　度	γ	$kg/(m^2\cdot s^2)$	$ML^{-2}T^{-2}$	$g/(cm^2\cdot s^2)$	$ML^{-2}T^{-2}$
	动力黏度	μ	Pa·s	$ML^{-1}T^{-1}$	$g/(cm\cdot s)$	$ML^{-1}T^{-1}$
	功或能	W	J	ML^2T^{-2}	$g\cdot cm^2/s^2$	ML^2T^{-2}
	功　率	N	W	ML^2T^{-3}	$g\cdot cm^2/s^3$	ML^2T^{-3}

2. 因次的齐次性原理

一个正确且完整反映客观规律的物理方程式，其各项的因次都必须一致，这个基本性质称为因次的齐次性原理，或称为和谐性原理，这也是客观规律“和谐之美”的具体表现，反映了流体力学的“美学”内涵。

因次的齐次性原理是因次分析方法的理论基础，其意义体现在：只有相同类型的物理量才能相加减，也就是说，相同因次的物理量才可以相加减或比较大小；不同类型物理量相加减没有任何意义。例如：速度可以和速度相加，但决不可加上黏性系数或压力；长度和力相加不会出现其他什么量，而力也不能与长度比较大小。当然，因次相同但单位不同的物理量之间是可以相加减和比较大小的，只要将其单位稍加换算即可。

一个方程如果在因次上齐次，则方程的表达式不随基本度量单位的改变而变化。例如，水静压强分布规律的表达式为：

$$p = p_0 + \gamma h$$

上式两端各项的物理量的因次都是 $[ML^{-1}T^{-2}]$。若把基本度量单位扩大或缩小相应的倍数，则导出单位亦随之扩大或缩小另一个倍数，然而在计算时仍用同一公式。

利用因次的齐次性可以检验物理方程是否正确。例如，牛顿第二定律 $F = ma$，用于重力场中则有重力 $G = mg$；若 $m = 1$，则数值上 $G = g$，但此表达式在因次上就不是齐次的了，其问题在于若非单位质量则此式不成立，正确的表达式应是 $G/m = g$。

根据因次的齐次性，还可检验经验公式中经验系数的因次并进行单位变换。例如前述的牛顿流体内摩擦定律中的动力黏度 μ 是有因次的，由因次平衡知其因次为 $[ML^{-1}T^{-1}]$。在物理单位制中其单位为 g/(cm·s)，若化为国际单位则为 kg/(m·s)，相应差一个倍数，即系数在数值上要改变，这在运算中要注意，但表达式的形式仍不变。只有当系数无因次时，其在任何单位制中的值才不变。例如局部阻力系数 ζ（将在后面讨论），由表达式 $h_j = \zeta \dfrac{v^2}{2g}$ 知，ζ 是无因次的，其值在任何单位制中都不变。

3. 因次分析方法之一——雷利法

根据理论分析和实验得知，假定某一物理过程中一个量 y 与其他 n 个量（$x_1, x_2, \cdots, x_n$）有关，并且存在幂乘积函数关系，要求确定这个函数关系的具体形式。这一问题可直接应用因次齐次性原理来解决，具体步骤如下：

（1）列出影响这一物理过程的全部 $n+1$ 个物理量，并写出变量幂乘积函数形式，即

$$y = kx_1^{\alpha_1} x_2^{\alpha_2} \cdots x_n^{\alpha_n} \tag{4-24}$$

式中 $\alpha_1, \alpha_2, \cdots, \alpha_n$——待定指数；

k——无因次系数。

（2）用基本因次（一般取 [M]，[L]，[T]）表示各物理量的因次，并写出因次关系式：

$$\left.\begin{aligned} &[x_i] = [M]^{a_i}[L]^{b_i}[T]^{c_i} \qquad (i = 1, 2, \cdots, n) \\ &[y] = [M]^{a}[L]^{b}[T]^{c} \\ &[y] = [x_1]^{\alpha_1}[x_2]^{\alpha_2} \cdots [x_n]^{\alpha_n} \end{aligned}\right\} \tag{4-25}$$

（3）根据因次齐次性原理，比较式(4-25)两边的基本因次。与物理量 y 有关的其他 n 个量的指数 α_i 必须满足下列方程组：

$$\left.\begin{aligned} a &= a_1\alpha_1 + a_2\alpha_2 + \cdots + a_n\alpha_n \\ b &= b_1\alpha_1 + b_2\alpha_2 + \cdots + b_n\alpha_n \\ c &= c_1\alpha_1 + c_2\alpha_2 + \cdots + c_n\alpha_n \end{aligned}\right\} \tag{4-26}$$

此式即因次齐次性方程组。解上式可得指数 $\alpha_1, \alpha_2, \cdots, \alpha_n$ 的数值，进而获得方程式(4-24)的具体形式。

（4）如果 $n \leqslant 3$（基本因次的个数），则可得到式(4-24)确定的指数关系式；如果 $n > 4$，则有 $n-3$ 个指数为待定值，需通过实验确定。

例 4-4

已知圆管中层流转变为湍流的临界速度 v_c 与流体的性质（密度 ρ、动力黏度 μ）及管径 D 有关，试建立表达 v_c 的关系式。

解：按式(4-24)，有：

$$v_c = k\rho^{\alpha_1}\mu^{\alpha_2}D^{\alpha_3}$$

如果将 [L]，[T] 和 [M] 作为基本因次，则：

$$[\rho]=[\mathrm{ML^{-3}}],\quad [\mu]=[\mathrm{ML^{-1}T^{-1}}],\quad [D]=[\mathrm{L}],\quad [v_c]=[\mathrm{LT^{-1}}]$$

$$[\mathrm{LT^{-1}}]=[\mathrm{ML^{-3}}]^{\alpha_1}[\mathrm{ML^{-1}T^{-1}}]^{\alpha_2}[\mathrm{L}]^{\alpha_3}$$

根据因次齐次性原理，得如下因次齐次方程组，即

对于 [L]： $$1 = -3\alpha_1 - \alpha_2 + \alpha_3$$

对于 [T]： $$-1 = -\alpha_2$$

对于 [M]： $$0 = \alpha_1 + \alpha_2$$

解此方程组，得 $\alpha_1 = -1, \alpha_2 = 1, \alpha_3 = -1$，因而有：

$$v_c = k\frac{\mu}{\rho D}$$

此处的 k 是以临界流速 v_c 为特征速度的 Re 数，称临界雷诺数。

$$k = Re_c = \frac{v_c\rho D}{\mu} = \frac{v_c D}{\nu} \tag{a}$$

由此例可以看出，雷利因次分析方法的作用是：① 通过因次分析，将有关量的隐函数转化成因次齐次的单项指数关系式，如式(4-26)；② 确定出无因次相似准数，如式(a)；③ 通过实验测试来确定实验系数 k，使式(a)成为定量计算 v_c 的理论公式。

4. 因次分析方法之二 —— π 定理

4-10　π 定理

对于不限于单项指数式的物理方程，可用布金汉（Buckingham，1914）π 定理进行因次分析。该定理可表述如下：

任何一个物理过程，如果包含有 $k+1$ 个物理量，即 $f(N, x_1, x_2, \cdots, x_k) = 0$，其中涉及 m 个基本因次，则这个物理过程可由 $k+1$ 个物理量组成的 $k+1-m$ 个无因次量所表达的关系式来描述，即 $F(\pi, \pi_1, \pi_2, \cdots, \pi_{(k+1-m)-1}) = 0$。因布金汉以 π 来表示每个无因次量，故称之为 π 定理。

可按以下步骤应用 π 定理建立物理方程：

（1）列出影响流动过程的全部 $k+1$ 个物理量，写成如下的一般函数形式量：

$$N = f(n_1, n_2, \cdots, n_k) \tag{4-27}$$

（2）从 $k+1$ 个物理量中选取 m 个基本物理量（全部物理量可能涉及 m 个基本量纲，m 一般小于或等于 3），作为 m 个基本量纲的代表。要求这 m（如 $m=3$）个基本物理量在量纲上是独立的，如 n_1, n_2, n_3：

$$\left.\begin{aligned}[n_1]&=[\mathrm{L}^{\alpha_1}\mathrm{T}^{\beta_1}\mathrm{M}^{\gamma_1}]\\ [n_2]&=[\mathrm{L}^{\alpha_2}\mathrm{T}^{\beta_2}\mathrm{M}^{\gamma_2}]\\ [n_3]&=[\mathrm{L}^{\alpha_3}\mathrm{T}^{\beta_3}\mathrm{M}^{\gamma_3}]\end{aligned}\right\} \tag{4-28}$$

注意：n_1，n_2 和 n_3 满足量纲独立的条件是量纲表达式中的指数行列式不等于零，即

$$\begin{vmatrix}\alpha_1 & \beta_1 & \gamma_1\\ \alpha_2 & \beta_2 & \gamma_2\\ \alpha_3 & \beta_3 & \gamma_3\end{vmatrix}\neq 0 \tag{4-29}$$

通常可选取特征长度 l、特征速度 v 和特征流体密度 ρ 作为基本物理量。

（3）从 m 个基本物理量以外的物理量中，每次轮取一个，与 m 个基本物理量组合成一个无量纲 π 项，共有 $k+1-m$ 个 π 项：

$$\pi=\frac{N}{n_1^x n_2^y n_3^z}$$

$$\pi_1=\frac{n_4}{n_1^{x_1} n_2^{y_1} n_3^{z_1}}$$

$$\pi_2=\frac{n_5}{n_1^{x_2} n_2^{y_2} n_3^{z_2}}$$

$$\vdots$$

$$\pi_{(k+1-m)-1}=\frac{n_k}{n_1^{x_{(k+1-m)-1}} n_2^{y_{(k+1-m)-1}} n_3^{z_{(k+1-m)-1}}}$$

式中　x_i, y_i, z_i——各 π 项的待定指数。

（4）因为各 π 项是无因次数，因此可根据因次齐次性原理求出各 π 项的指数 x_i, y_i, z_i。

（5）写出描述流动现象的无因次量关系式：

$$F(\pi,\pi_1,\pi_2,\cdots,\pi_{(k+1-m)-1})=0 \tag{4-30}$$

利用π定理将物理方程无因次化，把一个具有 $k+1$ 个物理量的关系式简化成 $k+1-m$ 个无因次量的表达式，独立变量的数目减少了 m 个，从而使物理公式的建立和实验资料的整理大为简便。至于这 $k+1-m$ 个 π 项之间的定量关系，则必须通过实验来确定。

利用 π 定理可以避开物理量大小及单位的影响，从本源上反映物理现象、物理过程在一定条件下必然发生、发展和变化的规律，反映了物理量之间的内在本质联系。

例 4-5

圆球在实际流体中做匀速直线运动时所受的阻力 T 与流体的性质（密度 ρ 和动力黏度 μ）、流体与圆球的相对速度 v_0（流体的来流速度或圆球的沉降速度）及圆球的直径 D 有关。试用 π 定理求出圆球所受阻力的表达式。

解：有关的物理量数目为 $n=5$，写成一般函数关系：

$$f(T,\rho,\mu,v_0,D)=0$$

这 5 个物理量中涉及 3 个基本因次 [L]，[T]，[M]，选取 D，v_0，ρ 为基本物理量作为 3 个基本因次的代表，其因次表达式为：

$$[D]=[L^1T^0M^0]$$
$$[v_0]=[L^1T^{-1}M^0]$$
$$[\rho]=[L^{-3}T^0M^1]$$

其指数组成的行列式为：

$$\begin{vmatrix} 1 & 0 & 0 \\ 1 & -1 & 0 \\ -3 & 0 & 1 \end{vmatrix} = -1 \neq 0$$

因此，这 3 个基本物理量的因次是独立的。

可以写出 2 个无因次 π 项：

$$\pi=\frac{T}{D^x v_0^y \rho^z},\quad \pi_1=\frac{\mu}{D^{x_1} v_0^{y_1} \rho^{z_1}}$$

根据因次齐次性原理，对于 π，有：

$$[L^0T^0M^0]=\frac{[MLT^{-2}]}{[L]^x[LT^{-1}]^y[ML^{-3}]^z}$$

对于 [L]：　$0=1-x-y+3z$

对于 [T]：　$0=-2+y$

对于 [M]：　$0=1-z$

求解上述方程组，得 $x=2, y=2, z=1$，则：

$$\pi=\frac{T}{D^2 v_0^2 \rho}$$

同理，对于 π_1，得 $x_1=y_1=z_1=1$，则：

$$\pi_1=\frac{\mu}{D v_0 \rho}$$

由此可得无因次量所表达的关系式：

$$F\left(\frac{T}{D^2 v_0^2 \rho},\frac{\mu}{D v_0 \rho}\right)=0$$

或

$$\frac{T}{D^2 v_0^2 \rho}=f_1\left(\frac{\mu}{D v_0 \rho}\right)=f_2(Re)$$

$$T=f_2(Re)\rho v_0^2 D^2$$

式中　Re——圆球绕流雷诺数，$Re=\rho v_0 D/\mu$。

通常阻力计算公式写成：

$$T=C_D A\frac{\rho v_0^2}{2}$$

式中　A——与速度方向垂直的圆球迎流投影面积，即 $A=\frac{\pi}{4}D^2$；

C_D——阻力系数，$C_D=f(Re)$。

由上述因次分析可知，C_D 与 Re 有关。为了确定这一个阻力系数公式，可按雷诺数相似准则设计模型，根据实验数据，即可求出各个速度下的雷诺数和阻力系数，从而绘制出阻力系数随雷诺数变化的实验曲线，并建立相应的计算 C_D 的经验公式。

例 4-6

求文丘利管的流量关系式。如图 4-12 所示，影响喉道处流速 v_2 的因素有文丘利管进口断面直径 D、喉道断面直径 d、流体密度 ρ、动力黏度 μ 及两个断面间的压强差 $\Delta p = p_1 - p_2$（假设文丘利管水平放置）。

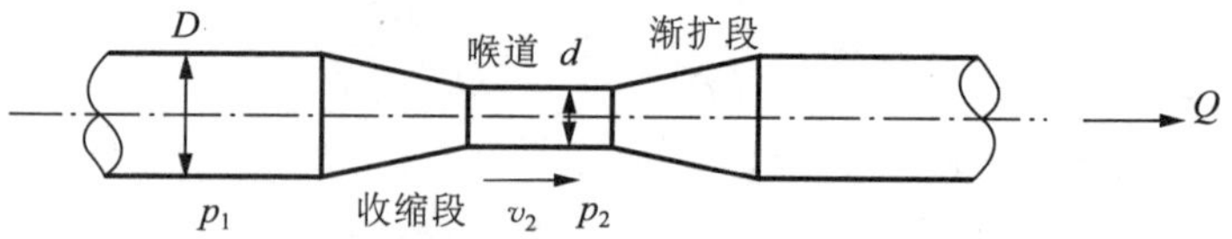

图 4-12　文丘利流量计

解：有关的物理量数目为 $n=6$，有关物理量的函数关系为：

$$f(v_2, D, d, \rho, \mu, \Delta p) = 0$$

6 个物理量中涉及 3 个基本因次 [L]，[T]，[M]，选取 d，v_2 和 ρ 为基本物理量作为 3 个基本因次的代表，其因次表达式为：

$$[d]=[L^1T^0M^0]$$
$$[v_2]=[L^1T^{-1}M^0]$$
$$[\rho]=[L^{-3}T^0M^1]$$

其指数行列式为：

$$\begin{vmatrix} 1 & 0 & 0 \\ 1 & -1 & 0 \\ -3 & 0 & 1 \end{vmatrix} = -1 \neq 0$$

所以 d，v_2，ρ 3 个基本物理量的因次是独立的。

可以写出 3 个无因次 π 项：

$$\pi = \frac{\Delta p}{d^x v_2^y \rho^z}, \quad \pi_1 = \frac{D}{d^{x_1} v_2^{y_1} \rho^{z_1}}, \quad \pi_2 = \frac{\mu}{d^{x_2} v_2^{y_2} \rho^{z_2}}$$

各 π 项的指数可根据因次齐次性原理确定。以 π_1 为例，有：

$$[L^0T^0M^0] = \frac{[L]}{[L]^{x_1}[LT^{-1}]^{y_1}[ML^{-3}]^{z_1}}$$

对于 [L]：　$0 = 1 - x_1 - y_1 + 3z_1$

对于 [T]：　$0 = y_1$

对于 [M]：　$0 = -z_1$

解此方程组，得 $x_1 = 1$，$y_1 = z_1 = 0$。同理，可求得：

$$\pi=\frac{\Delta p}{v_2^2\rho},\quad \pi_1=\frac{D}{d},\quad \pi_2=\frac{\mu}{d v_2\rho}$$

将各 π 项代入式(4-30),得无因次数方程：

$$F\left(\frac{D}{d},\frac{\mu}{d v_2\rho},\frac{\Delta p}{v_2^2\rho}\right)=0$$

或写成：

$$\frac{v_2^2\rho}{\Delta p}=f_1\left(\frac{d}{D},\frac{\rho v_2 d}{\mu}\right)$$

$$v_2=\sqrt{\frac{\Delta p}{\rho}}f_2\left(\frac{d}{D},\frac{v_2 d}{\nu}\right)=\sqrt{2g\frac{\Delta p}{\gamma}}f_3\left(\frac{d}{D},Re\right)$$

这是文丘利管喉道流速的表达式,又知文丘利管的流量 $Q=v_2A_2=v_2\frac{\pi}{4}d^2$,所以流量表达式为：

$$Q=\frac{\pi}{4}d^2\sqrt{2g\frac{\Delta p}{\gamma}}f_3\left(\frac{d}{D},Re\right)$$

或

$$Q=\alpha A_2\sqrt{2g\frac{\Delta p}{\gamma}}\tag{4-31}$$

式中,$\alpha=f_3\left(\frac{d}{D},Re\right)$称为文丘利管的流量系数,可由实验或分析进一步获得。

二、相似理论

4-11　相似原理

为了掌握大工程如“华龙一号”、大飞机、航空母舰、三峡工程等的内在物理规律,降低风险,减少人力、物力和时间的投入,需要在工程建设之前进行实验研究,反过来再利用实验室的研究成果指导工程实践,这时候就要用到相似理论。

流体力学相似的概念源于古老的几何学。两个流动相似,是指它们对应点上所有表征流动状况的对应物理量大小都维持各自固定的比例关系,如果涉及的物理量是向量,则这些物理量的方向应该对应一致。表征流体流动的物理量具有各种不同的性质,这些物理量主要有以下 3 种:表征流场几何形状的物理量、表征运动状态的物理量以及表征流体受力的物理量。因此,两个流动系统相似,要求几何相似、运动相似和动力相似,以及初始条件与边界条件相似。以下介绍的概念中,原型流动中的物理量用下标“n”表示,模型流动中的物理量用下标“m”表示。

1. 几何相似

若两个物体对应的角度相同,并且对应的几何长度之比都相等,则称这两个物体几何相似。流动的几何相似是指原型与模型两个流场的几何形状相似。它要求两个流场中所

有对应长度都维持固定的比例关系，即

$$\delta_l = \frac{l_n}{l_m} \tag{4-32}$$

式中 l_n —— 原型某一部位的长度；

l_m —— 模型对应部位的长度；

δ_l —— 长度比尺。

图 4-13 给出了两个液流图形，若两个液流几何相似，则对应的几何长度为：

$$\delta_l = \frac{l_n}{l_m} = \frac{D_n}{D_m}$$

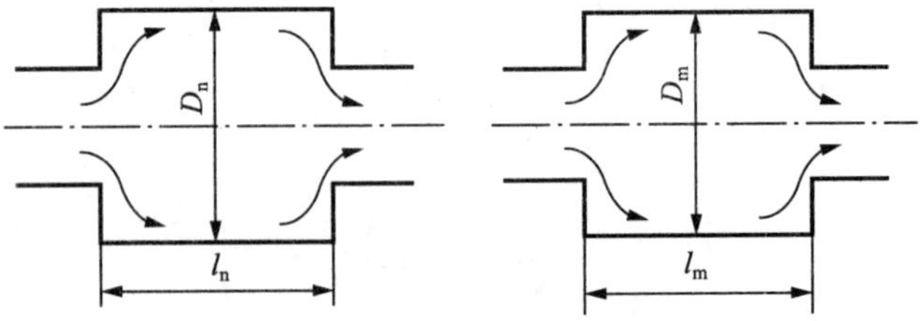

图 4-13　两个液流几何相似

显然，在几何相似的两个流场中，任何两个对应部位的面积 A 和体积 V 也都维持固定的比例关系，分别以面积比尺 δ_A 和体积比尺 δ_V 来表示，即

$$\delta_A = \frac{A_n}{A_m} = \frac{l_n^2}{l_m^2} = \delta_l^2 \tag{4-33}$$

$$\delta_V = \frac{V_n}{V_m} = \frac{l_n^3}{l_m^3} = \delta_l^3 \tag{4-34}$$

由此可以看出，几何相似是通过长度比尺 δ_l 来表达的。只要任一对应长度都维持固定的比尺关系，就可保证两个流动的几何相似。

2. 运动相似

在几何相似的两个流场中，质点的运动情况相同，即对应质点在对应瞬时做对应的位移，也即对应流速和加速度的方向对应一致，大小都维持固定的比例关系，则称这两个流动运动相似。因此，运动状态相似要求两个流动的速度场和加速度场相似。

据此，可以引入时间比尺 δ_t，即在两个运动相似的流场中，对应质点流过对应线段的对应时间维持固定的比例关系，即

$$\delta_t = \frac{t_n}{t_m} \tag{4-35}$$

式中 t_n ——原型某一点上质点运动某一位移所需的时间；

t_m ——模型对应点上质点运动对应位移所需的时间。

由速度场相似和加速度场相似，可引入流速比尺 δ_v 和加速度比尺 δ_a，即

$$\delta_v = \frac{v_n}{v_m} = \frac{l_n/t_n}{l_m/t_m} = \frac{\delta_l}{\delta_t} \tag{4-36}$$

$$\delta_a = \frac{a_n}{a_m} = \frac{l_n/t_n^2}{l_m/t_m^2} = \frac{\delta_l}{\delta_t^2} \tag{4-37}$$

式中　v_n ——原型流动中某一点上某一瞬时流体质点的流速；

v_m ——模型流动中对应点上对应瞬时流体质点的流速；

a_n ——原型流动中某一点上某一瞬时流体质点的运动加速度；

a_m ——模型流动中对应点上对应瞬时流体质点的运动加速度。

由此可以看出，运动相似要求有固定的长度比尺和固定的时间比尺。长度比尺已由几何相似确定，因此运动相似只需要确定时间比尺。只要任一对应点上对应瞬时流体质点的流速和加速度都维持固定的比尺关系，即固定的长度比尺和时间比尺，就可保证流动的运动相似。

3. 动力相似

在几何相似和运动相似的两个流场中，对应瞬时对应点处流体质点受到的同类力方向对应一致，大小都维持固定的比例关系，则称这两个流动为动力相似。用下式可表示力的比尺 δ_F：

$$\delta_F = \frac{F_n}{F_m} \tag{4-38}$$

式中　F_n ——原型流动中某一瞬时某一点上流体质点受到的某一种类作用力；

F_m ——模型流动中对应瞬时对应点上流体质点受到的对应种类作用力。

作用在流体质点上的外力有：万有引力特性所产生的重力 G、流体黏滞性产生的黏性力 T、受相邻物体的压力 P、压缩性产生的弹性力 R 和流体表面张力 S 等。如果这些作用外力的合力不等于零，则流体质点将产生运动加速度。根据达朗贝尔原理，在该流体质点上存在一假想的惯性力 $I = ma$，它的大小等于各种外力的合力，而方向则与合外力相反。所有真实的外力都是企图改变流动状态的力，而惯性力则是企图维持流体原有运动状态的力，流体运动的变化和发展就是惯性力与各种外力相互作用的结果，即惯性力与流体质点所受合外力的平衡结果，在形式上各种力就构成了封闭的力多边形。因此，动力相似也就是对应瞬时对应点上封闭的力多边形相似。

动力相似要求对应瞬时对应点上流体质点受到的各种同类力的大小都维持固定的比例关系，即

$$\delta_F = \frac{F_n}{F_m} = \frac{G_n}{G_m} = \frac{T_n}{T_m} = \frac{P_n}{P_m} = \frac{R_n}{R_m} = \frac{S_n}{S_m} = \frac{I_n}{I_m} = \frac{m_n a_n}{m_m a_m} \tag{4-39}$$

对于任何一种类型的外力，都应满足力的比尺相等，即

$$\frac{F_n}{F_m} = \frac{I_n}{I_m} = \frac{m_n a_n}{m_m a_m} \tag{4-40}$$

惯性力的大小体现了合外力的综合作用结果。在相似的两个流动中，惯性力之比可

表示成：

$$\frac{I_n}{I_m}=\frac{m_n a_n}{m_m a_m}=\frac{\rho_n l_n^3 \cdot l_n/t_n^2}{\rho_m l_m^3 \cdot l_m/t_m^2}=\frac{\rho_n l_n^2 v_n^2}{\rho_m l_m^2 v_m^2}=\delta_\rho \delta_l^2 \delta_v^2 \tag{4-41}$$

将式(4-39)改写成某种外力与惯性力之比的形式，即

$$\frac{F_n}{\rho_n l_n^2 v_n^2}=\frac{F_m}{\rho_m l_m^2 v_m^2} \tag{4-42}$$

引入

$$Ne=\frac{F}{\rho l^2 v^2} \tag{4-43}$$

这是个无量纲相似准数，它表征了作用在流体上的某一种外力与惯性力之比，称为牛顿(Newton)数，故有：

$$Ne_n = Ne_m \tag{4-44}$$

由此可知，在两个动力相似的流动中，不管哪一种类外力，其牛顿数必然保持相等；反之，两个流动的牛顿数相等，则这两个流动动力相似。这是流动相似的重要标志和判据，也称为牛顿相似准则，它是流体力学中的普遍相似准则。

必须指出，牛顿相似准则中的外力 F 包括作用于流体质点上的所有力。实际进行模型实验时，不可能满足所有外力都相似的条件。对于某个具体的流动问题，虽然同时作用着各种不同性质的外力，但其影响程度并不一样，只有其中一种或两种外力居于支配地位，并决定着流体运动的状态及其变化规律。因此，在模型实验中，只要使所有外力中起主导作用的力满足相似条件，就能基本反映流体的运动状态。这种简化后的动力相似称为局部动力相似或近似动力相似。虽然这种方法是近似的，但在实践中已经证明是行之有效的，能满足流动相似的要求。这就是模型相似律的选择原则，体现了“抓住主要矛盾、解决关键问题、提炼简化模型”的自然辩证法思维。只考虑一种主导外力的动力相似条件，就可以得到相应的某一种动力相似准数。

1）黏性力相似准数

若作用在流体上的外力中黏性力起主导作用，如低速的有压管道流动等，则需要根据黏性力相似准数设计模型实验。根据牛顿内摩擦定律 $T=\mu A\mathrm{d}u/\mathrm{d}y$，黏性力的相对数值可表示成：

$$T=\mu l^2 \frac{v}{l}=\mu l v$$

按照动力相似的概念，有：

$$\frac{T_n}{T_m}=\frac{I_n}{I_m}=\delta_F$$

或

$$\frac{I_n}{T_n}=\frac{I_m}{T_m}$$

对于两个相似的流动，上式又可写成：

$$\frac{\rho_n l_n^2 v_n^2}{\mu_n l_n v_n} = \frac{\rho_m l_m^2 v_m^2}{\mu_m l_m v_m}$$

或

$$\frac{v_n l_n}{\nu_n} = \frac{v_m l_m}{\nu_m} \tag{4-45}$$

引入

$$Re = \frac{vl}{\nu} \tag{4-46}$$

这是个无量纲相似准数，它表征了惯性力与作用在流体上的黏性力的比值，称为雷诺数，故有：

$$Re_n = Re_m \tag{4-47}$$

由此可知，当作用在流体上的主导外力为黏性力时，若两个流动动力相似，则它们的雷诺数应相等；反之，若两个流动的雷诺数相等，则这两个流动一定是黏性力起主导作用的动力相似。这就是黏性力相似准则或称雷诺相似准则，故雷诺数是牛顿数相等的一个特例，其物理意义为惯性力与黏性力的比。

2）重力相似准数

若作用在流体上的外力中重力起主导作用，如明渠流、堰流、孔口及管嘴出流等无压流动，则需要根据重力相似准数设计模型实验。重力的相对数值可表示为：

$$G = \rho l^3 g$$

按照动力相似的概念，有：

$$\frac{G_n}{G_m} = \frac{I_n}{I_m} = \delta_F$$

或

$$\frac{I_n}{G_n} = \frac{I_m}{G_m}$$

对于两个相似的流动，上式可写成：

$$\frac{\rho_n l_n^2 v_n^2}{\rho_n l_n^3 g_n} = \frac{\rho_m l_m^2 v_m^2}{\rho_m l_m^3 g_m}$$

或

$$\frac{v_n^2}{g_n l_n} = \frac{v_m^2}{g_m l_m} \tag{4-48}$$

引入

$$Fr = \frac{v^2}{gl} \tag{4-49}$$

这是个无量纲相似准数，它表征了惯性力与作用在流体上的重力之比，称为弗劳德（Froude）数，故有：

$$Fr_n = Fr_m \tag{4-50}$$

由此可知，当作用在流体上的主导外力为重力时，若两个流动动力相似，则它们的弗劳德数应相等；反之，若两个流动的弗劳德数相等，则这两个流动一定是重力起主导作用的动力相似。这就是重力相似准则或称弗劳德相似准则。

3）压力相似准数

若作用在流体上的外力之中压力处于主导地位，如高速的有压管道流动等，则需要根据压力相似准数设计模型实验。压力的相对数值可表示成：

$$P = pA = pl^2$$

按照动力相似的概念，有：

$$\frac{P_n}{P_m} = \frac{I_n}{I_m} = \delta_F$$

或

$$\frac{P_n}{I_n} = \frac{P_m}{I_m}$$

对于两个相似的流动，上式可写成：

$$\frac{p_n l_n^2}{\rho_n l_n^2 v_n^2} = \frac{p_m l_m^2}{\rho_m l_m^2 v_m^2}$$

或

$$\frac{p_n}{\rho_n v_n^2} = \frac{p_m}{\rho_m v_m^2} \tag{4-51}$$

引入

$$Eu = \frac{p}{\rho v^2} \tag{4-52}$$

这也是个无量纲相似准数，它表征了作用在流体上的压力与惯性力的比值，称为欧拉（Euler）数，故有：

$$Eu_n = Eu_m \tag{4-53}$$

由此可知，当作用在流体上的主导外力为压力时，若两个流动动力相似，则它们的欧拉数应相等；反之，若两个流动的欧拉数相等，则这两个流动一定是压力起主导作用的动力相似。这就是压力相似准则或称欧拉相似准则。

两个相似准数在同一个物理现象中常不能同时满足相似关系，例如雷诺数和弗劳德数就不易同时满足。下面进一步说明。

要使雷诺数相等，则有：

$$\frac{v_n}{v_m} = \frac{l_m}{l_n}\frac{\nu_n}{\nu_m}$$

而要使弗劳德数相等，则有：

$$\frac{v_n}{v_m} = \left(\frac{l_n}{l_m}\right)^{1/2}\left(\frac{g_n}{g_m}\right)^{1/2}$$

其中重力加速度一般是相等的。为此，若同时满足雷诺数和弗劳德数相等，则在比尺上必须满足：

$$\frac{\delta_\nu}{\delta_l}=\delta_l^{1/2}$$

$$\delta_\nu=\delta_l^{3/2} \tag{4-54}$$

式中 δ_ν——黏度比尺。

这在技术上很难甚至不可能做到。这就是不直接使用牛顿数而近似地采用雷诺数、弗劳德数等判别动力相似的原因。

因此，针对不同流动过程中的主导因素，基于相似原则进行实验设计，渗透着“抓住主要矛盾、解决关键问题”的自然辩证法思维。

例 4-7

利用内径为 50 mm 的管子通水流来模拟内径为 500 mm 管子内的标准空气流。若气流速度为 2 m/s，空气运动黏度为 0.15 cm^2/s，已知水流的运动黏度为 0.01 cm^2/s，保持动力相似，则模型管中的水流速度应为多少？

解：取内径 D 为特性长度，根据雷诺数相等，有：

$$Re_n=Re_m$$

即

$$\frac{v_n D_n}{\nu_n}=\frac{v_m D_m}{\nu_m}$$

已知 $D_n=500\ mm$，$D_m=50\ mm$，$\nu_n=0.15\ cm^2/s$，$\nu_m=0.01\ cm^2/s$，$v_n=2\ m/s$，则：

$$v_m=v_n\frac{D_n}{D_m}\frac{\nu_m}{\nu_n}=2\times\frac{500}{50}\times\frac{0.01}{0.15}\ m/s=\frac{4}{3}\ m/s=1\frac{1}{3}\ m/s$$

即模型中水流速度应保持为 $1\frac{1}{3}$ m/s。

例 4-8

一水上坦克模型，其几何尺寸缩小为原型的 $\frac{1}{5}$，欲使模型运动速度与原型在水上航速 10 km/h 相似，则模型航速应为多少？

解：欲保持动力相似，应维持弗劳德数相等：

$$Fr_n=Fr_m$$

即

$$\frac{v_n^2}{g_n l_n}=\frac{v_m^2}{g_m l_m}$$

若 $l_n/l_m=5$，$v_n=10\ km/h$，$g_n=g_m$，则：

$$v_m = v_n\sqrt{\frac{l_m}{l_n}} = 10 \times \sqrt{\frac{1}{5}}\ \text{km/h} = 4.47\ \text{km/h}$$

第五节　圆管层流分析

流体在圆管内的定常层流是不可压缩黏性流体动力学中最简单的问题之一。管路内层流通常发生在流体黏度较高或速度较低的情况下，如石油工业中的原油输送、地下渗流均属于层流问题，机械工程中液压、润滑、供油、轴承间隙等也经常涉及层流问题。本节着重从理论上分析圆管中层流的几个特点以及沿程水头损失的计算方法。

一、流速分布

4-12　圆管层流分析

层流中流体质点只沿水平轴向 x 方向流动，而无横向运动，坐标如图 4-14 所示，则有：

$$f_x = 0,\ u_r = 0,\ u_\theta = 0,\ u_x = u$$

对不可压缩流体、定常圆管流动，由连续性方程式(3-27)

$$\frac{\partial u_r}{\partial r} + \frac{u_r}{r} + \frac{1}{r}\frac{\partial u_\theta}{\partial \theta} + \frac{\partial u_x}{\partial x} = 0$$

得：$\frac{\partial u_x}{\partial x} = 0$，也可知：$\frac{\partial^2 u_x}{\partial x^2} = 0$。根据流动沿周向为轴对称，可得：$\frac{\partial u_x}{\partial \theta} = 0$，$\frac{\partial^2 u_x}{\partial \theta^2} = 0$，可见流速仅为 r 的函数。

因此，纳维-斯托克斯方程式(4-23c)

$$\frac{\partial u_x}{\partial t} + u_r\frac{\partial u_x}{\partial r} + \frac{u_\theta}{r}\frac{\partial u_x}{\partial \theta} + u_x\frac{\partial u_x}{\partial x} = f_x - \frac{1}{\rho}\frac{\partial p}{\partial x} + \nu\left(\frac{\partial^2 u_x}{\partial r^2} + \frac{1}{r^2}\frac{\partial^2 u_x}{\partial \theta^2} + \frac{\partial^2 u_x}{\partial x^2} + \frac{1}{r}\frac{\partial u_x}{\partial r}\right)$$

可简化为：

$$0 = -\frac{1}{\rho}\frac{\partial p}{\partial x} + \nu\left(\frac{\partial^2 u}{\partial r^2} + \frac{1}{r}\frac{\partial u}{\partial r}\right) \tag{4-55}$$

在等直径圆管中，压强沿管轴向的变化率为定值，即

$$\frac{\partial p}{\partial x} = -\left(\frac{p_1 - p_2}{L}\right) = -\frac{\Delta p}{L} \tag{4-56}$$

式中　p_1，p_2——管路任意两断面 1—1 和 2—2 上的平均压强($p_1 > p_2$)；

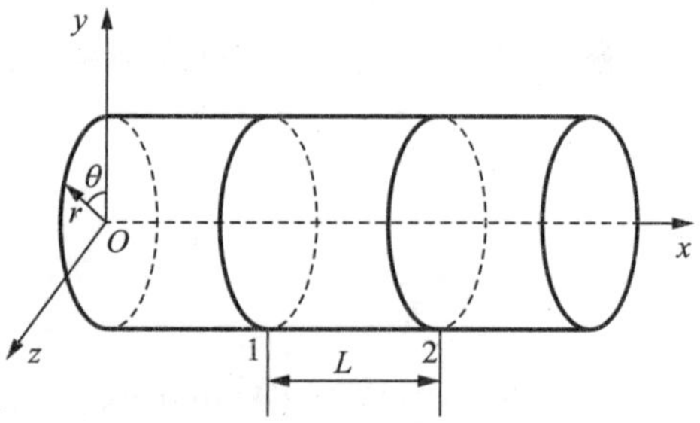

图 4-14　圆管层流

Δp——p_1 和 p_2 的压强差；

L——断面 1—1 和 2—2 间的轴向距离。

因此方程(4-55) 可表示为：

$$0=\frac{1}{\rho}\frac{\Delta p}{L}+\nu\left(\frac{\partial^2 u}{\partial r^2}+\frac{1}{r}\frac{\partial u}{\partial r}\right) \tag{4-57}$$

由于流速仅为 r 的函数，所以将式(4-57)的偏微分改变为常微分，得：

$$\frac{1}{r}\frac{\mathrm{d}}{\mathrm{d}r}\left(r\frac{\mathrm{d}u}{\mathrm{d}r}\right)=-\frac{\Delta p}{\mu L} \tag{4-58}$$

对式(4-58)积分得：

$$\frac{\mathrm{d}u}{\mathrm{d}r}=-\frac{\Delta p}{2\mu L}r+\frac{C_1}{r} \tag{4-59}$$

当 $r=0$ 时，$\mathrm{d}u/\mathrm{d}r=0$，必须有 $C_1=0$，故：

$$\frac{\mathrm{d}u}{\mathrm{d}r}=-\frac{\Delta p}{2\mu L}r$$

再积分得：

$$u=-\frac{\Delta p}{4\mu L}r^2+C_2$$

利用条件 $r=R$（R 为管子半径）时，$u=0$，可得：

$$C_2=\frac{\Delta p}{4\mu L}R^2$$

故：

$$u=\frac{\Delta p}{4\mu L}(R^2-r^2) \tag{4-60}$$

上式表明，有效断面上各点的流速 u 与点所在半径 r 呈二次抛物线的关系，如图 4-15 所示。

4-13　层流速度分布模拟图

1）最大流速

当将 $r=0$ 代入式(4-60)中时，可得出轴心处最大流速 u_{max}，即

$$u_{max}=\frac{\Delta p}{4\mu L}R^2=\frac{\Delta p}{16\mu L}D^2 \tag{4-61}$$

2）流量

取半径 r 处厚度为 $\mathrm{d}r$ 的微元环面积，如图 4-16 所示，通过此微元环面积的流量为：

$$\mathrm{d}Q=u2\pi r\mathrm{d}r$$

在整个有效断面上积分，即得出管中的流量：

$$\begin{aligned}Q&=\int_A\mathrm{d}Q=\int_0^R u2\pi r\mathrm{d}r=\int_0^R\frac{\Delta p}{4\mu L}(R^2-r^2)2\pi r\mathrm{d}r\\&=\frac{\Delta p\pi}{2\mu L}\int_0^R(R^2-r^2)r\mathrm{d}r=\frac{\Delta p\pi}{8\mu L}R^4\end{aligned} \tag{4-62}$$

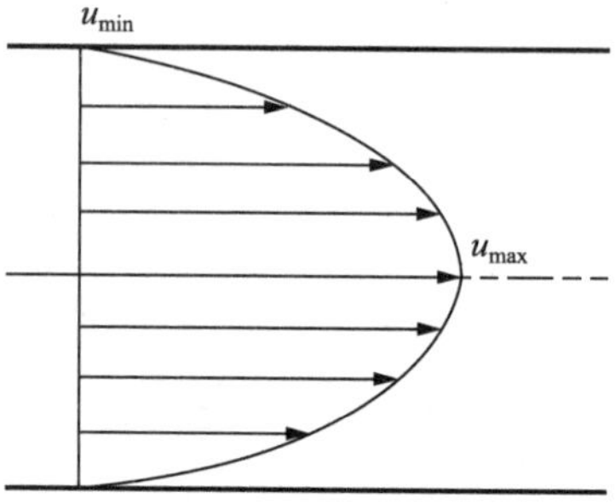

u_{max}, u_{min}—最大、最小流速。

图 4-15　流速分布

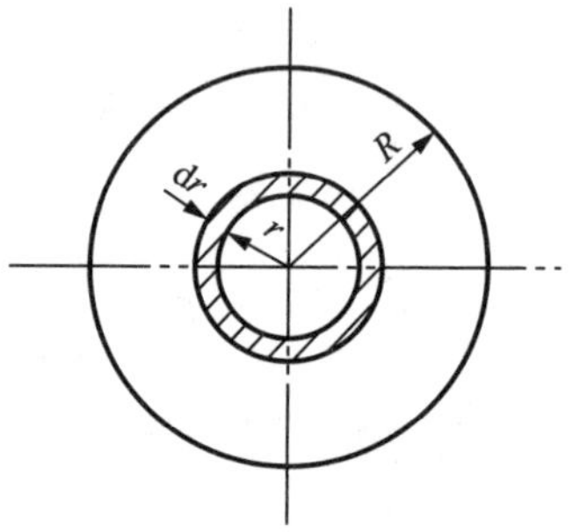

图 4-16　微元环面积

或把半径化为直径，得：

$$Q=\frac{\Delta p\pi D^4}{128\mu L} \tag{4-63}$$

此式称为哈根-泊肃叶定律，它表明层流时管中流量与管半径或直径的四次方成正比。如果能保证在圆管内的层流状态，只要在一段等直径管道上测准 D, L, Δp 和 Q 即可用哈根-泊肃叶定律测量流体的动力黏度 μ。该计算结果与精密实验的测定结果完全一致，验证了层流理论和实践的完美一致性，这是毛细管式黏度计测量动力黏度或运动黏度的理论依据之一。

3）平均流速

管断面平均流速为：

$$v=\frac{Q}{A}=\frac{\Delta p\pi D^4}{128\mu L\frac{\pi}{4}D^2}=\frac{\Delta pD^2}{32\mu L} \tag{4-64}$$

与式(4-61)相比较，不难看出：

$$v=\frac{1}{2}u_{max} \tag{4-65}$$

工程上应用层流这一特性，直接由测定管轴心处的流速来计算流量，相当方便。

二、切应力

根据牛顿流体内摩擦定律，可知：

$$\tau=-\mu\frac{du}{dr}=-\mu\frac{d}{dr}\left[\frac{\Delta p}{4\mu L}(R^2-r^2)\right]=\mu\left(\frac{\Delta pr}{2\mu L}\right)=\frac{\Delta pr}{2L} \tag{4-66}$$

在管壁处，$r=R$, $\tau=\tau_0=\tau_{max}$，管壁处的切应力最大，则：

$$\tau_{max}=\frac{\Delta pR}{2L} \tag{4-67}$$

由式(4-66)和式(4-67)可得：

$$\tau=\tau_{max}\frac{r}{R} \tag{4-68}$$

它表明在管子有效断面上，切应力分布随 r 呈直线关系，当 $r=0$ 时，最小切应力 $\tau_{min}=0$，如图 4-17 所示。

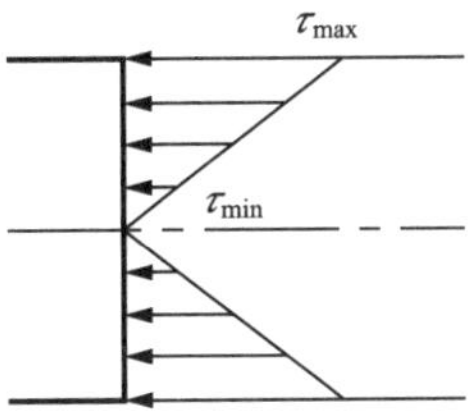

τ_{max}，τ_{min}—最大、最小切应力。

图 4-17　切应力分布

三、沿程水头损失

结合式(4-64)可知，水平直管定常层流时的沿程水头损失为：

$$h_f=\frac{\Delta p}{\gamma}=\frac{32\mu Lv}{\gamma D^2} \tag{4-69}$$

上式表明层流时管路沿程水头损失与平均流速成正比。习惯上将沿程水头损失用流速水头的倍数表示，为此将上式分子、分母各乘以 $2v$，并应用 $\gamma=\rho g$，则式(4-69)可转化为：

$$h_f=64\frac{\mu}{\rho vD}\frac{L}{D}\frac{v^2}{2g}$$

令

$$\lambda=\frac{64}{Re} \tag{4-70}$$

则：

$$h_f=\lambda\frac{L}{D}\frac{v^2}{2g} \tag{4-71}$$

上式即达西公式。式中，λ 称为沿程阻力系数，层流时取决于雷诺数 Re 的大小；L/D 称为长径比，标志着管路尺寸对阻力的影响。

本章下一节还要讨论式(4-71)同样适用于湍流，但沿程阻力系数的数值与层流有原则上的区别。

例 4-9

原油沿管长为 50 m、直径为 0.1 m 的管道流动，已知动力黏度为 0.285 Pa·s，密度为 950 kg/m^3，试确定：

(1) 为保证层流状态所允许的最大流量；

(2) 相应的进出口压力差；

(3) 管路中流速的最大值；

(4) 壁面处的最大切应力。

解：(1) 为保证层流状态所允许的最大流速可通过下式计算：

$$Re=\frac{\rho vD}{\mu}=2\,000$$

$$v=\frac{2\,000\mu}{D\rho}=\frac{2\,000\times 0.285}{0.1\times 950}\text{ m/s}=6\text{ m/s}$$

则最大流量 Q 为：

$$Q = vA = v\frac{1}{4}\pi D^2 = 6\times 0.25\times\pi\times 0.1^2\ \mathrm{m^3/s} = 0.047\ \mathrm{m^3/s}$$

(2) 进出口的压力差为：

$$\Delta p = \frac{32\mu vL}{D^2} = \frac{32\times 0.285\times 6\times 50}{0.1^2}\ \mathrm{N/m^2} = 273\ 600\ \mathrm{N/m^2}$$

(3) 管路中的最大流速为：

$$u_{\max} = 2v = 2\times 6\ \mathrm{m/s} = 12\ \mathrm{m/s}$$

(4) 壁面($r = R$)处的切应力为：

$$\tau_{\max} = \frac{\Delta p}{2L}R = \frac{273\ 600\times 0.05}{2\times 50}\ \mathrm{N/m^2} = 136.8\ \mathrm{N/m^2}$$

例 4-10

试证明圆管内层流的动能修正系数 $\alpha = 2$，动量修正系数 $\beta = 1.33$。

解：单位时间内通过有效断面的流体动能，若用平均流速 v 来表示，则为：

$$\frac{v^2}{2}m = \frac{v^2}{2}\rho vA = \frac{1}{2}\rho v^3 A$$

若用真实流体速度 u 来表示，则为：

$$\int_A \frac{u^2}{2}\mathrm{d}m = \int_A \frac{\rho u^3}{2}\mathrm{d}A = \frac{\rho}{2}\int_A u^3\mathrm{d}A$$

这两者并不相等，若要相等，则需用动能修正系数加以修正，即

$$\frac{\rho}{2}\int_A u^3\mathrm{d}A = \alpha\frac{\rho}{2}v^3 A$$

圆管内层流的真实速度为：

$$u = \frac{\Delta p}{4\mu l}(R^2 - r^2)$$

圆管内层流断面平均流速为：

$$v = \frac{\Delta pD^2}{32\mu l} = \frac{\Delta pR^2}{8\mu l}$$

圆管层流的动能修正系数 α 为：

$$\alpha = \frac{\int_A u^3\mathrm{d}A}{v^3 A} = \frac{\int_0^R\left[\frac{\Delta p}{4\mu l}(R^2 - r^2)\right]^3 2\pi r\mathrm{d}r}{\left(\frac{\Delta pR^2}{8\mu l}\right)^3\pi R^2} = \frac{16\int_0^R(R^2 - r^2)^3 r\mathrm{d}r}{R^8} = 2$$

动量是矢量，如果只考虑沿流动方向的数值，用平均流速 v 表达，则为：

$$mv = \rho v^2 A$$

这个数值与真实动量 $\int_A u\mathrm{d}m = \int_A \rho u^2\mathrm{d}A$ 也不相等，须用动量修正系数 β 来修正，即

$$\int_A \rho u^2 \mathrm{d}A = \beta \rho v^2 A$$

故得：

$$\beta = \frac{\int_A \rho u^2 \mathrm{d}A}{\rho v^2 A} = \frac{\int_0^R \left[\dfrac{\Delta p}{4\mu l}(R^2 - r^2)\right]^2 2\pi r \mathrm{d}r}{\left(\dfrac{\Delta p R^2}{8\mu l}\right)^2 \pi R^2} = \frac{8\int_0^R (R^2 - r^2)^2 r \mathrm{d}r}{R^6} = \frac{4}{3} = 1.33$$

第六节　圆管湍流分析

当管路中雷诺数超过临界值时，管内流体流动便变成湍流。在实际工程中遇到的流体运动大多属于湍流运动。到目前为止，有许多湍流问题还未能解决，尚处于半经验阶段。湍流涉及的内容很多，本节主要介绍一些与湍流流动阻力、能量损失有关的湍流理论基础和实验结果。

4-14　圆管湍流现象

一、湍流流动的时均值

1. 脉动现象

由雷诺实验可知，湍流时圆管内流体质点的运动呈现无序和杂乱无章的状态，流体质点的速度随时间不断地变化。利用激光流速仪（LDV）或热线流速仪（hot wire velocimetry）在管内某点测到的速度 u 的大小和方向都在随时间做无序的变化，其变化曲线如图 4-18 所示。但流体质点的运动参数总是在某一平均值上下波动，这种现象称为湍流的脉动现象。在湍流运动中，不仅速度存在脉动现象，压强等参数也都存在脉动现象。

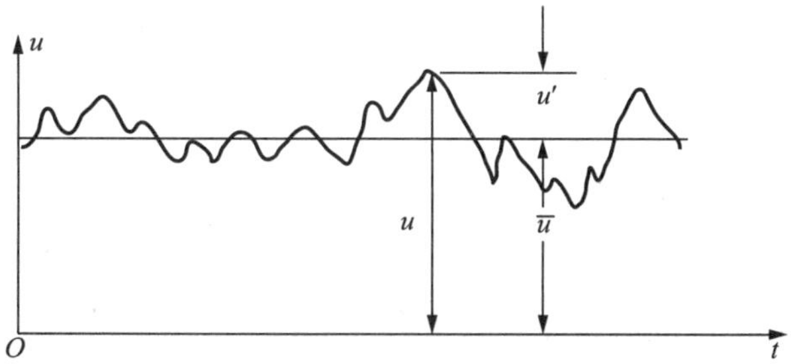

u—瞬时速度；$\bar{u}$—时均速度；u'—脉动速度。

图 4-18　定常湍流流场中的速度脉动示意图

运动参数随时间的脉动现象是湍流流动的固有特性。

2. 时均速度

湍流流场中某点瞬时速度随时间的变化曲线 $u(t)$在 T时间段内的时间平均速度，称为时均速度，可用下式表示：

$$\overline{u}=\frac{1}{T}\int_0^T u(t)\mathrm{d}t \tag{4-72}$$

瞬时速度 u 与时均速度$\overline{u}$之差称为脉动速度 u'，脉动速度时正时负，所以有：

$$u=\overline{u}\pm u' \tag{4-73}$$

将上式代入式(4-72)得：

$$\overline{u}=\frac{1}{T}\int_0^T(\overline{u}\pm u')\mathrm{d}t=\overline{u}\pm\frac{1}{T}\int_0^T u'\mathrm{d}t \tag{4-74}$$

结果表明，脉动速度的时均值为零，即

$$\frac{1}{T}\int_0^T u'\mathrm{d}t=0 \tag{4-75}$$

湍流流场中的其他运动参数也都可以按式(4-72)处理得到，如瞬时压强 p 为：

$$p=\overline{p}\pm p'$$

时均压强 $\overline{p}$ 为：

$$\overline{p}=\frac{1}{T}\int_0^T p(t)\,\mathrm{d}t$$

这种经过时均化处理的流动称为时均流动。

运用统计时均法将湍流看作由时均值表示的时均流动和用脉动值表示的脉动流动的叠加，前者代表时均流动特性，后者反映湍流本质，正是因为湍流存在脉动才使得时均流与层流存在差异。

严格地讲，湍流不是定常流，但从时均值角度出发，如果时均值在整个流动时域内不随时间变化，则认为湍流是准定常流，一般就称为定常流。

在后面章节的学习中将略去时均运动参数的时间平均符号，仍采用 u，p 等来表示湍流时均流动的运动参数。

3. 湍流度

湍流度是描述湍流脉动的强弱程度。虽然脉动量的时均值等于零，即$\overline{u'}=0$，但脉动量的平方的时均值一般不等于零，由于 $u'^2\geqslant 0$，所以：

$$\overline{u'^2}\geqslant 0 \tag{4-76}$$

由此可引入脉动速度的均方根值$\sqrt{\overline{u_x'^2}}$，$\sqrt{\overline{u_y'^2}}$，$\sqrt{\overline{u_z'^2}}$，以反映湍流速度脉动的大小。由于脉动速度的大小往往与平均速度的数值有关，故常用相对量表示，称为湍流度(T_u)，其定义式为：

$$T_u=\frac{\sqrt{\frac{1}{3}(\overline{u_x'^2}+\overline{u_y'^2}+\overline{u_z'^2})}}{\overline{u}} \tag{4-77}$$

对于各向同性湍流$\overline{u_x'^2}=\overline{u_y'^2}=\overline{u_z'^2}=\overline{u'^2}$，则湍流度为：

$$T_u = \frac{\sqrt{\overline{u'^2}}}{\overline{u}} \tag{4-78}$$

4. 湍流结构

雷诺实验表明，随着流速的增加，雷诺数增大，流体的流动状态由层流变为湍流。但以湍流状态运动的流体并不是在整个过流断面上都是湍流。由于流体本身黏性的作用以及流体分子与固壁分子间附着力的作用，紧贴壁面的流体黏附在壁面上，速度为零，近壁层内的流体质点的脉动与掺混受到壁面的抑制，结果靠近壁面一层流体做层流运动，这层流体称为黏性底层或层流边层。在离壁面稍远处，壁面对流体质点的影响减小，质点的混掺能力增强，流体经很小的过渡区便发展成为完全湍流，称为湍流核心。这样，以湍流状态运动的液流在整个过流断面存在层流边层、过渡区和湍流核心 3 种结构，如图 4-19 所示。

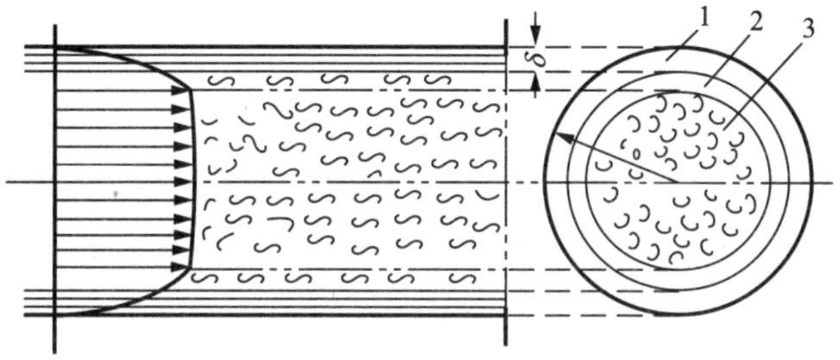

1—层流边层；2—过渡区；3—湍流核心；δ—层流边层厚度。

图 4-19　湍流的结构

通过上述分析可知，层流边层厚度 δ 与流体的流动状态有关。流体的速度越大，雷诺数越大，流体质点的混掺能力就越强，则层流边层厚度越薄；若流体的黏性越大或雷诺数越小，流体质点的混掺能力就越弱，则层流边层厚度越厚。由此可见，层流边层厚度与雷诺数成反比。圆管中流体的层流边层厚度可根据经验公式确定：

$$\delta \approx 32.8 \frac{D}{Re\sqrt{\lambda}} \tag{4-79}$$

式中　δ ——层流边层厚度；

D ——管子内径；

Re ——雷诺数；

λ ——沿程阻力系数（与层流时不同）。

层流边层厚度一般很薄，通常只有十分之几毫米，但它直接影响流体流动阻力的大小。

在工程中，管路的内表面都不是绝对光滑的，即有一定的粗糙度，其粗糙凸起的平均高度为绝对粗糙度，用符号 Δ 表示，如图 4-20 所示。

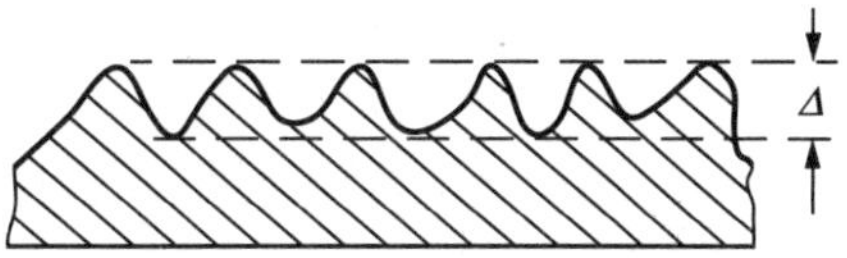

图 4-20　管壁的绝对粗糙度

如果层流边层厚度大于绝对粗糙度，即 $\delta > \Delta$，则层流边层将粗糙度覆盖，粗糙度对湍流核心区的流动没有影响，流体好像在由层流边层组成的光滑管路中流动，如图 4-21（a）所示，称为水力光滑管。

如果层流边层厚度小于绝对粗糙度，即 $\delta < \Delta$，则粗糙度暴露于湍流核心区之内，粗糙度将导致流体产生碰撞、冲击，形成涡旋，增加能量损失，且粗糙凸起凸出越高，阻力越大，如图 4-21（c）所示，称为水力粗糙管。

如果 δ 接近 Δ，即绝对粗糙度介于水力光滑管与水力粗糙管之间时称为水力过渡管，如图 4-21（b）所示。

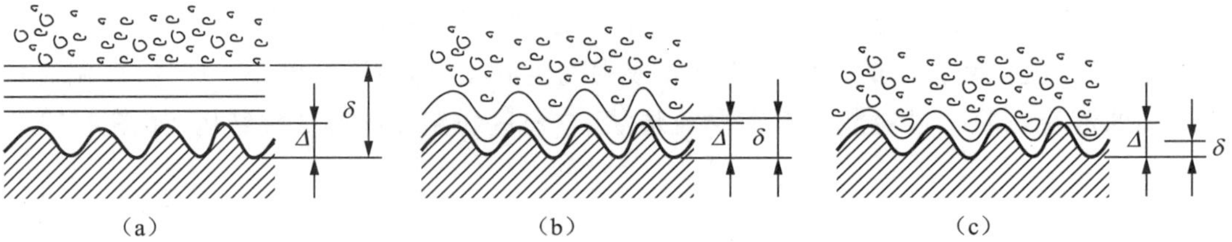

图 4-21　水力光滑管、过渡管和水力粗糙管

水力光滑和水力粗糙同几何上的光滑、粗糙有联系，但也不相同。几何上的粗糙是固定的，出现水力粗糙的可能性大些；而水力光滑与水力粗糙是相对而言的，同一条管路，当流速较小时，可能是水力光滑管，但当流速增大时可能转为水力粗糙管。

二、湍流的连续性方程和运动方程

4-15　雷诺方程

前面已经得到了流体的连续方程和实际流体的运动微分方程（N-S 方程），雷诺认为当流体的运动从层流过渡到湍流后，流体的物理和力学性质没有发生变化。实际流体反抗内部剪切的能力即黏度没有改变，在湍流运动中仍保持原来的数值；湍流中虽然充满了大大小小的涡旋，但涡旋的尺度远大于分子的尺度，湍流仍然是宏观的物理现象，因而从宏观上来看，流体运动的连续性没有受到破坏，仍可视为连续介质。在湍流中作用在流体上的力仍只有质量力和法向表面力、切向表面力，即力的种类也没有改变。因此，前面推导的连续性微分方程、实际流体的运动微分方程仍然适用于湍流的瞬时运动。但是，由于湍流的瞬时值是脉动的，应用时甚为困难，所以需要求出湍流的时均连续性方程和时均运动微分方程。

1. 湍流的时均运算法则

设 a, b, $\bar{a}$, $\bar{b}$, a', b' 分别为两个运动参数的瞬时值、时均值和脉动值。由式（4-72）、式（4-73）、式（4-75）可证明：

（1）若 $a = b$，则其时均值也相同，即

$$\bar{a} = \bar{b} \tag{4-80}$$

（2）两个瞬时值之和的时均值等于各瞬时值的时均值之和，即

$$\overline{a+b}=\overline{a}+\overline{b} \tag{4-81}$$

（3）常量和瞬时值乘积的时均值等于瞬时值的时均值与常量的乘积，即

$$\overline{Ka}=K\overline{a}\quad（K为常量） \tag{4-82}$$

（4）两个时均值的乘积的时均值仍等于两个时均值的乘积，即

$$\overline{\overline{a}\cdot\overline{b}}=\overline{\overline{a}}\cdot\overline{\overline{b}}=\overline{a}\cdot\overline{b} \tag{4-83}$$

（5）时均值与脉动值乘积的时均值为零，因为脉动值的时均值为零，即

$$\overline{\overline{a}\cdot b'}=\overline{a}\cdot\overline{b'}=0 \tag{4-84}$$

（6）两个瞬时值乘积的时均值等于它们的时均值的乘积加脉动值乘积的时均值，即

$$\overline{a\cdot b}=\overline{(\overline{a}+a')\cdot(\overline{b}+b')}=\overline{a}\cdot\overline{b}+\overline{a'\cdot b'} \tag{4-85}$$

（7）瞬时值的各阶导数的时均值等于时均值的各阶导数，以一阶导数为例，即

$$\overline{\frac{\partial f}{\partial s}}=\frac{\partial\overline{f}}{\partial s} \tag{4-86}$$

根据以上关系，可对连续性方程和运动方程进行时间平均运算。

2. 湍流的连续性方程

为简单起见，仅考虑不可压缩流体准定常流时均值$\overline{u_x}$，$\overline{u_y}$，$\overline{u_z}$和$\overline{p}$不随时间变化。

连续性方程：

$$\frac{\partial u_x}{\partial x}+\frac{\partial u_y}{\partial y}+\frac{\partial u_z}{\partial z}=0$$

对准定常流仍适用，由式（4-80）、式（4-81）及式（4-86）可知：

$$\overline{\left(\frac{\partial u_x}{\partial x}+\frac{\partial u_y}{\partial y}+\frac{\partial u_z}{\partial z}\right)}=0$$

$$\overline{\left(\frac{\partial u_x}{\partial x}\right)}+\overline{\left(\frac{\partial u_y}{\partial y}\right)}+\overline{\left(\frac{\partial u_z}{\partial z}\right)}=0$$

$$\frac{\partial\overline{u_x}}{\partial x}+\frac{\partial\overline{u_y}}{\partial y}+\frac{\partial\overline{u_z}}{\partial z}=0 \tag{4-87}$$

这就是准定常流的连续性方程。同时，瞬时流动可写成：

$$\frac{\partial(\overline{u_x}+u_x')}{\partial x}+\frac{\partial(\overline{u_y}+u_y')}{\partial y}+\frac{\partial(\overline{u_z}+u_z')}{\partial z}=0 \tag{4-88}$$

式（4-88）和式（4-87）之差为：

$$\frac{\partial u_x'}{\partial x}+\frac{\partial u_y'}{\partial y}+\frac{\partial u_z'}{\partial z}=0 \tag{4-89}$$

这就是瞬时脉动的连续性方程。

3. 湍流的运动方程

下面讨论运动方程。根据纳维－斯托克斯方程，以x轴方向为例，对准定常流有：

$$\overline{\left(\frac{\mathrm{d}u_x}{\mathrm{d}t}\right)}=\overline{u_x\frac{\partial u_x}{\partial x}}+\overline{u_y\frac{\partial u_x}{\partial y}}+\overline{u_z\frac{\partial u_x}{\partial z}}=-\frac{1}{\rho}\frac{\partial \overline{p}}{\partial x}+\nu\left(\frac{\partial^2\overline{u_x}}{\partial x^2}+\frac{\partial^2\overline{u_x}}{\partial y^2}+\frac{\partial^2\overline{u_x}}{\partial z^2}\right) \tag{4-90}$$

其中：

$$\begin{aligned}\overline{u_y\frac{\partial u_x}{\partial y}}&=\overline{(\overline{u_y}+u'_y)\frac{\partial(\overline{u_x}+u'_x)}{\partial y}}=\overline{\overline{u_y}\frac{\partial\overline{u_x}}{\partial y}}+\overline{u'_y\frac{\partial\overline{u_x}}{\partial y}}+\overline{\overline{u_y}\frac{\partial u'_x}{\partial y}}+\overline{u'_y\frac{\partial u'_x}{\partial y}}\\&=\overline{u_y}\frac{\partial\overline{u_x}}{\partial y}+\overline{u'_y}\frac{\partial\overline{u_x}}{\partial y}+\overline{u_y}\frac{\partial\overline{u'_x}}{\partial y}+\overline{u'_y\frac{\partial u'_x}{\partial y}}\\&=\overline{u_y}\frac{\partial\overline{u_x}}{\partial y}+\overline{u'_y\frac{\partial u'_x}{\partial y}}\end{aligned} \tag{4-91}$$

因$\overline{u'_x}=\overline{u'_y}=0$，且$\overline{u_x}$及$\overline{u_y}$与时间无关，则有：

$$\begin{aligned}\overline{\left(\frac{\mathrm{d}u_x}{\mathrm{d}t}\right)}&=\overline{u_x\frac{\partial u_x}{\partial x}}+\overline{u_y\frac{\partial u_x}{\partial y}}+\overline{u_z\frac{\partial u_x}{\partial z}}\\&=\overline{u_x}\frac{\partial\overline{u_x}}{\partial x}+\overline{u_y}\frac{\partial\overline{u_x}}{\partial y}+\overline{u_z}\frac{\partial\overline{u_x}}{\partial z}+\overline{u'_x\frac{\partial u'_x}{\partial x}}+\overline{u'_y\frac{\partial u'_x}{\partial y}}+\overline{u'_z\frac{\partial u'_x}{\partial z}}\end{aligned} \tag{4-92}$$

但

$$\begin{aligned}u'_x\frac{\partial u'_x}{\partial x}+u'_y\frac{\partial u'_x}{\partial y}+u'_z\frac{\partial u'_x}{\partial z}&=\left[\frac{\partial(u'_xu'_x)}{\partial x}-u'_x\frac{\partial u'_x}{\partial x}\right]+\left[\frac{\partial(u'_xu'_y)}{\partial y}-u'_x\frac{\partial u'_y}{\partial y}\right]+\left[\frac{\partial(u'_xu'_z)}{\partial z}-u'_x\frac{\partial u'_z}{\partial z}\right]\\&=\frac{\partial(u'_xu'_x)}{\partial x}+\frac{\partial(u'_xu'_y)}{\partial y}+\frac{\partial(u'_xu'_z)}{\partial z}-u'_x\left(\frac{\partial u'_x}{\partial x}+\frac{\partial u'_y}{\partial y}+\frac{\partial u'_z}{\partial z}\right)\end{aligned} \tag{4-93}$$

由式（4-89）知上式右端末项括号内等于零，故：

$$\overline{u'_x\frac{\partial u'_x}{\partial x}}+\overline{u'_y\frac{\partial u'_x}{\partial y}}+\overline{u'_z\frac{\partial u'_x}{\partial z}}=\frac{\partial\overline{(u'_xu'_x)}}{\partial x}+\frac{\partial\overline{(u'_xu'_y)}}{\partial y}+\frac{\partial\overline{(u'_xu'_z)}}{\partial z} \tag{4-94}$$

于是不可压缩流体准定常流的运动方程可写成：

$$\begin{aligned}\frac{\mathrm{d}\overline{u_x}}{\mathrm{d}t}&=\overline{u_x}\frac{\partial\overline{u_x}}{\partial x}+\overline{u_y}\frac{\partial\overline{u_x}}{\partial y}+\overline{u_z}\frac{\partial\overline{u_x}}{\partial z}\\&=-\frac{1}{\rho}\frac{\partial\overline{p}}{\partial x}+\frac{1}{\rho}\frac{\partial}{\partial x}\left(\mu\frac{\partial\overline{u_x}}{\partial x}-\rho\overline{u'_xu'_x}\right)+\frac{1}{\rho}\frac{\partial}{\partial y}\left(\mu\frac{\partial\overline{u_x}}{\partial y}-\rho\overline{u'_xu'_y}\right)+\frac{1}{\rho}\frac{\partial}{\partial z}\left(\mu\frac{\partial\overline{u_x}}{\partial z}-\rho\overline{u'_xu'_z}\right)\end{aligned} \tag{4-95}$$

同理：

$$\begin{aligned}\frac{\mathrm{d}\overline{u_y}}{\mathrm{d}t}&=\overline{u_x}\frac{\partial\overline{u_y}}{\partial x}+\overline{u_y}\frac{\partial\overline{u_y}}{\partial y}+\overline{u_z}\frac{\partial\overline{u_y}}{\partial z}\\&=-\frac{1}{\rho}\frac{\partial\overline{p}}{\partial y}+\frac{1}{\rho}\frac{\partial}{\partial x}\left(\mu\frac{\partial\overline{u_y}}{\partial x}-\rho\overline{u'_yu'_x}\right)+\frac{1}{\rho}\frac{\partial}{\partial y}\left(\mu\frac{\partial\overline{u_y}}{\partial y}-\rho\overline{u'_yu'_y}\right)+\frac{1}{\rho}\frac{\partial}{\partial z}\left(\mu\frac{\partial\overline{u_y}}{\partial z}-\rho\overline{u'_yu'_z}\right)\end{aligned} \tag{4-96}$$

$$\begin{aligned}\frac{\mathrm{d}\overline{u_z}}{\mathrm{d}t}&=\overline{u_x}\frac{\partial\overline{u_z}}{\partial x}+\overline{u_y}\frac{\partial\overline{u_z}}{\partial y}+\overline{u_z}\frac{\partial\overline{u_z}}{\partial z}\\&=-\frac{1}{\rho}\frac{\partial\overline{p}}{\partial z}+\frac{1}{\rho}\frac{\partial}{\partial x}\left(\mu\frac{\partial\overline{u_z}}{\partial x}-\rho\overline{u_z'u_x'}\right)+\frac{1}{\rho}\frac{\partial}{\partial y}\left(\mu\frac{\partial\overline{u_z}}{\partial y}-\rho\overline{u_z'u_y'}\right)+\frac{1}{\rho}\frac{\partial}{\partial z}\left(\mu\frac{\partial\overline{u_z}}{\partial z}-\rho\overline{u_z'u_z'}\right)\end{aligned}\tag{4-97}$$

式(4-95)、式(4-96)、式(4-97)统称为雷诺运动方程，它和N-S方程形式上相似，只是对平均湍流场来说在平均应力上加了$-\rho\overline{u_x'u_x'}$，$-\rho\overline{u_y'u_y'}$，$-\rho\overline{u_z'u_z'}$，$-\rho\overline{u_x'u_y'}$，$-\rho\overline{u_x'u_z'}$，$-\rho\overline{u_y'u_z'}$，习惯上称为雷诺应力分量，它们是由于湍流脉动而产生的附加应力分量，其中$-\rho\overline{u_x'u_x'}$，$-\rho\overline{u_y'u_y'}$和$-\rho\overline{u_z'u_z'}$为湍流的附加法应力项，而$-\rho\overline{u_x'u_y'}$，$-\rho\overline{u_x'u_z'}$和$-\rho\overline{u_y'u_z'}$为湍流的附加切应力项。

方程中除了$\overline{u_x}$，$\overline{u_y}$，$\overline{u_z}$和$\overline{p}$ 4个未知量外，还新引进了6个雷诺应力分量，要想使方程封闭，必须补充6个关系式。方程封闭问题至今仍在探索之中。

三、混合长度假说和湍流的切应力

4-16 切应力与流速

由于准定常湍流存在雷诺应力分量，理论上很难解出，但一些经验公式已经在许多情况中得到有效应用。

对于平行准定常湍流，雷诺方程可进一步简化，其中$\overline{u_y}=\overline{u_z}=0$，$\overline{u_x}\neq0$，它和雷诺应力分量仅为$y$的函数。又因为压强沿流程变化率$-\partial\overline{p}/\partial x=C$（常数），故雷诺方程可简化为：

$$\frac{\mathrm{d}}{\mathrm{d}y}\left(\mu\frac{\mathrm{d}\overline{u_x}}{\mathrm{d}y}-\rho\overline{u_x'u_y'}\right)=-C$$

积分得：

$$\mu\frac{\mathrm{d}\overline{u_x}}{\mathrm{d}y}-\rho\overline{u_x'u_y'}=-Cy+C_1$$

在靠近壁面处，$y\approx0$，$u_x=0$，故$u_x'=u_y'=0$，切应力$\tau_0=\mu\frac{\mathrm{d}\overline{u_x}}{\mathrm{d}y}$，由此得$C_1\approx\tau_0$，而

$$\mu\frac{\mathrm{d}\overline{u_x}}{\mathrm{d}y}-\rho\overline{u_x'u_y'}=\tau_0-Cy\tag{4-98}$$

早先布辛涅斯克建议把雷诺应力$-\rho\overline{u_x'u_y'}$写成：

$$-\rho\overline{u_x'u_y'}=\mu_t\frac{\mathrm{d}\overline{u}}{\mathrm{d}y}\tag{4-99}$$

式中 μ_t——涡黏性系数。

然而μ_t随流动的变化并无法预知，之后普朗特提出了混合长度的假说。

4-17 普朗特混合长假说

如图4-22所示，假设位于y_1点的流体微团以$+u_y'$的速度到达y_0点，由于它原来的平均运动速度较上层小，它将在y_0点引起一个$-u_x'$扰动，如果在微团从y_1到y_0期间，在l距离内，其平均动量保持不变，只有在到达y_0点

才与该点原来流体微团碰撞，从而产生动量交换，那么就有：

$$u_x' \approx -l\left(\frac{\mathrm{d}\overline{u_x}}{\mathrm{d}y}\right)$$

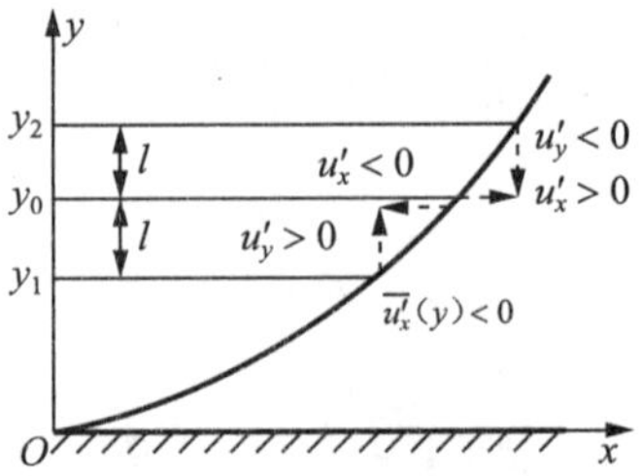

图 4-22 平行剪切流

若 y_2 点的微团跑到 y_0 点，则情况相反，这时 $-u_y'$ 的脉动将引起一个 $+u_x'$ 扰动，即

$$u_x' \approx l\left(\frac{\mathrm{d}\overline{u_x}}{\mathrm{d}y}\right)$$

因此，y_0 点平均速度的脉动绝对值平均为：

$$\overline{|u_x'|} \approx l\left(\frac{\mathrm{d}\overline{u_x}}{\mathrm{d}y}\right)$$

由于湍流脉动的随机性，可以假设 u_x' 和 u_y' 同量级，于是有：

$$\overline{|u_y'|} \approx c_1 l\left(\frac{\mathrm{d}\overline{u_x}}{\mathrm{d}y}\right)$$

式中 c_1——比例常数。

另外，从图 4-22 中可以看出，不管是上层的微团还是下层的微团撞入 y_0 点，对应的 u_x' 和 u_y' 总是正负相反的，因而 $u_x'u_y' < 0$。鉴于这种情况，有：

$$\overline{u_x'u_y'} = -c_1c_2l^2\left(\frac{\mathrm{d}\overline{u_x}}{\mathrm{d}y}\right)^2$$

式中 c_2——引进的比例常数；

l——未知数，可以将 c_1 和 c_2 吸收到 l 中去，三者合而为一，仍然用 l 表示。

因此，湍流剪切应力的绝对值为：

$$-\rho\overline{u_x'u_y'} = \rho l^2\left(\frac{\mathrm{d}\overline{u_x}}{\mathrm{d}y}\right)^2$$

考虑到湍流的剪切应力和黏性剪切应力作用方向一致，其表达式可写成：

$$-\rho\overline{u_x'u_y'} = \rho l^2\left|\frac{\mathrm{d}\overline{u_x}}{\mathrm{d}y}\right|\frac{\mathrm{d}\overline{u_x}}{\mathrm{d}y} \tag{4-100}$$

式中 l——混合长度，普朗特认为 l 在近壁处正比于距壁距离 y，即

$$l = ky \tag{4-101}$$

式中 k——经验常数。

式(4-100)与式(4-99)相比较可得：

$$\mu_t = \rho l^2\left|\frac{\mathrm{d}\overline{u_x}}{\mathrm{d}y}\right| \tag{4-102}$$

值得说明的是，涡黏性系数 μ_t 和流体的动力黏度 μ 不同，它不是流体属性，而是取决于流体的密度、速度梯度和混合长度。

按普朗特混合长度假说，式(4-100)可写为：

$$\mu\frac{\mathrm{d}\overline{u_x}}{\mathrm{d}y}+\rho l^2\left|\frac{\mathrm{d}\overline{u_x}}{\mathrm{d}y}\right|\frac{\mathrm{d}\overline{u_x}}{\mathrm{d}y}=\tau_0-Cy \tag{4-103}$$

在管轴线上，总切应力为零，在 $y=R$（管子半径）处有：

$$0=\tau_0-CR$$

则：

$$C=\frac{\tau_0}{R}$$

$$\mu\frac{\mathrm{d}\overline{u_x}}{\mathrm{d}y}+\rho l^2\left|\frac{\mathrm{d}\overline{u_x}}{\mathrm{d}y}\right|\frac{\mathrm{d}\overline{u_x}}{\mathrm{d}y}=\tau_0\left(1-\frac{y}{R}\right) \tag{4-104}$$

沿管壁处，切应力 τ_0 被压降所平衡，则对圆管有：

$$-\frac{\partial\overline{p}}{\partial x}\mathrm{d}x\pi R^2=\tau_0 2\pi R\mathrm{d}x$$

$$\tau_0=-\frac{R}{2}\frac{\partial\overline{p}}{\partial x} \tag{4-105}$$

图 4-23 表示湍流中切应力 τ 沿光滑壁法线的分布关系。由图可见，在距壁某距离处的湍流区，黏性力很小，采用下式已足够，即

$$\rho l^2\left|\frac{\mathrm{d}\overline{u_x}}{\mathrm{d}y}\right|\frac{\mathrm{d}\overline{u_x}}{\mathrm{d}y}=\tau_0-Cy \tag{4-106}$$

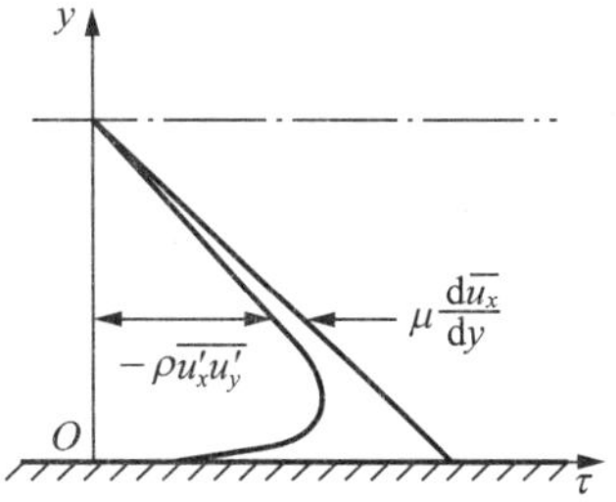

图 4-23 湍流中的切应力

而在靠近管壁处，黏性力占优势，该处流体微团的混合受到限制，形成层流底层，称为层流边层或层流底层。此时，$y\approx 0$，所以式(4-103)简化为：

$$\mu\frac{\mathrm{d}\overline{u_x}}{\mathrm{d}y}=\tau_0 \tag{4-107}$$

总而言之，湍流的切应力应等于黏性切应力和脉动引起的附加切应力之和，即

$$\tau=\mu\frac{\mathrm{d}\overline{u_x}}{\mathrm{d}y}+\rho l^2\left|\frac{\mathrm{d}\overline{u_x}}{\mathrm{d}y}\right|\frac{\mathrm{d}\overline{u_x}}{\mathrm{d}y} \tag{4-108}$$

四、圆管内流速分布

以湍流状态运动的液流，在其整个过流断面存在层流边层、过渡区和湍流核心 3 种结构。又因黏性切应力与附加切应力随流速的变化规律差别较大，在各流层内两种切应力的相对密度不同，所以流速（令 $\overline{u}=\overline{u_x}$）分布规律在各流层内的差别也很大。

1. 水力光滑管

在水力光滑管的层流边层内，流速可通过对式(4-108)积分得到：

$$\overline{u}=\frac{\tau_0}{\mu}y \tag{4-109}$$

所以，在水力光滑管的层流边层内流速可近似按直线规律分布。

根据普朗特假设（$l=ky$），可求出近壁处的流速分布。该处 y 很小，以致 Cy 可忽略，即式（4-106）变为：

$$\rho k^2 y^2\left|\frac{\mathrm{d}\overline{u}}{\mathrm{d}y}\right|\frac{\mathrm{d}\overline{u}}{\mathrm{d}y}=\tau_0$$

对正值 $\frac{\mathrm{d}\overline{u}}{\mathrm{d}y}$，$\left|\frac{\mathrm{d}\overline{u}}{\mathrm{d}y}\right|=\frac{\mathrm{d}\overline{u}}{\mathrm{d}y}$，取：

$$u_*=\sqrt{\frac{\tau_0}{\rho}}$$

其中，u_* 称为切应力速度或阻力速度，则有：

$$\frac{1}{u_*}\frac{\mathrm{d}\overline{u}}{\mathrm{d}y}=\frac{1}{ky}$$

积分可得：

$$\frac{\overline{u}}{u_*}=\frac{1}{k}\ln y+C \tag{4-110}$$

取近壁层流层厚度 δ 处的流速为 u_0（图 4-24），则：

$$\frac{u_0}{u_*}=\frac{1}{k}\ln\delta+C \tag{4-111}$$

为了确定 u_0，由式（4-109）可知，当 $y=\delta$ 时，$\overline{u}=u_0$，则得：

$$\tau_0=\mu\frac{u_0}{\delta} \tag{4-112}$$

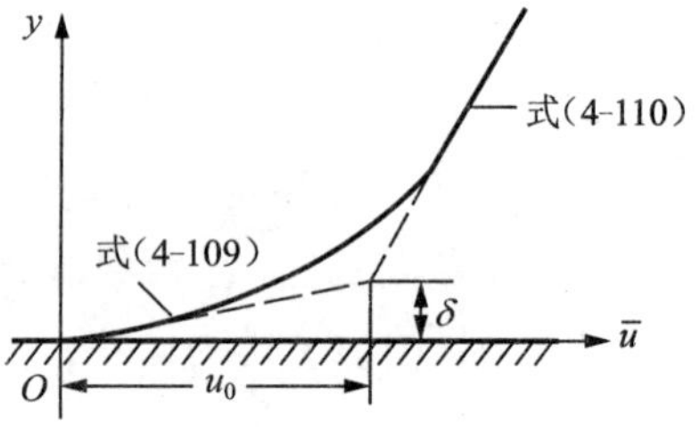

图 4-24　近壁流速

同时必有一临界雷诺数 $\rho u_0\delta/\mu$ 使边层保持层流，即

$$\frac{\rho u_0\delta}{\mu}=N \tag{4-113}$$

其中常数 N 由经验确定。

由式（4-112）得：

$$u_0=\tau_0\frac{\delta}{\mu}=\rho u_*^2\frac{\delta}{\mu}$$

$$\frac{u_0}{u_*}=\frac{\rho u_*\delta}{\mu}=N_* \tag{4-114}$$

再由式（4-111）得：

$$C=\frac{u_0}{u_*}-\frac{1}{k}\ln\delta=N_*-\frac{1}{k}\ln\frac{N_*\mu}{\rho u_*}$$

代入式（4-110）得湍流区流速分布：

$$\frac{\overline{u}}{u_*}=\frac{1}{k}\ln y+N_*-\frac{1}{k}\ln\frac{N_*\mu}{\rho u_*}=N_*-\frac{\ln N_*}{k}+\frac{1}{k}\ln\frac{\rho u_* y}{\mu}=G+\frac{1}{k}\ln\frac{\rho u_* y}{\mu} \qquad (4\text{-}115)$$

其中：

$$G=N_*-\frac{\ln N_*}{k}$$

图 4-25 为尼古拉兹实验观察的结果。由图可以看出：层流时，$\rho u_* y/\mu<5$；完全湍流时，$\rho u_* y/\mu>70$。按湍流数据可得 $k=0.40$，$N_*=11.6$ 和 $G=5.5$，则式(4-115)可写为：

$$\frac{\overline{u}}{u_*}=5.5+2.5\ln\frac{\rho u_* y}{\mu} \qquad (4\text{-}116)$$

因此，水力光滑管的湍流速度近似按对数速度分布。

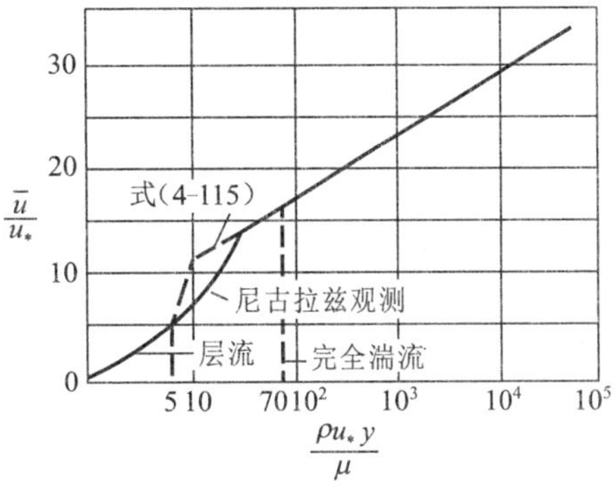

图 4-25 尼古拉兹实验结果

实验表明，当 $\rho u_* y/\mu$ 在 70 至约 700 之间时，湍流区流速分布可近似地用下式表示：

$$\frac{\overline{u}}{u_*}=8.74\left(\frac{\rho u_* y}{\mu}\right)^{1/7} \qquad (4\text{-}117)$$

2. **水力粗糙管**

当管壁凸起完全暴露在湍流区中时形成水力粗糙管，此时层流边层已被破坏，整个断面按湍流核心处理。此时，为确定式(4-110)中的常数 C，令 u_0 为 $y=\delta$ 处的近壁流速，它决定于 τ_0，ρ 和 δ。取

$$\frac{u_0}{u_*}=F\left(\frac{\rho u_*\delta}{\mu}\right)=M(\text{常数})$$

由式(4-111)得：

$$C=\frac{u_0}{u_*}-\frac{1}{k}\ln\delta=\frac{u_0}{u_*}-2.5\ln\delta$$

由经验求出 $M=8.5$，则式(4-110)变为：

$$\frac{\overline{u}}{u_*}=8.5+2.5\ln\frac{y}{\delta} \qquad (4\text{-}118)$$

上式即水力粗糙管的湍流速度对数分布关系。

圆管的流速分布除了上述半经验性的对数公式外，尼古拉兹于 1932 年根据大量实验结果，提出了湍流中流速分布可近似地用下式表示：

$$u=u_{max}\left(\frac{y}{R}\right)^n \qquad (4\text{-}119)$$

式中 u_{max} —— 管轴处的流体最大流速；

y —— 自管壁起算的径向距离；

R —— 管路半径；

n —— 指数。

对于水力光滑管，当 $Re < 10^5$ 时，可取 $n = 1/7$；当 $10^5 < Re < 4 \times 10^5$ 时，可取 $n = 1/8$。对于水力粗糙管，可取 $n = 1/10$。

应当注意，实际圆管湍流的时均速度的分布应满足管轴处的条件：$y = R, \mathrm{d}\overline{u}/\mathrm{d}y = 0$。但是，无论是对数流速分布关系还是指数流速分布关系，均不能满足这个条件，因此现在研究给出的圆管湍流流速分布式有其近似性。

3. 平均流速与切应力速度的关系

实际上，研究中感兴趣的是断面平均流速 v，而不是时均速度 $\overline{u}$，为此必须把 $\overline{u}$ 转化成 v。由

$$v = \frac{Q}{A} = \frac{1}{\pi R^2}\int_0^R \overline{u} 2\pi (R - y)\mathrm{d}y \tag{4-120}$$

对于水力光滑管，按式(4-116)将 $\overline{u}$ 代入式(4-120)可得：

$$\frac{v}{u_*} = 1.75 + 2.5\ln\frac{\rho u_* R}{\mu} \tag{4-121}$$

对于水力粗糙管，按式(4-118)将 $\overline{u}$ 代入式(4-120)可得：

$$\frac{v}{u_*} = 4.75 + 2.5\ln\frac{R}{\delta} \tag{4-122}$$

4. 圆管内流速定性描述

由于湍流时流体质点相互掺混，相互碰撞，因而产生了流体内部各质点间的动量交换传递，动量大的质点将动量传递给动量小的质点，动量小的质点牵制动量大的质点，结果导致过流断面上流速分布均匀化。实验表明：断面平均流速 v 与管轴最大流速 u_{max} 的比值随雷诺数 Re 的增加而增大。层流($Re \leqslant 2\,000$)时，$v = 0.5u_{max}$。湍流时，$Re = 4\,000, v = 0.79u_{max}$；$Re = 10^6, v = 0.86u_{max}$；$Re = 10^8, v = 0.90u_{max}$。雷诺数 Re 越大，速度分布越趋于均匀化。

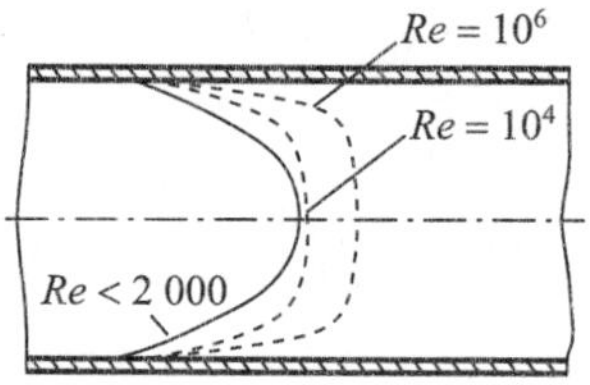

图 4-26　圆管过流断面上流速分布

图 4-26 中的虚线部分为圆管过流断面上湍流的流速分布图，是按对数或指数规律分布的，比层流流速按抛物线分布要均匀得多。因此，对于一般实际工程中的均匀流和缓变流，动能修正系数 α 和动量修正系数 β 均可近似按等于 1 计算。

4-18　湍流速度分布模拟图

五、圆管湍流沿程水头损失

4-19　湍流沿程水头损失

由于湍流的复杂性，圆管内沿程水力摩阻尚不能从理论上很完善地解决。然而大量的经验公式已在工程实践中普遍应用，并且取得了较好的结果。

下面介绍利用因次分析方法综合分析影响水力摩阻的各项因素，组

成无因次积的关系式，然后进行实验处理，求出计算管内沿程水头损失的一般办法。

1. 管内沿程水头损失的通式

由前面的讨论可知，管路中能量消耗反映在水头损失上，形成管路内的压降 $\Delta p/L$，根据理论和实验分析，影响压降的因素有 $D, \rho, \mu, v, \varDelta$ 等。

有关的物理量数目为 6，写成一般函数关系为：

$$f(\Delta p/L, \rho, v, D, \mu, \varDelta) = 0$$

各物理量的因次为 $[\Delta p/L] = [ML^{-2}T^{-2}]$，$[D] = [L]$，$[v] = [LT^{-1}]$，$[\rho] = [L^{-3}M]$，$[\varDelta] = [L]$，$[\mu] = [L^{-1}T^{-1}M]$。

这 6 个物理量中涉及 [L]，[T]，[M] 3 个基本因次，选取 D, v, ρ 为基本物理量作为这 3 个基本因次的代表，其因次表达式也可表示为：

$$[D] = [L^1T^0M^0]$$

$$[v] = [L^1T^{-1}M^0]$$

$$[\rho] = [L^{-3}T^0M^1]$$

其指数组成的行列式为：

$$\begin{vmatrix} 1 & 0 & 0 \\ 1 & -1 & 0 \\ -3 & 0 & 1 \end{vmatrix} = -1 \neq 0$$

因此，这 3 个基本物理量的因次是独立的。

可以写出 3 个无因次 π 项：

$$\pi = \frac{[\Delta p/L]}{[v]^x [D]^y [\rho]^z} = \frac{[ML^{-2}T^{-2}]}{[LT^{-1}]^x [L]^y [ML^{-3}]^z}$$

根据因次齐次性原理，对于 π，则有：

$$[ML^{-2}T^{-2}] = [LT^{-1}]^x [L]^y [ML^{-3}]^z$$

对于 [L]：　$-2 = x + y - 3z$

对于 [T]：　$-2 = -x$

对于 [M]：　$1 = z$

求解上述方程组，解得 $x = 2$，$y = -1$，$z = 1$，则：

$$\pi = \frac{\Delta p/L}{v^2 D^{-1} \rho}$$

同理：

$$\pi_1 = \frac{\mu}{[v]^{x_1} [D]^{y_1} [\rho]^{z_1}} = \frac{[ML^{-1}T^{-1}]}{[LT^{-1}]^{x_1} [L]^{y_1} [ML^{-3}]^{z_1}}$$

解得 $x_1 = 1$，$y_1 = 1$，$z_1 = 1$，则：

$$\pi_1 = \frac{\mu}{\rho v D}$$

$$\pi_2 = \frac{[\Delta]}{[v]^{x_2}\ [D]^{y_2}\ [\rho]^{z_2}} = \frac{[\mathrm{L}]}{[\mathrm{LT}^{-1}]^{x_2}\ [\mathrm{L}]^{y_2}\ [\mathrm{ML}^{-3}]^{z_2}}$$

解得 $x_2 = 0$, $y_2 = 1$, $z_2 = 0$，则：

$$\pi_2 = \frac{\Delta}{D}$$

无因次函数为 $\pi = \Phi(\pi_1, \pi_2)$，即

$$\frac{\Delta p/L}{v^2 D^{-1}\rho} = \Phi\left(\frac{\mu}{\rho v D}, \frac{\Delta}{D}\right)$$

进行数学变换，得：

$$h_{\mathrm{f}} = \frac{\Delta p}{\gamma} = 2\Phi\left(\frac{1}{Re}, \frac{\Delta}{D}\right)\frac{L}{D}\frac{v^2}{2g}$$

令

$$\lambda = 2\Phi\left(\frac{1}{Re}, \frac{\Delta}{D}\right) \tag{4-123}$$

为沿程阻力系数，则沿程水头损失为：

$$h_{\mathrm{f}} = \lambda\frac{L}{D}\frac{v^2}{2g} \tag{4-124}$$

上式即管路沿程水头损失的计算通式，也称为达西公式。由上述因次分析可知，λ 与雷诺数 Re、相对粗糙度 Δ/D 有关。对于不同的流态，λ 值有不同的变化规律。

2. 沿程阻力系数的实验分析

由上述推导可以看出，运用 π 定理之后，影响水头损失的许多因素间的关系大为简化，可归结为求不同流态下的沿程阻力系数 λ 的问题。

层流时的沿程阻力系数 $\lambda = 64/Re$，这已从理论上给出。因此，分析的重点主要是确定湍流的沿程阻力系数的值。已知湍流中存在水力光滑和水力粗糙两种状态，这两种状态间必存在过渡状态，称之为混合摩擦状态。

首先，从理论上，根据普朗特混合长度假说可知，水力光滑管和水力粗糙管的流速分布如式(4-121)和式(4-122)。现由式(4-124)知：

$$\lambda = \frac{2gDh_{\mathrm{f}}}{Lv^2} = \frac{2gD\Delta p}{\gamma L v^2} = \frac{2D\Delta p}{\rho v^2 L}$$

并由式(4-105)知：

$$\tau_0 = -\frac{R}{2}\frac{\partial \overline{p}}{\partial x} = \frac{D}{4}\frac{\Delta p}{L}$$

以上两式消去 Δp, L 及 D，可得：

$$\lambda = \frac{8\tau_0}{\rho v^2} = \frac{8u_*^2}{v^2} \tag{4-125}$$

其中 $\tau_0 = \rho u_*^2$，因而：

$$\frac{v}{u_*}=\sqrt{\frac{8}{\lambda}} \tag{4-126}$$

将式(4-126)分别代入式(4-121)和式(4-122)，消去 u_*，并考虑到 $Re=\rho vD/\mu$，则可得：

对于水力光滑管：

$$\frac{1}{\sqrt{\lambda}}=2.0\lg(Re\sqrt{\lambda})-0.8 \tag{4-127}$$

对于水力粗糙管：

$$\frac{1}{\sqrt{\lambda}}=2.0\lg\frac{2\Delta}{D}+1.74 \tag{4-128}$$

对于混合摩擦区，郭尔布鲁克-怀特提出：

$$\frac{1}{\sqrt{\lambda}}=1.74-2.0\lg\left(\frac{2\Delta}{D}+\frac{18.7}{Re\sqrt{\lambda}}\right) \tag{4-129}$$

当 $\Delta=0$ 时，上式变为式(4-127)；当 Re 很大时，括号内第二项可视为零，则上式变为式(4-128)。这说明：对于水力光滑管，λ 仅为 Re 的函数；而对于水力粗糙管，则 λ 仅依赖于 Δ/D 值；在混合摩擦区，则与两者都有关。必须注意，上述式中的常数 0.8 和 1.74 是通过实验略做了修正的结果。

为了确定实际工程管路中不同流态下的沿程阻力系数 λ 和 Δ/D 及 Re 的关系，科学工作者们曾进行了大量的实验。经验表明，平均绝对粗糙度 Δ 值可近似按表 4-4 确定。

表 4-4　某些管表面的平均绝对粗糙度值

管壁表面特征	Δ/mm	管壁表面特征	Δ/mm
清洁无缝钢管、铝管	0.001 5～0.01	新铸铁管	0.25～0.42
新精制无缝钢管	0.04～0.15	普通铸铁管	0.50～0.85
通用输油钢管	0.14～0.15	生锈铸铁管	1.00～1.50
普通钢管	0.19	结水垢铸铁管	1.50～3.00
涂沥青钢管	0.12～0.21	光滑水泥管	0.30～0.80
普通镀锌钢管	0.39	粗糙水泥管	1.00～2.00
旧钢管	0.50～0.60	橡皮软管	0.01～0.03

其次，可通过实验方法获得沿程阻力系数经验公式。

实验的基本原理如图 4-27 所示，在 Δ/D 为定值的水平管路上，当一定流量的流体通过时，就可算出一个相应的流速($v=Q/A$)，从而可算出一个相应的雷诺数 Re；同时用压差计量出管段 L 长度上的压力水头差，即在某一定雷诺数下的沿程损失($h_f=\Delta p/\gamma$)，将其代入达西公式，即可求出一个相应的 λ 值。变更不同流量，重复上

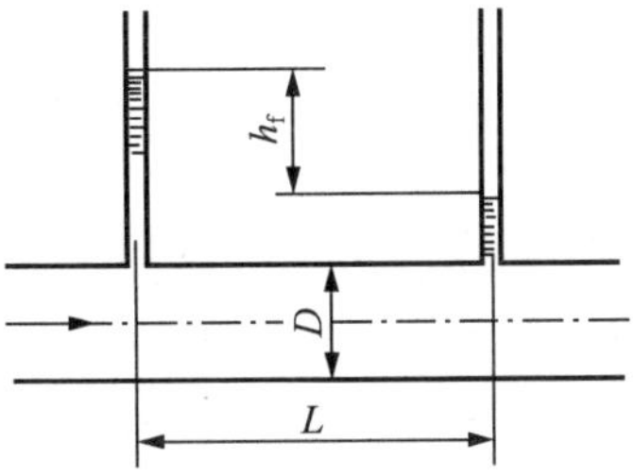

图 4-27　沿程阻力系数实验原理图

述步骤，可得出一组 Re 和 λ 的对应关系。以 λ 为纵坐标，Re 为横坐标，在双对数坐标纸上可绘出一条在某固定 Δ/D 情况下的 λ-Re 关系曲线。再更换不同相对粗糙度的管子，用同样方法进行实验，就可得到不同相对粗糙度情况下的多条曲线。实验结果如图 4-28 所示，通常称之为莫迪图。

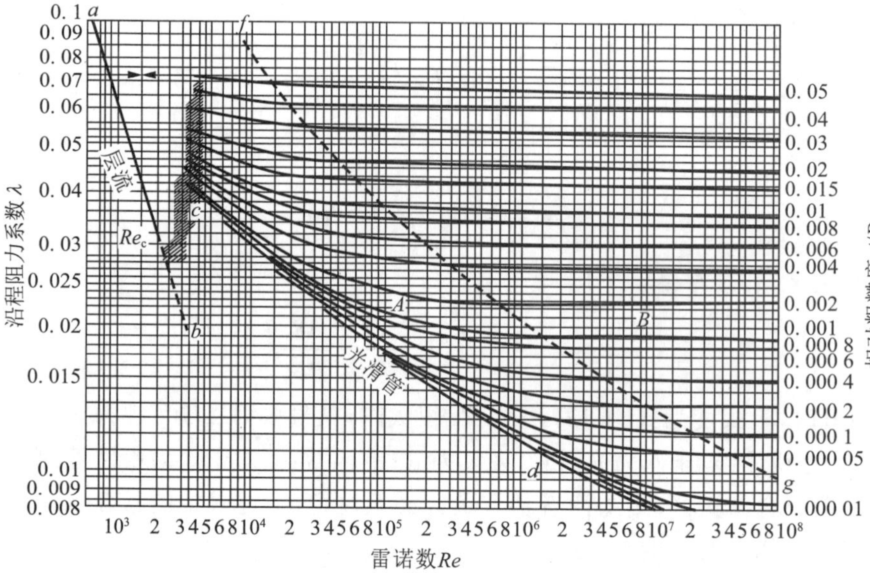

图 4-28　莫迪图

图 4-28 采用双对数坐标是为了便于整理实验结果，得到经验公式。根据实验曲线，可按照沿程阻力系数 λ 随雷诺数 Re 和相对粗糙度 Δ/D 的不同，将莫迪图分成不同的区域。

（1）层流区。当雷诺数 $Re \leqslant 2\,000$ 时，相对粗糙度 Δ/D 不同的各管路的实验点均落在同一条直线 ab 上，这说明相对粗糙度 Δ/D 不影响沿程阻力系数 λ 的计算，直线方程为：

$$\lambda = \frac{64}{Re}$$

显然，实验结果与层流的理论分析结果是一致的，即沿程阻力系数只与雷诺数有关、与粗糙度无关，沿程水头损失 h_f 与平均流速 v 的一次方成正比。

（2）由层流到湍流的过渡区。当 $2\,000 < Re \leqslant 3\,000$ 时，流体的流动状态发生了由层流到湍流的转变，属于流态不稳定的上、下临界雷诺数之间的过渡区。在实际工程中，流体处于过渡区的情况较少，并且较复杂，实用意义不大。因此，该区的沿程阻力系数 λ 的计算方法近似地按湍流水力光滑区处理。

（3）湍流水力光滑区。当 $3\,000 < Re < 59.7/\varepsilon^{8/7}$ 时（其中 ε 定义为 $\varepsilon = \dfrac{2\Delta}{D}$），相对粗糙度 Δ/D 较小的某些管路的实验点又都落在同一条曲线 cd 上。这说明，沿程阻力系数 λ 仍然只与雷诺数有关，$\lambda = f(Re)$，而与粗糙度无关。这是因为在该区内层流边层较厚，遮盖了管壁的粗糙凸起部分，即该区是同水力光滑管相对应的水力光滑区。

但是，相对粗糙度不同的管路，在该光滑区上所占的区域长短不同，相对粗糙度越小的管路，所占的水力光滑区的区段越长，反之越短。

相对粗糙度较大的管路几乎没有水力光滑区，而是由层流区直接转为混合摩擦区。这是因为在层流边层厚度相同的情况下，对于相对粗糙度较大的管路，其粗糙凸起部分首先暴露于湍流核心中，因而变为水力粗糙管。

对于水力光滑区，在大量实验的基础上得到如下计算沿程阻力系数 λ 的经验公式。

在 $3\,000 < Re \leqslant 1 \times 10^5$ 范围内，可应用布拉休斯（Blasius）公式：

$$\lambda = \frac{0.316\,4}{Re^{1/4}} \tag{4-130}$$

在 $1 \times 10^5 < Re \leqslant 3 \times 10^8$ 范围内，可应用尼古拉兹-普朗特公式：

$$\lambda = 0.003\,2 + \frac{0.221}{Re^{0.237}} \tag{4-131}$$

若将公式（4-130）代入达西公式（4-124），则可以证明，在水力光滑区，沿程水头损失 h_f 与平均流速 v 的 1.75 次方成正比。

（4）混合摩擦区。当 $59.7/\varepsilon^{8/7} < Re < (665 - 765\lg \varepsilon)/\varepsilon$ 时，随着 Re 的增加，层流边层的厚度逐渐变薄并小于绝对粗糙度，因此管壁的粗糙凸起部分开始影响流动阻力，对于不同相对粗糙度 Δ/D 的管道，实验点逐渐脱离直线 cd，相继进入 A 区。在这种情况下，沿程阻力系数 λ 不仅与雷诺数有关，而且与粗糙度有关，即 $\lambda = f(Re, \Delta/D)$。$A$ 区是由水力光滑区变为水力粗糙区的过渡区，称为混合摩擦区。该区的情况比较复杂，确定沿程阻力系数 λ 的经验公式较多，常用经验公式有：

伊萨耶夫公式

$$\frac{1}{\sqrt{\lambda}} = -1.8\lg\left[\left(\frac{\Delta}{3.7D}\right)^{1.11} + \frac{6.8}{Re}\right]$$

莫迪公式

$$\lambda = 0.005\,5\left[1 + \left(20\,000\frac{\Delta}{D} + \frac{10^6}{Re}\right)^{1/3}\right]$$

阿里特苏里公式

$$\lambda = 0.11\left(\frac{\Delta}{D} + \frac{68}{Re}\right)^{0.25}$$

在混合摩擦区，沿程水头损失 h_f 与平均流速 v 的 1.75～2.0 次方成正比。

（5）湍流水力粗糙区（自模化区或阻力平方区）。当 $Re \geqslant (665 - 765\lg \varepsilon)/\varepsilon$ 时，随着 Re 的进一步增加，层流边层的厚度变得更薄，使得管壁的绝对粗糙度对流动阻力的影响起主要作用。因此，对于相对粗糙度 Δ/D 不同的管道，实验点集中在虚线 fg 右方 B 区与横坐标轴平行的不同的直线上。这说明沿程阻力系数 λ 已与雷诺数 Re 无关，只与粗糙度有关，即 $\lambda = f(\Delta/D)$，该区称为水力粗糙区。

由于水力粗糙区 λ 与 Re 无关，显然沿程水头损失 h_f 与平均流速 v 的 2.0 次方成正比，所以也称为阻力平方区。由于在这个区域内每种 Δ/D 管的实验曲线都变成直线，λ 不再

是 Re 的函数了，所以该区也被称为自模化区。该区常用的沿程阻力系数 λ 经验公式为尼古拉兹公式：

$$\lambda=\left[2\lg\left(3.7\frac{D}{\Delta}\right)\right]^{-2}$$

由于实验条件不同，所得结果也有出入，因此各种文献上介绍的沿程阻力系数 λ 经验公式的形式和流态区域的划分标准也不尽相同。我国输油部门常用的沿程阻力系数 λ 经验公式如表 4-5 所示。

表 4-5　常用计算沿程阻力系数 λ 的经验公式

流态类别		h_f 与 v 关系	Re 范围 $\left(\varepsilon=\frac{\Delta}{R}=\frac{2\Delta}{D}\right)$	常用的经验公式
层　流		$h_f\propto v^{1.0}$	$Re\leqslant 2\,000$	$\lambda=\frac{64}{Re}$
湍流	水力光滑	$h_f\propto v^{1.75}$	$3\,000<Re\leqslant\frac{59.7}{\varepsilon^{8/7}}$	$\lambda=\frac{0.316\,4}{\sqrt[4]{Re}}$
	混合摩擦	$h_f\propto v^{1.75\sim2.0}$	$\frac{59.7}{\varepsilon^{8/7}}<Re<\frac{665-765\lg\varepsilon}{\varepsilon}$	$\frac{1}{\sqrt{\lambda}}=-1.8\lg\left[\frac{6.8}{Re}+\left(\frac{\Delta}{3.7D}\right)^{1.11}\right]$
	水力粗糙	$h_f\propto v^{2.0}$	$Re\geqslant\frac{665-765\lg\varepsilon}{\varepsilon}$	$\lambda=\frac{1}{\left(2\lg\frac{3.7D}{\Delta}\right)^2}$

最后说明，以上计算沿程阻力系数 λ 的公式也可近似地用于非圆形断面的管路。这时，要按照非圆管与圆管的水力半径 R 相等，把非圆管化为阻力相当的圆管再进行计算。

例 4-11

石油工业输油管管道内径 $D=300$ mm，是通用输油钢管。原油的相对密度为 0.9，黏度为 80 mPa·s，管内流体流动的速度为 1.2 m/s。设管壁绝对粗糙度为 $\Delta=0.15$ mm，试用沿程阻力系数的经验公式求出沿程阻力系数 λ 的值。

解：用经验公式计算 λ 值，需要先判断流动状态是层流还是湍流，如果是湍流，则要判断所在的区域，然后使用相应的 λ 经验式计算。

根据已知条件可以求得流动雷诺数：

$$Re=\frac{\rho vD}{\mu}=\frac{0.9\times1\,000\times1.2\times0.3}{80\times10^{-3}}=4\,050>2\,000$$

因此流动状态为湍流。湍流水力光滑区上限雷诺数：

$$Re_1=\frac{59.7}{\varepsilon^{8/7}}=\frac{59.7}{\left(\frac{2\times0.15}{300}\right)^{8/7}}=160\,157>Re$$

流动状态在湍流的水力光滑区。根据布拉休斯公式，得沿程阻力系数：

$$\lambda=\frac{0.3164}{\sqrt[4]{Re}}=\frac{0.3164}{\sqrt[4]{4050}}=0.04$$

第七节　非圆管沿程水头损失

在实际工程中，多数流动的过流断面是圆形的，但是也有某些非圆形的过流断面。譬如，常见渠道中的液流、石油工业中的流体在油管与套管中的流动及钻井液在钻杆与井壁间的流动。

4-20　非圆管

一、沿程水头损失计算公式

实验表明，当流体在非圆管管道中流动时，沿程水头损失仍可应用达西公式来计算，但式中的圆管直径须用非圆管的当量直径 $D_{当}$ 来代替，即

$$h_f=\lambda\frac{L}{D_{当}}\frac{v^2}{2g}\tag{4-132}$$

式中　$D_{当}$——当量直径。

当非圆管的水力半径 R 与某一圆管的水力半径 $D/4$ 相等时，将该圆管的直径 D 称为非圆管的当量直径。由此可以得到非圆管的当量直径与其水力半径 R 之间的关系：

$$D_{当}=4R$$

例如，正方形断面各边长为 a 时，其水力半径为：

$$R=\frac{A}{\chi}=\frac{a^2}{4a}=\frac{a}{4}$$

而当量直径为：

$$D_{当}=4R=4\times\frac{a}{4}=a$$

又如，可类推得到外径为 D、内径为 d 的环形过流断面的当量直径：

$$D_{当}=D-d$$

二、沿程阻力系数

非圆管流动存在与圆管流动相同的流态：层流和湍流。流体在非圆管中的流动状态可根据当量雷诺数 $Re_{当}$ 来判别。当量雷诺数 $Re_{当}$ 表示为：

$$Re_{当}=\frac{vD_{当}}{\nu}=\frac{\rho vD_{当}}{\mu}$$

实验表明，非圆管流动当量雷诺数 $Re_{当}$ 的临界值 $Re_{c当}=2\,000$。当 $Re_{当}\leqslant 2\,000$ 时，

为层流；当 $Re_{当} > 2\,000$ 时，为湍流。

当流体在非圆管内以层流状态运动时，流动的沿程阻力系数 λ 可根据下式计算：

$$\lambda=\frac{\kappa}{Re_{当}}$$

式中，κ 与过流断面形状有关。

几种常见非圆管的 κ 值可参考表 4-6。

表 4-6　几种非圆管的常数 κ

过流断面形状	正方形	长方形	正三角形	环　形
κ	57	62	53	96

当流体在非圆管内以湍流状态运动时，流动的沿程阻力系数 λ 值可以根据圆管的公式进行近似计算，只需要将公式中的圆管直径 D 和雷诺数 Re 用非圆管的当量直径 $D_{当}$和当量雷诺数 $Re_{当}$来代替即可。

值得说明的是，当应用当量直径对非圆管进行计算时，过流断面的形状越接近圆形，其误差就越小；对于过流断面形状不规则的流动，则不能应用。

圆管过流断面的面积表示为 $A=\frac{1}{4}\pi D^2$，但非圆管过流断面的面积 $A\neq\frac{1}{4}\pi D_{当}^2$，需要根据实际断面形状进行面积计算。

例 4-12

运动黏度 $\nu = 4\times10^{-6}\ \mathrm{m^2/s}$ 的某种液体，在长度 $L = 120\ \mathrm{m}$ 的油管与套管环空中流动。油管外径 $d = 73\ \mathrm{mm}$，套管内径 $D = 120\ \mathrm{mm}$，当流量 $Q = 3.5\ \mathrm{L/s}$ 时，设管壁绝对粗糙度均为 $\Delta = 0.15\ \mathrm{mm}$，求液流的沿程水头损失。

解：外径为 D、内径为 d 的环形过流断面的当量直径为：

$$D_{当} = D - d = 0.12\ \mathrm{m} - 0.073\ \mathrm{m} = 0.047\ \mathrm{m}$$

平均流速为：

$$v=\frac{Q}{A}=\frac{4Q}{\pi(D^2-d^2)}=\frac{4\times3.5\times10^{-3}}{\pi(0.12^2-0.073^2)}\ \mathrm{m/s} = 0.492\ \mathrm{m/s}$$

当量雷诺数为：

$$Re_{当}=\frac{vD_{当}}{\nu}=\frac{0.492\times0.047}{4\times10^{-6}}=5\,781>2\,000$$

故液体在油管与套管环空中的流动状态为湍流。为了选择流动沿程阻力系数 λ 的计算公式，需要进一步判断液流在湍流的哪一区。

湍流水力光滑区上限雷诺数为：

$$Re_{当1}=\frac{59.7}{\varepsilon^{8/7}}=\frac{59.7}{\left(\frac{2\times0.15}{47}\right)^{8/7}}=19\,254>Re_{当}$$

故液流的流动状态在湍流的水力光滑区。根据布拉休斯公式，可得到沿程阻力系数：

$$\lambda=\frac{0.3164}{\sqrt[4]{Re_{当}}}=\frac{0.3164}{\sqrt[4]{5781}}=0.0363$$

沿程水头损失为：

$$h_f=\lambda\frac{L}{D_{当}}\frac{v^2}{2g}=0.0363\times\frac{120}{0.047}\times\frac{0.492^2}{2\times9.8}\text{ m}=1.145\text{ m}$$

4-21　局部水头损失

第八节　局部水头损失

在实际生产过程中，出于各种净化、输送、控制、计量等原因，流体流动中经常遇到转弯、加减速、分流、合流、调节等环节，因此必须安装各种管道局部管件，如弯头、三通、变径段、短接、进出口、过滤器、测量元件、各种阀件等。当液流经过局部管件而使过流断面急剧变化以及液流方向转变时，产生局部阻力，造成局部水头损失。管路上安装的各种管件虽然多种多样，但产生局部水头损失的原因是相同的，都是由于液流经过局部管件时受到扰动，引起流速重新分布和产生旋涡，在旋涡中流体不规则地旋转、摩擦，给主流造成阻碍，消耗能量；另外，速度重新分布使主流摩擦加剧，导致流体质点相互碰撞，同样消耗能量而造成损失，由此产生的局部水头损失是相当可观的。

一、圆管过流断面突然扩大的局部水头损失

4-22　突然扩大实验

局部水头损失从理论上推导一般是较为困难的，仅有极少量的局部阻力可用理论分析方法进行计算，而绝大多数的局部阻力都需要利用实验方法来确定。

借助于理论分析来确定局部水头损失时，最有代表性的是管路突然扩大的情况。此时，上游小管断面面积设为 A_1，下游大管断面面积设为 A_2，如图 4-29 所示。

取 1—1 和 2—2 断面及管壁为控制面，在不可压缩流体定常流的情况下，采用连续性方程、动量方程及伯努利方程可解出局部水头损失。

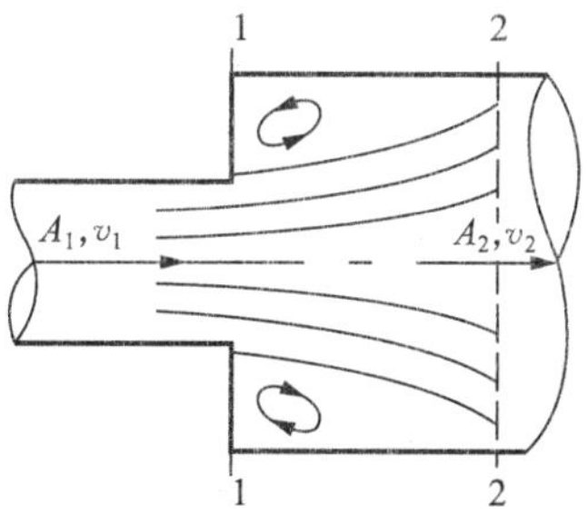

图 4-29　圆管过流断面突然扩大

由连续性方程：

$$\rho A_1 v_1=\rho A_2 v_2=\rho Q$$

可得：

$$v_2=\frac{A_1}{A_2}v_1\quad 或\quad v_1=\frac{A_2}{A_1}v_2 \tag{4-133a}$$

再由动量方程得：

$$p_1A_1 - p_2A_2 + p(A_2 - A_1) = \rho Q(v_2 - v_1)$$

式中，$p(A_2 - A_1)$是作用在扩大管凸肩圆环上的压力。设整个1—1断面上的压力是按缓变流过流断面压力分布的，则$p = p_1$，上式可改写为：

$$p_1 - p_2 = \rho v_2(v_2 - v_1) \tag{4-133b}$$

又根据能量方程，可写为：

$$\frac{p_1}{\gamma}+\frac{v_1^2}{2g}=\frac{p_2}{\gamma}+\frac{v_2^2}{2g}+h_j$$

将(4-133a)和(4-133b)两式代入上式，可得：

$$h_{\mathrm{j}}=\frac{v_2(v_2-v_1)}{g}+\frac{v_1^2-v_2^2}{2g}=\frac{v_1^2-2v_1v_2+v_2^2}{2g}=\frac{(v_1-v_2)^2}{2g} \tag{4-134}$$

式(4-134)即突然扩大的局部水头损失，也称为包达公式。圆管过流断面突然扩大的局部水头损失在数值上等于两管中速度差计算的流速水头。

由式(4-134)利用连续性方程将v_1或v_2化成同一流速，则突然扩大的局部水头损失可表示为：

$$h_{\mathrm{j}}=\frac{(v_1-v_2)^2}{2g}=\frac{\left(\dfrac{A_2}{A_1}-1\right)^2v_2^2}{2g}=\frac{\left(1-\dfrac{A_1}{A_2}\right)^2v_1^2}{2g}$$

4-23 突扩流动模拟演示

令$\left(1-\dfrac{A_1}{A_2}\right)^2=\zeta_1$，$\left(\dfrac{A_2}{A_1}-1\right)^2=\zeta_2$，则可得到：

$$h_{\mathrm{j}}=\zeta_1\frac{v_1^2}{2g}=\zeta_2\frac{v_2^2}{2g} \tag{4-135}$$

式中　ζ_1,ζ_2——局部阻力系数。

特例：分析流体经管道流入大空间突然扩大的局部水头损失，如图4-30所示。

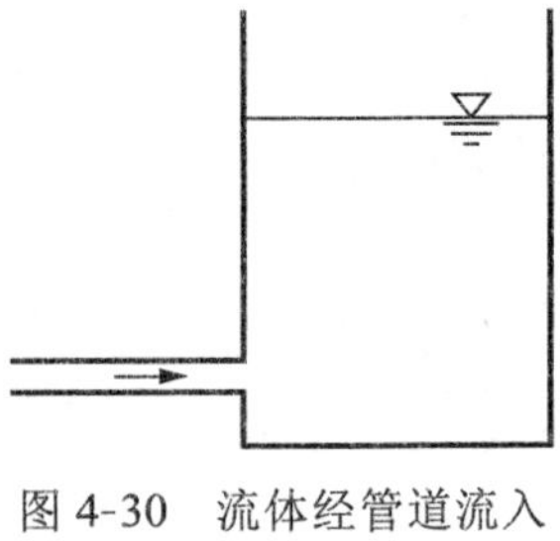

图4-30　流体经管道流入大空间

因$v_2\approx 0$，局部水头损失按管内流速v_1计算，则局部阻力系数采用$\zeta_1=\left(1-\dfrac{A_1}{A_2}\right)^2$，又由于$A_1/A_2\approx 0$，则$\zeta_1\approx 1$，所以有：

$$h_{\mathrm{j}}=\frac{v_1^2}{2g}$$

4-24 突缩与突扩

管道出口后的全部动能损失掉，速度接近于零。

需要说明的是，管道截面突然扩大局部阻力计算公式不能类推用于管道截面突然缩小情况。

二、局部水头损失的通用计算公式

由于局部管件多种多样，流动情况十分复杂，难以从理论上导出局部阻力系数的计算公式，因此其局部阻力系数ζ大多都由实验得出。局部水头损失的通用计算公式从式(4-135)中类推，通常写成：

$$h_j=\zeta\frac{v^2}{2g} \tag{4-136}$$

如无特殊说明，v一般指局部装置后的平均流速。

局部阻力系数ζ的测定方法如对沿程水头损失一样，一般在局部阻力前后取两个断面，列出伯努利方程：

$$z_1+\frac{p_1}{\gamma}+\frac{v_1^2}{2g}=z_2+\frac{p_2}{\gamma}+\frac{v_2^2}{2g}+h_j$$

于是有：

$$h_j=(z_1-z_2)+\frac{p_1-p_2}{\gamma}+\frac{v_1^2-v_2^2}{2g}$$

确定h_j后，可通过式(4-136)得到局部阻力系数ζ值。

在工程实际中，为了便于把局部水头损失和沿程水头损失合并计算，有时把局部水头损失换算为相当于某$L_{当}$管长的沿程水头损失，写成

$$h_j=\lambda\frac{L_{当}}{D}\frac{v^2}{2g} \tag{4-137}$$

式中　$L_{当}$——当量长度。

比较式(4-136)和式(4-137)，可以看出：

$$\zeta=\lambda\frac{L_{当}}{D}\quad 或\quad L_{当}=\frac{\zeta}{\lambda}D$$

这样，若已知局部阻力系数，就可求出当量长度$L_{当}$。

由于局部阻力的形式繁多，而且流体绝大部分处于湍流状态，欲得出较精确的结果，必须亲自进行实验。各种文献、手册中介绍的数据只能作参考。

表4-7是根据石油工业部门实践经验得出的输油管上常用的一些局部阻力数据。

表4-7　输油管上常用的局部阻力系数

局部阻力	图　式	$\frac{L_{当}}{D}$	ζ_0	局部阻力	图　式	$\frac{L_{当}}{D}$	ζ_0
无保险门的油罐出口		23	0.50	45°焊接弯头		14	0.30
带保险门的油罐出口		40	0.90	90°单折焊接弯头		60	1.30
带起落管的油罐出口		100	2.20	90°双折焊接弯头		30	0.65

续表 4-7

局部阻力	图　式	$\frac{L_{当}}{D}$	ζ_0	局部阻力	图　式	$\frac{L_{当}}{D}$	ζ_0
圆弯头（$R=3D$）	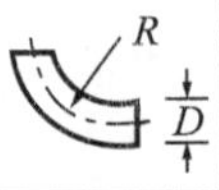	23	0.50	闸　阀		18	0.40
圆弯头（$R=4D$）	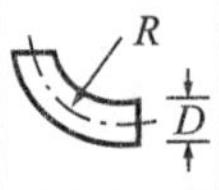	16	0.35	球　阀		320	7.00
通过三通		2	0.04	转心阀		23	0.50
通过三通		4.5	0.10	带滤网逆止阀		160	3.50
通过三通		18	0.40	单流供给阀		360	8.00
转弯三通	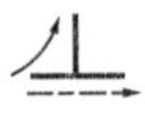	45	1.00	单流保险阀	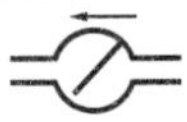	82	1.80
转弯三通		60	1.30	填料函式伸缩节		14	0.30
转弯三通		23	0.50	波纹式伸缩节		14	0.30
转弯三通		136	3.00	透明油品过滤器	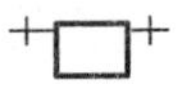	77	1.70
转弯三通		40	0.90	不透明油品过滤器	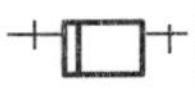	100	2.20

表 4-7 中 ζ_0 是根据 $\lambda_0=0.022$ 的湍流过程确定的。如果实际管路中的沿程阻力系数为 λ，则需按比例进行换算：

$$\zeta=\zeta_0\frac{\lambda}{0.022} \tag{4-138}$$

层流时，ζ 随 Re 变化很大，一般通过下式求得：

$$\zeta=\varphi\zeta_0 \tag{4-139}$$

式中，系数 φ 的值与雷诺数有关，其对应关系如表 4-8 所示。

表 4-8　层流时系数 φ 与 Re 的对应关系

Re	2 800	2 600	2 400	2 200	2 000	1 800	1 600	1 400	1 200	1 000	800	600	400	200
φ	1.98	2.12	2.30	2.48	2.83	2.88	2.95	3.04	3.10	3.21	3.35	3.53	4.00	4.40

对于输水管线，常用的局部阻力系数值可参考附录Ⅱ中相关内容。

对于输油管线，常用的局部阻力系数值可参阅《石油管道和泵站的水力计算》。

三、减小局部损失的措施

在工程设计中，减少各种阻力是设计工作的一个重要内容，它直接涉及能源的消耗、浪费和合理使用。这里简单介绍减小局部损失的几种基本方法。当然，在实际的装置中，只能根据具体结构条件来确定减阻措施。

通常，输送管道的弯曲部分将产生较大的局部损失。如弯头采用局部损失较小的90°圆弯头而不是直接弯头，在弯曲部位安装如图4-31所示的适当形状的隔流板片，也称为导流片，起导向流体流动的作用，可以减小内外侧出现大范围的涡流和二次环流影响。

实验表明，没有安装导流片时直角弯头的局部阻力系数为$\zeta = 1.1$，而安装了月牙形导流片后其局部阻力系数可降至$\zeta = 0.25$左右。

另外，在管路截面需要改变的位置，只要条件允许，应尽可能采用逐渐扩大或逐渐缩小来代替突然扩大和突然缩小，如图4-32所示。

4-25　弯头流动模拟分析

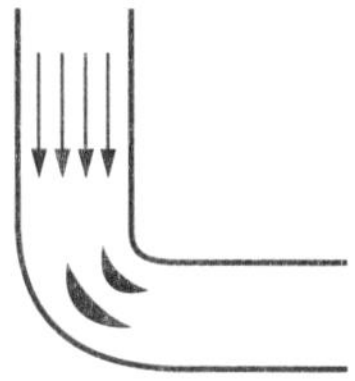

图4-31　弯头设置导流片

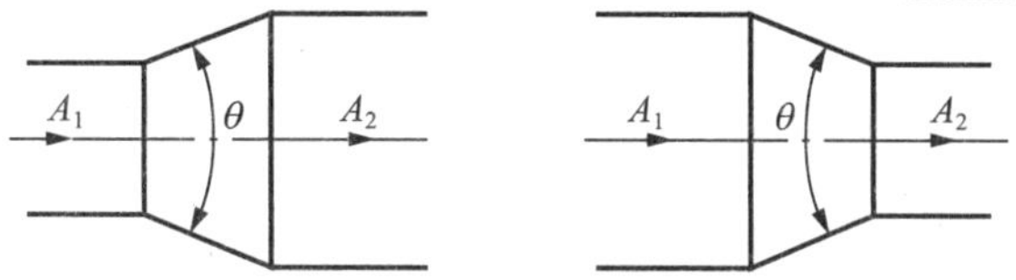

图4-32　管路截面逐渐扩大或逐渐缩小

按下式计算逐渐扩大能量损失：

$$h_j = \varphi \frac{(v_1 - v_2)^2}{2g} \tag{4-140}$$

由实验得到系数φ随扩散角θ变化的曲线，如图4-33所示。可以看出，当中心θ大约为6.5°时，φ值最小。通常，只有当$\theta > 8°$时流动才有可能与壁面分形成旋涡区，造成明显的能量损失。

当然，以渐变管代替突变管，必然会带来工艺、材料、设备空间等实际问题，须按不同情况具体对待。

在常用的三通管中，适当地选装分流板或合流板（图4-34）可以减小局部损失，其作

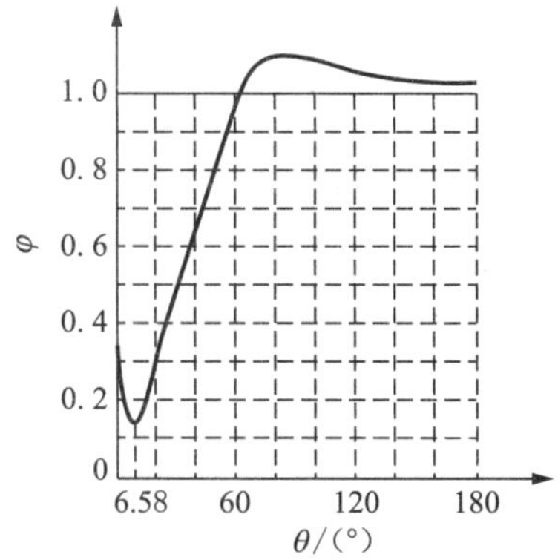

图4-33　系数φ的实验结果

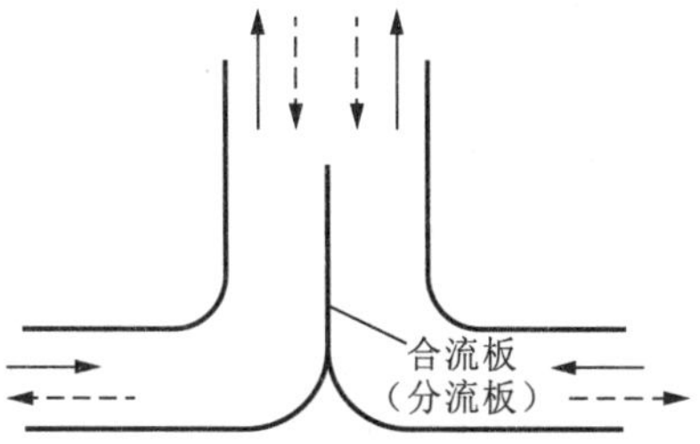

图4-34　合流板与分流板

用也在于减少流体质点的撞击损失和减小旋涡的范围。

从上面分析的 3 种方法可以看出，选择减少局部损失措施的基本原则在于：尽量减小旋涡区、防止旋涡区的形成及减小二次流动波及的范围，从而减小撞击损失和减少在速度重新分布时的动量交换。因此，在实际的设计中，可以按这个原则采取必要的减阻措施。

四、总水头损失

一条等直径管道上有若干个局部管件，这时总的水头损失可写成：

$$h_w = h_f + h_j = \left(\lambda\frac{L}{D} + \sum\zeta\right)\frac{v^2}{2g} = \lambda\left(\frac{L}{D} + \sum\frac{L_{当}}{D}\right)\frac{v^2}{2g} = \frac{\lambda}{D}(L + \sum L_{当})\frac{v^2}{2g} \quad (4\text{-}141)$$

例 4-13

有一泵工作情况如图 4-35 所示，输送液黏度为 10^{-5} m²/s，密度为 1 000 kg/m³。已知吸入段长为 3 m，排出段长为 5 m，管径 D 均为 50 mm，管路粗糙度设为 0.25 mm，过滤器两端接一汞-液压差计，$\Delta h = 0.15$ m，系统共有 3 个弯头，进口 $\zeta_A = 0.5$，其弯头局部阻力系数 $\zeta_B = \zeta_F = \zeta_G = 0.5$，系统流量 $Q = 0.2$ m³/min。试求：

（1）过滤器的局部阻力系数；

（2）全管路的总水头损失；

（3）泵的扬程和有效功率。

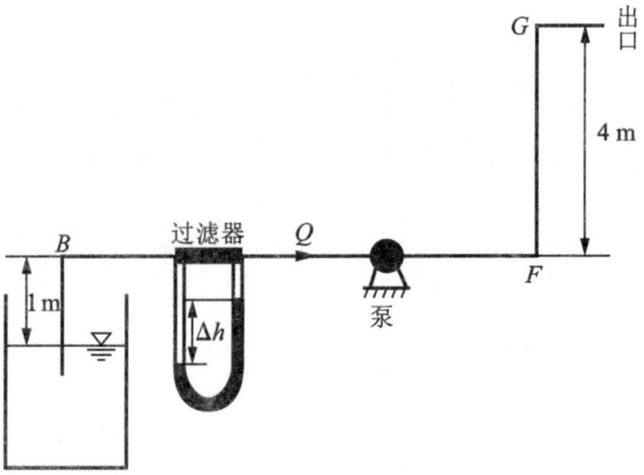

图 4-35　例 4-13 图

解：（1）管路断面的平均流速为：

$$v = \frac{Q}{A} = \frac{4Q}{\pi D^2} = \frac{4 \times 0.2}{60 \times 3.14 \times 0.05^2}\ \text{m/s} = 1.7\ \text{m/s}$$

过滤器的局部水头损失为：

$$h_j = \zeta\frac{v^2}{2g} = \left(\frac{\gamma_{Hg} - \gamma}{\gamma}\right)\Delta h = 12.6\Delta h = 12.6 \times 0.15\ \text{m} = 1.89\ \text{m}$$

过滤器的局部水头阻力系数：

$$\zeta=\frac{1.89\times 2\times 9.8}{1.7^2}=12.82$$

（2）求总水头损失。

根据管路液流流动雷诺数来判别流态：

$$Re=\frac{vD}{\nu}=\frac{1.7\times 0.05}{10^{-5}}=8\ 500$$

$$Re_1=\frac{59.7}{\varepsilon^{8/7}}=\frac{59.7}{\left(\frac{2\times 0.25}{50}\right)^{8/7}}=\frac{59.7}{0.005\ 179}=11\ 527.32$$

流态为湍流的水力光滑区。沿程阻力系数为：

$$\lambda=\frac{0.316\ 4}{\sqrt[4]{8\ 500}}=0.033$$

沿程水头损失：

$$h_f=\lambda\frac{L}{D}\frac{v^2}{2g}=0.033\times\frac{(3+5)}{0.05}\times\frac{1.7^2}{2\times 9.8}\text{ m}=0.779\text{ m}$$

局部水头损失：

$$h_j=(\zeta_A+\zeta_B+\zeta_F+\zeta_G+\zeta)\frac{v^2}{2g}=(0.5+0.5+0.5+0.5+12.82)\times\frac{1.7^2}{2\times 9.8}\text{ m}=2.185\text{ m}$$

总水头损失：

$$h_w=h_f+h_j=2.964\text{ m}$$

（3）取液面和管路出口断面列伯努利方程：

$$z_1+\frac{p_1}{\gamma}+\frac{v_1^2}{2g}+H=z_2+\frac{p_2}{\gamma}+\frac{v_2^2}{2g}+h_w$$

$$0+0+0+H=5+0+\frac{v^2}{2g}+h_w$$

泵的扬程为：

$$H=5\text{ m}+\frac{1.7^2}{2\times 9.8}\text{ m}+2.964\text{ m}\approx 8.112\text{ m}$$

泵的功率为：

$$N=\gamma QH=9\ 800\times 8.112\times\frac{0.2}{60}\text{ W}=265.0\text{ W}$$

例 4-14

已知一段直立的突然扩大水管，其上接有水银压差计，如图 4-36（a）所示，管路直径分别为 $D_1=150$ mm，$D_2=300$ mm，扩大管的流速 $v_2=3$ m/s，若忽略突然扩大水管的沿程水头损失，试确定水银压差计中水银液面何侧较高，差值为多少？

解:假设水银压差计液面高差如图所示。突然扩大水管的局部水头损失为:

$$h_j = \left(\frac{A_2}{A_1} - 1\right)^2 \frac{v_2^2}{2g} = \left(\frac{300^2}{150^2} - 1\right)^2 \frac{3^2}{2 \times 9.8}\ \text{m} = 4.14\ \text{m}$$

针对突然扩大水管,取1—1和2—2两断面,如图4-36(b)所示,并列伯努利方程:

$$z_1 + \frac{p_1}{\gamma} + \frac{v_1^2}{2g} = z_2 + \frac{p_2}{\gamma} + \frac{v_2^2}{2g} + h_j$$

将上式转化为:

$$\left(z_1 + \frac{p_1}{\gamma}\right) - \left(z_2 + \frac{p_2}{\gamma}\right) = -\frac{v_1^2}{2g} + \frac{v_2^2}{2g} + h_j \tag{a}$$

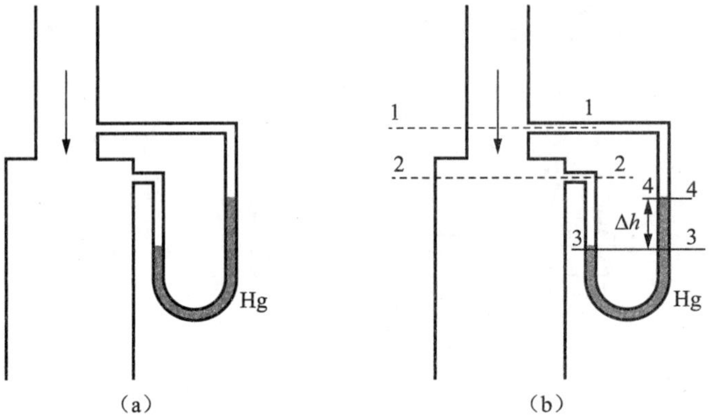

图4-36 例4-14图

以2—2为基准面,根据压差计的静平衡原理建立方程:

$$p_1 + \gamma(z_1 - \Delta h) + \gamma_{Hg}\Delta h = p_2 + \gamma z_2$$

将上式转化为:

$$\left(z_1 + \frac{p_1}{\gamma}\right) - \left(z_2 + \frac{p_2}{\gamma}\right) = \left(1 - \frac{\gamma_{Hg}}{\gamma}\right)\Delta h \tag{b}$$

由公式(a)和(b)可得:

$$\left(1 - \frac{\gamma_{Hg}}{\gamma}\right)\Delta h = -\frac{v_1^2}{2g} + \frac{v_2^2}{2g} + h_j \tag{c}$$

将扩大管的流速$v_2 = 3$ m/s代入连续性方程可得:

$$v_1 = \left(\frac{D_2}{D_1}\right)^2 v_2 = \left(\frac{300}{150}\right)^2 \times 3\ \text{m/s} = 12\ \text{m/s}$$

将突然扩大水管的局部水头损失和流速代入公式(c)得:

$$\Delta h = 0.218\ \text{m}$$

因此,计算结果证明液面假设是正确。水银压差计中水银液面右侧较高,差值为0.218 m。

思考题

4-1 液流阻力是怎样产生的？表现为哪些形式？怎样分类？

4-2 为什么可用水力半径表示断面对阻力的影响？

4-3 两种流态各有何特点？如何判别流态？

4-4 为什么用雷诺数判别流态能够说明流动阻力的物理本质？

4-5 实际流体流动中质点上共受哪些力的作用？

4-6 实际流体流动中切向应力和法向应力各与形变成何关系？

4-7 实际流体的水动压强和理想流体的水动压强有什么不同？

4-8 纳维-斯托克斯方程的物理意义是什么？

4-9 速度 v、长度 l、时间 t 的无量纲集合是什么？

4-10 因次分析方法有什么用处？何谓 π 定理？用因次分析方法处理问题的步骤如何？

4-11 试阐述几何相似、运动相似、动力相似的定义。

4-12 动力相似基于哪些前提条件？为什么不易做到完全的动力相似？

4-13 常用的相似准数有哪些？其物理意义各如何？

4-14 圆管内层流有哪些特点？

4-15 何谓时均速度？为什么引用这个概念来分析湍流问题？

4-16 雷诺方程中各项的物理意义如何？

4-17 普朗特混合长度假说是怎样提出的？利用混合长度处理湍流问题有什么好处？

4-18 何谓切应力速度？

4-19 试说明绝对粗糙度、平均粗糙度和相对粗糙度的区别。

4-20 何谓层流边层？其厚度大小与哪些因素有关？

4-21 如何划分水力光滑管和水力粗糙管？

4-22 在圆管流动中，层流切应力和湍流切应力的主要区别是什么？

4-23 怎样进行阻力实验来确定沿程阻力系数 λ 和局部阻力系数 ζ 的值？

4-24 何谓当量直径和当量长度？它们有什么用处？如何计算非圆管中流体的沿程水头损失？

4-25 减小局部损失的措施有哪些？

4-26 试总结计算水头损失的方法和基本步骤。

习题

4-1 用直径为 100 mm 的管路输送相对密度为 0.85 的柴油。在温度 20 ℃时，其运动黏度为 6.7 cSt，欲保持层流，问平均流速不能超过多少？最大输送量为多少 t/h？

4-2 已知机油的运动黏度 ν 和温度 t 的关系如图所示。机油沿直径 $D = 40$ mm 的管子以流量 $Q = 4$ L/s 被吸出。试确定 $t = 20$ ℃和 $t = 40$ ℃时的流动状态。临界状态下的温度为多少？

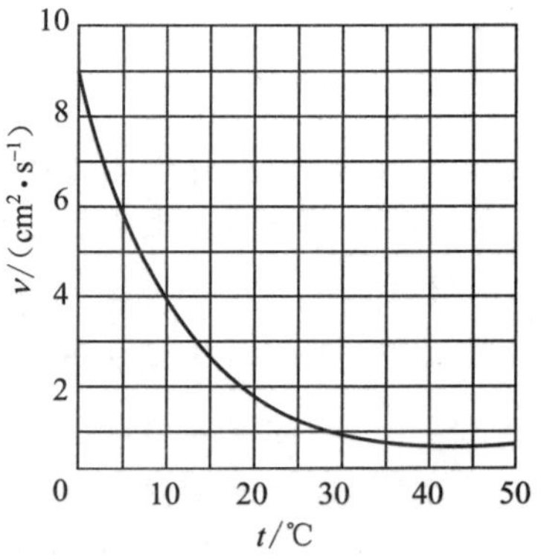

习题 4-2 图

4-3 用管路输送相对密度 0.9、黏度 45 cP 的原油，维持平均流速不超过 1 m/s，若保持在层流状态下输送，则管径最大不应超过多少？

4-4 相对密度为 0.88 的柴油沿内径为 100 mm 的管路输送，流量为 1.66 L/s。试求临界状态时柴油应有的黏度。

4-5 船舶在水中行驶的阻力主要是兴波阻力 R（由于水受到重力作用而产生），它与下列参数有关：水的密度 ρ、长度 l、速度 v、重力加速度 g。试用因次分析方法确定 R 的计算通式。

4-6 流体绕流过与流向垂直放置的横卧圆柱体时受表面阻力作用，涉及的物理参数为：流体的速度 u，流体的黏度 μ，密度 ρ，圆柱直径 D，圆柱长 l，圆柱表面粗糙度 Δ，表面阻力 T。试用因次分析方法确定各量间的无因次关系式，并证明 $T = C_D A\rho u^2$。写出阻力系数 C_D 的函数式。

4-7 气体中声速 C 依赖于密度 ρ、压强 p、黏度 μ。试用因次分析方法求声速 C 的表达式。

4-8 在圆管层流中，沿壁面的切应力 τ_0 与管径 D、流速 v 及黏性系数 μ 有关，试用因次分析法导出其一般表达式。

4-9 蓖麻油的相对密度为 0.969，黏度为 484 cP，流经直径为 75 mm 的管道时，平均流速为 5 m/s。今用空气进行模拟实验，气体管道直径为 50 mm，空气的运动黏度为 0.15 St，保持动力相似，则气流速度应为多少？

4-10 油船吃水面积为 400 $\mathrm{m^2}$，航速为 5 m/s，船长为 50 m。在水中进行模型实验，模型吃水面积为 1 $\mathrm{m^2}$。忽略表面张力及黏性力的影响，只考虑重力的影响，保持原型及模型中弗劳德数相等，求模型长度及模型航速。

4-11 欲用一文丘利流量计测量空气，运动黏度 $\nu_n = 1.57 \times 10^{-5}\ \mathrm{m^2/s}$，流量 $Q_n = 2.78\ \mathrm{m^3/s}$，该流量计（如图所示）的尺寸为 $D_n = 450$ mm，$d_n = 225$ mm，现设计模型文丘利流量计，用水做实验，设水的运动黏度 $\nu_m = 10^{-6}\ \mathrm{m^2/s}$，测得流量 $Q_m = 0.102\,8\ \mathrm{m^3/s}$，这时水与空气的流动为动力相似。试确定文丘利流量计模型的尺寸。

4-12 间距为 h 的两块相互平行的平板，二板间充满流体。下板固定不动，上板以速度 u_0 平行下板运动，如图所示。应用 N-S 方程分析二维平板间黏度为 μ 的黏性流体流动时的速度分布和切应力公式。

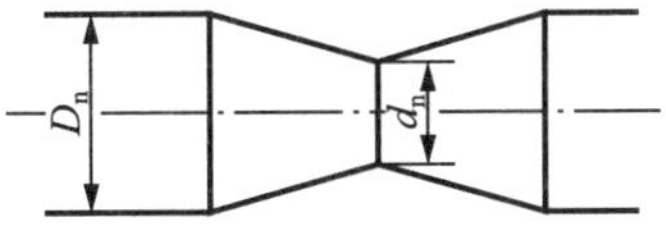

习题 4-11 图

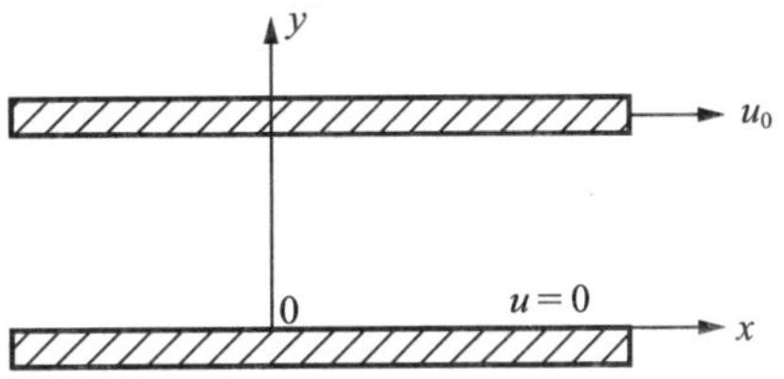

习题 4-12 图

4-13　如图所示充分发展了的黏性流体层流，沿平板下流时，厚度 δ 为常数，且 $\partial p/\partial x=0$，重力加速度为 g，设流动为不可压缩定常流动。试求证其流速分布关系式为：

$$u=\frac{\rho g}{\mu}\delta^2\left[\frac{y}{\delta}-\frac{1}{2}\left(\frac{y}{\delta}\right)^2\right]$$

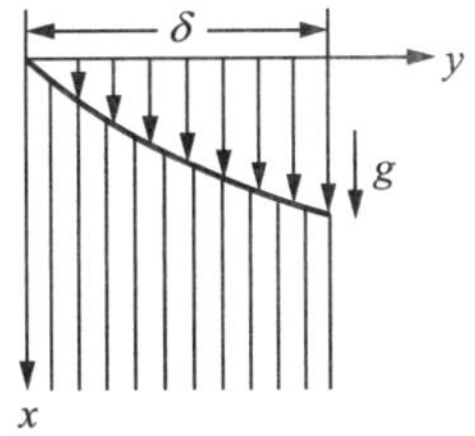

习题 4-13 图

4-14　某管管径为 400 mm，测得层流状态下管轴心处最大流速为 4 m/s，求断面平均流速。问此平均流速相当于半径为多少处的实际流速？

4-15　管内湍流时的流速分布规律可写为指数形式：

$$\frac{u}{u_{\max}}=\left(1-\frac{r}{R}\right)^{1/n}$$

其中 $u_{\max}$ 为最大流速，R 为管道半径，u 和 r 为任一点所对应的流速和半径。求平均流速与最大流速之比。

4-16　密度 $\rho=780\ \text{kg/m}^3$，动力黏度 $\mu=7.5\times10^{-5}\ \text{Pa·s}$ 的油，流过长为 12.2 m、直径为 1.26 cm 的水平管子。试计算保持管子为层流的最大平均流速，并计算维持这一流动所需要的压强降。若油从这一管子流入直径为 0.63 cm、长为 12.2 m 的管子，问流过后一根管子时的压强降又为多少？

4-17　水由具有固定水位的贮水池中沿等直径 $D=100$ mm 的输水管流入大气。管路由同样长度 $L=50$ m 的水平管段 AB 和倾斜管段 BC 组成，B 处弯头曲率半径较大，流动为缓变流，已知 $h_1=2$ m，$h_2=25$ m，试问为使输水管 B 处的真空

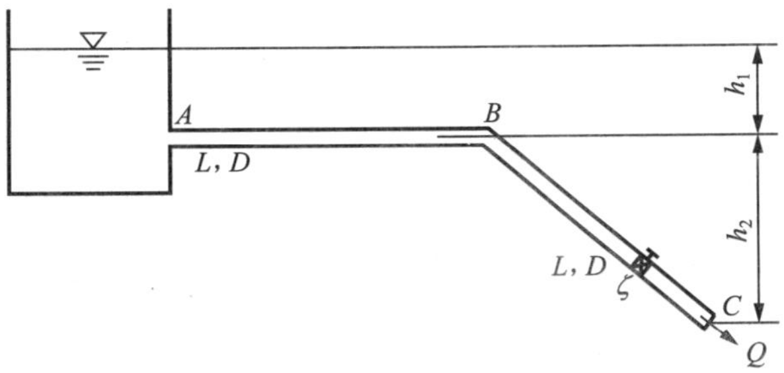

习题 4-17 图

不超过 7 m 水柱，阀门的局部阻力系数 ζ 应为多少？此时流量 Q 为多少？（取 $\lambda = 0.035$，不计管路进口、弯曲 B 处局部水头损失）

4-18 相对密度为 0.8 的石油以流量 50 L/s 沿直径为 150 mm 的管线流动，石油的运动黏度为 10 cSt，试求每千米管线上的压降（设地形平坦，不计高程差）。若管线全程长 10 km，终点比起点高 20 m，终点压强为 1 at，设 $\Delta = 0.2$ mm，则起点应具备的压头为多少？

4-19 为测量沿程阻力系数 λ，在直径 305 mm、长 50 km 的输油管线上进行现场试验。输送的油品为相对密度为 0.82 的煤油，每昼夜输送量为 5 500 t，管线终点标高为 27 m，起点标高为 52 m，油泵出口压强保持在 15 at，管线终点压强为 2 at。油的运动黏度为 2.5 cSt。试根据实验结果计算沿程阻力系数 λ 的值，并与按经验公式计算的结果进行对比。（设管子绝对粗糙度 $\Delta = 0.15$ mm）

4-20 如图所示，水沿直径 $D = 25$ mm、长 $L = 10$ m 的管子从水箱 A 流到储水箱 B。若水箱中表压 $p_0 = 1.96 \times 10^5$ Pa，$h_1 = 1$ m，$h_2 = 5$ m，管子的入口局部阻力系数 $\zeta_1 = 0.5$，闸门的局部阻力系数 $\zeta_2 = 4$，弯头的局部阻力系数 $\zeta_3 = 0.2$，沿程阻力系数 $\lambda = 0.03$，试求水的流量。

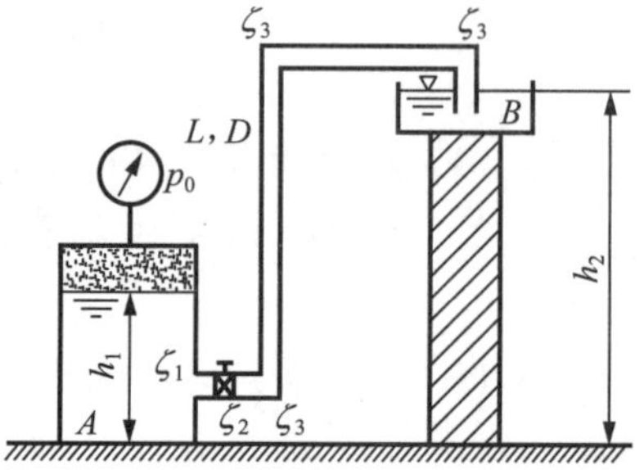

习题 4-20 图

4-21 自地下罐经离心泵向油库输油流程如图所示。管线直径 200 mm，吸入段总长 20 m，地下罐液面至泵中心高差 4 m。油品相对密度为 0.75，运动黏度为 4 cSt，取粗糙度 $\Delta = 0.2$ mm。

（1）若设计输送量为 108 t/h，那么吸入段的总水头损失应为多少 m 油柱？（包括沿程水头损失和局部水头损失）

（2）泵前真空表读数应为多少？

（3）如果泵出口压强为 7.25 at（表压），泵的效率为 80%，则泵的额定功率（轴功率）应为多少？

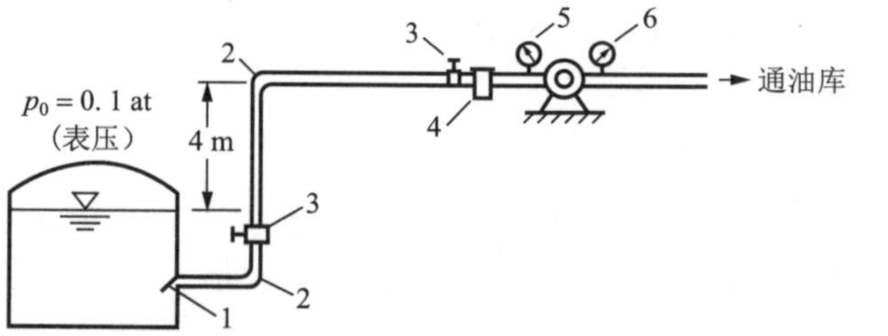

1—带保险活门出口；2—弯头（$R = 3D$）；3—闸阀；

4—透明油品过滤器；5—真空表；6—压力表。

习题 4-21 图

第五章

压力管路的水力计算

前面两章讨论了流体运动的一些基本规律及水头损失的确定方法。本章将运用这些规律和方法解决管路的水力计算及设计问题，并针对孔口和管嘴泄流问题作扼要分析，介绍处理这些问题的基本方法。

5-1　压力管路概念

本章涉及的流动管路一般是压力管路，也就是液流充满全管并在一定压差下流动的管路。压力管路中流体压力可以高于大气压（如泵的排出管线），也可以低于大气压（如泵的吸入管线）。压力管路驱动能量可以通过泵获得，也可不加外来能量，完全靠自然位差获得。完全靠自然位差输送或排泄液体的压力管路也叫自流管路。

在进行压力管路水力计算时，根据沿程水头损失和局部水头损失所占比例的大小，压力管路可分为长管和短管。

（1）长管。长管是以沿程水头损失为主，局部水头损失和流速水头所占比例比较小，以至于在一般计算中可以忽略的管路。有时根据实际情况，局部水头损失按5%～10%的沿程水头损失进行计算。

（2）短管。短管指局部水头损失和流速水头所占比例比较大，以至于在计算中不能忽略的管路。

由此可见，长管和短管并不是根据管路几何长度划分的，而是按照能量比例关系区分的。一般来说，油田的外输油管属于长管，而油田站库、井场的集输管路和注水管路大多属于短管。

管路按照结构特点还可分为简单管路和复杂管路。简单管路属于等径无分支管路，指流体从入口到出口均在同一等直径管路中流动，没有出现流体的分支或汇合管路。其他的管路称为复杂管路，如串联、并联、分支等形式的管路。

下面简要介绍工程上经常遇到的几种管路的计算方法。

第一节 简单长管的水力计算

一、长管的能量方程

5-2 简单长管能量方程

为了简化，长管在计算时可忽略局部水头损失 h_j 和流速水头 $\frac{v^2}{2g}$，则定常流的能量方程

$$z_1+\frac{p_1}{\gamma}+\frac{v_1^2}{2g}=z_2+\frac{p_2}{\gamma}+\frac{v_2^2}{2g}+h_f+h_j$$

可简化为：

$$\left(z_1+\frac{p_1}{\gamma}\right)-\left(z_2+\frac{p_2}{\gamma}\right)=h_f$$

等式左边代表能量供应，亦可用 H 表示，等式右边代表能量消耗，故上式亦可写成：

$$H=h_f=(z_1-z_2)+\frac{p_1-p_2}{\gamma} \tag{5-1}$$

为了便于工程管路水力计算，常把雷诺数 Re 和沿程水头损失的达西公式作如下变换：

$$Re=\frac{vD\rho}{\mu}=\frac{vD}{\nu}=\frac{QD}{\frac{\pi}{4}D^2\nu}=\frac{4Q}{\pi D\nu} \tag{5-2}$$

$$h_f=\lambda\frac{L}{D}\frac{v^2}{2g}=\lambda\frac{L}{D}\frac{\left(\frac{4Q}{\pi D^2}\right)^2}{2g}=0.0826\lambda\frac{Q^2L}{D^5} \tag{5-3}$$

（1）层流时，取 $\lambda=64/Re$，则：

$$\lambda=\frac{64}{Re}=\frac{64\pi D\nu}{4Q}=\frac{16\pi D\nu}{Q}$$

代入式（5-3），得沿程水头损失：

$$h_f=4.15\frac{Q\nu L}{D^4} \tag{5-4}$$

（2）水力光滑时，取 $\lambda=\frac{0.3164}{Re^{0.25}}$，则：

$$\lambda=0.3164\left(\frac{\pi D\nu}{4Q}\right)^{0.25}$$

代入式（5-3），得沿程水头损失：

$$h_f=0.0246\frac{Q^{1.75}\nu^{0.25}L}{D^{4.75}} \tag{5-5}$$

（3）对于水力粗糙区，由于沿程水头损失 h_f 和雷诺数 Re 的表达式比较复杂，沿程水

头损失可直接由式(5-3)求得。

(4) 对于混合摩擦区,管路沿程水头损失计算也可按大庆设计院推荐的公式:

$$h_f = 0.080\,2A\frac{Q^{1.877}\nu^{0.123}L}{D^{4.877}} \tag{5-6}$$

式中,$A=10^{\left(0.127\lg\frac{\Delta}{D}-0.627\right)}$,$\Delta$ 为管的绝对粗糙度。该式为近似结果,误差约为 5%,但使用比较方便。

归纳式(5-3)～式(5-6),可综合成一个公式:

$$h_f = \beta\frac{Q^{2-m}\nu^{m}L}{D^{5-m}} \tag{5-7}$$

式中,系数 β 和指数 m 根据不同流态由表 5-1 确定。

表 5-1　系数 β 和指数 m

流　态	β	m
层　流	4.15	1
水力光滑	0.024 6	0.25
水力粗糙	0.082 6λ	0
混合摩擦	0.080 2A	0.123

5-3　特性曲线

二、管路特性曲线

式(5-3)可变换为:

$$h_f = 0.082\,6\lambda\frac{Q^2L}{D^5} = \alpha Q^2$$

对一定管长和管径的管路,系数 α 随 λ 而变化。给定不同流量 Q,可算出不同的水头损失 h_f,即可绘制 h_f-Q 关系曲线,称为管路特性曲线。理论上由层流到湍流应有折点,实际上不予考虑,而绘成光滑曲线。

管路的基本水力特性是能量供应和消耗的平衡,在管路特性曲线中体现在纵坐标上。

图 5-1 为管路自由泄流时的特性曲线。当罐内液体自高向低通过管线自由泄流时,

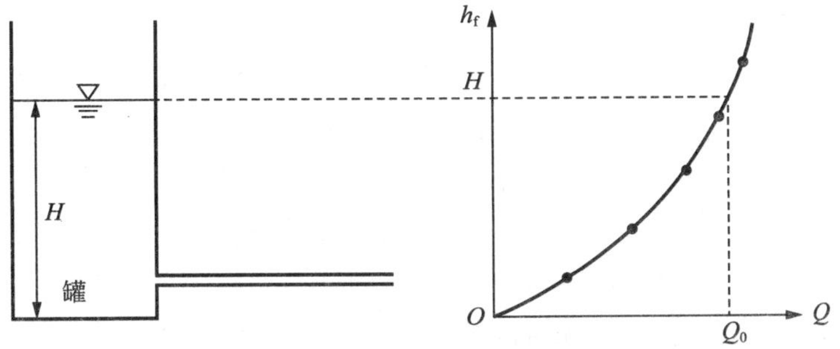

图 5-1　自由泄流管路特性曲线

罐内液面和管线出口均敞开于大气中，压差为零，能量的供应主要靠位差 H（即位置水头差），能量消耗是水头损失。通过特性曲线由位差 H 可确定管线内的泄流量 Q_0。

图 5-2 为用泵将低位液体送往高位箱内时的特性曲线。当液体通过泵由低处到达高处时，能量供应主要靠泵的扬程，而此能量将消耗在位置水头差和管路的水头损失上。绘制管路特性曲线时，纵坐标以泵的扬程为准，对管路本身来说，不同流量通过时，流速不同，水头损失不同，对于定常流动，位置水头差与流量无关，故管路特性曲线相应地要平移一个位差的高度。

如当泵送流量为 Q_0 时，管路的水头损失为 h_f，泵的扬程为：

$$H=(z_2-z_1)+h_f$$

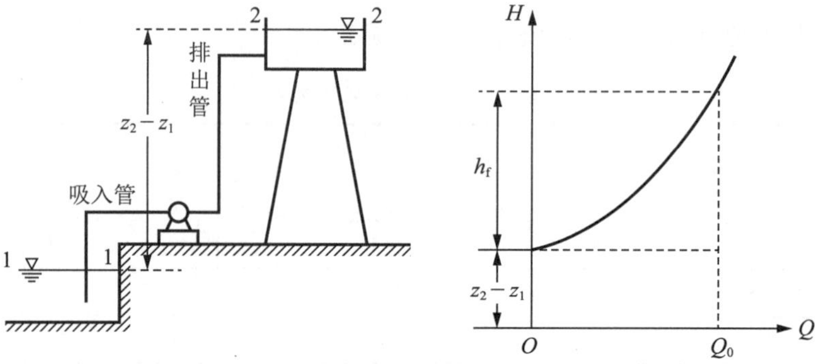

图 5-2　用泵将低位液体送往高位箱内时管路特性曲线

管路特性曲线对于确定泵的工况和自由泄油工况有重要的作用，在工程设计中经常使用。

三、管路计算的三类问题

5-4　三类问题

压力管路的设计和计算中常遇到以下三类问题。

1. 第一类问题

已知简单长管的管径、管长和地形（即管线起点和终点的标高），当一定流量的某种液体通过时，确定管路中的压力降，或确定起点所需的压头，或计算管路的水力坡降。

其计算步骤是：

（1）根据给定的流量 Q、管径 D、液体密度 ρ、动力黏度 μ，算出雷诺数 Re，确定流态；

（2）由表 5-1 确定 β 值及 m 值，按式（5-7）算出沿程水头损失 h_f，或根据达西公式算出沿程水头损失 h_f；

（3）由式（5-1）计算压降或起点压头，或由 $i=h_f/L$ 确定水力坡降。

无论是管线初步设计的计算还是正式设计的计算中这类问题都会大量遇到，且常需要计算几种不同油品或几种不同输量时的压力降或沿程水头损失，绘成管路特性曲线，为选泵做准备。

例 5-1

直径为 257 mm 的长输管线，$L=50$ km，起点高程为 45 m，终点高程为 84 m，输送相对密度为 0.88 的原油，运动黏度 0.276 St，流量为 200 t/h 时，管壁绝对粗糙度 $\Delta=0.15$ mm，求水力坡降和总压降。

解：由已知质量流量计算体积流量：

$$Q=\frac{200\times10^3}{3\ 600\times0.88\times1\ 000}\ \mathrm{m^3/s}=0.063\ \mathrm{m^3/s}$$

雷诺数为：

$$Re=\frac{4Q}{\pi D\nu}=\frac{4\times0.063}{3.14\times0.257\times0.276\times10^{-4}}=1.131\times10^4$$

水力光滑区的上界雷诺数为：

$$Re_1=\frac{59.7}{(2\Delta/D)^{8/7}}=\frac{59.7}{(2\times0.15/257)^{8/7}}=1.34\times10^5>Re$$

故流态在湍流的水力光滑区，$\beta=0.0246$，$m=0.25$，则沿程水头损失为：

$$h_f=\beta\frac{\nu^m Q^{2-m}L}{D^{5-m}}=0.0246\times\frac{(0.276\times10^{-4})^{0.25}\times0.063^{1.75}\times50\ 000}{0.257^{4.75}}\ \mathrm{m}=448.5\ \mathrm{m}$$

管线的水力坡降为：

$$i=\frac{h_f}{L}=\frac{448.5}{50\ 000}=8.97\times10^{-3}$$

在管线的起、终点列能量方程：

$$z_1+\frac{p_1}{\gamma}=z_2+\frac{p_2}{\gamma}+h_f$$

$$\frac{p_1-p_2}{\gamma}=z_2-z_1+h_f=84\ \mathrm{m}-45\ \mathrm{m}+448.5\ \mathrm{m}=487.5\ \mathrm{m}$$

管线的总压降为：

$$p_1-p_2=487.5\times0.88\times9\ 800\ \mathrm{Pa}=4.2\times10^6\ \mathrm{Pa}$$

2. 第二类问题

已知管径、管长和地形，在一定压降的限制下，确定某种液体通过时的最大输送能力，即输送量的大小。

这类问题常为在已有设备能力下进行管线设计或校核。由于流量是未知数，故无法确定流态，可采用流态假设法、试算法或管路特性曲线法。

1）流态假设法

流态假设法的基本步骤：

（1）假设管路液流的流态，由表 5-1 可查得 β 和 m。

（2）将已知压降 Δp 代入能量方程式(5-1)，得沿程水头损失 h_f。

根据式(5-7)，代入 β，m 和沿程水头损失 h_f，导出：

$$Q=\sqrt[2-m]{\frac{h_{\mathrm{f}}D^{5-m}}{\beta\nu^{m}L}} \tag{5-8}$$

即可计算流量 Q。

（3）校核流态，由 Q，D，μ 计算雷诺数 Re。

判别计算所得的流态是否与假设流态一致。如果一致，则说明假设正确；否则，假设有误，重新假设流态，重复上述步骤。

2）试算法

试算法的基本步骤：

（1）将已知压降 Δp 代入能量方程式(5-1)，得管路的沿程水头损失 h_{f}。

（2）假设流量 Q_1，按第一类问题的计算方法算出 h_{f1}。

（3）比较 h_{f1} 和 h_{f} 的大小。

如果 $h_{\mathrm{f1}}>h_{\mathrm{f}}$，说明假设的流量偏大，重新假设 Q_2，使 $Q_2<Q_1$，再进行计算；

如果 $h_{\mathrm{f1}}<h_{\mathrm{f}}$，说明假设的流量偏小，重新假设 Q_2，使 $Q_2>Q_1$，再进行计算。

重复计算，直到由 Q_n 所计算的 $h_{\mathrm{f}n}$ 等于 h_{f}，则 Q_n 为所求流量。

3）管路特性曲线法

可先假定几个流量，按第一类问题的解法算出各流量相应的 h_{f}，绘成管路特性曲线，如图 5-3 所示；再按给定的压降由式(5-1)算出 h_{f}，在管路特性曲线上查得满足此压降的流量值。

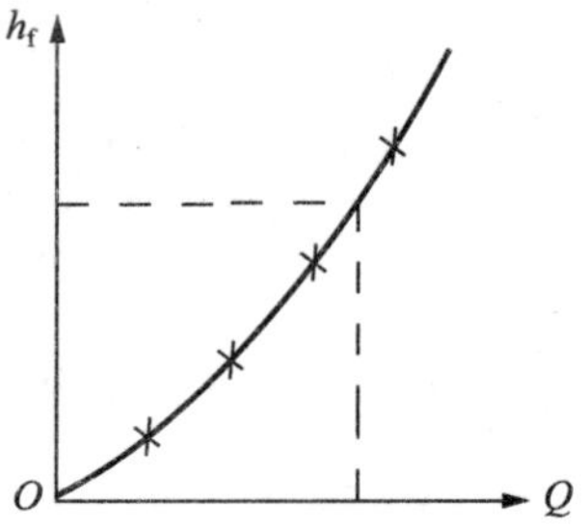

图 5-3　特性曲线法

例 5-2

相对密度为 0.95 的重油，其运动黏度为 1.3 St，沿直径为 203 mm 的管路输送。管长为 24 km，泵出口压强为 10.5 at，终点压强为 1 at，管路起点低于终点 15 m。试求每小时能输送多少 t 重油。

解：（1）用流态假设法，先设为水力光滑区，则由表 5-1 知 $\beta=0.0246$，$m=0.25$。

（2）由式(5-1)，注意到 1 at $=9.8\times10^4$ Pa，$\gamma=0.95\times9\,800\ \mathrm{N/m^3}$，则沿程水头损失为：

$$h_{\mathrm{f}}=z_1-z_2+\frac{p_1-p_2}{\gamma}=-15\ \mathrm{m}+\frac{10.5-1}{0.95\times9\,800}\times9.8\times10^4\ \mathrm{m}=-15\ \mathrm{m}+100\ \mathrm{m}=85\ \mathrm{m}$$

根据式(5-7)得流量为：

$$Q=\sqrt[1.75]{\frac{h_{\mathrm{f}}D^{4.75}}{\beta\nu^{0.25}L}}=\sqrt[1.75]{\frac{85\times0.203^{4.75}}{0.0246\times(1.3\times10^{-4})^{0.25}\times24\times10^{3}}}\ \mathrm{m^3/s}$$

$$=\sqrt[1.75]{6.92\times10^{-4}}\ \mathrm{m^3/s}=0.015\,64\ \mathrm{m^3/s}$$

（3）验算流态。

流速为：

$$v=\frac{4Q}{\pi D^2}=\frac{4\times 0.015\ 64}{3.14\times 0.203^2}\ \mathrm{m/s}=0.48\ \mathrm{m/s}$$

则雷诺数为：

$$Re=\frac{vD}{\nu}=\frac{0.48\times 0.203}{1.3\times 10^{-4}}=750$$

故实际为层流，需改按层流计算，有 $\beta=4.15$，$m=1$，则：

$$Q=\frac{h_f D^4}{\beta\nu L}=\frac{85\times 0.203^4}{4.15\times 1.3\times 10^{-4}\times 24\times 10^3}\ \mathrm{m^3/s}=0.011\ 1\ \mathrm{m^3/s}$$

$$v=\frac{4Q}{\pi D^2}=\frac{4\times 0.011\ 1}{3.14\times 0.203^2}\ \mathrm{m/s}=0.343\ \mathrm{m/s}$$

雷诺数为：

$$Re=\frac{vD}{\nu}=\frac{0.343\times 0.203}{1.3\times 10^{-4}}=536$$

仍为层流，故假设正确。而 $Q=0.011\ 1\ \mathrm{m^3/s}$，化为以 t/h 为单位：

$$Q_G=\rho Q=0.95\times 0.011\ 1\times 3\ 600\ \mathrm{t/h}=37.9\ \mathrm{t/h}$$

3. 第三类问题

这类问题是在管线进行初步设计时遇到的。在动力设备、管材确定订货前都要从经济上进行核算，即已知管长、地形及输送某种液体的流量，要求设计最经济的管径。这时，管径和压降都是未知的，在一定流量下，管径大小直接影响流速大小和流态变化，因而水头损失不同，压降也不同。

如果选择的管径过小，则所用管材较省，而且易于运输和安装，能降低造价；但若要保证一定流量，管路中流速将较大，水头损失变大，就需要较大的起点压头，即需要的罐位高，或大功率的输液泵，这会大大增加设备投资，增加维护、管理等费用，并且动力消耗费将大为增加。

此外，流速过大常会磨损管子，且在迅速关闭阀门时容易产生较大的水击压力，会使管子破裂，库内管线还可能由于流速过高引起静电而发生爆炸事故。

反之，如果所选管径过大，则管线所用钢材较多，重量大，运输、安装都不方便，管线造价高；但这时因流速较小，水头损失变小，需要的罐位低，或输液泵较小，设备投资及运转动力费都可较省。

此外，若流速过小，则易沉积杂质，输油管容易结蜡，使得管路内液流阻力增大。

因此，管径的选择必须全面考虑各方面的利弊，既要保证一定的流速，又要符合经济要求，使操作管理方便，输送成本尽可能地节省。

根据经验，一般油田内部管线或库内管线流速以 1～2 m/s 为宜。外输管线流速可取 1～3 m/s。在初步设计时，可参考表 5-2 推荐的合理经济流速。

表 5-2　合理经济流速

油品运动黏度 /(10^{-6} m^2·s^{-1})	吸入管流速 /(m·s^{-1})	排出管流速 /(m·s^{-1})	油品运动黏度 /(10^{-6} m^2·s^{-1})	吸入管流速 /(m·s^{-1})	排出管流速 /(m·s^{-1})
1.0～11.4	1.5	2.5	72.5～145.4	1.1	1.2
11.5～27.4	1.3	2.0	145.5～438.4	1.0	1.1
27.5～72.4	1.2	1.5	438.5～877.2	0.8	1.0

最经济管径的设计步骤大致如下：

(1) 根据设计流量，在合理经济的流速范围内选择几种不同的管径。

(2) 按照所选管径计算出实际流速。

(3) 根据实际流速、管径及油品黏度计算出雷诺数，确定流态，进而计算水头损失。

(4) 由总水头损失及压降确定泵的扬程、功率，从而计算出每年动力消耗费用。

(5) 计算全部设备投资、管线投资及每年平均折旧费。

(6) 计算每年的检修、保养及管理费。

(7) 把选用不同管径时每年所需各种费用全部开支一一算出。

(8) 以管径为横坐标、年费用为纵坐标，绘成曲线，如图5-4所示。图中曲线①表示直径D与动力费的关系；曲线②表示直径D与设备投资、管理、保养等费用的关系；曲线③表示两种费用总和与直径的关系。取曲线③最低点对应的直径D_m为经济直径。

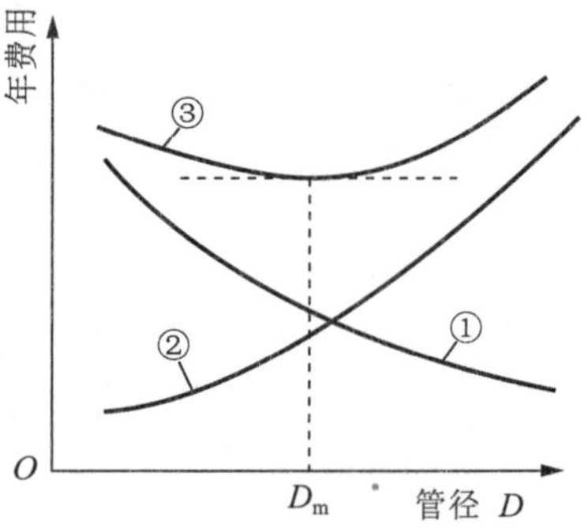

图 5-4　经济管径

需要说明的是，由于在实际工程中管路的尺寸均已系列化，因此选择的管径必须符合系列标准。

当合理流速选定后，可按下例进行试算。

例 5-3

库内管线输送距离 1 km，局部损失按10%沿程水头损失计入。输送相对密度为 0.75、黏度为 1.5 cSt 的轻油，设计输送量为 50 t/h，终点高于起点 15 m，终点保持 1 at 的压强，要求水力坡降小于 5×10^{-3}，问泵压应为多少？管径应选多大？此时流动属于何种状态？（取 $\Delta = 0.15$ mm）

解：最大水头损失 $h_f = iL = 5\times10^{-3}\times1\times10^3$ m $= 5$ m，计入局部损失后，总水头损失 $h_w = 1.1\times5$ m $= 5.5$ m。

由能量方程

$$h_w = z_1 - z_2 + \frac{p_1 - p_2}{\gamma}$$

且已知：

$$z_1 - z_2 = -15\ \text{m},\quad p_2 = 9.8\times10^4\ \text{Pa}$$

则 p_1 为：

$$p_1 = p_2 + \gamma[h_w - (z_1 - z_2)] = 9.8 \times 10^4\ \text{Pa} + 0.75 \times 9\,800 \times (5.5 + 15)\ \text{Pa}$$
$$= 24.9 \times 10^4\ \text{Pa} = 2.54\ \text{at}$$

流量 Q 为：

$$Q = \frac{Q_G}{\rho} = \frac{50\times1\,000}{3\,600\times0.75\times1\,000}\ \text{m}^3/\text{s} = 0.018\,5\ \text{m}^3/\text{s}$$

由于：

$$Q = \frac{\pi}{4}D^2 v$$

故流速 v 为：

$$v = \frac{4Q}{\pi D^2} = \frac{4\times0.018\,5}{3.14D^2} = \frac{0.023\,57}{D^2}$$

又知：

$$i = \frac{\lambda v^2}{2gD} = \frac{1}{19.6}\frac{\lambda v^2}{D}$$

由于 D 未知，v 未知，流态未知，故需假设 D，从而求出 v 和 λ，再验证水力坡降或水头损失。

计算过程可列表，如表 5-3 所示。

表 5-3　例 5-3 计算结果

D/m	v/(m·s^{-1})	Re	$\frac{\Delta}{D}$	流　态	λ	λv^2	i
0.100	2.357	157 133	0.001 5	混合摩擦	0.022 9	0.127 2	0.064 9
0.150	1.048	104 755	0.001 0	混合摩擦	0.021 8	0.023 9	0.008 2
0.160	0.921	98 240	0.000 937 5	混合摩擦	0.021 75	0.016 96	0.005 88
0.166	0.855	91 237	0.000 903 6	混合摩擦	0.021 78	0.015 92	0.004 89（相宜）

根据表 5-3，可选 ϕ180 mm × 7 mm（壁厚）的管子，D = 166 mm。如无适宜的管径，宁可选大一些，以保证有足够的流量通过。

第三类问题除了已知管长、地形及输送某种液体的流量之外，还有压降限制、设计了水力坡降或动力设备，要求设计管径。

这类求管径 D 的问题与第二类求输送量 Q 的问题有共同的特点：无法由已知条件求雷诺数 Re，以进一步确定流态，因而无法选择 β 和 m 系数，不能像第一类问题直接套用公式进行简单计算。由于第二类和第三类问题有共同之处，所以处理方法类似。

5-5 复杂长管计算

第二节 复杂长管的水力计算

串联和并联是计算复杂管网的基础。任何复杂的管网都由串联和并联综合构成。

一、串联管路

串联管路是由不同长度、不同直径的管段无分支地依序连接的管路。图 5-5 所示为几段长管串联组成的管路系统。

1. 水力特性

串联管路的水力特性：

（1）各段管段的流量相等，即

$$Q_1 = Q_2 = Q_3 = \cdots = Q_i \tag{5-9}$$

（2）全管路总的水头损失为各段水头损失之和，即

$$\sum h_f = h_{f1} + h_{f2} + \cdots + h_{fn} \tag{5-10}$$

它反映了管路的能量平衡关系。

2. 水力计算

串联管路是由简单长管组成的，其水力计算方法与简单长管的水力计算方法相同，只需考虑串联管路的水力特点即可。

串联管路在多数情况中都是在给定流量条件下，按合理流速选定管径，然后分段按第一类问题进行求解。后面将通过分支管路的干线计算实例说明其计算步骤。

3. 水力意义

串联管路各管段的直径不同，当液体流量一定时，直径较大管路的单位长度的水头损失（水力坡降）较小。因此，将长输管的某段加大直径，可降低水力坡降，达到延长输送距离的目的。如图 5-6 所示的某输液管，若采用等直径的管路，由其总水头线①可见，只能

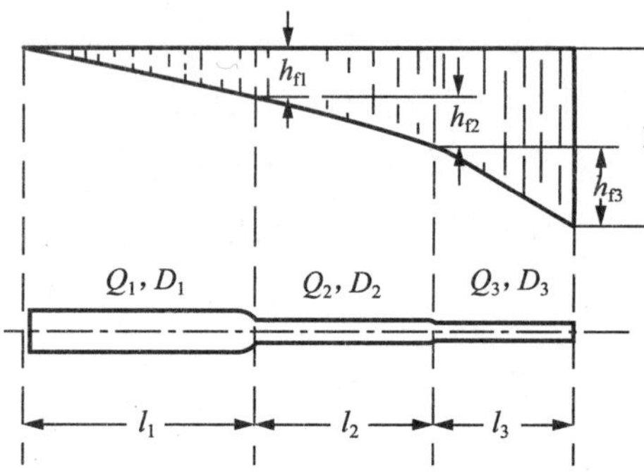

图 5-5 串联管路

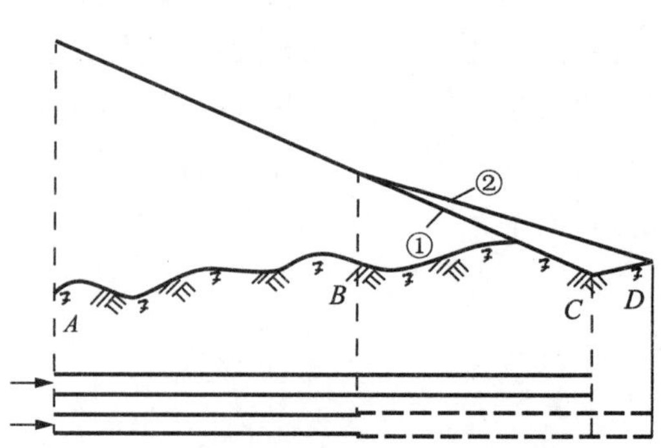

图 5-6 串联管路可延长输送距离

将液体输到 C 点。但是，若从 B 点开始换用直径较大的管路，由其总水头线②可以看到，在相同作用水头下，因液流的水力坡降减小，故可将液体输到 D 点。

同理，当输送距离及作用水头一定时，在输液管中串联一段直径较大的管路可以增加液体的输送量。

二、并联管路

自一点分离而又汇合到另一点的两条或两条以上的管路为并联管路，如生活给水管网系统、油田输油管网的某些管路都属于并联管路。装卸油鹤管虽由若干分支组成，但每个鹤管出口处的位头和压头都相同，也相当于汇合到一点，因此其原理也是基于并联管路。图 5-7 所示为由 3 条管路并联组成的管路系统。

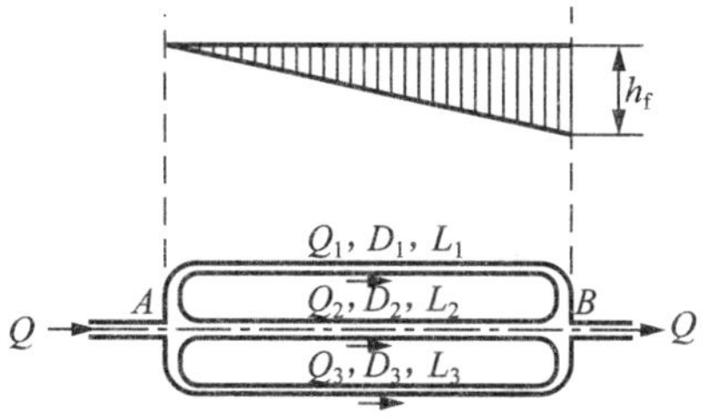

图 5-7　并联管路

1. 水力特性

并联管路的水力特性：

（1）进入各并联管路的总流量等于流出各并联管路的流量之和，即

$$Q = \sum Q_i = Q_1 + Q_2 + Q_3 + \cdots + Q_n \tag{5-11}$$

（2）不同并联管段水头损失相等，即

$$h_f = h_{fi} = h_{f1} = h_{f2} = \cdots = h_{fn} = \text{常数} \tag{5-12}$$

为什么各并联段的水头损失相等呢？这是因为分析的是定常流动，当液体开始通过并联段尚未稳定时，水头变化也是不稳定的，待流动正常后，就处于稳定状态，在节点处将不会有压力波动。虽然各管段的长度、直径不尽相同，但是流量会自动调节，使能量达到平衡。

需要说明的是，水头损失是指单位重量液体的能量损失。各管的流量虽不同，但单位重量液体的能量损失是相同的，若不同则说明流动尚未稳定。

2. 水力计算

并联管路是由简单长管组成的，其水力计算方法与简单长管的水力计算方法相同，只是要考虑并联管路的水力特性。

并联管路在多数情况下涉及各条并联管中的流量分配问题。总流量一般是已知的，但各并联管的流量都是未知数，同时水头损失也是未知数。如果有 n 条管线并联，就要有 $n+1$ 个未知数，需列出 $n+1$ 个方程进行求解。

以 3 条并联管为例，可列出以下 4 个方程：

$$h_f = \beta_1 \frac{Q_1^{2-m_1} \nu^{m_1} L_1}{D_1^{5-m_1}} \tag{5-13a}$$

$$h_f = \beta_2 \frac{Q_2^{2-m_2} \nu^{m_2} L_2}{D_2^{5-m_2}} \tag{5-13b}$$

$$h_f = \beta_3 \frac{Q_3^{2-m_3} \nu^{m_3} L_3}{D_3^{5-m_3}} \tag{5-13c}$$

$$Q = Q_1 + Q_2 + Q_3 \tag{5-13d}$$

与上节第二类问题一样，因流量是未知数，则流态未知，故也需要进行试算。

一般求法是先假设流态，确定 β 和 m，然后以某管线为准，求出与其他管线的流量比，最后代入流量方程即可进行求解。

例如，以管 1 为准，由式(5-13a)及(5-13b)可求出 Q_2/Q_1，由式(5-13a)及(5-13c)可求出 Q_3/Q_1；然后把 Q_2 和 Q_3 以 Q_1 表示，代入式(5-13d)中先解出 Q_1，再代回式中可求得 Q_2 和 Q_3；再利用(5-13a)～(5-13c)中任一式可解出 h_f 值；最后进行流态校核。

若设 3 条并联管段中流态相同，则 $\beta_1 = \beta_2 = \beta_3 = \beta$，$m_1 = m_2 = m_3 = m$，这时公式中的 β 可消掉，ν^m 也可约掉，则：

$$\left(\frac{Q_2}{Q_1}\right)^{2-m} = \left(\frac{D_2}{D_1}\right)^{5-m} \frac{L_1}{L_2}, \quad \left(\frac{Q_3}{Q_1}\right)^{2-m} = \left(\frac{D_3}{D_1}\right)^{5-m} \frac{L_1}{L_3}$$

这样计算起来就会比较方便。

3. 水力意义

当液体流量一定时，若在输液管路的某段上铺设并联管路，则管路中液体的流量相应减小，故在并联管段上水力坡降降低。这表明，在长输管的某段上可采用铺设并联副线的方法达到延长输送距离或增加液体输送量的目的。

如图 5-8 所示的某输液管，未并联副管时的总水头为实线，可见只能将液体输到 B 点；当管路从 D 点并联一副管后，由于其分流作用，D 点后管路中液体的流量减小，水力坡降由 i 降为 i_1，总水头线从 D 开始变为虚线。这样，在不增加起点作用水头的情况下仍然能将液体送到 C 点。

同理，可采用并联管路的方法增加液体的输送量。

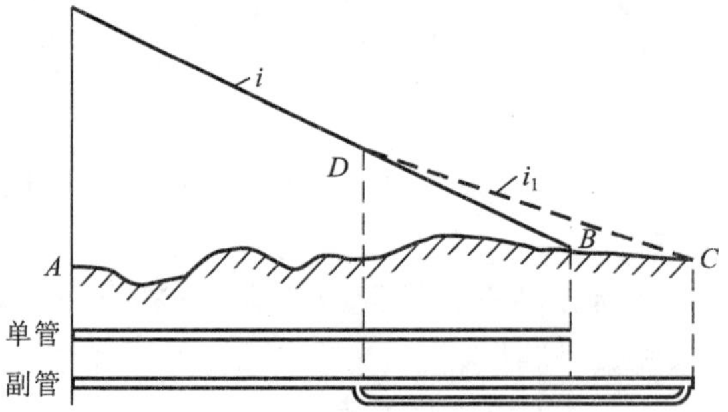

图 5-8　并联管路可延长输送距离

例 5-4

今有输原油的 2 条并联管路，已知总输量为 182 t/h，原油密度 $\rho = 895\ \mathrm{kg/m^3}$，运动黏度 $\nu = 0.42$ St，管径和管长分别为 $D_1 = 156$ mm，$D_2 = 203$ mm，$L_1 = 10$ km，$L_2 = 8$ km，当 $Re \leqslant 10^5$ 时，按水力光滑计算。试确定流量 Q_1，Q_2 及其水头损失。

解：由于 Q_1 和 Q_2 都是未知数，所以流动状态无法确定。先假设都在湍流的水力光滑区，因流态相同，根据并联管段水头损失都相等，有：

$$h_{f1}=h_{f2}$$

$$0.0246\frac{Q_1^{1.75}\nu^{0.25}L_1}{D_1^{4.75}}=0.0246\frac{Q_2^{1.75}\nu^{0.25}L_2}{D_2^{4.75}}$$

即

$$\left(\frac{Q_2}{Q_1}\right)^{1.75}=\left(\frac{D_2}{D_1}\right)^{4.75}\frac{L_1}{L_2}$$

则有：

$$Q_2=\sqrt[1.75]{\frac{L_1}{L_2}\left(\frac{D_2}{D_1}\right)^{4.75}}\,Q_1=\sqrt[1.75]{\frac{10}{8}\left(\frac{203}{156}\right)^{4.75}}\,Q_1=2.33Q_1$$

$$Q_1+Q_2=Q_1+2.33Q_1=3.33Q_1=Q$$

因此：

$$Q_1=\frac{Q}{3.33}=\frac{182}{3.33\times0.895\times3\,600}\ \mathrm{m^3/s}=0.017\ \mathrm{m^3/s}$$

$$Q_2=2.33Q_1=2.33\times0.017\ \mathrm{m^3/s}=0.0396\ \mathrm{m^3/s}$$

校核流态：

$$v_1=\frac{4Q_1}{\pi D_1^2}=\frac{4\times0.017}{3.14\times0.156^2}\ \mathrm{m/s}=0.89\ \mathrm{m/s}$$

$$Re_1=\frac{v_1D_1}{\nu}=\frac{0.89\times0.156}{0.42\times10^{-4}}=3\,306$$

$$v_2=\frac{4Q_2}{\pi D_2^2}=\frac{4\times0.0396}{3.14\times0.203^2}\ \mathrm{m/s}=1.21\ \mathrm{m/s}$$

$$Re_2=\frac{v_2D_2}{\nu}=\frac{1.21\times0.203}{0.42\times10^{-4}}=5\,897$$

可见两管段中流态均在水力光滑区，与假设相符，计算的流量均可用，则沿程水头损失为：

$$h_f=0.0246\frac{Q_1^{1.75}\nu_1^{0.25}L_1}{D_1^{4.75}}=\frac{0.0246\times0.017^{1.75}\times(0.42\times10^{-4})^{0.25}\times10^4}{0.156^{4.75}}\ \mathrm{m}=108\ \mathrm{m}$$

三、分支管路

分支管路是指在流体入口或出口处连接在一起，而另一端分开不相连接的管路，如油田注水管网、集输管网和生活给水管路等都属于分支管路。

分支管路的特点是相当于串、并联管路的复杂情况。

如图 5-9 所示的高位水箱向用户 C 和 D 供水，$A—B—C(D)$ 属于分支管路，如果 C 和 D 位置高度相同，出口均敞开于大气中，则 $A—B—C(D)$ 分支管路相当于 BC 管和 BD

管并联，再与 AB 管串联。

分支管路的两个基本特点是：

（1）各节点处出、入流量平衡。

（2）沿任一条干线上总水头损失为各段水头损失的总和。

分支管路的计算内容包括：

（1）根据管线布置选定主干线，一般以从起点到最远点为主干线。

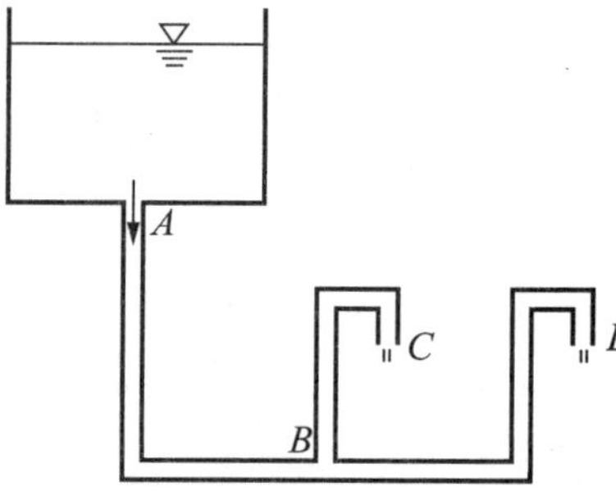

图 5-9　高位水箱供水的分支管路

（2）按各终点流量要求，从末端前推，分配各管段流量。

（3）根据流量及合理流速，选定各段管径。

（4）计算干线各段水头损失，确定干线上各节点处的压头，进而推算起点压头，以确定泵压或罐塔高度。

（5）以计算出的节点压头为准，确定各支管的水头损失，再根据设定的管径校核水头损失。如对比后相差过大，则需要重选支管径。

下面举例说明具体计算方法。

例 5-5

图 5-10 表示从泵房向 3 个罐区输油。设计流量：① 罐区为 60 m^3/h，② 罐区为 50 m^3/h，③ 罐区为 50 m^3/h。各点高程以米计并标于“△”内，各管段长度以米计并标于图上。每个罐最高油位高度设为 11 m。油面上蒸气压强为 2.5 m 油柱（表压）。油品运动黏度为 0.07 St，相对密度为 0.83。试确定各管直径及泵出口压头。

解：（1）根据管线布置选起点至最远点 ABC③为干线。

（2）按设计要求分配流量，如表 5-4 所示。

表 5-4　流量分配表

管　段		AB	BC	B①	C②	C③
流　量	m^3/h	160	100	60	50	50
	m^3/s	0.044 4	0.027 8	0.016 7	0.013 9	0.013 9

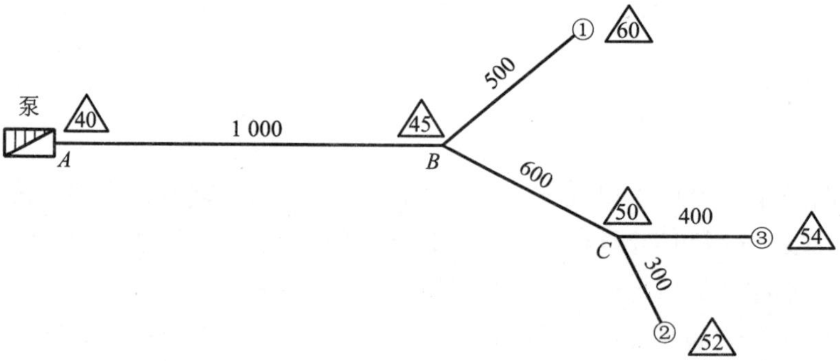

图 5-10　分支管路

（3）选管径。取合理流速为 2 m/s，因：

$$v=\frac{Q}{A}=\frac{4Q}{\pi D^2}$$

故：

$$D=\sqrt{\frac{4Q}{\pi v}}=\sqrt{\frac{4Q}{3.14\times 2}}=\sqrt{0.637Q}$$

选各段管径，如表 5-5 所示。

表 5-5　各段管径

管　段	AB	BC	B①	C②	C③
试算 D/m	0.168	0.133	0.103	0.094	0.094
选用 D/mm	156（ϕ168 mm × 6 mm）	130（ϕ140 mm × 5 mm）	100（ϕ108 mm × 4 mm）	100（ϕ108 mm × 4 mm）	100（ϕ108 mm × 4 mm）

（4）计算干线各段水头损失，确定压头。

① 计算水头损失，如表 5-6 所示。

表 5-6　水头损失计算结果

管　段	实际 v /($\mathrm{m\cdot s^{-1}}$)	Re	β	m	Q^{2-m}	v^m	L/m	D^{5-m}	h_f/m
AB	3.33	51 800			0.004 301		1 000	1.47×10^{-4}	37.0
BC	2.09	38 900	0.024 6	0.25	0.001 895	0.051 4	600	0.618×10^{-4}	23.2
C③	1.77	25 300			0.000 541		400	$0.177\,8\times 10^{-4}$	15.4

② 确定压头（由终点算至起点），如表 5-7 所示。

表 5-7　压头计算结果

点	z/m	$z+\frac{p}{\gamma}$/m	h_f/m	$\frac{p}{\gamma}$/m
A	40	106.1 + 37.0 = 143.1	37.0	143.1 − 40 = 103.1
B	45	82.9 + 23.2 = 106.1	23.2	106.1 − 45 = 61.1
C	50	67.5 + 15.4 = 82.9	15.4	82.9 − 50 = 32.9
③	54	54 + 13.5 = 67.5		11 + 2.5 = 13.5

可见，起点 A 处压头为 103.1 m 油柱。泵出口压强为：

$$p=\gamma H=0.83\times 9\,800\times 103.1\ \mathrm{Pa}=838\,615.4\ \mathrm{Pa}=8.56\ \mathrm{at}$$

（5）计算支管水头损失，校核管径，如表 5-8 和表 5-9 所示。

表 5-8　支管计算结果 1

管　段	L/m	Q/($\mathrm{m^3\cdot s^{-1}}$)	D/m	v/($\mathrm{m\cdot s^{-1}}$)	Re	β	m
B①	500	0.016 7	0.100	2.13	30 400	0.024 6	0.25
C②	300	0.013 9	0.100	1.77	25 300	0.024 6	0.25

表 5-9 支管计算结果 2

管段	Q^{2-m}	v^m	D^{5-m}	实际 h_f/m	计算 $h_f=\left(z_1+\frac{p_1}{\gamma}\right)-\left(z_2+\frac{p_2}{\gamma}\right)$
B①	7.75×10^{-4}	0.051 4	$0.177\,8\times10^{-4}$	27.60	106.1 − (60 + 13.5) = 32.6
C②	5.41×10^{-4}	0.051 4	$0.177\,8\times10^{-4}$	11.55	82.9 − (52 + 13.5) = 17.4

从以上计算结果看出：按干线上确定的压头算出的支线水头损失都超过两条线按所选管径计算出的水头损失，这说明支线的管径还可再选小一些。在水头损失相差不太大的情况下，一般不必重选管径。此时管径略大，将导致实际流量略超出设计流量，但这在工程设计上是允许的，并且可用阀门来调节。反之，若按所选管径算出的水头损失过大，则不能满足设计流量，需要采用加大管径或加变径管的办法，使水头损失略微降低以符合实际要求。然而，支线一般都不太长，选用两种管径会给安装和修理增加麻烦，故多数情况下仍以选较大的同一管径为宜。只有在管线很长的情况下，从经济上考虑，才选不同管径串联。

如上例中支线 B①，全长 500 m，取直径为 100 mm 时，算出的水头损失为 27.6 m。按干线计算的 B 点压头得出的水头损失应为 32.6 m。可尝试将 B①段用 2 种不同直径管段串联，设一段取 $D=100$ mm，另一段取 $D_1=73$ mm，则根据变径管公式 $h_f=i(L-L_1)+i_1L_1=i(L+\Omega L_1-L_1)$，令 h_{f1} 为加变径管的水头损失，则有：

$$h_{f1}=i(L-L_1)+i_1L_1=iL-(i-i_1)L_1$$

因此有：

$$L_1=\frac{iL-h_{f1}}{i-i_1}$$

由式 $\frac{i_1}{i}=\left(\frac{D}{D_1}\right)^{5-m}=\Omega$ 知：

$$\frac{i_1}{i}=\left(\frac{D}{D_1}\right)^{5-m}=\left(\frac{100}{73}\right)^{4.75}=4.46$$

令：

$$i=\frac{h_f}{L}=\frac{27.6}{500}=0.055\,2$$

则有：

$$i_1=4.46\times0.055\,2=0.246\,2$$

则变径管长度 L_1 为：

$$L_1=\frac{0.055\,2\times500-32.6}{0.055\,2-0.246\,2}\ \text{m}=26.2\ \text{m}$$

即用直径 $D_1=73$ mm、长 $L_1=26.2$ m 及直径 $D=100$ mm、长 $L=500-26.2=473.8$ m 的管子串联。由此可见，只用 $\phi26.2$ m 变径管实际上是没有什么必要的。

5-6 短管水力计算

第三节 短管的水力计算

短管由于管件较多，沿程直径也有所变化，实际上属于短管系统。短管系统通常都可直接由能量方程求解，但计算起来比较麻烦。为了使计算简化，常先把所有阻力系数综合在一起，再代入能量方程，或作出管路特性曲线，即可以方便地求解各类问题。

一、管系综合阻力系数

设所计算的短管系统由 2 种不同直径的直管和各种管件组成，液体由储液箱经短管流入大气中，如图 5-11 所示。

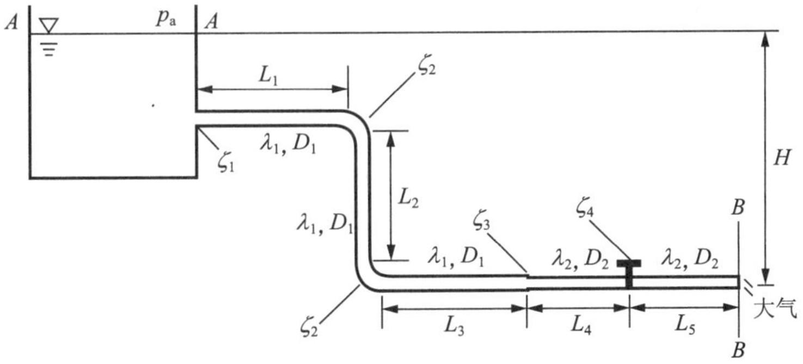

图 5-11 短管自由泄流

全管段的总水头损失应为所有沿程水头损失和所有局部水头损失的总和，即

$$h_w=\sum h_f+\sum h_j=\left(\lambda_1\frac{L_1+L_2+L_3}{D_1}\frac{v_1^2}{2g}+\lambda_2\frac{L_4+L_5}{D_2}\frac{v_2^2}{2g}\right)+\left(\zeta_1\frac{v_1^2}{2g}+2\zeta_2\frac{v_1^2}{2g}+\zeta_3\frac{v_2^2}{2g}+\zeta_4\frac{v_2^2}{2g}\right) \tag{5-14}$$

式中 v_1, v_2——粗、细管的平均流速；

$\zeta_1, \zeta_2, \zeta_3, \zeta_4$——各局部阻力系数；

λ_1, λ_2——粗、细管的沿程阻力系数；

L_1, L_2, L_3——直径为 D_1 的管长；

L_4, L_5——直径为 D_2 的管长。

为了便于计算，常利用连续原理把流速都化为一个相同的流速，一般以出口处流速为准，这样有：

$$v_1=\left(\frac{D_2}{D_1}\right)^2 v_2$$

代入式(5-13),整理得:

$$h_w=\left(\lambda_1\frac{L_1}{D_1}+\lambda_1\frac{L_2}{D_1}+\lambda_1\frac{L_3}{D_1}+\zeta_1+2\zeta_2\right)\frac{v_1^2}{2g}+\left(\lambda_2\frac{L_4}{D_2}+\lambda_2\frac{L_5}{D_2}+\zeta_3+\zeta_4\right)\frac{v_2^2}{2g}$$

$$=\left[\left(\lambda_1\frac{L_1}{D_1}+\lambda_1\frac{L_2}{D_1}+\lambda_1\frac{L_3}{D_1}+\zeta_1+2\zeta_2\right)\left(\frac{D_2}{D_1}\right)^4+\left(\lambda_2\frac{L_4}{D_2}+\lambda_2\frac{L_5}{D_2}+\zeta_3+\zeta_4\right)\right]\frac{v_2^2}{2g}$$

令方括号内所有系数总和为ζ_c,称为综合阻力系数。

$$\zeta_c=\left(\lambda_1\frac{L_1}{D_1}+\lambda_1\frac{L_2}{D_1}+\lambda_1\frac{L_3}{D_1}+\zeta_1+2\zeta_2\right)\left(\frac{D_2}{D_1}\right)^4+\left(\lambda_2\frac{L_4}{D_2}+\lambda_2\frac{L_5}{D_2}+\zeta_3+\zeta_4\right)$$

则式(5-13)可写成:

$$h_w=\zeta_c\frac{v^2}{2g} \tag{5-15}$$

式中,$v=v_2=$短管系统终端的出口流速。

二、短管实用流量计算通式

对图5-11所示储液箱液面A—A和短管的出口B—B两计算断面列能量方程:

$$z_A+\frac{p_A}{\gamma}+\frac{v_A^2}{2g}=z_B+\frac{p_B}{\gamma}+\frac{v_B^2}{2g}+\zeta_c\frac{v_2^2}{2g}$$

令:

$$H_0=(z_A-z_B)+\frac{p_A-p_B}{\gamma}+\frac{v_A^2}{2g}=(1+\zeta_c)\frac{v_2^2}{2g} \tag{5-16}$$

式中,H_0相当于管系的能量供给,称为作用水头。

如图5-11所示的储液箱的液面面积与管路的过流断面面积相比要大得多,并且敞口;同时液流出口直接流入大气,作用水头即H,令$v=v_2=$出口流速,则式(5-16)可简化为:

$$H=(1+\zeta_c)\frac{v^2}{2g} \tag{5-17}$$

在实用计算中,一般直接用流量Q代替流速v,式(5-16)可写成:

$$H_0=(1+\zeta_c)\frac{Q^2}{2gA^2}=\alpha Q^2 \tag{5-18}$$

$$\alpha=\frac{1+\zeta_c}{2gA^2} \tag{5-19}$$

式(5-18)还可写成:

$$Q=\frac{1}{\sqrt{1+\zeta_c}}A\sqrt{2gH_0}=\mu A\sqrt{2gH_0} \tag{5-20}$$

$$\mu=\frac{1}{\sqrt{1+\zeta_c}} \tag{5-21}$$

式中，μ 称为流量系数。

式(5-20)称为短管的实用流量计算公式。

短管的实用流量计算公式是针对液流出口直接流入大气(即自由泄流)而推导得出的。如果液流出口是流入液体，如图 5-12 所示的淹没泄流，对图中储液箱液面 $A—A$ 和 $B—B$ 两计算断面列能量方程：

$$z_A+\frac{p_A}{\gamma}+\frac{v_A^2}{2g}=z_B+\frac{p_B}{\gamma}+\frac{v_B^2}{2g}+h_w \tag{5-22}$$

值得注意的是，与自由泄流相比，淹没泄流在短管出口处存在突然扩大的局部水头损失，由第四章可知局部阻力系数应为 1，则总水头损失为：

$$h_w=(1+\zeta_c)\frac{v_2^2}{2g}$$

短管淹没泄流的能量方程式(5-22)也可简化为：

$$H=(1+\zeta_c)\frac{v^2}{2g} \tag{5-23}$$

由此可见，自由泄流与淹没泄流的流量系数相同，即具有相同作用水头的自由泄流与淹没泄流的流量相同。

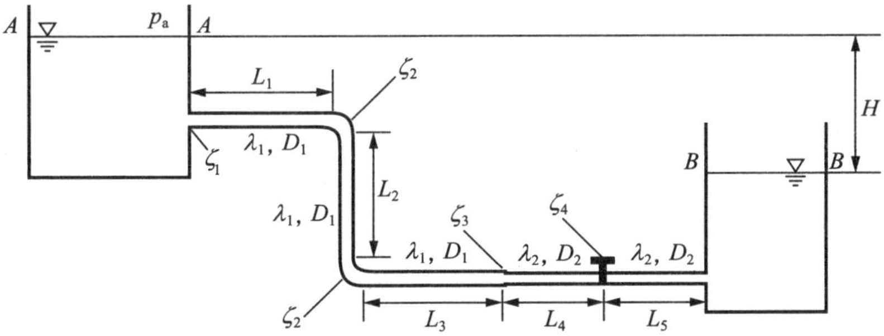

图 5-12　短管淹没泄流

但是式(5-17)中的数值“1”是指能量方程中比动能的修正系数，而式(5-23)中的数值“1”是短管出口处的局部阻力系数。

三、短管水力计算的基本问题

1. 确定水头损失或作用水头

这类问题是已知流量和管道参数(管线布置 Δz、管长 L、管径 D、管壁粗糙度 Δ、管件的局部阻力系数 ζ)，计算管路水头损失或确定通过一定流量时需要的作用水头，主要用于设计水塔的高度、确定泵的扬程等。

由于这类问题流量是已知的，故流速很容易求出，进而可确定流态，求出综合阻力系数，然后就可直接求出 H_0，最后可确定压头或泵的扬程。

例 5-6

图 5-13 所示水力循环系统，水温 20 ℃，$\nu = 10^{-6}\ m^2/s$，管为普通镀锌钢管，内径均为 50 mm。阀门两侧连接 U 形压差计，内充有水银。每个圆弯头的局部阻力系数为 0.60，进口阻力系数为 0.50。系统内流量为 0.2 m^3/min，镀锌钢管管壁粗糙度 $\Delta = 0.39$ mm。求：

(1) 阀门的局部阻力系数 ζ；

(2) 管系综合阻力系数和全管路的水头损失；

(3) 泵的扬程和有效功率。

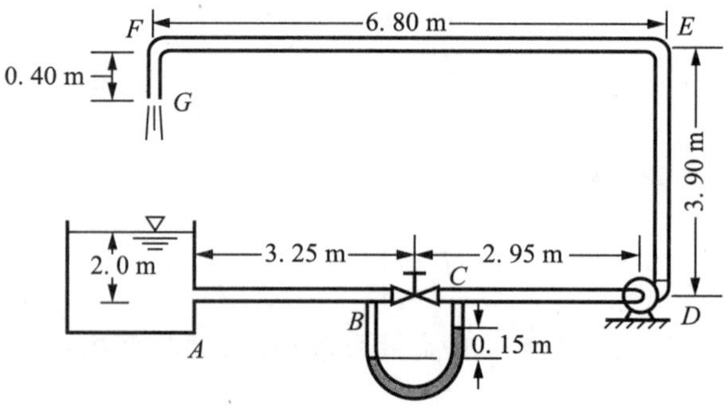

图 5-13　例 5-6 图

解：(1) 计算阀门的局部阻力系数 ζ。

管内流速为：

$$v = \frac{4Q}{\pi D^2} = \frac{4 \times 0.2}{60 \times 3.14 \times 0.05^2}\ \text{m/s} = 1.7\ \text{m/s}$$

阀门损失 h_j 为：

$$h_j = \zeta \frac{v^2}{2g} = \frac{p_B - p_C}{\gamma}$$

而

$$\frac{p_B - p_C}{\gamma} = \frac{(\gamma_{汞} - \gamma)\Delta h}{\gamma} = 12.6 \times 0.15\ \text{m} = 1.89\ \text{m}$$

则阀门局部阻力系数 ζ 为：

$$\zeta = \frac{19.6 \times 1.89}{1.7^2} = 12.82$$

(2) 计算沿程阻力系数 λ。

雷诺数为：

$$Re = \frac{vD}{\nu} = \frac{1.7 \times 0.05}{10^{-6}} = 85\ 000$$

$$\varepsilon = \frac{2\Delta}{D} = \frac{2 \times 0.39}{50} = 0.015\ 6$$

$$Re_1=\frac{59.7}{(\varepsilon)^{8/7}}=\frac{59.7}{0.0156^{8/7}}=6934<Re$$

$$Re_2=\frac{665-765\lg\varepsilon}{\varepsilon}=\frac{665-765\times\lg 0.0156}{0.0156}=131235>Re$$

故流态为湍流的混合摩擦区。

沿程阻力系数 λ 为：

$$\frac{1}{\sqrt{\lambda}}=-1.81\lg\left[\left(\frac{\Delta}{3.7D}\right)^{1.11}+\frac{6.8}{Re}\right]$$

$$\lambda=0.036$$

管线总长 L 为：

$$L=3.25\ \mathrm{m}+2.95\ \mathrm{m}+3.90\ \mathrm{m}+6.80\ \mathrm{m}+0.4\ \mathrm{m}=17.3\ \mathrm{m}$$

综合阻力系数 ζ_c 为：

$$\zeta_c=\lambda\frac{L}{D}+\zeta_{进}+\zeta_{阀}+\zeta_{弯}\times2=0.036\times\frac{17.3}{0.05}+0.5+12.82+0.6\times2=26.98$$

全管路水头损失 h_w 为：

$$h_w=\zeta_c\frac{v^2}{2g}=26.98\times\frac{1.7^2}{2\times9.8}\ \mathrm{m}=3.98\ \mathrm{m}$$

（3）泵的扬程 H 为：

$$H=\Delta z+h_w+\frac{v^2}{2g}=(3.90-0.40-2.00)\ \mathrm{m}+3.98\ \mathrm{m}+0.15\ \mathrm{m}=5.63\ \mathrm{m}$$

泵的有效功率 N 为：

$$N=\gamma QH=9800\times\frac{0.2}{60}\times5.63\ \mathrm{W}=183.91\ \mathrm{W}$$

2. 确定输送能力或进行流速计算

这类问题是已知作用水头 H_0 和管道参数（管线布置 Δz、管长 L、管径 D、管壁粗糙度 Δ、管件的局部阻力系数 ζ），计算输送能力或管中流速。工程实际中，当作用水头、管道参数确定后，需要验算管路的输送能力或验算管中流速的大小是否满足要求，方法如下。

（1）采用试算法求解。

由基本公式（5-20）分析，式中 $\mu=f(\lambda)$，$\lambda=f(Re)$，$Re=f(v)$，$v=f(Q)$，可见流量系数 μ 与待求的流量 Q 有关，需要进行试算。

① 假设 λ_1；

② 计算流量系数 μ、流量 Q、流速 v 及雷诺数 Re；

③ 判断流区，采用适当的公式计算 λ_2；

④ 若 $\lambda_1=\lambda_2$，则假设 λ_1 正确，相应的 Q 即待求流量；若 $\lambda_1\neq\lambda_2$，则重复上述步骤，直到两次计算的 λ 值之差满足误差要求为止。

（2）采用管路特性曲线法求解。

短管特性曲线反映了流量与水头损失的关系，由式（5-18）可作出不同的流量对应于不同的作用水头的管路特性曲线，由管路特性曲线来确定在给定 H_0 情况下的流量 Q。但要注意 α 是随 ζ_c 及流态而变化的，至少计算 4 个点才能绘成曲线。

（3）采用流态假设法求解。

该方法的基本步骤与简单长管的第二类问题类似。

例 5-7

用旧铸铁组成的虹吸管路翻越堤坝取水灌溉，如图 5-14 所示，已知 $L_1 = 6$ m，$L_2 = 3$ m，$L_3 = 14$ m，$L_4 = 3$ m，管壁粗糙度 $\Delta = 1.5$ mm，管径 $D = 150$ mm，管路中有一进口，局部阻力系数 $\zeta_1 = 0.5$，3 个弯头，局部阻力系数 $\zeta_2 = 0.15$，还一个闸门，局部阻力系数 $\zeta_3 = 0.2$，出口局部阻力系数 $\zeta_4 = 1.0$，求 $H_1 = 2$ m，$H_2 = 4.5$ m 时虹吸管的流量和虹吸管的最低压力。

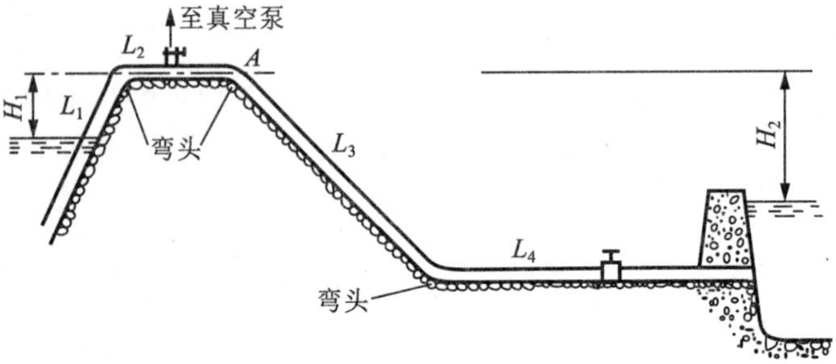

图 5-14　虹吸管计算

解：（1）求虹吸管内通过的流量。

设管内流动状态为湍流的水力粗糙管，则沿程阻力系数 λ 为：

$$\lambda = \frac{1}{\left(2\lg\dfrac{3.7D}{\Delta}\right)^2} = \frac{1}{\left(2\lg\dfrac{3.7\times150}{1.5}\right)^2} = 0.038$$

沿程水头损失 h_f 为：

$$h_f = \lambda\frac{L}{D}\frac{v^2}{2g} = 0.038\times\left(\frac{6+3+14+3}{0.15}\right)\times\frac{v^2}{2g} = 6.59\frac{v^2}{2g}$$

局部水头损失 h_j 为：

$$h_j = (\zeta_1 + 3\zeta_2 + \zeta_3 + \zeta_4)\frac{v^2}{2g} = (0.5 + 3\times0.15 + 0.2 + 1.0)\frac{v^2}{2g} = 2.15\frac{v^2}{2g}$$

总水头损失 h_w 为：

$$h_w = h_f + h_j = 8.74\frac{v^2}{2g}$$

于两液面列能量方程：

$$z_1 + \frac{p_1}{\gamma} + \frac{v_1^2}{2g} = z_2 + \frac{p_2}{\gamma} + \frac{v_2^2}{2g} + h_w$$

由于 $p_1 = p_2 = 0, v_1 = v_2 \approx 0$，则有：

$$H_2 - H_1 = 8.74\frac{v^2}{2g}$$

由此可得流速为：

$$v = \sqrt{\frac{2g(H_2 - H_1)}{8.74}} = \sqrt{\frac{2\times 9.8\times 2.5}{8.74}}\ \text{m/s} = 2.368\ \text{m/s}$$

验算流态，雷诺数为：

$$Re = \frac{vD}{\nu} = \frac{2.368\times 0.15}{1\times 10^{-6}} = 3.552\times 10^5$$

$$Re_2 = \frac{665 - 765\lg\varepsilon}{\varepsilon} = \frac{665 - 765\lg\frac{2\times 1.5}{150}}{\frac{2\times 1.5}{150}} = 98\ 236$$

$$Re > Re_2$$

即管内流动状态设为湍流的水力粗糙管是正确的，由此可求得流量：

$$Q = \frac{1}{4}\pi D^2 v = \frac{1}{4}\times 3.14\times 0.15^2\times 2.368\ \text{m}^3/\text{s} = 0.041\ 8\ \text{m}^3/\text{s}$$

即虹吸管内通过的流量为 $0.041\ 8\ \text{m}^3/\text{s}$。

（2）虹吸管内的最低压力。

虹吸管内的最低压力在 A 点，对上游液面和 A 点所在断面列能量方程：

$$-H_1 = \frac{p_A}{\gamma} + \frac{v^2}{2g} + h_{w1-A}$$

$$\frac{p_A}{\gamma} = -2 - \left(1 + 0.038\times\frac{6+3}{0.15} + 0.5 + 0.15\times 2\right)\times\frac{2.368^2}{19.6}\ \text{m} = -3.17\ \text{m}$$

即 A 点的真空度为 $3.17\times 1\ 000\times 9.8 = 31\ 066\ \text{Pa}$。

需要说明的是，虹吸管是一种压力输送管，其顶部弯曲且轴线位置高于上游液面。因此，采用虹吸管输送流体，可以跨越高地，减少挖方和埋设管路工程量。

虹吸管长度一般不大，应按短管处理。根据能量方程分析，只有在虹吸管内形成真空，使作用在上游液面的大气压强和虹吸管内的真空压强之间产生压差，液流才能通过虹吸管的最高处引向低处。虹吸管的真空度不能过大，当虹吸管内压强接近液体在该温度下的汽化压强时，液体因汽化而产生气泡，气泡在虹吸管顶部聚集，破坏了液流的连续性，必然影响虹吸管的正常工作，甚至可能造成断流；同时气泡随液流进入压力较高部位时，受到压缩而突然溃灭，容易造成管壁的空蚀破坏。因此，工程上一般控制虹吸管中的最大真空度不超过允许值 7～8 m 水柱。

第四节　孔口和管嘴泄流

在实际工程中，除了需要解决许多管路的水力计算问题外，还常会遇到流体经孔口或管嘴的泄流问题，如高压喷射钻井所用的喷嘴，注水井中分层定量配水所用的配水嘴、水箱、蓄水池、堤坝的孔洞以及储液罐的泄水孔等。

一、孔口和管嘴定义

5-7　孔口泄流

储液罐壁或底打开的小孔称为孔口，若孔口处接出短管就称为管嘴。二者的区别仅在于孔口只有局部阻力，而管嘴除了局部阻力外还有沿程阻力。

若液体流经孔口或管嘴直接流入大气中，便形成自由泄流；若流入充满液体的空间中，则形成淹没泄流。

在液体经过孔口和管嘴泄流的过程中，若作用水头不随时间变化，则称为定水头（定常）泄流；否则，称为变水头（非定常）泄流。

如果孔口具有锐利边缘，即液流与孔口周围只有线接触，称为薄壁孔口；如果孔口为非锐利边缘，即液流流经孔口时为面接触，这时，液流所受阻力有所增加，这种孔口称为厚壁孔口。

当孔口的直径小于作用水头的 1/10 时，该孔口称为小孔口；否则，称为大孔口。小孔口泄流时，可以认为小孔口的过流断面上各点的作用水头均等于其形心处的作用水头，孔口泄流的速度可视为均匀的。

定水头薄壁圆形小孔口泄流的分析是孔口泄流的基础。

二、定水头薄壁圆形小孔口泄流

1. 自由泄流

图 5-15 所示为定水头薄壁圆形小孔口自由泄流示意图，由于流线不能转折，故液流射出时，将先向内部收缩形成收缩断面 c—c（约在距出口 $d/2$ 处），其收缩断面直径 d_c 小于孔口直径 d，断面大小之比为：

$$\frac{A_c}{A}=\left(\frac{d_c}{d}\right)^2=\varepsilon \tag{5-24}$$

式中　A_c, A——收缩断面面积和孔口面积；

ε——收缩系数。

在收缩断面 $c—c$ 处符合缓变流动条件。收缩系数 ε 的大小与孔口的边界条件和孔口所在位置有关。如图 5-16 所示，以位于方形容器壁面不同位置的 5 个方形孔口为例，可以由直观的物理概念推知，这 5 个孔的出流受边壁的影响是不同的。其中，孔 1 离边壁较远，出流的收缩基本不受影响，这种收缩称为完善收缩。由实验得知，当孔口距边壁的尺寸大于在此方向孔口尺寸的 3 倍时即可认为是完善收缩。图示其他 4 种情况的出流都将受到边壁的影响，因此称为不完善收缩，尤其是图中的 3，4，5 孔，由于紧靠边壁，在靠近侧面边壁处的出流将不发生收缩。当孔口出流为完善收缩时，实验测得其断面收缩系数 $\varepsilon=0.62\sim0.64$。

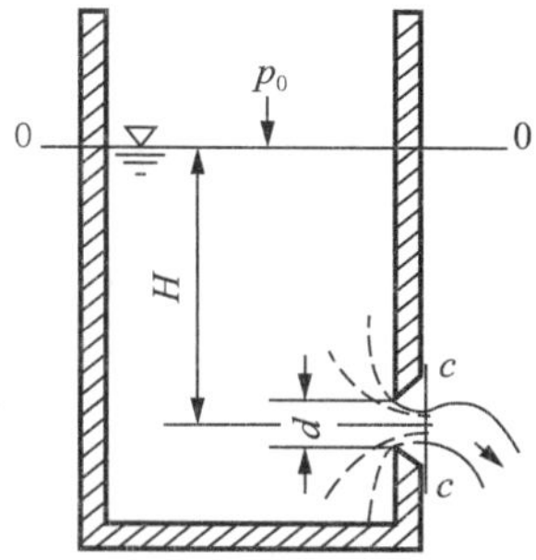

图 5-15　孔口自由泄流

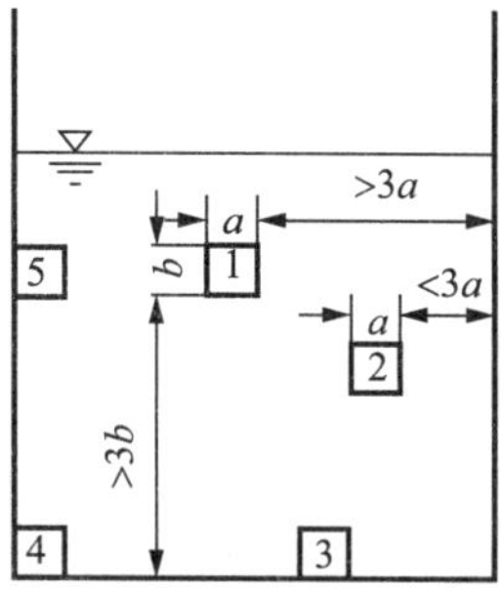

图 5-16　不同位置孔口的收缩系数不同

取液面 0—0 及收缩断面 $c—c$ 列能量方程：

$$z_0+\frac{p_0}{\gamma}+\frac{v_0^2}{2g}=z_c+\frac{p_c}{\gamma}+\frac{v_c^2}{2g}+h_{w0-c}$$

可表示为：

$$H+\frac{p_0}{\gamma}+\frac{v_0^2}{2g}=\frac{v_c^2}{2g}+\zeta_{孔}\frac{v_c^2}{2g}$$

或

$$H_0=H+\frac{p_0}{\gamma}+\frac{v_0^2}{2g}=(1+\zeta_{孔})\frac{v_c^2}{2g}$$

式中　H_0——作用水头；

$\zeta_{孔}$——孔口局部阻力系数。

流速 v_c 可表示为：

$$v_c=\frac{1}{\sqrt{1+\zeta_{孔}}}\sqrt{2gH_0} \tag{5-25}$$

令 $\varphi=\dfrac{1}{\sqrt{1+\zeta_{孔}}}$，称为流速系数，则上式可表示为：

$$v_c=\varphi\sqrt{2gH_0} \tag{5-26}$$

流量 Q 为：

$$Q=v_cA_c=\varepsilon A\varphi\sqrt{2gH_0}=\mu A\sqrt{2gH_0} \tag{5-27}$$

其中，$\mu=\varepsilon\varphi$，称为流量系数。这就是孔口自由泄流流量的计算公式。

经验表明，对圆形薄壁小孔口，这些系数都接近常数，即 $\zeta_{孔}\approx 0.06$，$\varphi=\frac{1}{\sqrt{1+0.06}}\approx 0.97$。当孔口完善收缩时，$\varepsilon=0.62\sim0.64$，而 $\mu=0.60\sim0.62$。对理想流体，$\zeta_{孔}=0$，$\varphi=1$，$\varepsilon=1$，$\mu=1$，故 $Q=A\sqrt{2gH_0}$，$v=\sqrt{2gH_0}$。流量系数 μ 的物理意义为实际流量与理想流量之比；同理，流速系数 φ 为实际流速与理想流速之比。

2. 淹没泄流

图 5-17 为定水头薄壁圆形小孔口淹没泄流示意图。在孔口上、下游液面上应用能量方程，并以下游液面为基准面，则

$$H_1+\frac{p_1}{\gamma}+\frac{v_1^2}{2g}=H_2+\frac{p_2}{\gamma}+\frac{v_2^2}{2g}+h_{w1-2} \quad (5\text{-}28)$$

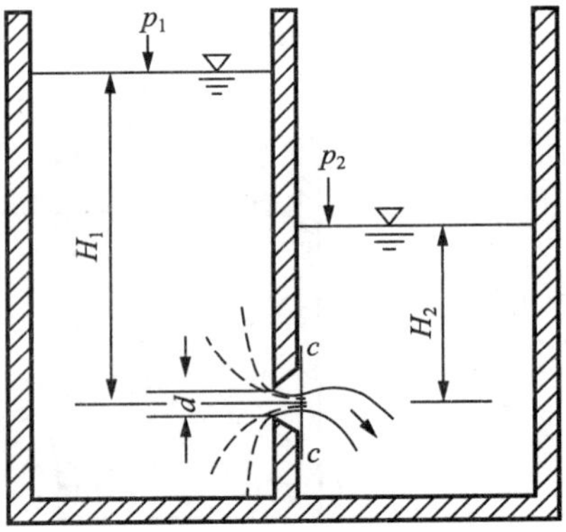

图 5-17　孔口淹没泄流

式中，水头损失 h_{w1-2} 由两部分组成，一部分是液流经过孔口的局部水头损失，其大小与自由泄流的情况相同，另一部分是液流经过收缩断面后突然扩大的局部水头损失，即

$$h_{w1-2}\approx\zeta_{孔}\frac{v_c^2}{2g}+\zeta_{扩}\frac{v_c^2}{2g}$$

因为局部扩大阻力系数 $\zeta_{扩}=1$，所以上式可写为：

$$h_{w1-2}\approx(\zeta_{孔}+1)\frac{v_c^2}{2g}$$

式(5-28)可写为：

$$H_0=H_1-H_2+\frac{p_1-p_2}{\gamma}+\frac{v_1^2-v_2^2}{2g}=(1+\zeta_{孔})\frac{v_c^2}{2g}$$

由此可得与自由泄流在形式上相同的公式：

$$v_c=\frac{1}{\sqrt{1+\zeta_{孔}}}\sqrt{2gH_0}=\varphi\sqrt{2gH_0} \quad (5\text{-}29)$$

$$Q=v_cA_c=\varepsilon A\varphi\sqrt{2gH_0}=\mu A\sqrt{2gH_0} \quad (5\text{-}30)$$

由此可见，淹没泄流与自由泄流的水力计算公式虽然在形式上相同，但二者之间是有区别的，如表 5-10 所示。

表 5-10　淹没泄流与自由泄流的水力计算公式的区别

泄流类型	作用水头 H_0	流速系数公式中的“1”
自由泄流	$H_0=H+\frac{p_0}{\gamma}+\frac{v_0^2}{2g}$	能量方程中 c—c 断面上动能修正系数 α 为“1”
淹没泄流	$H_0=H_1-H_2+\frac{p_1-p_2}{\gamma}+\frac{v_1^2-v_2^2}{2g}$	局部扩大阻力系数 $\zeta_{扩}$ 为“1”

最后需要指出，淹没泄流的ε，μ，φ，$\zeta_{孔}$与自由泄流的情况相差不大，实用上可认为两者相等。

5-8　管嘴泄流

三、管嘴泄流

1. 管嘴泄流流量计算公式

图 5-18 表示自孔口接出与孔径d相同而长度$l=(3\sim4)d$的短管，该短管称为标准圆柱管嘴。

管嘴泄流特点是液流在管嘴内先收缩，再扩大，最后封住出口均匀地泄出而不再收缩。

液流通过管嘴的阻力包括孔口阻力、局部扩大阻力及出口微小段沿程阻力。综合阻力系数ζ_c为：

$$\zeta_c=\zeta_{孔}\left(\frac{d}{d_c}\right)^4+\zeta_{扩}+\lambda\frac{l}{d} \tag{5-31}$$

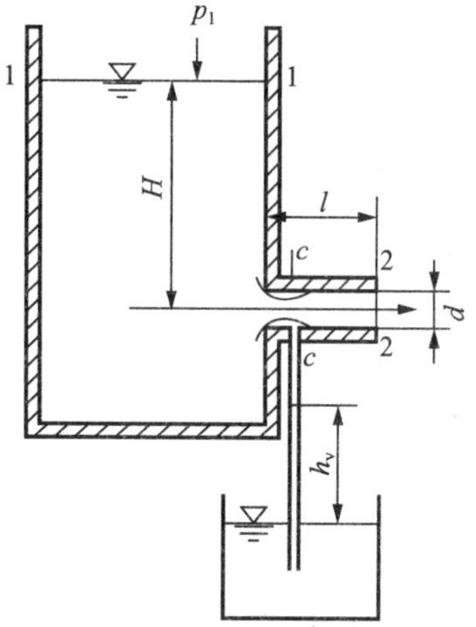

图 5-18　管嘴泄流

正如短管那样，各阻力系数都应换算为以出口流速水头表示的阻力系数：

$$\zeta_{孔}\left(\frac{d}{d_c}\right)^4=0.06\times\left(\frac{d}{d_c}\right)^4=0.06\times\left(\frac{A}{A_c}\right)^2=0.06\times\left(\frac{1}{\varepsilon}\right)^2=\frac{0.06}{0.64^2}\approx0.15$$

$$\zeta_{扩}=\left(\frac{A}{A_c}-1\right)^2=\left(\frac{1}{\varepsilon}-1\right)^2=\left(\frac{1}{0.64}-1\right)^2\approx0.32$$

如取$\lambda=0.02$，$l=3d$，则有：

$$\lambda\frac{l}{d}=0.02\times3=0.06$$

综合阻力系数为：

$$\zeta_c=0.15+0.32+0.06=0.53$$

在数值上，ζ_c相当于自容器接出管路时的进口阻力系数。

在液面 1—1 和管嘴出口断面 2—2 列能量方程：

$$H+\frac{p_1}{\gamma}+\frac{v_1^2}{2g}=\frac{p_2}{\gamma}+\frac{v_2^2}{2g}+\zeta_c\frac{v_2^2}{2g} \tag{5-32}$$

也可表示为：

$$H_0=H+\frac{p_1-p_2}{\gamma}+\frac{v_1^2}{2g}=(1+\zeta_c)\frac{v_2^2}{2g}$$

对管嘴出口断面 2—2 来说，$\varepsilon=1$，$\mu=\varphi$，可得：

$$\varphi=\frac{1}{\sqrt{1+\zeta_c}}=\frac{1}{\sqrt{1+0.53}}=0.81 \tag{5-33}$$

实践证明$\varphi=0.82$，故对标准外圆柱管嘴，$\mu=\varphi=0.82$。

令 $v=v_2$，则流速为：

$$v=\varphi\sqrt{2gH_0}=0.82\sqrt{2gH_0} \tag{5-34}$$

流量为：

$$Q=\mu A\sqrt{2gH_0}=0.82A\sqrt{2gH_0} \tag{5-35}$$

2. 管嘴泄流流量大于孔口的原因

由以上计算可以看出，相同出口断面和作用水头条件下，与同直径薄壁小孔口比较，管嘴泄流流量增大了约 1/3。这是由于所取出口断面不同，孔口取在收缩断面处，压强为大气压；而管嘴出口在收缩断面之后，由于液流带走一部分气体，形成负压，导致 1—1 断面和 c—c 断面间比孔口增大了一个压头差，当然流速和流量也就比孔口增大了。

为了计算管嘴在收缩断面处真空度的大小，可取 1—1 和 c—c 两计算断面列能量方程：

$$H+\frac{p_1}{\gamma}+\frac{v_1^2}{2g}=\frac{p_c}{\gamma}+\frac{v_c^2}{2g}+\zeta_{孔}\frac{v_c^2}{2g}$$

如果液面与大气接触，则令 $p_1=0$，$v_1\approx 0$，得真空高度 h_v 为：

$$h_v=\frac{-p_c}{\gamma}=(1+\zeta_{孔})\frac{v_c^2}{2g}-H \tag{5-36}$$

又知：

$$v_c=\frac{Q}{A_c}=\frac{\mu A\sqrt{2gH}}{A_c}=\frac{\mu}{\varepsilon}\sqrt{2gH}$$

故：

$$\frac{v_c^2}{2g}=\left(\frac{\mu}{\varepsilon}\right)^2 H$$

代入式(5-36)得：

$$h_v=(1+\zeta_{孔})\left(\frac{\mu}{\varepsilon}\right)^2 H-H=\left[(1+0.06)\left(\frac{0.82}{0.64}\right)^2-1\right]H\approx 0.75H \tag{5-37}$$

因此，相同出口断面和作用水头条件下，孔口外接管嘴，阻力增加，但流量并未减少，反而比原来增大约 1/3。这是因为收缩断面处真空所起的作用。与孔口自由出流相比，孔口出流收缩断面在大气中，而管嘴出流收缩断面为真空区，真空度为作用水头的 0.75 倍。该值可用测压管测得，如图 5-17 所示。真空对液体起抽吸的作用，相当于增加了作用水头，并且增加的能量远大于管嘴所损失的能量，这就是管嘴泄流流量比孔口增大的原因。这个分析结果同时蕴含着“透过现象看本质”而不能被表面现象迷惑的哲学思想。

5-9 管嘴泄流演示

3. 管嘴正常泄流条件

(1) 保证工作中真空区的存在。

为了增大流量，是否真空度愈大愈好呢？也不尽然。如果工作真空度过大，即当收缩

断面 $c—c$ 处的绝对压力小于液体的汽化压强时，液体将汽化，不断产生气泡，破坏液流的连续性，从而破坏收缩断面处的真空区，使得管嘴出流不能充满整个断面，而形成孔口出流，反而失去增加流量的目的。

因此，应对管嘴内的真空度有所限制。根据对水进行实验，管嘴收缩断面处的真空度不应超过 7 m，则作用水头 $H_0 \leqslant 7/0.75 = 9.3$ m。

（2）管嘴的长度是一个重要的参数。

如果管嘴长度太短，液流流经管嘴收缩后来不及在管内扩大，或虽充满管嘴，但因真空距出口太近，很容易引起真空的破坏。如果管嘴太长，管嘴成为短管，损失加大，也达不到增加流量的目的。

根据实验，管嘴的最佳长度 $L = (3 \sim 4)d$。

4. 管嘴的类型

如图 5-19 所示，除标准管嘴(a)外，还有内伸管嘴(b)、收缩管嘴(c)、扩张管嘴(d)及流线型管嘴(e)。

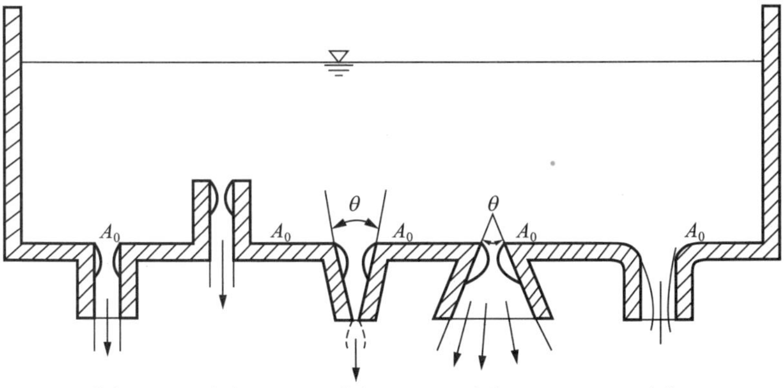

图 5-19　不同类型管嘴

流经孔口和各式管嘴的泄流系数 ε，μ，φ，$\zeta_{孔}$ 如表 5-11 所示。需注意该表中的泄流系数都是对出口断面而言的。如进行对比，必须把它们化为对相同断面。例如，扩张管嘴的流量系数很小，但化为接管嘴开孔处的断面来比较，则流量系数可达到 2～3。

表 5-11　流经孔口和各式管嘴的泄流系数

类　别	阻力系数 ζ	收缩系数 ε	流速系数 φ	流量系数 μ
薄壁孔口	0.06	0.62～0.64	0.97	0.62
外伸管嘴（标准管嘴）	0.53	1.00	0.82	0.82
内伸管嘴	1.00	1.00	0.71	0.71
收缩管嘴（$\theta = 13° \sim 14°$）	0.09	0.98	0.96	0.95
扩张管嘴（$\theta = 5° \sim 7°$）	4.00	1.00	0.45	0.45
流线型管嘴	0.04	1.00	0.98	0.98

内伸管嘴必须保证 $L>3d$，收缩管嘴和扩张管嘴必须注意角度 θ 的限制范围，否则会降低效果。收缩管嘴适用于速度及动能大而流量小的情况，如水力采煤水枪、水枪机射水管。扩张管嘴抽吸能力大，适用于大流量小流速处，如喷射泵、水轮机尾水管。流线型管嘴加工困难，不会出现真空，无抽吸力，流量并不很大，应用不广。

例 5-8

如图 5-20 所示水箱稳定出流，已知密封水箱液面上压力表读数为 $p=0.1$ at，液面计内水位 $h_1=2$ m，圆柱管嘴直径 $d_1=40$ mm，容器底部孔口直径 $d_2=30$ mm，$h_3=1$ m，设管嘴和孔口流量系数分别为 $\mu_1=0.82$，$\mu_2=0.62$。试求 h_2 及孔口出流流量 Q。

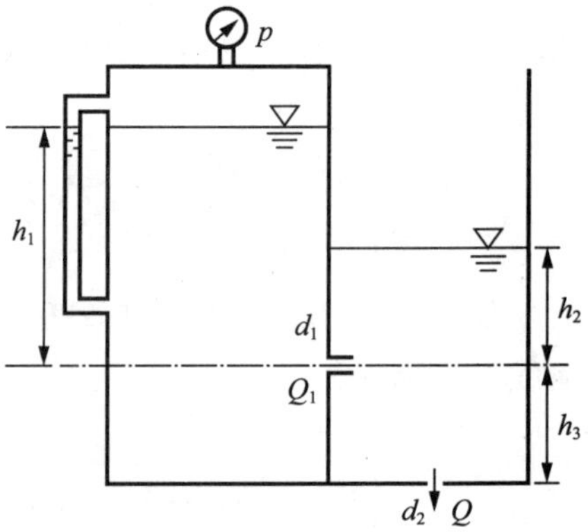

图 5-20 例 5-8 图

解：由管嘴出流得：

$$Q_1=\mu_1A_1\sqrt{2gH_{01}}=\mu_1A_1\sqrt{2g\left(\frac{p}{\gamma}+h_1-h_2\right)}$$

由孔口出流得：

$$Q=\mu_2A_2\sqrt{2gH_{02}}=\mu_2A_2\sqrt{2g\left(h_2+h_3+\frac{d}{2}\right)}$$

由水箱稳定出流可得：

$$Q_1=Q$$

即

$$\mu_1A_1\sqrt{2g\left(\frac{p}{\gamma}+h_1-h_2\right)}=\mu_2A_2\sqrt{2g\left(h_2+h_3+\frac{d}{2}\right)}$$

$$0.82\times\frac{\pi}{4}\times0.04^2\times\sqrt{2g(1+2-h_2)}=0.62\times\frac{\pi}{4}\times0.03^2\times\sqrt{2g\left(h_2+1+\frac{0.03}{2}\right)}$$

$$h_2=2.385\ \text{m}$$

所以孔口出流流量为：

$$Q=\mu_2A_2\sqrt{2gH_{02}}$$

$$=0.62\times\frac{\pi}{4}\times0.03^2\times\sqrt{2\times9.8\times\left(2.385+1+\frac{0.03}{2}\right)}\ \text{m}^3/\text{s}=3.58\times10^{-3}\ \text{m}^3/\text{s}$$

例 5-9

在位于液面以下 3 m 处、直径 $d_{孔}=0.1$ m 的圆形小孔口上，若安装一个圆柱形外管嘴或安装一个扩张角 $\theta=6°$ 的圆锥形扩张管嘴，试确定孔口及两种管嘴的流量和流速。（已知管嘴长度 $L=0.35$ m）

解:(1) 计算薄壁小孔口的流量。

由表 5-11 查得孔口的流量系数 $\mu=0.62$,根据式(5-35)得孔口的流量:

$$Q=\mu A\sqrt{2gH}=0.62\times\frac{\pi}{4}\times0.1^2\times\sqrt{2\times9.8\times3}\ \mathrm{m^3/s}=0.0373\ \mathrm{m^3/s}$$

(2) 计算圆柱形外管嘴的流量。

由表 5-11 查得圆柱形外管嘴的流量系数 $\mu=0.82$,根据式(5-35)得其流量:

$$Q=\mu A\sqrt{2gH}=0.82\times\frac{\pi}{4}\times0.1^2\times\sqrt{2\times9.8\times3}\ \mathrm{m^3/s}=0.0494\ \mathrm{m^3/s}$$

(3) 计算圆锥形扩张管嘴的流量。

由表 5-11 查得该管嘴的流量系数 $\mu=0.45$。

管嘴出口断面的直径:

$$d=d_{孔}+2L\tan\frac{\theta}{2}=0.1\ \mathrm{m}+2\times0.35\times\tan\frac{6^\circ}{2}\ \mathrm{m}=0.137\ \mathrm{m}$$

根据式(5-35)得扩张管嘴的流量:

$$Q=\mu A\sqrt{2gH}=0.45\times\frac{\pi}{4}\times0.137^2\times\sqrt{2\times9.8\times3}\ \mathrm{m^3/s}=0.0508\ \mathrm{m^3/s}$$

(4) 确定孔口及两种管嘴的流速。

由表 5-11 查得薄壁小孔口、圆柱形外管嘴和圆锥形扩张管嘴的流速系数分别为 0.97,0.82 和 0.45。

薄壁小孔口的流速:

$$v=\varphi\sqrt{2gH}=0.97\times\sqrt{2\times9.8\times3}\ \mathrm{m/s}=7.44\ \mathrm{m/s}$$

圆柱形外管嘴的流速:

$$v=\varphi\sqrt{2gH}=0.82\times\sqrt{2\times9.8\times3}\ \mathrm{m/s}=6.29\ \mathrm{m/s}$$

圆锥形扩张管嘴的流速:

$$v=\varphi\sqrt{2gH}=0.45\times\sqrt{2\times9.8\times3}\ \mathrm{m/s}=3.45\ \mathrm{m/s}$$

四、变水头薄壁圆形小孔口泄流

容器内的液体自孔口出流的过程中,若容器内液面的位置发生变化,即作用水头随时间发生变化,则称为变水头作用下的孔口出流。

在变水头作用下,孔口形心处的作用水头随时间发生变化,显然这种情况下的液流属于不稳定流,因而不能直接应用在稳定流条件下得出的流量和流速计算公式。但是,当孔口过流断面的面积远小于容器的横截面面积时,容器内液面的变化缓慢,惯性水头可忽略不计。因此,在很短的 $\mathrm{d}t$ 时间内,可以近似地认为孔口形心处的作用水头是不变的。也就是说,在很短的 $\mathrm{d}t$ 时间内,可以将变水头的孔口出流问题作为定水头的稳定流问题处理,这样可以利用已得到的定水头下孔口出流的结论分析变水头的孔口出流问题。

某柱形容器如图 5-21 所示，其横截面面积不变，用符号 Ω 表示。液体经薄壁小孔自由出流，在液体出流的过程中，研究液面由 H_1 变到 H_2 所需要的时间。

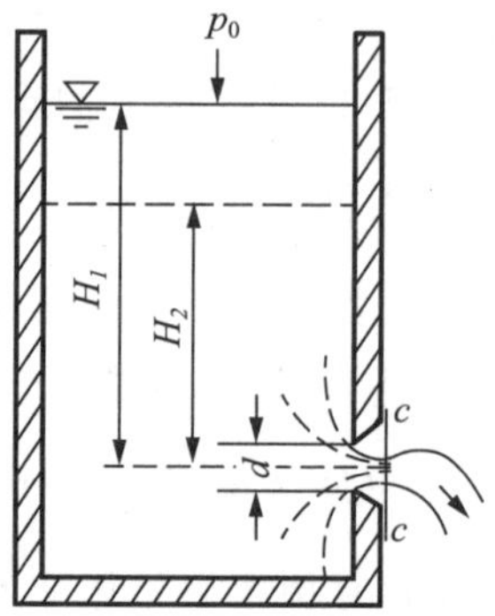

图 5-21　柱形容器变定水头孔口泄流

设某瞬时孔口的作用水头为 h，在液面位置变化不大的情况下，液体在该瞬时流经孔口的流量可由式(5-27)表示为：

$$Q = \mu A\sqrt{2gh}$$

在 dt 时间内，由孔口流出的液体体积为：

$$Q\mathrm{d}t = \mu A\sqrt{2gh}\mathrm{d}t$$

同时，容器内液面的位置下降了 dh，则容器内液体减少的体积 dV 为：

$$\mathrm{d}V = -\Omega\mathrm{d}h$$

式中的负号表示作用水头随着时间的增加而减小。

根据质量守恒定律可知，在相同的 dt 时间内，液体经孔口流出的体积等于容器内液体减少的体积，即

$$\mu A\sqrt{2gh}\mathrm{d}t = -\Omega\mathrm{d}h$$

分离变量得：

$$\mathrm{d}t = -\frac{\Omega}{\mu A\sqrt{2gh}}\mathrm{d}h \tag{5-38}$$

将上式积分，可得容器内的液面(即孔口形心处的作用水头)从 H_1 变到 H_2 所需的时间为：

$$t = \int_0^t \mathrm{d}t = \int_{H_1}^{H_2} -\frac{\Omega}{\mu A\sqrt{2gh}}\mathrm{d}h = \frac{2\Omega}{\mu A\sqrt{2g}}(\sqrt{H_1} - \sqrt{H_2}) \tag{5-39}$$

当 $H_2 = 0$ 时，即容器排空(液面由初始位置 H_1 降到孔口中心线)的时间 t_0 为：

$$t_0 = \frac{2\Omega\sqrt{H_1}}{\mu A\sqrt{2g}} \tag{5-40}$$

将式(5-40)的等号右边的分子、分母同乘 $\sqrt{H_1}$，则有：

$$t_0 = \frac{2\Omega H_1}{\mu A\sqrt{2gH_1}} = \frac{2V}{Q} \tag{5-41}$$

式中，$V = \Omega H_1$，即当容器排空时，从容器中排出的液体总体积 $Q = \mu A\sqrt{2gH_1}$ 是在定水头(即初始水头) H_1 作用下，液体流经孔口的流量。可见，在变水头作用下，等截面的柱形容器排空液体所需的时间是在定水头作用下排出相同体积的液体所需时间的 2 倍。

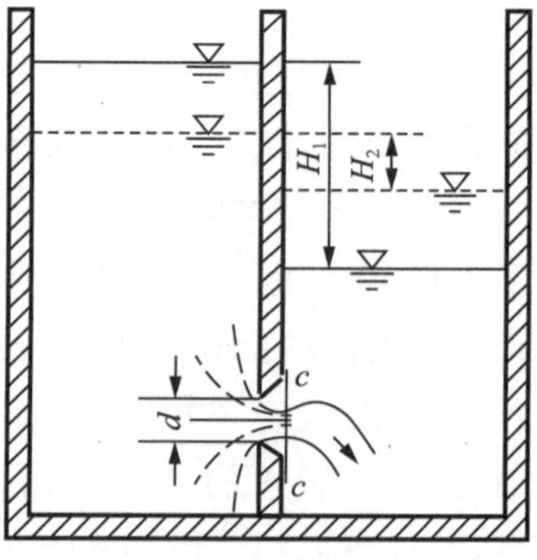

图 5-22　容器充满

假设储液容器不是排空的问题，而是在变水头作用下充满的问题。图 5-22 为孔口淹没出流的情况，即上游水位不变，下游水位不断上升，这时的作用水头 h 为某瞬时

上、下游的液面差。下游容器中的液面位置随时间的变化关系同微分方程式（5-38）一样，其中的 dh 取负号是由于作用水头即孔口上、下游的液面差 h 随时间的增加而不断减小。因为等截面的柱形容器排空与充满的微分方程式相同，所以下游容器中的液面由 H_1 上升到 H_2 所需要的时间及液体充满容器所需要的时间分别与式（5-39）和式（5-40）相同。

若容器的横截面是变化的，如卧式圆柱形液罐、锥形或球形容器等，首先需要确定横截面面积 Ω 随作用水头 h 变化的函数关系 $\Omega = f(h)$，将该关系式代入式（5-38），然后积分即可得变截面容器排空时间。

例 5-10

卧式圆柱形液罐如图 5-23 所示，直径 $D = 2.4$ m，长度 $L = 6$ m。罐底部的小孔口面积 $A = 0.01\ \text{m}^2$，孔口的流量系数 $\mu = 0.62$，求容器排空时间。

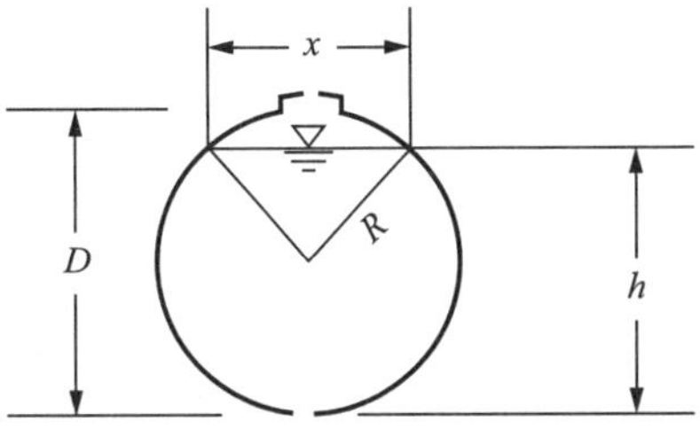

图 5-23　变截面孔口泄流

解：因为容器的横截面面积 Ω 随液面位置 h 的不同而变化，下面先确定 $\Omega = f(h)$ 的函数关系。

设某时刻，容器内的液面高度为 h，容器的横截面面积为：

$$\Omega = Lx$$

由图中所示的几何关系可得：

$$x = 2\sqrt{\left(\frac{D}{2}\right)^2 - \left(h - \frac{D}{2}\right)^2} = 2\sqrt{h(D-h)}$$

则有：

$$\Omega = 2L\sqrt{h(D-h)}$$

将上式代入式（5-38）得：

$$\mathrm{d}t = -\frac{2L\sqrt{h(D-h)}}{\mu A\sqrt{2gh}}\mathrm{d}h = -\frac{2L}{\mu A\sqrt{2g}}\sqrt{D-h}\,\mathrm{d}h$$

在满罐的情况下，液罐的排空时间就是罐内液面由初始位置 $H_1 = D$ 变到 $H_2 = 0$ 的时间。另外，根据数学微分知识，d$h = -$d$(D-h)$，则排空时间为：

$$t_0 = \frac{2L}{\mu A\sqrt{2g}}\int_D^0 \sqrt{D-h}\,\mathrm{d}(D-h) = \frac{2L}{\mu A\sqrt{2g}}\frac{2}{3}\left[(D-h)^{3/2}\right]_D^0 = \frac{4LD\sqrt{D}}{3\mu A\sqrt{2g}}$$

将已知数据代入上式得：

$$t_0 = \frac{4\times 6\times 2.4\times\sqrt{2.4}}{3\times 0.62\times 0.01\times\sqrt{2\times 9.8}}\ \text{s} = 1.08\times 10^3\ \text{s} = 18.0\ \text{min}$$

第五节　压力管路中的水击现象

在 19 世纪末，输水管路中的水管经常爆裂。当时，人们认为这是管路质量不好和结合不牢的问题。在 1897—1898 年间，俄国工程师儒柯夫斯基通过试验观测和研究发现了产生事故的真正原因——水击现象。本节着重研究等直径的简单管路中水击现象产生的基本规律，重点讨论当阀门突然关闭时水击现象的产生，水击压力的计算及水击的防止与利用。

一、水击现象和水击波的传播

5-10　水击波传播过程

5-11　管道水击模拟

当某种原因引起管路中流速突然变化时，如快速开关阀门、停泵或突然断电，都会引起管内压力发生突然变化，突然变化的压力称为水击压力。由于液体及管壁的弹性作用，水击压力以压力波的形式在管内迅速传播，当压力波的波面通过管路时，造成管路的振动并产生一种声音，犹如冲击钻工作时产生的声音或用锤子敲击管路时发出的噪声，称为水击，又称为水锤。

发生水击现象的物理原因主要是液体具有惯性和压缩性。惯性企图维护液体原来的运动，而压缩性企图改变液体原来的运动。

图 5-24 所示为具有固定液面的油罐、水库或水塔，沿长度为 L、直径为 D 的等直径管路流向大气中，管路出口装有控制阀门。

当压力管路中产生水击现象时，管中的液流为非定常流动。液体压缩性和管材的弹性虽都不大，但研究压力波的传播规律时应考虑液体压缩性和管材弹性。

现以图 5-24 为例，说明压力波传递过程。当阀门开启一定大小时，管中流速为 v_0，出口阀门前压力为 p。如将阀门骤然关闭，邻近阀门的一层厚度为 Δs 的液体于 Δt 时间内首先停止流动，如图 5-25 所示。该段液体在后面液体惯性的作用下被压缩，压力比静压增加了 Δp，即水击压力。同时，管壁也由于 Δp 的作用而发生膨胀。

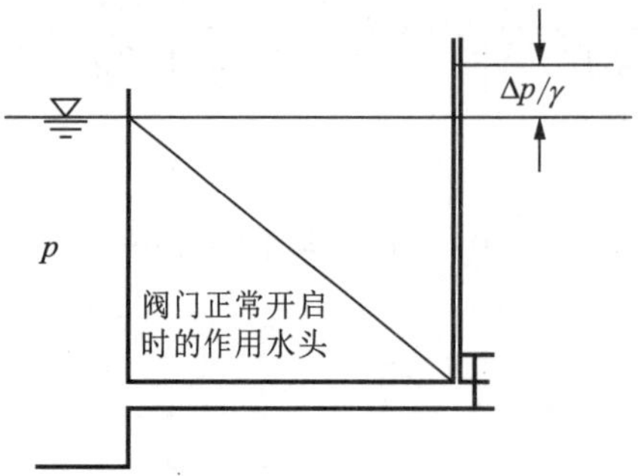

图 5-24　水击的形成

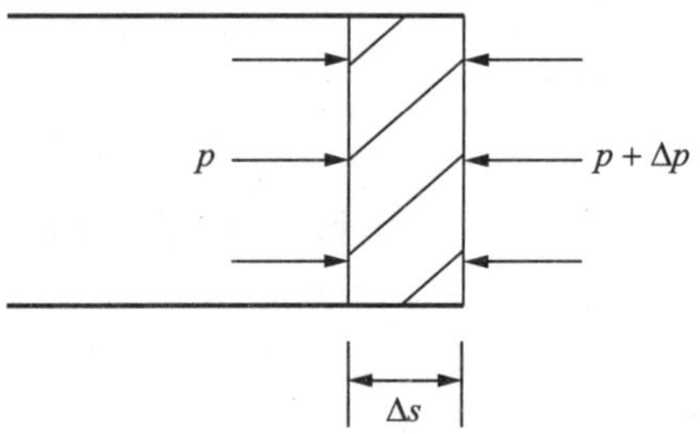

图 5-25　出口阀门前液层受压

当第一层液体在一个无限小的时间 Δt 内停下来以后，紧邻的第二层液体又停下来，也受压缩，同时与之相应的这段管材也要膨胀。液体依序停止而形成的高低分界面依次向液罐方向传递，传递速度为 c，它略小于液体内的声速 c_0。

在阀门关闭后 $t_1 = L/c$ 时刻，压力波传至管路入口处，这时全管内的液体都已停止流动，处于被压缩状态，管子则处于膨胀状态。而此时管内压力高于液罐内的压力，出现不平衡，是一种不稳定状态。于是管子入口邻近的一层液体将开始以速度 v_0 又冲向液罐，使水击压力消失，恢复正常静压，与之相应，管壁也恢复原状。从此刻开始，管中液体高低压分界面又以速度 c 向阀门方向传播。

在阀门关闭后 $t_2 = 2L/c$ 时刻，全管内压力值都已恢复到静压，特别注意，就在此瞬间，紧邻阀门的一层液体由于惯性作用仍企图以速度 v_0 向液罐方向继续流动，而此刻后面不再有液体补充，从而管内液体产生进一步膨胀，出现压力进一步降低，即产生负的水击压力 Δp。同样，第二层、第三层依次膨胀，形成的减压波以速度 c 向液罐方向传递。

当阀门关闭 $t_3 = 3L/c$ 时刻，减压波传递到管子入口处，全管内液体处于低压的静止状态，管子由于负压处于收缩状态。此时，液罐内压力高于管子内压力，此时又失去压力平衡，在压差作用下液体又以速度 v_0 冲向管路中，使紧邻管入口的一层液体压力恢复到正常压力。这种增压波又依次以速度 c 向阀门方向传播。

直到 $t_4 = 4L/c$ 时刻，增压波面传到阀门处，此时全管又恢复到阀门关闭前（$t = 0$ 时）的流动状况。

整个压力波的传播过程按 4 个阶段进行，如图 5-26 所示。随后开始第二个压力传递

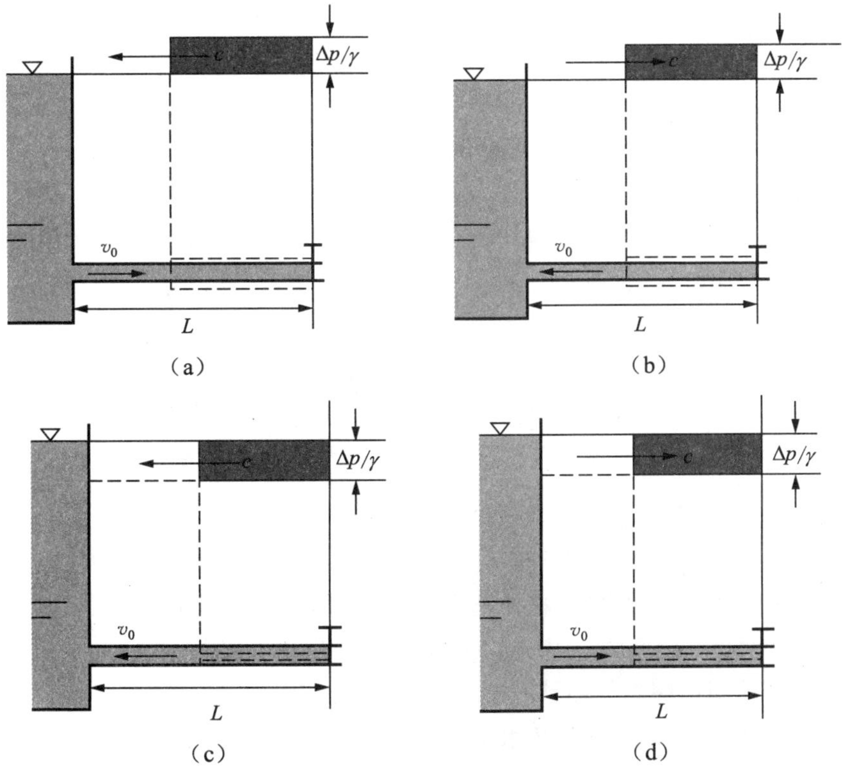

图 5-26　理想状态水击压力波的传播过程

的循环过程。

通过对水击波传播过程的分析可见，每经过 $t=4L/c$ 的时间，便重复一次水击的全过程。管路中液体压力的升高或降低，使得管壁相应地膨胀或收缩。在水击波传播的过程中，如无能量消耗，即在理想情况下，阀门处水击压力随时间变化关系如图 5-27 实线所示。实际上，由于液体的黏性和管道的变形必将引起能量损失，因此由水击现象引起的能量在传播过程中必将逐渐损失掉，阀门处水击压力的实际变化规律如图 5-27 中虚线所示。

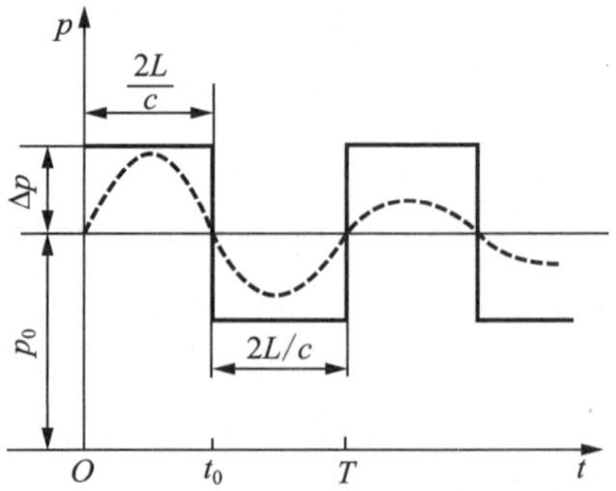

t_0—水击相长；T—阀门关闭时间。

图 5-27　阀门处水击压力变化

二、水击的分类

5-12　水击压力计算

1. 直接水击和间接水击

从阀门关闭产生增压波到上游反射回来的减压波又传到阀门处为止，所需要的时间为 $2L/c$，称为水击的相或相长，用 t_0 表示。

$$t_0=2L/c \tag{5-42}$$

实际操作中，阀门的关闭不是在瞬间完成的，因此可以把阀门关闭的过程看作一系列微小瞬时关闭的综合。这时，每一个微小的瞬时关闭都产生一个相应的弹性压力波；每个弹性压力波又依次按上述 4 个阶段循环发展，如图 5-28 所示。它不是单个水击波，而是一系列发生在不同时刻的水击波传播和反射的过程。

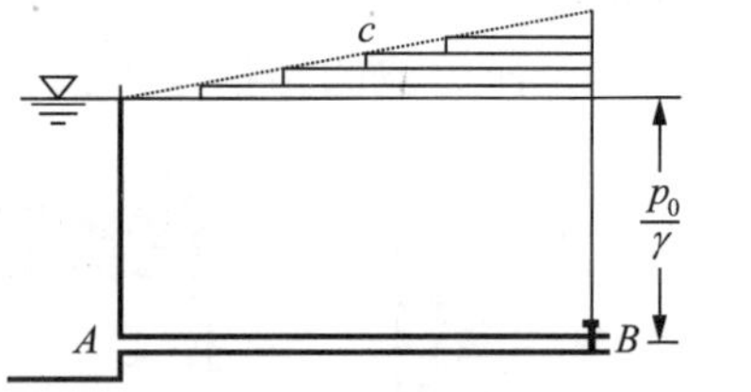

图 5-28　阀门关闭时弹性压力波的传播

当阀门关闭时间 $T<t_0$ 时，最早由阀门处产生的向上游传播而又反射回来的减压顺行波在阀门全部关闭时还未到达阀门处。在这种情况下，在阀门处产生最大的水击压力，称为直接水击。

当阀门关闭时间 $T>t_0$ 时，最早由阀门处产生的向上游传播而又反射回来的减压顺行波在阀门全部关闭前已经到达阀门处，水击压力波不能全部向上游反射，并随流体泄掉一部分能量，使得在阀门处的水击压力不能达到直接水击的压力增高值，称为间接水击。

2. 正水击和负水击

由于管路上的阀门突然关闭或其他原因造成管中液体的流速突然减小，会引起管内压力相应地发生突然增大的水击，称为正水击。正水击的压力可比正常压力大许多，并有引起管路破裂的危险。因此，一般情况下必须防止产生正水击。

由于管路上的阀门突然开启或其他原因造成管中液体的流速突然增大，会引起管内压力相应地突然减小的水击，称为负水击。负水击的压力有可能减小到液体的汽化压力，致使管内的液体中产生气穴，影响管路的正常工作，并可能使管壁发生气穴破坏。因此，也应尽可能避免产生负水击。

三、水击压力的计算

水击压力的计算公式可以借助动量方程进行推导。由图 5-25 所示，当阀门突然关闭时，停下来 Δs 段液体的质量为 $\rho A\Delta s$，这部分液体由于阀门的阻挡和后面液体的惯性作用而被压缩，增大的总压力为 ΔpA。由动量原理可以得出：

$$\Delta pA = \frac{\rho A\Delta s(v_0 - 0)}{\Delta t} \tag{5-43}$$

$$\Delta p = \rho\frac{\Delta s}{\Delta t}v_0 \tag{5-44}$$

其中，$\dfrac{\Delta s}{\Delta t} = c$ 为水击压力传播速度，于是有：

$$\Delta p = \rho c v_0 \tag{5-45}$$

上式是产生直接水击时的水击压力计算公式。只要 c 已知，就可很容易地求出水击压力。

水击压力传播速度 c 的计算推导如下：

令 E_0 为管材的弹性系数，E 为液体的弹性系数。因液体的弹性系数是压缩系数的倒数，所以有：

$$E = \frac{1}{\beta} = -\frac{\mathrm{d}p}{\frac{\mathrm{d}V}{V}} \tag{5-46}$$

式中，V 为液体体积。由于质量 $m = \rho V$，而 m 为常数，则根据微分定理有：

$$V\mathrm{d}p + \rho\mathrm{d}V = 0$$

$$\mathrm{d}V/V = -\mathrm{d}\rho/\rho \tag{5-47}$$

故式(5-46)可写为：

$$E = \rho\frac{\mathrm{d}p}{\mathrm{d}\rho} \tag{5-48}$$

管材弹性系数为应力与应变之比，令管材的应力变化为 $\mathrm{d}\sigma$，相应的应变为 $\mathrm{d}D/D$，则：

$$E_0 = \frac{\mathrm{d}\sigma}{\mathrm{d}D/D} = \frac{D\mathrm{d}\sigma}{\mathrm{d}D} \tag{5-49}$$

若管子厚度为 e，则薄壁筒箍拉力公式为：

$$\sigma = \frac{pD}{2e} \tag{5-50}$$

代入(5-49)，整理得：

$$E_0 = \frac{D}{\mathrm{d}D}\frac{D}{2e}\mathrm{d}p = \frac{D^2}{2\mathrm{d}D}\frac{\mathrm{d}p}{e} \tag{5-51}$$

在 Δt 时间内，水击压力波的传播距离为 $\Delta s = c\Delta t$，同时由于管材弹性，在 Δs 段内管

子断面面积由 A 增加到 $A+\mathrm{d}A$，液体密度由 ρ 增加到 $\rho+\mathrm{d}\rho$。可见，当液体及管材受到水击压力变形后，在 Δs 段内其质量增值为：

$$(\rho+\mathrm{d}\rho)(A+\mathrm{d}A)c\Delta t-\rho Ac\Delta t\approx(\rho\mathrm{d}A+A\mathrm{d}\rho)c\Delta t$$

式中忽略了二阶小量。上述质量变化是尚未受到水击压力作用的管段中的液体以速度 v_0 流入 Δs 段的结果，即

$$(\rho+\mathrm{d}\rho)(A+\mathrm{d}A)c\Delta t=\rho Av_0\Delta t \tag{5-52}$$

故：

$$\frac{v_0}{c}=\frac{\mathrm{d}A}{A}+\frac{\mathrm{d}\rho}{\rho} \tag{5-53}$$

由式(5-48)得：

$$\frac{\mathrm{d}\rho}{\rho}=\frac{\mathrm{d}p}{E} \tag{5-54}$$

由式(5-51)得：

$$\frac{\mathrm{d}A}{A}=\frac{\mathrm{d}D^2}{D^2}=\frac{2\mathrm{d}D}{D}=\frac{D\mathrm{d}p}{eE_0} \tag{5-55}$$

联立式(5-53)、式(5-54)、式(5-55)和式(5-45)得：

$$\frac{v_0}{c}=\left(\frac{1}{E}+\frac{D}{eE_0}\right)\mathrm{d}p=\left(\frac{1}{E}+\frac{D}{eE_0}\right)\rho cv_0 \tag{5-56}$$

则：

$$c^2=\frac{1}{\rho\left(\frac{1}{E}+\frac{D}{eE_0}\right)}$$

$$c=\frac{\sqrt{E/\rho}}{\sqrt{1+\frac{D}{e}\frac{E}{E_0}}}=\frac{c_0}{\sqrt{1+\frac{D}{e}\frac{E}{E_0}}} \tag{5-57}$$

其中，$c_0=\sqrt{\frac{E}{\rho}}$，相当于液体内的声速。常用液体及管材的弹性系数如表 5-12 所示。

表 5-12　液体及管材的弹性系数

液　体	弹性系数 E/Pa	管　材	弹性系数 E_0/Pa
水	2.06×10^9	钢　管	2.06×10^{11}
石　油	1.32×10^9	铸铁管	9.8×10^{10}

在确定管中水击压力 Δp 后，可得管内总压力 $p+\Delta p$，代入薄壁筒箍拉力公式，可得管壁所受应力 σ：

$$\sigma=\frac{(p+\Delta p)D}{2e} \tag{5-58}$$

由此可检验管壁的强度是否满足工程需要。

以上讨论是产生直接水击现象时水击压力的计算方法。

当阀门关闭时间 $T > t_0$ 时，间接水击压力可根据下式计算：

$$\Delta p = \rho c v_0 \frac{t_0}{T} \tag{5-59}$$

可见，关闭阀门的时间越长，水击压力越小。

四、水击压力的预防

水击压力的危害很大，在管路设计时应尽量避免产生直接水击压力。但在有些情况下仅仅依靠管路的设计达不到预防水击的目的，因此工程中常采取以下方法避免和减缓水击：

（1）延长开关阀门的时间，使 $T > 2L/c$，避免产生直接水击。

（2）在阀门前安装蓄能器，如空气包等，吸收水击能量。

（3）在阀门前加安全阀，使水击压力达到一定值时能自动泄压，防止管路崩裂。

（4）在设计管路时尽可能缩短其长度，使相长 t_0 减小。由式(5-59)可知，相长 t_0 越小，Δp 也越小。

一般情况下，管路中的水击是一种不利因素，应尽可能避免，但在一定条件下可以化弊为利。在人们认识了水击的发生与变化规律之后，可发挥其有益的作用。譬如，水击扬水机就是利用水击原理进行工作，借助水击的压能将水由较低的地方压到较高的地方，而不需要消耗动力。

5-13 水击扬水装置

例 5-11

自来水输水钢管外径为 108 mm，壁厚为 4 mm，管内流速为 1.2 m/s。试求突然关闭阀门产生的最大水击压力。

解：由题目可知，管子内径 $D = 108 - 2 \times 4 = 100$ mm，$e = 4$ mm，于是水中声速为：

$$c_0 = \sqrt{\frac{E}{\rho}} = \sqrt{\frac{2.06 \times 10^9}{1\,000}} \text{ m/s} = 1\,435 \text{ m/s}$$

水击传播速度为：

$$c = \frac{c_0}{\sqrt{1 + \dfrac{D}{e}\dfrac{E}{E_0}}} = \frac{1435}{\sqrt{1 + \dfrac{100}{4} \times \dfrac{2.06 \times 10^9}{2.06 \times 10^{11}}}} \text{ m/s} = 1\,284 \text{ m/s}$$

水击压力为：

$$\Delta p = \rho c v_0 = 1\,000 \times 1\,284 \times 1.2 \text{ Pa} = 1.54 \times 10^6 \text{ Pa}$$

思考题

5-1 何谓压力管路？长管和短管如何划分？

5-2 何谓管路特征曲线？有何用途？

5-3 长管的水力计算通常有哪几类问题？计算方法和步骤各是什么？

5-4 选择管径应该注意哪些问题？为什么？

5-5 串联管路和并联管路各有何水力特性？在输油管上可用来解决哪些问题？

5-6 分支管路应如何进行水力计算？计算中要注意哪些问题？

5-7 何谓管路综合阻力系数？何谓作用水头？如何确定综合阻力系数？

5-8 孔口和管嘴泄流各有何特点？

5-9 流量系数、流速系数、收缩系数的物理意义是什么？它们之间有何关系？

5-10 在相同出流条件下，管嘴泄流量大于孔口泄流量的原因是什么？

5-11 圆柱形外管嘴正常工作的条件是什么？

5-12 液体由容器底部的一个小孔口流出。若容器内无液体补充，那么容器应具有什么形状才有可能使容器内液面的下降速度保持为不变的常数？

5-13 关于容器排空时间的计算公式是在什么条件下得出的？对于断面尺寸变化的容器排空问题应如何处理？

5-14 水击产生的原因是什么？

5-15 简述水击压力波的传播过程。

5-16 水击现象往往不可避免，人们通常采取哪些措施减小水击的影响？

习题

5-1 直径 100 mm 的长输水平管线，输送相对密度为 0.92 的油品，运动黏度为 0.000 38 m^2/s，设计输量为 0.64 L/s，求水力坡降。

5-2 沿直径 200 mm、长 3 km 的无缝钢管（$\Delta = 0.2$ mm）输送相对密度为 0.9 的原油。若输量为 90 t/h，其平均运动黏度在冬季为 1.09 St，夏季为 0.42 St。试求沿程损失各为多少 m 油柱？

5-3 在直径 257 mm 管线中输送相对密度为 0.8 的煤油，其运动黏度为 1.2 cSt。管长 50 km，地形平缓，不计高差，设计水力坡降为 5×10^{-3}，终点压强为 1.5 at，管线绝对粗糙度 $\Delta = 0.15$ mm。试确定泵压及排量（t/d）。

5-4 长输管线，设计水力坡降为 9.5×10^{-3}，输送相对密度为 0.9、运动黏度为 1.125 St 的油品，设计输送量为 40 t/h，则应选择多大管径？

5-5 图示一串联管路，管径、管长、沿程阻力系数和流量分别标于图中，试按长管计

算所需的水头 H。

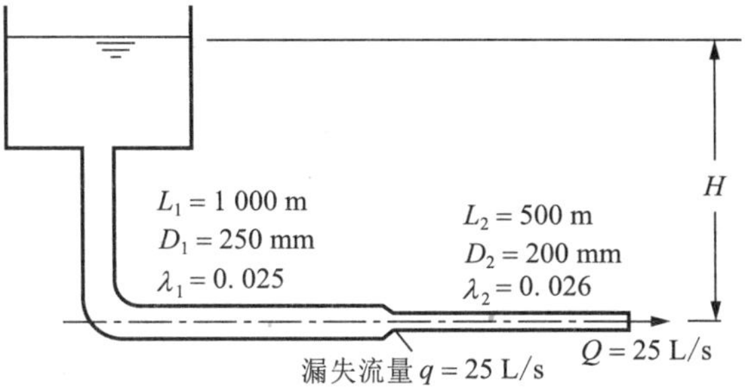

习题 5-5 图

5-6 图示一输水管路，总流量 $Q=100$ L/s，各段管径、长度及沿程阻力系数分别标于图中。试确定流量 Q_1，Q_2 及 AB 间的水头损失。

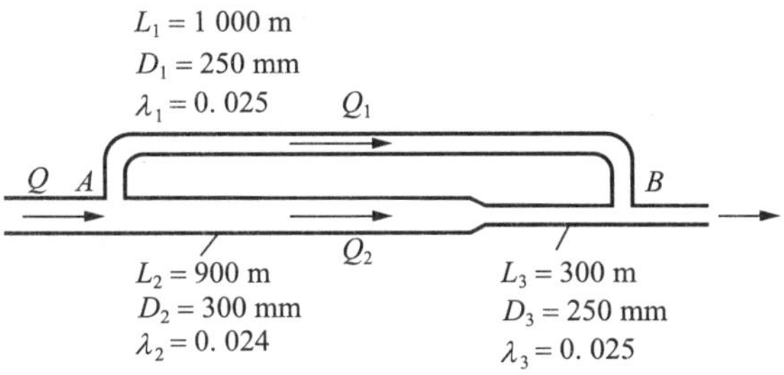

习题 5-6 图

5-7 图中一根管长 $L_1=30$ m，直径 $D_1=50$ mm，另一根管长 $L_2=50$ m，$D_2=100$ mm，阀门的局部阻力系数 $\zeta=3$，假设沿程阻力系数 $\lambda_1=0.04$ 及 $\lambda_2=0.03$。试求 $Q=25\times10^{-3}$ m^3/s 在 2 根并联管路中是如何分配的？并联管路中水头损失又为多少？

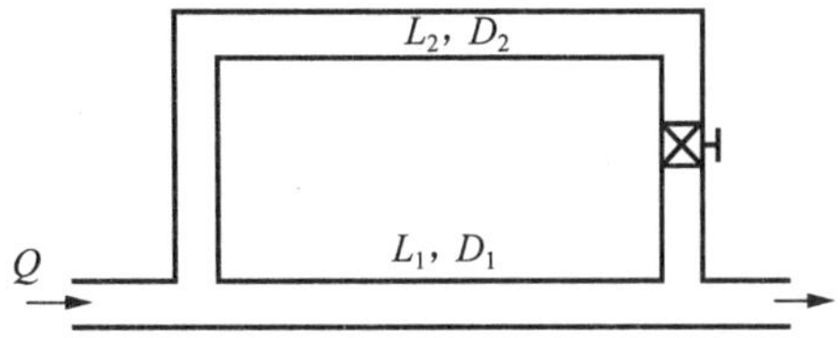

习题 5-7 图

5-8 图示一管路系统，CD 管中的水由 A 和 B 两水池联合供应。已知 $L_1=500$ m，$L_0=500$ m，$L_2=300$ m，$D_1=0.2$ m，$D_0=0.25$ m，$\lambda_1=0.029$，$\lambda_2=0.026$，$\lambda_0=0.025$，$Q_0=100$ L/s。求 Q_1，Q_2 及 D_2。

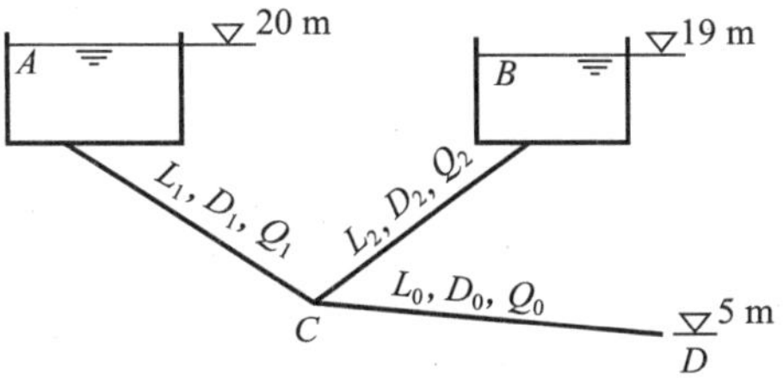

习题 5-8 图

5-9 用直径 257 mm 的管子输送相对密度为 0.86、运动黏度为 6 cSt 的原油，管线全长 50 km，起点高于终点 30 m，起点压强为 50 at，终点压强为 2 at。试求输送量及水力坡降。若把其中 10 km 管线换成直径 305 mm 的管子，则输量能提高多少？

5-10　上题中如果把 10 km 管线改用直径 257 mm 的 2 根管线并联，其余仍用直径 257 mm 的单管，输量仍保持和原来单管相同，设延长部分高程变化不大，问可延长输送距离多远？

5-11　供水管路系统如图所示，各支管的长度、直径及沿程阻力系数为：$L_1 = 300$ m，$D_1 = 225$ mm，$\lambda_1 = 0.03$；$L_2 = 150$ m，$D_2 = 125$ mm，$\lambda_2 = 0.038$；$L_3 = 250$ m，$D_3 = 150$ mm，$\lambda_3 = 0.032$；$L_4 = 100$ m，$D_4 = 175$ mm，$\lambda_4 = 0.042$。管路系统在节点处流出 $Q_A = 35$ L/s、端点 B 处流出 $Q_B = 50$ L/s 的流量，试确定 h 及 A 处的压力水头 $\dfrac{p_A}{\gamma}$。

5-12　某三层楼的自来水管路如图所示。已知管路的管径均为 60 mm，管路长度 $L_{AB} = 6$ m，$L_{BC} = L_{DE} = L_{FG} = 2$ m，$L_{BD} = L_{DF} = 3.5$ m，沿程阻力系数 $\lambda = 0.03$，水龙头全开时局部阻力系数 $\zeta = 3.0$，不计其他部分的局部损失，试求当水龙头全开时供给每一住宅的流量不小于 3×10^{-3} m³/s 时，供水压强 p_M 应为多少？

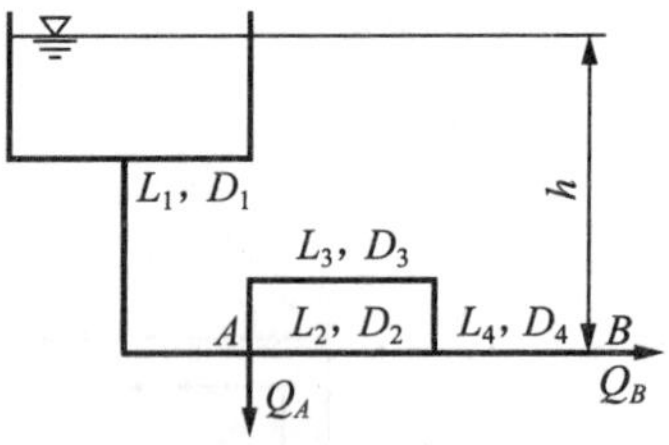

习题 5-11 图

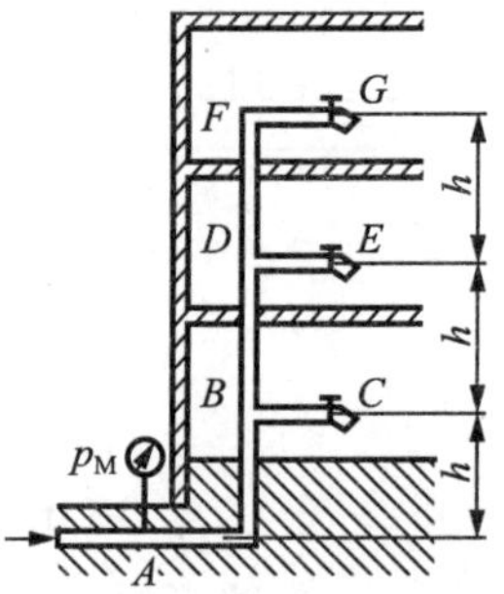

习题 5-12 图

5-13　要求保证自流式虹吸管中液体流量 $Q = 10^{-3}$ m³/s，只计沿程水头损失，试确定 $h_1 = 2$ m，$L = 44$ m，$\nu = 10^{-4}$ m²/s，$\rho = 900$ kg/m³ 时，为保证层流，D 应为多少？ $L/2$ 处 A 断面上的极限真空为 $p_真 = 5.4$ m 水柱，输油管 A 点在上游储油池中油面以上的最大允许高度 h 为多少？

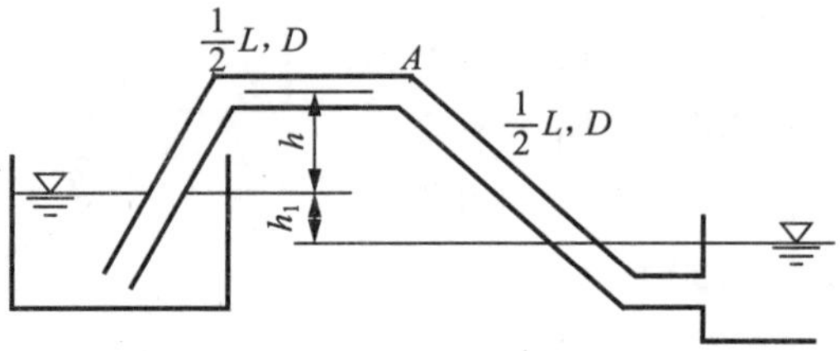

习题 5-13 图

5-14　用实验方法测得从直径 $d = 10$ mm 的圆孔泄流时，流出 10 L 容积的水所需时间为 32.8 s，作用水头为 2 m，收缩断面直径 $d_c = 8$ mm。试确定收缩系数、流速系数、流量系数和局部阻力系数。

5-15　储液箱中水深保持为 $h = 1.8\ \text{m}$，液面上的压强 $p_0 = 70\ \text{kPa}$（相对压强），箱底开一孔，孔直径 $d = 50\ \text{mm}$。若流量系数 $\mu = 0.61$，求此底孔排出的液流流量。

5-16　水从固定液面的水箱，通过直径 $d = 0.03\ \text{m}$ 的圆柱形外管嘴流出。已知管嘴内的真空高度 $h_v = 1.5\ \text{m}$ 水柱，求管嘴泄流的流量。

5-17　液流从容器的垂直侧壁上的小孔口中水平射出，如图所示，从收缩断面量起，水平射程为 $x = 4.8\ \text{m}$，孔口中心离地面高为 $y = 2\ \text{m}$，容器的液面比孔口高 $H = 3\ \text{m}$。求孔口的流速系数。

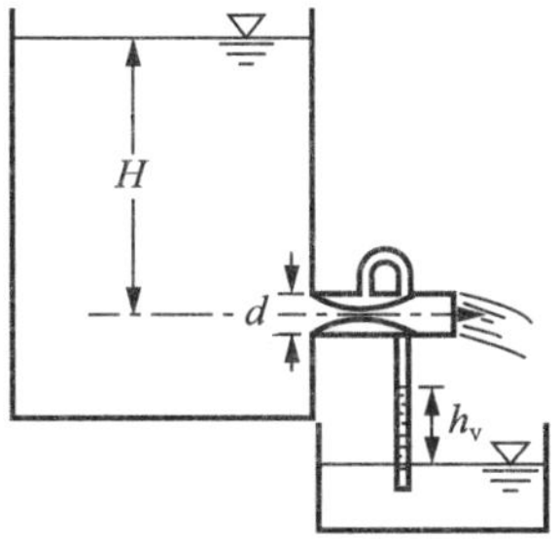

习题 5-16 图

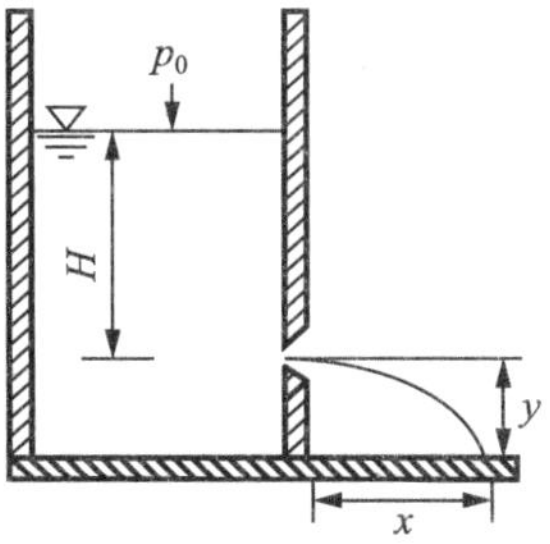

习题 5-17 图

5-18　水沿 T 管流入容器 A，经流线型管嘴流入容器 B，再经圆柱形管嘴流入容器 C，最后经底部圆柱形管嘴流到大气中。已知 $d_1 = 0.008\ \text{m}$，$d_2 = 0.010\ \text{m}$，$d_3 = 0.006\ \text{m}$。当 $H = 1.2\ \text{m}$，$h = 0.025\ \text{m}$ 时，求经过此系统的流量和水位差 h_1 与 h_2。

5-19　水从封闭水箱的上部经直径 $d_1 = 30\ \text{mm}$ 的孔口流入下部，然后经 $d_2 = 20\ \text{mm}$ 的圆柱形管嘴流入大气。当处于恒定状态时压力计读数 $p_M = 4.9 \times 10^4\ \text{Pa}$，玻璃管内的水位 $h_1 = 2\ \text{m}$，$h_2 = 3\ \text{m}$，孔口和管嘴的流量系数分别为 0.62 和 0.82，试求下部水箱水面上的压强 p_x 及流量 Q。

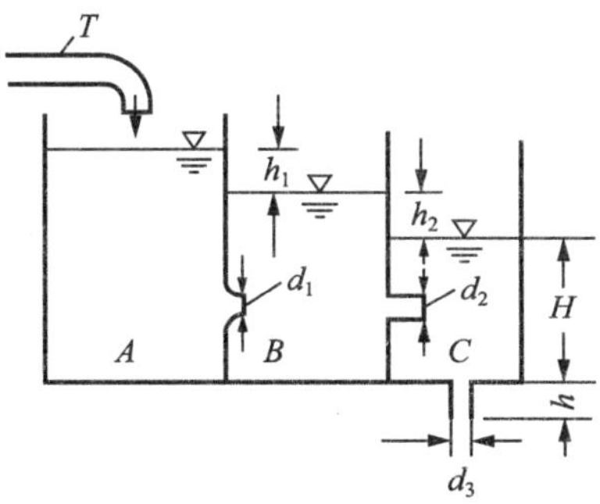

习题 5-18 图

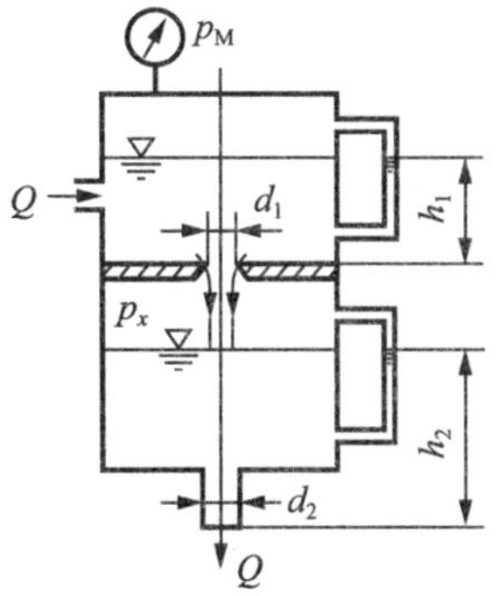

习题 5-19 图

5-20　圆台形容器如图所示，液面的直径 $D_1 = 20\ \text{cm}$，容器底部的直径 $D_2 = 10\ \text{cm}$，液体的深度 $h_0 = 10\ \text{cm}$。液体经过容器底部直径 $d = 0.5\ \text{cm}$ 的小孔口流出，其流量系数 $\mu = 0.62$。试求容器排空及排出液体深度的 1/2 时所需的时间。

5-21　如图所示，一艘装有相对密度 $\delta = 0.68$ 油品的油船，装油深度 $h = 2.5\ \text{m}$，舱

高 $H=3.5\ \text{m}$，面积 $A=150\ \text{m}^2$，起始吃水线 $h_1=2.3\ \text{m}$。若船底部有一直径 $d=50\ \text{mm}$ 的漏洞，其流量系数为 0.61。试求：

（1）油船开始沉没的时间；

（2）分别讨论 $h=h_1/\delta$ 与 $h>h_1/\delta$ 两种情况。

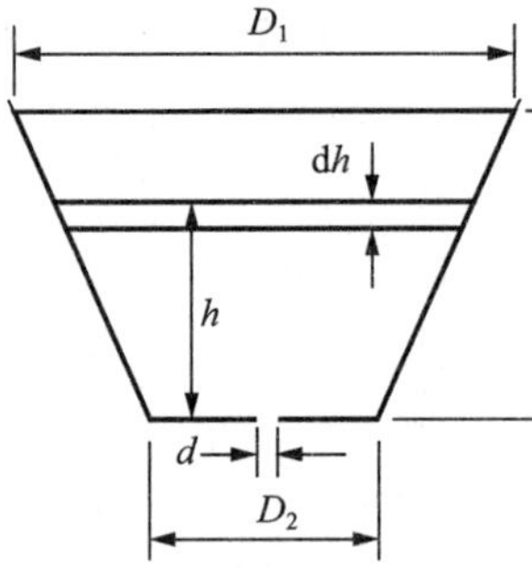

习题 5-20 图

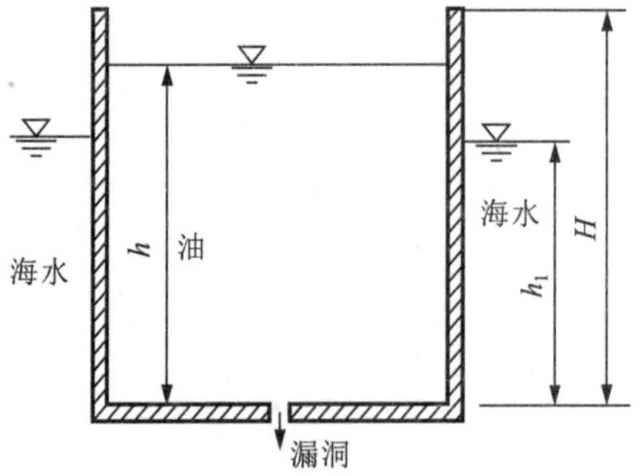

习题 5-21 图

5-22　有直径 $D=250\ \text{mm}$、管壁厚度 $e=10.5\ \text{mm}$ 的管道，管中原来有 $v_0=2\ \text{m/s}$ 的水在流动，此时阀门处的压力 $p_0=15\times10^5\ \text{Pa}$，已知水的体积弹性系数 $E=2.06\times10^9\ \text{Pa}$，管材弹性系数 $E_0=1\times10^{11}\ \text{Pa}$。若阀门突然关闭，求管壁材料内产生的应力。

5-23　输水钢管直径 $D=100\ \text{mm}$，管壁厚度 $e=7\ \text{mm}$，管材弹性系数 $E_0=2.06\times10^{11}\ \text{Pa}$，阀门全开时管内流速 $v_0=1\ \text{m/s}$。试求：

（1）水击波的传播速度；

（2）阀门突然关闭时产生的压强升高值；

（3）为了避免直接水击，管长 $L=1\,000\ \text{m}$ 时，阀门的关闭时间至少应为多长？

第六章

边界层理论基础

工程实际中不存在理想流体，即任何流体都有黏性。流体绕过物体时，对物体产生作用力，这个力可以分解为两个分量：一个是垂直于来流方向的作用力，叫升力；另一个是平行于来流方向的作用力，叫阻力。绕流阻力由两部分组成，即摩擦阻力和形状阻力。摩擦阻力主要发生在紧靠物体表面的速度梯度很大的流体薄层内，这个薄层叫边界层。形状阻力是指受形状影响，边界层发生分离，从而产生旋涡所造成的阻力。这两种阻力都与边界层有关。本章将对边界层理论作一简要介绍。

第一节　边界层概述

一、边界层概念

在高雷诺数流动中，流体的惯性力远远大于作用在流体上的黏性力，相对于数量级较大的惯性力来说，黏性力可以忽略不计，可把流体视为理想流体。但是对某些问题若忽略黏性，则无法解释。例如，潜水艇以恒速在水下运动，如无黏性影响，则不存在拖曳阻力，实际上因有表面阻力才出现拖曳阻力。

1904 年，在德国举行的第三届国际数学家大会上，普朗特（Prandtl）第一次提出，黏性对流动的影响实际上仅限于贴近固体表面的一个薄层，在这一薄层以外，黏性完全可以忽略，即使应用无黏性流体力学理论来解释流动也可达到较高的精确性。这给物体的绕流问题带来了很大的简化。人们称普朗特为现代流体力学的奠基人。

实际流体绕物体流动时，在物体表面存在极薄的一层流体，该层内流体的速度由物体表面处的速度 0 增加到来流速度 U，存在着很大的速度梯度，黏性力不可忽略，这一薄层流体称为边界层，也称为附面层。

6-1 边界层演示

二、边界层的流态

边界层的厚度一般沿流程逐渐增大。例如平行流沿端部削尖的平板流动时，以平板一面为例，初始一段为层流，称为层流边界层；当向前流动达到一定距离后，逐渐过渡为湍流，称为湍流边界层。图 6-1 所示为一般边界层发展概况。当边界层的流动状态过渡到湍流之后，在紧贴物体表面处同样存在层流底层。

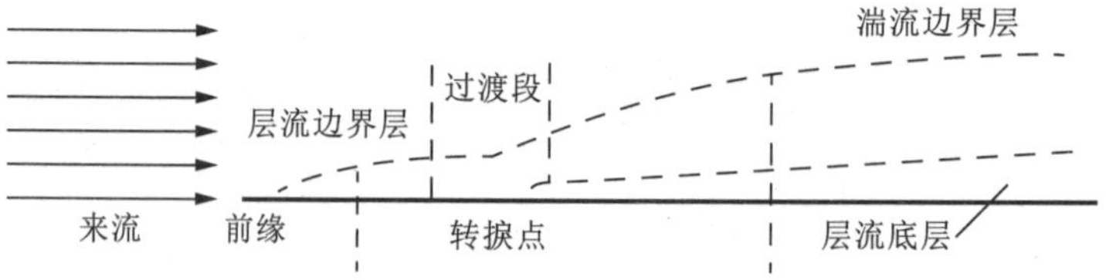

图 6-1　边界层流动状态示意图

对圆管内的湍流流动，管壁处存在边界层，也类似于沿平板流动的情况，只是最后边界层外缘达到管轴心处，即管壁周围边界层外缘在此处相交。

在边界层的计算中，判别层流和湍流的标准仍采用雷诺数：

$$Re=\frac{Ux}{\nu} \tag{6-1}$$

式中　x——特性长度，取物面上一点到前缘的距离；

U——特性速度，取边界层外缘处主流速度。

对平板而言，层流转变为湍流的临界雷诺数 $Re_c=5\times10^5\sim3\times10^6$，即 $Re\leqslant Re_c$，为层流边界层，否则为湍流边界层。边界层内的流态转化取决于许多因素，如主流区的湍动程度、物体壁面粗糙度等。

三、边界层厚度

自壁面到速度不再改变时的距离称为边界层厚度，用 δ 表示。边界层以外区域称为主流区。在实际工程计算中，主流区按理想流体来处理，不考虑流体的黏性。严格地讲，达到速度不再改变的区域距离是很大的。实用上一般规定速度达到主流速度的 0.99 处到壁面的距离为边界层的厚度。为了便于分析计算，还规定了 3 种具有一定物理意义的计算用的边界层厚度。

1. 流量厚度 δ_1

对不可压缩流体，以理想主流速度 U 流过 δ_1 厚度的流量，与实际情况下由于黏性而使流速降低时整个流场减小的流量即流量的欠缺量相等。δ_1 称为流量厚度，又称排挤厚度或位移厚度。

若按边界层外缘速度（主流区速度）计算，则通过边界层的流量 Q_{me} 应为：

$$Q_{me}=\int_0^\delta \rho U \mathrm{d}y$$

而实际通过边界层的流量 Q_{mb} 为：

$$Q_{mb}=\int_0^\delta \rho u \mathrm{d}y$$

流量的差值为 $\Delta Q_{m1}=Q_{me}-Q_{mb}$，这个差值是由黏性的滞止作用造成的，用主流区速度 U 及流量厚度 δ_1 表示：

$$\Delta Q_{m1}=\delta_1\rho U=\int_0^\delta \rho U \mathrm{d}y-\int_0^\delta \rho u \mathrm{d}y$$

δ_1 可表示为：

$$\delta_1=\int_0^\delta\left(1-\frac{u}{U}\right)\mathrm{d}y \tag{6-2}$$

所以，δ_1 相当于将无黏性的主流区自壁面向外推移了 δ_1 的距离，如图 6-2 所示。

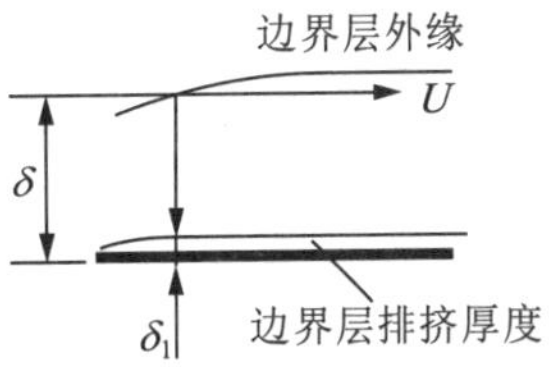

图 6-2　边界层排挤现象

2. 动量厚度 δ_2

动量厚度的意义与流量厚度类似，是指理想情况下，通过 δ_2 的动量等于实际情况下整个流场中的动量欠缺量，即

$$\rho U^2\delta_2=\int_0^\delta \rho u(U-u)\mathrm{d}y$$

$$\delta_2=\int_0^\delta \frac{u}{U}\left(1-\frac{u}{U}\right)\mathrm{d}y \tag{6-3}$$

3. 能量厚度 δ_3

能量厚度的意义亦与 δ_1，δ_2 类似，是指理想情况下，通过 δ_3 的流体的动能等于实际情况下整个流场中的动能欠缺量，即

$$\rho\frac{U^3}{2}\delta_3=\int_0^\delta \rho u\left(\frac{U^2}{2}-\frac{u^2}{2}\right)\mathrm{d}y$$

$$\delta_3=\int_0^\delta \frac{u}{U}\left(1-\frac{u^2}{U^2}\right)\mathrm{d}y \tag{6-4}$$

在已知 u/U 与 y 的关系后，即可算出以上各种厚度，并进一步对边界层作解析计算。

例 6-1

假设边界层中的流速按指数规律分布：$\dfrac{u}{U}=\left(\dfrac{y}{\delta}\right)^{1/n}$。试求 $n=7$ 时边界层的排挤厚度和动量厚度。

解：(1) 排挤厚度 δ_1 为：

$$\delta_1=\int_0^\delta\left(1-\frac{u}{U}\right)\mathrm{d}y=\int_0^\delta\left[1-\left(\frac{y}{\delta}\right)^{1/7}\right]\mathrm{d}y=\frac{1}{n+1}\delta=\frac{1}{8}\delta$$

（2）动量厚度 δ_2 为：

$$\delta_2=\int_0^\delta \frac{u}{U}\left(1-\frac{u}{U}\right)\mathrm{d}y=\int_0^\delta\left(\frac{y}{\delta}\right)^{1/7}\left[1-\left(\frac{y}{\delta}\right)^{1/7}\right]\mathrm{d}y=\frac{7}{72}\delta$$

第二节　边界层微分方程式

边界层内属于黏性流，其微分方程符合纳维–斯托克斯方程式。对不可压缩流体定常的二元流动，当忽略质量力时，其运动方程式和连续性方程式为：

$$\left.\begin{aligned}&u_x\frac{\partial u_x}{\partial x}+u_y\frac{\partial u_x}{\partial y}=-\frac{1}{\rho}\frac{\partial p}{\partial x}+\nu\left(\frac{\partial^2 u_x}{\partial x^2}+\frac{\partial^2 u_x}{\partial y^2}\right)\\&u_x\frac{\partial u_y}{\partial x}+u_y\frac{\partial u_y}{\partial y}=-\frac{1}{\rho}\frac{\partial p}{\partial y}+\nu\left(\frac{\partial^2 u_y}{\partial x^2}+\frac{\partial^2 u_y}{\partial y^2}\right)\\&\frac{\partial u_x}{\partial x}+\frac{\partial u_y}{\partial y}=0\end{aligned}\right\}\tag{6-5}$$

根据边界层特性，普朗特利用量级对比法对上式进行了简化。

一、无因次化处理

令 x 方向的板长 L 为特征长度，来流流速 U 为特性速度，ρU^2 为压力特性值。引入无因次量：

$$x^0=\frac{x}{L},\quad y^0=\frac{y}{L},\quad u_x^0=\frac{u_x}{U},\quad u_y^0=\frac{u_y}{U},\quad p^0=\frac{p}{\rho U^2}$$

代入方程组(6-5)中 x 方向分式可得：

$$u_x^0U\frac{U\partial u_x^0}{L\partial x^0}+u_y^0U\frac{U\partial u_x^0}{L\partial y^0}=-\frac{1}{\rho}\frac{\rho U^2\partial p^0}{L\partial x^0}+\nu\left(\frac{U\partial^2 u_x^0}{L^2\partial x^{02}}+\frac{U\partial^2 u_x^0}{L^2\partial y^{02}}\right)$$

y 方向依此类推，且令 $Re=\dfrac{UL}{\nu}$。则式(6-5)无因次化后可表示为：

$$\left.\begin{aligned}&u_x^0\frac{\partial u_x^0}{\partial x^0}+u_y^0\frac{\partial u_x^0}{\partial y^0}=-\frac{\partial p^0}{\partial x^0}+\frac{1}{Re}\left(\frac{\partial^2 u_x^0}{\partial x^{02}}+\frac{\partial^2 u_x^0}{\partial y^{02}}\right)\\&u_x^0\frac{\partial u_y^0}{\partial x^0}+u_y^0\frac{\partial u_y^0}{\partial y^0}=-\frac{\partial p^0}{\partial y^0}+\frac{1}{Re}\left(\frac{\partial^2 u_y^0}{\partial x^{02}}+\frac{\partial^2 u_y^0}{\partial y^{02}}\right)\\&\frac{\partial u_x^0}{\partial x^0}+\frac{\partial u_y^0}{\partial y^0}=0\end{aligned}\right\}\tag{6-6}$$

二、量级对比分析

边界层在 y 方向的厚度 δ 较物体表面的特征长度 L 小得多，即 $\delta^0 = \delta/L$ 为一小量，$\delta^0 \ll 1$，级数列的递减顺序为：

$$\frac{1}{\delta^{02}},\quad \frac{1}{\delta^0},\quad 1,\quad \delta^0,\quad \delta^{02}$$

用符号～()表示属于某一量级。特征量适当选取可使无因次量具有(1)数量级。

量级对比结果如下：

(1) $x^0 = \dfrac{x}{L} \sim (1)$，$y^0 = \dfrac{y}{L} \sim (\delta^0)$。

(2) u_x^0 及其各级导数 $\dfrac{\partial u_x^0}{\partial x^0}$，$\dfrac{\partial u_x^0}{\partial y^0}$，$\dfrac{\partial^2 u_x^0}{\partial x^{02}}$，$\dfrac{\partial^2 u_x^0}{\partial y^{02}}$ 的量级为：

$$u_x^0 = \frac{u_x}{U} \sim (1),\quad \frac{\partial u_x^0}{\partial x^0} \sim (1),\quad \frac{\partial u_x^0}{\partial y^0} \sim \left(\frac{1}{\delta^0}\right)$$

$$\frac{\partial^2 u_x^0}{\partial x^{02}} \sim (1),\quad \frac{\partial^2 u_x^0}{\partial y^{02}} \sim \left(\frac{1}{\delta^{02}}\right)$$

(3) 由无因次连续性方程可得，质量守恒方程的两项具有相同数量级，因此有：

$$\frac{\partial u_y^0}{\partial y^0} \sim (1)$$

即 u_y^0 与 y^0 为同一量级。所以，$u_y^0 \sim (\delta^0)$，$\dfrac{\partial u_y^0}{\partial y^0} \sim (1)$，$\dfrac{\partial^2 u_y^0}{\partial x^{02}} \sim (\delta^0)$，$\dfrac{\partial^2 u_y^0}{\partial y^{02}} \sim \left(\dfrac{1}{\delta^0}\right)$。

(4) 根据边界层内黏性力和惯性力处在同一数量级，则有：

沿流动方向的黏性力

$$\frac{\mathrm{d}\tau}{\mathrm{d}y}\mathrm{d}x\mathrm{d}y\mathrm{d}z = \mu\frac{\mathrm{d}^2 u_x}{\mathrm{d}y^2}\mathrm{d}x\mathrm{d}y\mathrm{d}z$$

沿流动方向的惯性力

$$m\frac{\mathrm{d}u_x}{\mathrm{d}t} = \rho\,\mathrm{d}x\mathrm{d}y\mathrm{d}z \cdot u_x\frac{\partial u_x}{\partial x} = \rho\mathrm{d}x\mathrm{d}y\mathrm{d}z \cdot u_x\frac{\partial u_x}{\partial x}$$

黏性力与惯性力成正比：

$$\mu\frac{\mathrm{d}^2 u_x}{\mathrm{d}y^2} \propto \rho u_x\frac{\partial u_x}{\partial x} \tag{6-7}$$

因 $\dfrac{\mathrm{d}u_x}{\mathrm{d}y} \propto \dfrac{U}{\delta}$，$\dfrac{\mathrm{d}^2 u_x}{\mathrm{d}y^2} \propto \dfrac{U}{\delta^2}$，$\dfrac{\partial u_x}{\partial x} \propto \dfrac{U}{x}$，所以代入式(6-7)得：

$$\mu\frac{U}{\delta^2} \propto \frac{\rho U^2}{x}$$

$$\delta \propto \sqrt{\frac{\mu x}{\rho U}} = x\sqrt{\frac{1}{Re_x}}$$

其中，$\frac{\rho U}{\mu x}=Re_x$，说明 Re 越大，δ 越小。上式也可表示为：

$$Re_x \propto \left(\frac{x}{\delta}\right)^2$$

因 $\frac{L^2}{\delta^2}\propto\frac{1}{\delta^{02}}$，所以有：

$$Re_x \propto \frac{1}{\delta^{02}}$$

（5）由能量方程 $p+\rho\frac{u_x^2}{2}=c$ 得：

$$\frac{\partial p}{\partial x}\sim\rho u_x\frac{\partial u_x}{\partial x},\quad \frac{\partial p}{\partial y}\sim\rho u_x\frac{\partial u_x}{\partial y}$$

$$\frac{\rho U^2\partial p^0}{L\partial x^0}\sim\rho\frac{U^2}{L}u_x^0\frac{\partial u_x^0}{\partial x^0},\quad \frac{\rho U^2}{\delta}\frac{\partial p^0}{\partial y^0}\sim\frac{\rho U^2}{\delta}u_x^0\frac{\partial u_x^0}{\partial y^0}$$

即

$$\frac{\partial p^0}{\partial x^0}\sim u_x^0\frac{\partial u_x^0}{\partial x^0},\quad \frac{\partial p^0}{\partial y^0}\sim u_x^0\frac{\partial u_x^0}{\partial y^0}$$

同理可得：

$$\frac{\partial p^0}{\partial x^0}\sim(1),\quad \frac{\partial p^0}{\partial y^0}\sim\left(\frac{1}{\delta^0}\right)$$

三、边界层微分方程

将各项量级关系用于式(6-6)中运动方程进行分析，可以得到：

$$\left.\begin{array}{l}
u_x^0\dfrac{\partial u_x^0}{\partial x^0}+u_y^0\dfrac{\partial u_x^0}{\partial y^0}=-\dfrac{\partial p^0}{\partial x^0}+\dfrac{1}{Re}\left(\dfrac{\partial^2u_x^0}{\partial x^{02}}+\dfrac{\partial^2u_x^0}{\partial y^{02}}\right)\\
1\quad 1\qquad \delta^0\quad 1/\delta^0\quad 1\qquad \delta^{02}\quad 1\qquad 1/\delta^{02}\\
u_x^0\dfrac{\partial u_y^0}{\partial x^0}+u_y^0\dfrac{\partial u_y^0}{\partial y^0}=-\dfrac{\partial p^0}{\partial y^0}+\dfrac{1}{Re}\left(\dfrac{\partial^2u_y^0}{\partial x^{02}}+\dfrac{\partial^2u_y^0}{\partial y^{02}}\right)\\
1\quad \delta^0\qquad \delta^0\quad 1\qquad 1/\delta^0\quad \delta^{02}\quad \delta^0\qquad 1/\delta^0\\
\dfrac{\partial u_x^0}{\partial x^0}+\dfrac{\partial u_y^0}{\partial y^0}=0\\
1\qquad 1
\end{array}\right\}$$

将上式中所有量级小于1的各项略去，不会引起太大的误差，得：

$$\left.\begin{array}{l}
u_x^0\dfrac{\partial u_x^0}{\partial x^0}+u_y^0\dfrac{\partial u_x^0}{\partial y^0}=-\dfrac{\partial p^0}{\partial x^0}+\dfrac{1}{Re}\dfrac{\partial^2u_x^0}{\partial y^{02}}\\
\dfrac{\partial p^0}{\partial y^0}=0\\
\dfrac{\partial u_x^0}{\partial x^0}+\dfrac{\partial u_y^0}{\partial y^0}=0
\end{array}\right\}$$

将上式恢复为有因次的方程：

$$\left.\begin{aligned}&u_x\frac{\partial u_x}{\partial x}+u_y\frac{\partial u_x}{\partial y}=-\frac{1}{\rho}\frac{\partial p}{\partial x}+\frac{\mu}{\rho}\frac{\partial^2 u_x}{\partial y^2}\\&\frac{\partial p}{\partial y}=0\\&\frac{\partial u_x}{\partial x}+\frac{\partial u_y}{\partial y}=0\end{aligned}\right\}\tag{6-8}$$

这就是普朗特边界层微分方程，由此可得出以下结论。

（1）边界条件为：在 $y=0$ 处，$u_x=u_y=0$；在 $y=\delta$ 处，$u_x=U$。

（2）方程适用条件：层流、定常绕流，不可压缩，二维流动，质量力不计。

（3）在方程简化过程中假设 x 与 y 具有不同的数量级，显然，这一假设在平板壁面前缘部分是不成立的。

（4）由于 $\partial p/\partial y=0$，所以在边界层内压力 p 与 y 无关，即 $p=p(x)$，边界层沿内法线方向压强相等。而在边界层外边界上，速度与主流速度一致，故压力分布 $p(x)$ 可按伯努利方程计算，即

$$p+\frac{\rho}{2}U^2=常数$$

$$\frac{\mathrm{d}p}{\mathrm{d}x}=-\rho U\frac{\mathrm{d}U}{\mathrm{d}x}\tag{6-9}$$

亦即压力项 $-\frac{1}{\rho}\frac{\mathrm{d}p}{\mathrm{d}x}=U\frac{\mathrm{d}U}{\mathrm{d}x}$ 和惯性项 $u_x\frac{\partial u_x}{\partial x}$ 具有同一数量级。

尽管边界层微分方程式通过量级对比已得到了极大简化，但由于它的非线性，即使对外形最简单的物体，其求解也是十分困难的。目前只能对最简单的平板层流边界层进行较精确的计算。对复杂物体的绕流和湍流边界层还不能求得较精确的解析解，这里就不展开详细讨论。然而，应用冯·卡门提出的近似方法——动量积分法——求解边界层问题，还是比较方便的。

第三节　边界层动量积分方程

边界层内流速的降低会引起动量的变化。由于边界层内流速降低是因绕流物体的阻力所致，为了研究摩擦阻力，应分析阻力和边界层动量变化的关系，这就需要建立边界层的动量积分方程，用动量积分方程求解比较简单，也非常实用。

一、边界层动量积分方程的推导

将 x 轴取在物体壁面上，无穷远来流速度为 U，如图 6-3（a）所示，在距离前缘 x 处，沿边界层取一单位宽度、微元段长度 dx 的控制体，AB 和 CD 作为控制面，其上所受各表面力如图 6-3（b）所示。

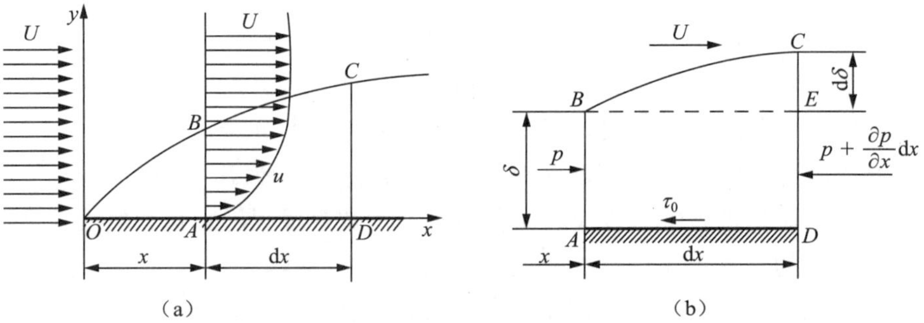

图 6-3　动量积分控制体

单位时间内经过边界层 x 处断面 AB 面流入质量 m_{AB} 为：

$$m_{AB}=\int_0^{\delta}\rho u\mathrm{d}y$$

代入 AB 面在 x 方向的动量方程：

$$k_{AB}=\int_0^{\delta}\rho u^2\mathrm{d}y$$

单位时间内经过 CD 面的流出质量 m_{CD} 为：

$$m_{CD}=\int_0^{\delta}\left[\rho u+\frac{\partial(\rho u)}{\partial x}\mathrm{d}x\right]\mathrm{d}y$$

代入 CD 面在 x 方向的动量方程：

$$k_{CD}=\int_0^{\delta}\rho u^2\mathrm{d}y+\mathrm{d}x\frac{\partial}{\partial x}\int_0^{\delta}\rho u^2\mathrm{d}y$$

对于不可压缩流体，根据质量守恒，有质量 $m_{CD}-m_{AB}=\mathrm{d}x\frac{\partial}{\partial x}\int_0^{\delta}\rho u\mathrm{d}y$ 从边界层 BC 面流入，边界层外缘处的流速认为相同，均取为主流区速度 U，则代入 BC 面在 x 方向的动量方程：

$$k_{BC}=U\mathrm{d}x\frac{\partial}{\partial x}\int_0^{\delta}\rho u\mathrm{d}y$$

单位时间内该控制体内沿 x 方向的动量变化为：

$$k_{CD}-k_{AB}-k_{BC}=\mathrm{d}x\left(\frac{\partial}{\partial x}\int_0^{\delta}\rho u^2\mathrm{d}y-U\frac{\partial}{\partial x}\int_0^{\delta}\rho u\mathrm{d}y\right)\tag{6-10}$$

设 AB 面的压强为 p，则作用在 AB 面的总压力沿 x 方向的分力 P_{AB} 为：

$$P_{AB}=p\delta$$

作用在 CD 面的总压力沿 x 方向的分力 P_{CD} 为：

$$P_{CD}=-\left(p+\frac{\partial p}{\partial x}\mathrm{d}x\right)(\delta+\mathrm{d}\delta)$$

由于作用在 BC 面的压强是不均匀的，取 B 点和 C 点的平均压强，则作用在 BC 面上的总压力沿 x 方向的分力 P_{BC} 为：

$$P_{BC}=\left(p+\frac{1}{2}\frac{\partial p}{\partial x}\mathrm{d}x\right)\mathrm{d}\delta$$

壁面 AD 作用在流体上的切向应力的合力 F_{AD} 为：

$$F_{AD}=-\tau_0\mathrm{d}x$$

故合外力为：

$$P_{AB}+P_{CD}+P_{BC}+F_{AD}\approx\left(-\frac{\partial p}{\partial x}\delta-\tau_0\right)\mathrm{d}x \tag{6-11}$$

上式略去了二阶微量。根据动量定理，动量变化等于合外力，由式(6-10)和式(6-11)可得定常流条件下的边界层动量积分关系式：

$$\frac{\partial}{\partial x}\int_0^{\delta}\rho u^2\mathrm{d}y-U\frac{\partial}{\partial x}\int_0^{\delta}\rho u\mathrm{d}y=-\delta\frac{\partial p}{\partial x}-\tau_0 \tag{6-12}$$

上式称为不可压缩流体定常流冯·卡门边界层积分方程式。

边界层积分方程式适用条件：

(1) 对层流和湍流都适用；

(2) 既适用于平板，也适用于微弯曲面；

(3) 既适用于可压缩流体，也适用于不可压缩流体。

二、边界层动量积分方程分析

边界层积分方程式的左边，在边界层内，$u=f(y)$，$\delta=f(x)$，则两个积分都只是 x 的函数，偏导数可改写成全导数；而方程的右边，由边界层的微分方程可知 $\partial p/\partial y=0$，即 p 与 y 无关，因此用全导数代替偏导数，边界层积分方程式(6-12)可改写成：

$$\frac{\mathrm{d}}{\mathrm{d}x}\int_0^{\delta}\rho u^2\mathrm{d}y-U\frac{\mathrm{d}}{\mathrm{d}x}\int_0^{\delta}\rho u\mathrm{d}y=-\delta\frac{\mathrm{d}p}{\mathrm{d}x}-\tau_0 \tag{6-13}$$

边界层积分方程式中 U 为主流区速度，通过对主流区应用能量方程求得 $\mathrm{d}p/\mathrm{d}x$，还有 3 个未知数：u，τ_0 和 δ，所以求解边界层积分方程式需补充 2 个关系式。

(1) 边界层内速度分布是按经验来假定的。

假定 $u=u(y)$，愈接近实际，则所得的结果愈正确。因此，选择边界层内速度分布函数 $u(y)$ 是求解边界层问题的关键。

(2) 建立 τ_0 与 μ 和 u 的关系式。

由牛顿内摩擦定律来建立 τ_0 与 μ 和 u 的关系式。

第四节　平板边界层近似计算

下面分别对沿平板层流和湍流边界层选择合理的流速分布，应用边界层积分方程式进行边界层厚度、阻力近似计算。

一、平板层流边界层近似计算

设层流边界层内的流速分布为：

$$u(y) = a_0 + a_1 y + a_2 y^2 + a_3 y^3 + a_4 y^4 \tag{6-14}$$

关键是确定 5 个常数系数 a_0, a_1, a_2, a_3, a_4，需要 5 个边界条件。

（1）在平板壁面上速度为零，即在 $y = 0$ 处，$u = 0$，由此可推出 $a_0 = 0$，则式(6-14)可简化为：

$$u(y) = a_1 y + a_2 y^2 + a_3 y^3 + a_4 y^4 \tag{6-14a}$$

（2）在平板上 $y = 0$ 处，$u_x = 0$，$u_y = 0$，则层流边界层微分方程为：

$$u_x \frac{\partial u_x}{\partial x} + u_y \frac{\partial u_x}{\partial y} = -\frac{1}{\rho}\frac{\partial p}{\partial x} + \nu \frac{\partial^2 u_x}{\partial y^2}$$

对平板有 $\frac{\mathrm{d}p}{\mathrm{d}x} = 0$，所以 $\left.\frac{\partial^2 u}{\partial y^2}\right|_{y=0} = 0$，由式(6-14a)得：

$$\frac{\partial u(y)}{\partial y} = a_1 + 2a_2 y + 3a_3 y^2 + 4a_4 y^3$$

$$\frac{\partial u^2(y)}{\partial y^2} = 2a_2 + 6a_3 y + 12a_4 y^2 = 0$$

可推出 $a_2 = 0$，则式(6-14)进一步简化为：

$$u(y) = a_1 y + a_3 y^3 + a_4 y^4 \tag{6-14b}$$

（3）在边界层的外缘，$y = \delta$，$u = U$，则式(6-14b)可转化为：

$$U = a_1 \delta + a_3 \delta^3 + a_4 \delta^4 \tag{6-14c}$$

（4）在边界层的外缘，$y = \delta$，$\tau = \mu \frac{\partial u}{\partial y} = 0$，根据牛顿内摩擦定律和 $\left(\frac{\partial u}{\partial y}\right)_{y=\delta} = 0$，由式(6-14b)可得：

$$\frac{\partial u(y)}{\partial y} = a_1 + 3a_3 \delta^2 + 4a_4 \delta^3 = 0 \tag{6-14d}$$

（5）由于边界上 $u = U$，$\left(\frac{\partial u}{\partial y}\right)_{y=\delta} = 0$，由连续性方程得 $\left(\frac{\partial u}{\partial x}\right)_{y=\delta} = 0$，根据微分方程

$u_x \frac{\partial u_x}{\partial x} + u_y \frac{\partial u_x}{\partial y} = \nu \frac{\partial^2 u_x}{\partial y^2}$ 可得 $\left(\frac{\partial^2 u}{\partial y^2}\right)_{y=\delta} = 0$，则：

$$\frac{\partial u^2(y)}{\partial y^2} = 6a_3\delta + 12a_4\delta^2 = 0 \tag{6-14e}$$

由式(6-14c)、式(6-14d)和式(6-14e)可得：

$$a_1 = 2\frac{U}{\delta}, \quad a_3 = -2\frac{U}{\delta^3}, \quad a_4 = \frac{U}{\delta^4}$$

将 a_1, a_3, a_4 代入式(6-14b)得：

$$u(y) = U\left[2\left(\frac{y}{\delta}\right) - 2\left(\frac{y}{\delta}\right)^3 + \left(\frac{y}{\delta}\right)^4\right]$$

为了便于计算边界层厚度，先求下列两个积分：

$$\int_0^\delta u\mathrm{d}y = \frac{7}{10}U\delta \tag{6-15}$$

$$\int_0^\delta u^2\mathrm{d}y = \frac{367}{630}U^2\delta \tag{6-16}$$

注意到近壁处有：

$$\tau_0 = \mu\left(\frac{\mathrm{d}u}{\mathrm{d}y}\right)_{y=0} = \frac{2\mu U}{\delta} \tag{6-17}$$

以及沿平板有 $\mathrm{d}p/\mathrm{d}x = 0$，$\mu = \nu\rho$，则动量方程(6-13)可写成：

$$\frac{37}{630}U\frac{\mathrm{d}\delta}{\mathrm{d}x} = \frac{\nu}{\delta}$$

分离变量并积分得：

$$\int_0^\delta \delta\mathrm{d}\delta = \frac{630}{37}\frac{\nu}{U}\int_0^x \mathrm{d}x$$

则边界层厚度为：

$$\delta = 5.83\sqrt{\frac{\nu x}{U}}$$

将 δ 值代入式(6-17)，并取 $Re_x = \frac{Ux}{\nu}$，得：

$$\tau_0 = 0.343\rho U^2\sqrt{\frac{\nu}{Ux}} = \frac{0.343\rho U^2}{\sqrt{Re_x}}$$

宽为 b、长为 L 的平板一面阻力为：

$$D = \int_0^L b\tau_0\mathrm{d}x = \frac{0.343\rho U^2 b\sqrt{\nu}}{\sqrt{U}}\int_0^L x^{-1/2}\mathrm{d}x = \frac{0.686bL\rho U^2}{\sqrt{Re_L}}$$

全平板阻力系数 C_D 为：

$$C_\mathrm{D} = \frac{D}{\frac{\rho U^2}{2}bL} = \frac{1.372}{\sqrt{Re_L}} \tag{6-18}$$

当取流速分布为$\frac{u}{U}=\sin\left(\frac{\pi}{2}\frac{y}{\delta}\right)$时，同理可求出：

$$\delta=4.80\sqrt{\frac{\nu x}{U}}=\frac{4.80x}{\sqrt{Re_x}},\quad \tau_0=\frac{0.328\rho U^2}{\sqrt{Re_x}},\quad C_D=\frac{1.312}{\sqrt{Re_L}}$$

伯拉休斯曾在较严格的理论上采用无因次变量将偏微分方程化为常微分方程，解出结果为：

$$\delta=\frac{5.0x}{\sqrt{Re_x}},\quad \tau_0=\frac{0.332\rho U^2}{\sqrt{Re_x}},\quad C_D=\frac{1.328}{\sqrt{Re_L}}$$

由此可见，虽然所设流速分布不同，解的方法不同，但其结果都比较相近。尼古拉兹曾根据实验在 $Re_x=(1.0\sim7.0)\times10^5$ 范围内得出与伯拉休斯极为吻合的结果。

例 6-2

空气温度为 15.5 ℃，压力为 1 at，流速 $U=6.2$ m/s，在平行于流速方向上将一薄平板置于空气中，试求距前缘 40 cm 处的边界层厚度，以及在该处距壁面 2.1 mm 空气流速。

解：距前缘 400 m 处的雷诺数为：

$$Re_x=\frac{xU}{\nu}=\frac{0.4\times6.2}{1.47\times10^{-5}}=1.69\times10^5$$

故为层流边界层，厚度为：

$$\delta=\frac{5.83x}{\sqrt{Re_x}}=\frac{5.83\times400}{\sqrt{1.69\times10^5}}\text{ mm}=5.67\text{ mm}$$

将 $\delta=5.67$ mm，$y=2.1$ mm 代入速度分布公式得：

$$u(y)=U\left[2\left(\frac{y}{\delta}\right)-2\left(\frac{y}{\delta}\right)^3+\left(\frac{y}{\delta}\right)^4\right]$$

$$=6.2\times\left[2\times\left(\frac{2.1}{5.67}\right)-2\times\left(\frac{2.1}{5.67}\right)^3+\left(\frac{2.1}{5.67}\right)^4\right]\text{ m/s}=4.08\text{ m/s}$$

所以，$x=40$ cm，$y=2.1$ mm 处的空气流速为 4.08 m/s。

二、平板湍流边界层近似计算

层流边界层近似计算边界条件是建立在牛顿内摩擦定律和层流边界层的微分方程基础上的，不能用于湍流边界层。而平板上湍流边界层计算还不能从理论上解决，只能借助实验并在某些条件假设基础上得出。

首先，假设平板边界层从前缘开始就是湍流。

其次，从圆管内湍流得到启示，普朗特假设沿平板边界层的湍流流动类似圆管内湍流流动。管轴心最大流速相当于边界层外缘主流速度 U，圆管半径相当于边界层厚度 δ，并设从前端起就为湍流。根据圆管湍流的 1/7 指数速度分布规律，有：

$$u=U\left(\frac{y}{\delta}\right)^{1/7} \tag{6-19}$$

需要说明的是，普朗特这一假设不够精确，因为圆管内的速度分布是在沿流动方向有压力梯度的条件下形成的，而平板流动时，其沿流动方向的压力梯度为零。实验表明上式是有一定误差的。同时，这个方程不适用于紧靠壁面处，因为：

$$\frac{\mathrm{d}u}{\mathrm{d}y}=\frac{1}{7}\frac{U}{\delta^{1/7}y^{6/7}}$$

当 $y=0$ 时，壁面上的速度梯度为无穷大，则切应力也为无穷大，但这是不可能的。因此，认为在紧靠壁面处存在一层层流底层。

在层流底层中，速度随 y 的增加而直线增加，只是在层流底层以外的湍流边界层主体中，式(6-19)速度分布规律才是有效的。

与之相应的切应力 τ_0 可由达西公式、圆管层流切应力公式推导出：

$$\tau_0=\frac{\lambda}{8}\rho v^2 \tag{6-20}$$

其中，摩阻系数 λ 在 $4\,000\leqslant Re\leqslant 10^5$ 范围内采用布拉休斯公式计算：

$$\lambda=\frac{0.316\,4}{Re^{1/4}}=\frac{0.316\,4}{\left(\frac{vD}{\nu}\right)^{1/4}}=\frac{0.266\,0}{\left(\frac{vR}{\nu}\right)^{1/4}}$$

将上式代入式(6-20)得：

$$\tau_0=0.033\,25\rho v^{7/4}\left(\frac{\nu}{R}\right)^{1/4}$$

在以上雷诺数范围内，平均流速 $v\approx 0.8\,u_{\max}$，将 $v=0.8U$ 代入上式，取 $R=\delta$，得：

$$\tau_0=0.022\,5\rho U^{7/4}\left(\frac{\nu}{\delta}\right)^{1/4}=0.022\,5\rho U^2\left(\frac{\nu}{U\delta}\right)^{1/4} \tag{6-21}$$

取 $\mathrm{d}p/\mathrm{d}x=0$，代入动量方程式，则：

$$\frac{\mathrm{d}}{\mathrm{d}x}\int_0^\delta\left[U\left(\frac{y}{\delta}\right)^{1/7}\right]^2\mathrm{d}y-U\frac{\mathrm{d}}{\mathrm{d}x}\int_0^\delta U\left(\frac{y}{\delta}\right)^{1/7}\mathrm{d}y=-0.022\,5U^2\left(\frac{\nu}{U\delta}\right)^{1/4} \tag{6-22}$$

由于

$$\int_0^\delta\left(\frac{y}{\delta}\right)^{2/7}\mathrm{d}y=\frac{7}{9}\delta,\quad \int_0^\delta\left(\frac{y}{\delta}\right)^{1/7}\mathrm{d}y=\frac{7}{8}\delta$$

代入式(6-22)约去 U^2 后得：

$$\frac{7}{72}\frac{\mathrm{d}\delta}{\mathrm{d}x}=0.022\,5\left(\frac{\nu}{U\delta}\right)^{1/4}$$

分离变量得：

$$\delta^{1/4}\mathrm{d}\delta = 0.022\,5\times\frac{72}{7}\left(\frac{\nu}{U}\right)^{1/4}\mathrm{d}x$$

积分得：

$$\delta = \frac{0.37x}{\sqrt[5]{Re_x}}$$

将上式代入式(6-21)得：

$$\tau_0 = \frac{0.028\,9\rho U^2}{\sqrt[5]{Re_x}} \tag{6-23}$$

由黏性引起的宽为 b、长为 L 平板一面摩擦阻力为：

$$D = \int_0^L b\tau_0\mathrm{d}x = 0.028\,9\rho U^2\left(\frac{\nu}{U}\right)^{1/5} b\int_0^L x^{-1/5}\mathrm{d}x = \frac{0.036bL\rho U^2}{\sqrt[5]{Re_L}} \tag{6-24}$$

全平板阻力系数为：

$$C_\mathrm{D} = \frac{0.072}{\sqrt[5]{Re_L}} \tag{6-25}$$

根据实验测量结果，最好用 0.074 代替式(6-25)中的 0.072，并用 0.029 6 代替式(6-23)中的 0.028 9，则有：

$$C_\mathrm{D} = \frac{0.074}{\sqrt[5]{Re_L}} \tag{6-26}$$

$$\tau_0 = \frac{0.029\,6\rho U^2}{\sqrt[5]{Re_x}} \tag{6-27}$$

式(6-27)在 $Re_x = 5\times 10^5 \sim 10^7$ 之间是正确的。

对比层流和湍流边界层可以看出：

(1) 沿平板壁面湍流边界层的厚度比层流边界层的厚度增加得快，因为在层流时，边界层厚度 δ 随 $x^{1/2}$ 而增加；在湍流时，边界层厚度 δ 随 $x^{4/5}$ 而增加。这是因为在湍流边界层内流体质点发生了横向运动，容易促使厚度迅速增加。

(2) 在层流时，平板壁面上的切应力 τ_0 反比于 $x^{1/2}$；而在湍流时，τ_0 则反比于 $x^{1/5}$。所以，平板壁面上的切应力 τ_0 在湍流边界层中要比层流边界层沿着壁面减小得慢。

三、平板混合边界层近似计算

由层流发展成湍流的平板混合边界层在进行阻力计算时引入以下两个假设：

(1) 当边界层具有层流变为湍流的过渡区时，如图 6-4(a)所示，因过渡段是不稳定的，故阻力系数难以确定，把过渡段归于湍流区中，认为由层流到湍流有一突然转变，如图 6-4(b)所示。

(2) 对于湍流平板边界层，在进行阻力计算公式推导时，假设从前缘开始就是湍流，所以混合边界层的湍流区可以看作从平板前缘开始。

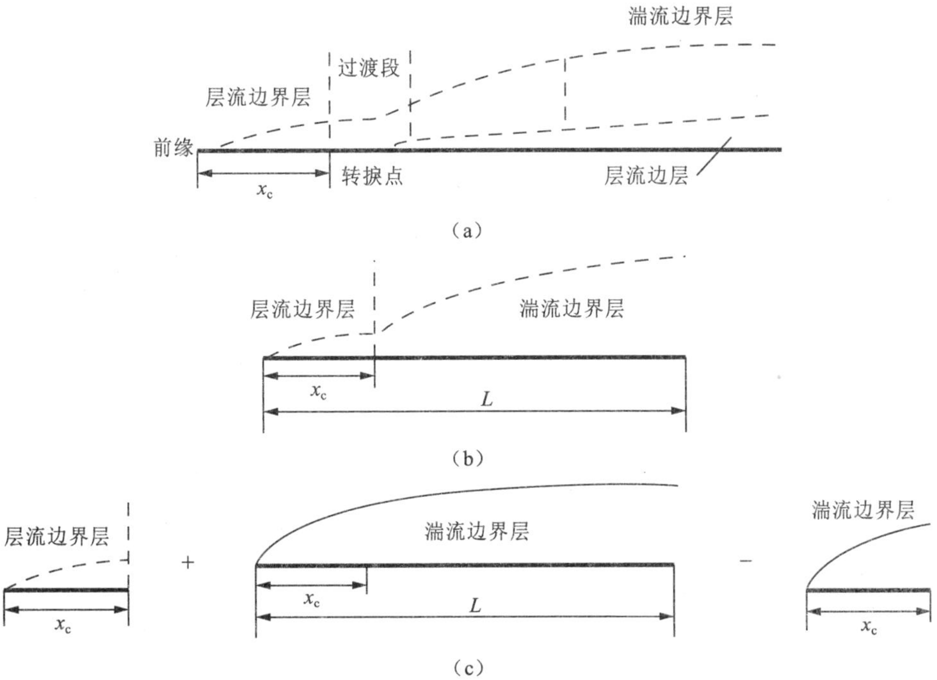

图 6-4　混合边界层计算简化

根据以上假设，整个平板的摩擦阻力可以简化为 x_c 长度层流边界层摩擦阻力与 L 长度湍流边界层摩擦阻力的叠加，再减去 x_c 长度湍流边界层摩擦阻力，如图 6-4(c)所示。

全平板的阻力 D 可按下式计算：

$$D = D_{tL} - D_{tx_c} + D_{lx_c} \tag{6-28}$$

式中　D_{tL}——全板长 L 均为湍流时的阻力；

D_{tx_c}——临界距离 x_c 段湍流边界层的阻力；

D_{lx_c}——临界距离 x_c 段层流边界层的阻力。

根据前述对层流和湍流阻力系数 C_D 的分析可得：

$$D = \frac{\rho U^2}{2} b \left(\frac{0.074L}{\sqrt[5]{Re_L}} - \frac{0.074x_c}{\sqrt[5]{Re_{x_c}}} + \frac{1.372x_c}{\sqrt{Re_{x_c}}} \right) \tag{6-29}$$

普朗特在光滑平板来流湍流强度较小时取：

$$C_D = \frac{0.074}{\sqrt[5]{Re_L}} - \frac{A}{Re_L} \tag{6-30}$$

式中，A 值与 Re_x 有关，如表 6-1 所示。

表 6-1　A 值与 Re_x 的关系

Re_x	10^5	3×10^5	5×10^5	10^6	3×10^6
A	320	1 050	1 700	3 300	8 700

四、层流边界层和湍流边界层特性比较

下面将从边界层内的速度分布、边界层厚度以及阻力系数 3 个方面，对层流边界层和湍流边界层特性作比较，从中了解各自的特点。

1. 速度分布规律

层流边界层速度分布为：

$$u(y)=U\left[2\frac{y}{\delta}-2\left(\frac{y}{\delta}\right)^3+\left(\frac{y}{\delta}\right)^4\right]$$

湍流边界层速度分布为：

$$u=U\left(\frac{y}{\delta}\right)^{1/7}$$

比较这两个速度分布公式可知，湍流边界层沿平板法向的速度增长要比层流边界层快得多，即湍流边界层的速度剖面比层流边界层的速度剖面饱满得多。

2. 边界层厚度

层流边界层厚度为：

$$\delta=5.83\sqrt{\frac{\nu x}{U}}=\frac{5.83x^{1/2}}{\sqrt{Re_x}}$$

湍流边界层厚度为：

$$\delta=0.37\left(\frac{\nu}{U}\right)^{1/5}x^{4/5}=\frac{0.37x^{4/5}}{\sqrt[5]{Re_x}}$$

比较这两个边界层厚度表达式可知，层流边界层厚度 δ 随 $x^{1/2}$ 增长，而湍流边界层厚度 δ 随 $x^{4/5}$ 增长，因此沿平板流动湍流边界层厚度比沿层流边界层的厚度增长得快。

3. 阻力系数

平板层流边界层阻力系数为：

$$C_D=\frac{1.372}{\sqrt{Re_L}}$$

平板湍流边界层阻力系数为：

$$C_D=\frac{0.074}{\sqrt[5]{Re_L}}$$

比较这两个边界层阻力系数表达式可知，层流边界层的阻力系数 C_D 与 ${Re_L}^{-1/2}$ 成正比，而湍流边界层的阻力系数 C_D 与 ${Re_L}^{-1/5}$ 成正比，湍流边界层阻力系数大于层流边界层的阻力系数。在绕流平板的流动中，往往希望减小流动阻力，因此层流边界层至湍流边界层的转捩点离平板前缘点越远，平板所受的阻力就越小。

第五节　边界层分离现象

当流体流过一个钝体（如桥墩）障碍物时，流体一般能沿迎着来流的那部分面光滑地流过，但在钝体后部的流场就变得相当复杂，有时会存在一个回流区，有时是一片混乱的尾迹，随着 Re 的大小而有所不同，这种现象称为边界层分离。

边界层分离是一种常见的流动现象，实用上极重要，理论上则是当今流体力学中最富挑战性的问题之一。

一、分离机理

6-2　边界层分离

如前所述，当不可压缩黏性均匀直线流平行流过平板时，在边界层外缘上沿平板方向的速度是相同的，而且整个流场和边界层内的压力都保持不变。

如图 6-5 所示，黏性流体均匀直线流流经曲面物体时，由于黏性作用，在紧贴曲面的表面上形成边界层，但边界层外缘处沿曲面方向的速度 U 是变化的，故曲面边界层内的压力也发生变化。这里不讨论曲面边界层的计算，而着重说明曲面边界层的分离现象。

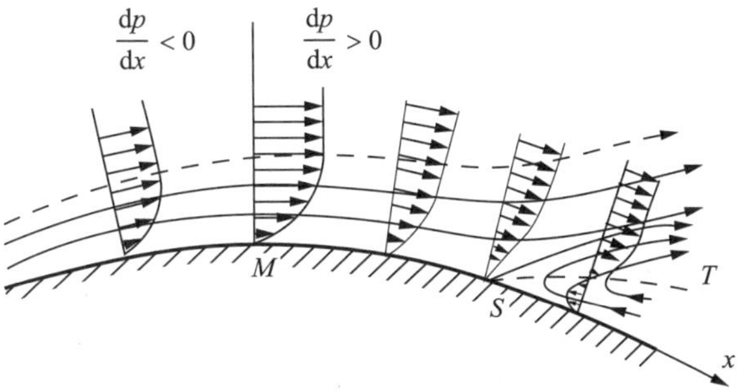

图 6-5　曲面边界层分离现象的形成过程

图 6-5 表示曲面边界层分离现象的形成过程。当黏性流体流过此曲面时，边界层内的流体在黏性影响下发生阻滞，损耗动能，逐渐减速；流体越靠近物体壁面所受阻滞作用越大，动能消耗越大，减速也越快，形成流速梯度。

在曲面最高点 M 以前，由于主流断面缩小，导致增速降压，此时 $dp/dx<0$，即压力梯度小于零，部分压能转为动能，流体受阻滞，但仍有足够的动能，能够继续前进，这个区称为顺压区。

到 M 点处，流速达到最大，$dp/dx=0$。

过 M 点后，由于主流断面扩大，导致减速，部分动能又转化为压能，此时 $dp/dx>0$，即压力梯度大于零，同时黏性阻滞也继续消耗动能，使边界层内流体减速更快，导致边界层加快增厚。但在这以前物体表面 $y=0$ 处的流速梯度均为正值，即 $(\mathrm{d}u/\mathrm{d}y)_{y50}>0$，这个区称为逆压区。

当流体流到曲面上某一点 S 处时，如果近壁流体的动能已耗尽，则这部分流体便停滞不前，且后面的来流也将停滞而发生堆积，此处 $(\mathrm{d}u/\mathrm{d}y)_{y50}=0$。与此同时，过 S 点后，压力继续升高，$\mathrm{d}p/\mathrm{d}x>0$，并且壁面上 $(\mathrm{d}u/\mathrm{d}y)_{y50}<0$，迫使流体反方向逆流，并迅速向外扩展。两股流体相汇的结果是回流流体把从上游来的流体“挤”出物面，这样主流就被挤得离开壁面，而边界层内流体进入流体深处，这种现象称为边界层分离。S 点称为边界层的分离点。

边界层分离的条件是：① 流动方向与压力降方向相反，即压力梯度大于零；② 黏性对流速起阻滞作用。这两个条件同时存在才会产生边界层分离现象。如果仅有黏性，没有压力反推力，则边界层不会分离；如果仅有压力反推力，没有黏性，则流体也不会滞止，边界层亦不会分离。

之后在 ST 线上流速均为零，成为主流和逆流之间的间断面。由于间断面的不稳定性，微小扰动就会引起间断面的波动，进而发展并破裂，形成旋涡。分离时形成的旋涡将不断地被主流带走，并在物体后部形成尾涡区。分离后的尾涡区已不属于边界层，分离点下游物体表面的流动不再具有边界层的特点。

尾涡区能量消耗大幅度增加，压强低于不发生旋涡时的压强，结果形成压差阻力，形成一个作用力，阻碍流体的相对流动。压差阻力与物体的形状有关，又称为形状阻力。

二、锐缘效应

在自然界或工程问题中，人们发现，流体绕过任何物体的尖缘时都会出现分离，这种现象称为锐缘效应，如图 6-6 所示。

为了说明产生这种现象的原因，以曲率半径为 r 的物体绕流为例，如图 6-7 所示。图中迎流面为顺压梯度区，背流面为逆压梯度区。由理论分析可知，当流体绕过此物体时，由于流体的离心作用，在“2”点附近流体压力最低。曲率越大，“2”点压力越低，显然迎流面上顺压梯度越大，背流面上逆压梯度也越大。因此，对于曲率大的物体边缘，在其背流面很容易产生分离。当边缘为尖角时（相当于曲率无限大），必然产生分离。越是流线型的物体，分离点越靠后。

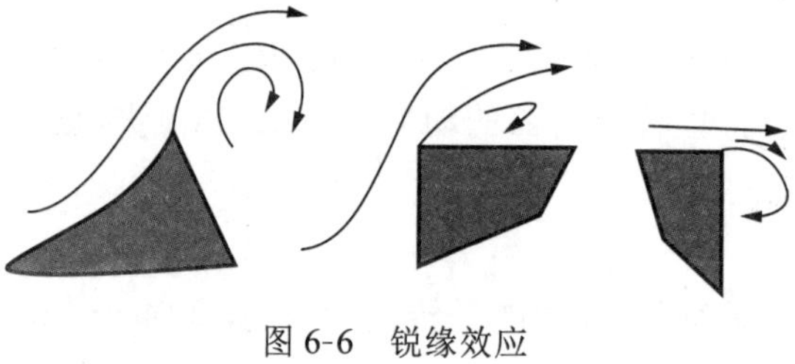

图 6-6　锐缘效应

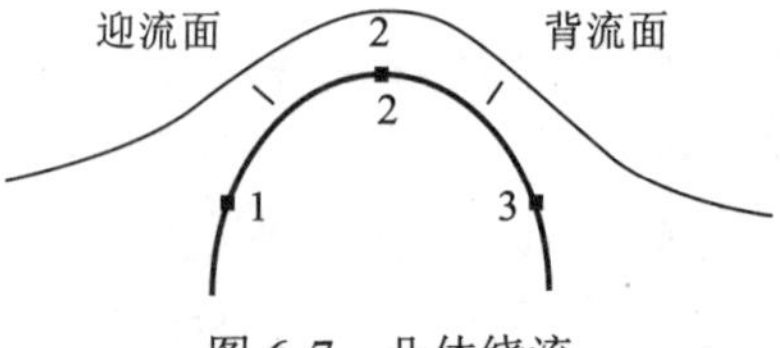

图 6-7　凸体绕流

在许多工程问题中，分离是不利的现象，所以一般希望避免或尽量推迟分离的发生。飞机、汽车、潜艇的外形尽量做成流线型，就是为了将分离点推后，缩小尾涡区，从而达到减小形状阻力的目的。

6-3　流线型绕流

第六节　绕流物体的阻力

流体绕流物体时，若在较高的雷诺数下不发生分离，则称该物体为流线型体。绕流流线型体的阻力主要是摩擦阻力。但是，黏性流体绕流不良流线型物体时将产生边界层分离的绕流脱体现象，增大阻力并引起振动。为进一步说明边界层分离现象，以圆柱体为例，分析流体在不同雷诺数下绕流圆柱体的现象。

6-4　圆柱绕流与工程

当流体以很小的雷诺数绕圆柱体流动时，与理想流体绕流圆柱体几乎相同，流体在前驻点处速度为零，然后沿圆柱对称向两侧绕流，柱体前半部分为增速减压流动，后半部分为减速增压流动，至后驻点汇合，速度又变为零。流动中，流体的惯性力极小，整个流场都是层流，不产生分离现象，如图 6-8(a)所示。

6-5　圆柱绕流实验演示

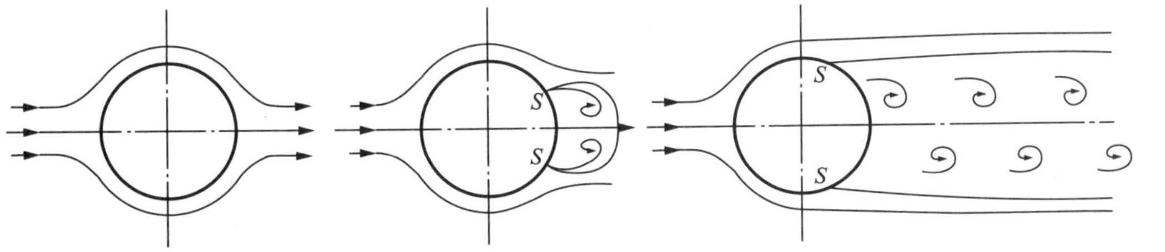

(a)　　(b)　　(c)

图 6-8　圆柱体绕流

随着雷诺数增大，惯性力变得不能忽略，圆柱体后半部分的压力梯度增加，当 $Re \approx 20$ 时，流体在 S 点处逐渐堆积，引起层流边界层分离，并在分离点后面生成一对漩涡，如图 6-8(b)所示。

继续增大雷诺数，柱体后部的压力梯度继续增加，分离点前移，柱体后部的尾涡区拉长，旋涡增大并逐渐变得不稳定，当 $Re > 40$ 时，在圆柱体两侧会形成两列几乎稳定的、非对称性的、交替脱落的、旋转方向相反的漩涡，并随主流向下游运动，这就是卡门涡街，如图 6-8(c)所示。

卡门涡街在大多数情况下是不稳定的，卡门证明，当 $Re = 150$ 时，卡门涡街的稳定性条件是 $h/l = 0.2806$（h 为两列漩涡的间距，l 为相邻两漩涡间的距离）。

6-6　卡门涡街

当绕流一根圆柱体时，在 $Re=200\sim5\ 000$ 范围内，卡门涡街的交替脱体频率 f_s 按下式计算：

$$f_s=\frac{StU}{D} \tag{6-31}$$

式中 St——斯特罗哈尔数；

U——来流流速；

D——圆柱体直径。

斯特罗哈尔数 St 的大小取决于结构的剖面形状和 Re 值。

图 6-9 所示为圆柱体的斯特罗哈尔数 St 与雷诺数 Re 的关系曲线。由此可见，在 $Re=50\sim2\times10^5$ 范围内，St 从 0. 12 增大到 0. 21，雷诺数大于 10^3 后，St 数基本等于 0. 21。

在雷诺数增大的过程中，边界层分离点逐渐前移到达极限位置；随雷诺数继续增大，分离点将突然后移，涡街的宽度突然缩小。这是由于边界层由层流突然转变成湍流，湍流边界层与主流间由于掺混而发生剧烈的动量交换，增强了主流对边界层内流体的加速作用，提高了边界层流体克服黏性阻滞的能力，从而使分离点后移，尾涡区区域变小，绕流得到改善。卡门涡街在大多数情况下都是不稳定的，当 $Re>5\ 000$ 时，由于尾涡区中湍动加剧，不能清楚地看到卡门涡街。

世界上最脆弱的大桥塔科马海峡吊桥，于 1940 年 7 月 1 日通车，4 个月后戏剧性地被风摧毁，主要原因是桥面厚度不足，在强风下形成卡门涡街，使桥体摆动；当卡门涡街的振动频率与吊桥本身的固有频率相同时，引起吊桥剧烈共振和坍塌。事实上，大跨度悬索桥桥梁振动的情况在国内外并不鲜见。2020 年 5 月 5 日，虎门大桥产生桥梁涡振现象，发生大桥晃动，但是涡振并未对大桥安全造成威胁。

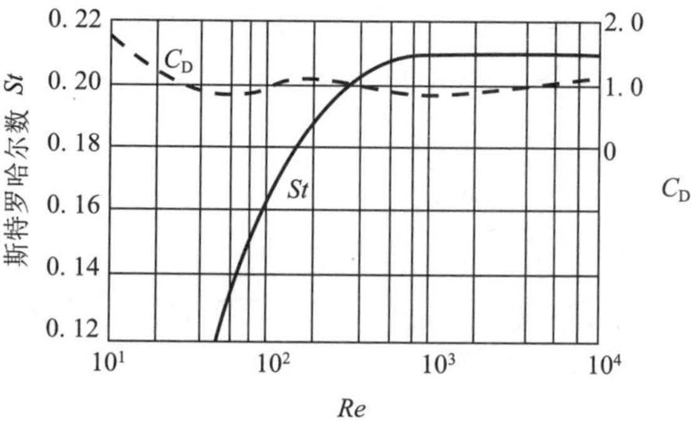

图 6-9 圆柱体的 St 与 Re 的关系曲线

任何事物都具有唯物辩证思维两面性，卡门涡街并不全是会造成不幸的事故，它也有成功的应用，比如已在工业中广泛使用的卡门涡街流量计，就是利用卡门涡街现象制造的一种流量计。

物体绕流时的阻力由压差阻力和摩擦阻力两部分组成，通常阻力 F_D 可以写成：

$$F_D=C_DA\rho\frac{U^2}{2} \tag{6-32}$$

6-7 绕流阻力

式中 C_D——绕流阻力系数；

A——绕流物体在来流方向垂直面上的投影面积；

ρ——流体的密度。

在边界层没有分离时，C_D 随 Re 的增大下降较快。但当出现分离后，雷诺数增大时，随分离点前移，压差阻力稍有增加，摩擦阻力减小，这时 C_D 随 Re 的增大继续减小，但比无分离时缓慢。当 $Re > 10^4$ 后，摩擦阻力已在总阻力中变得微不足道，阻力主要由压差阻力构成，因分离点不再前移，C_D 基本成为一个定值。在 $Re \approx 2 \times 10^5$ 时，边界层转变为湍流，分离点突然后移，这时虽然摩擦阻力由于变湍流而增加，但由于压差阻力显著下降，C_D 突然下降，出现所谓的“阻力危机”情况，如图 6-10 所示。

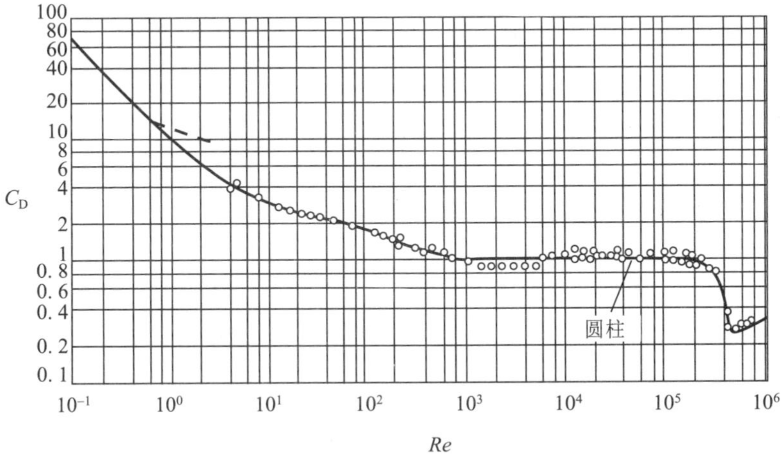

图 6-10　圆柱体的 C_D 与 Re 的关系曲线

对卡门涡流的实验研究发现，漩涡流脱体时，流体给圆柱体施加一个垂直于主流的周期性交变作用力，交变的频率与漩涡脱落频率相同。显然，脱落前后圆柱体的绕流情况是不一样的：刚脱落漩涡一侧的柱面，绕流改善，侧面总压力降低；正准备脱落漩涡的一侧，绕流受阻，侧面总压力较高。因此，形成一个作用在圆柱上、方向总是指向刚脱落漩涡侧面的作用力。这种方向交变的作用力的频率按式(6-31)计算。

如果交变作用力的频率与圆柱体的固有频率接近，则会引起谐振。卡门涡流脱落时还将使空气振动，发生声响效应，引起啸叫和振动。野外的输电线在大风中发出的啸叫声就是由卡门涡流脱落造成的。如果设计不当，潜水艇潜望镜在水中移动时也将因振动而无法工作。高大烟囱有可能在大风中因谐振而被破坏。

工业上许多换热设备都是用圆管做成的，安装圆管的横向空间中某一体积的气柱也有自己的声振频率，若设计不当，卡门涡流脱落频率与气柱的声振频率相近时，就会诱发声波谐振，产生严重的噪声。上述声振频率一旦与管子频率相合，就会对设备造成严重破坏。

在海洋油气开发中，海底管道在波流反复冲刷作用下会逐渐裸露出海底而呈悬跨状态，当波流流经悬跨管道时，会在管道后部释放旋涡而引起管道振动。当悬跨管道自振频率与旋涡释放频率相近时，管道发生涡激共振，使管道在很短的时间内发生疲劳或强度破坏。

在一些工程的弹性构件中，旋涡脱落现象诱发的大振幅谐振将可能对桥梁、海底管道、野外电缆、天线、烟囱、热交换器等产生摧毁性的作用。设计者的重要任务之一就是要避免谐振的发生，并尽可能减小绕流阻力。首先应设法避免边界层的分离，在不发生分离的情况下，边界层应尽量保持为层流。一旦发生边界层分离，则应在将要发生分离处设法使边界层由层流转为湍流，以延缓分离，或使分离点后移。发生边界层分离的原因是沿流向流体压强增大和动能不足，因此可在分离点附近通过抽吸流体来减压，或沿壁面用缝隙喷射流体，使流体加速，都可以消除或延缓边界层分离，达到减小阻力的目的，这些方法称为边界层控制。

例 6-3

圆柱形烟囱高 25 m，直径为 1 m，在 10 ℃空气中烟囱受到横向风速 5 km/h 作用，此时空气密度 $\rho = 1.248\ \text{kg/m}^3$，动力黏度 $\mu = 1.78 \times 10^{-5}\ \text{Pa}\cdot\text{s}$。试计算空气对烟囱的推力。

解：10 ℃空气密度 $\rho = 1.248\ \text{kg/m}^3$，动力黏度 $\mu = 1.78 \times 10^{-5}\ \text{Pa}\cdot\text{s}$，风速 $U = 5\ \text{km/h} = 1.39\ \text{m/s}$，则雷诺数为：

$$Re = \frac{\rho UD}{\mu} = \frac{1.248 \times 1.39 \times 1}{1.78 \times 10^{-5}} = 9.746 \times 10^4$$

查图 6-10 得：

$$C_D = 1.2$$

烟囱所受推力为：

$$F_D = C_D A \rho \frac{U^2}{2} = 1.2 \times (25 \times 1) \times 1.248 \times \frac{1.39^2}{2}\ \text{N} = 36.17\ \text{N}$$

思考题

6-1 何谓边界层？边界层有哪些基本特性？边界层的厚度如何定义？

6-2 边界层对于研究绕物体的流动和确定物体阻力有何作用？试区别边界层与黏性底层的概念。

6-3 何谓层流边界层、湍流边界层和混合边界层？试与管流流态进行比较。

6-4 用数量级分析方法简化边界层微分方程式时，做了哪些基本假设？

6-5 应用边界层动量积分方程求解平板边界层厚度、阻力时关键问题是什么？

6-6 平板层流边界层与湍流边界层切应力分布有何不同？二者的阻力系数与哪些因素有关？

6-7 试分析曲面边界层和平板边界层的主要区别。

6-8 边界层分离现象是如何产生的？采取什么措施可以消除或延缓边界层分离现象？

6-9 何谓卡门涡街？流体绕圆柱体阻力与哪些因素有关？

6-10 高尔夫球本来是圆滑的，但高尔夫球手注意到，那些因多次击打而在表面留下缺口、凸起和分层的旧球似乎比表面圆滑的球飞得更远，所以现在的高尔夫球表面有许多凹陷的窝。试用边界层理论进行解释。

6-11 调研分析卡门涡街流量计的计量原理和优势。

习 题

6-1 速度 $U=1\ \mathrm{m/s}$ 的水流流过长 1 m、宽 1 m 的光滑平板，设水温为 20 ℃，其运动黏度 $\nu=10^{-6}\ \mathrm{m^2/s}$，密度 $\rho=998.2\ \mathrm{kg/m^3}$。试求边界层的最大厚度和平板两面所受的阻力。

6-2 一块宽 15 cm、长 50 cm 的光滑平板，置于流速为 60 cm/s 的油中，已知油的相对密度为 0.925，运动黏度 $\nu=0.79\ \mathrm{cm^2/s}$，试求光滑平板一面上的摩擦阻力。

6-3 水的来流速度 $U=0.2\ \mathrm{m/s}$，纵向绕过一块平板。已知水的运动黏度 $\nu=1.145\times10^{-6}\ \mathrm{m^2/s}$，试求距平板前缘 5 m 处的边界层厚度，以及在该处与平板面垂直距离为 10 mm 的点的水流速度。

6-4 空气的运动黏度 $\nu=1.5\times10^{-5}\ \mathrm{m^2/s}$，当它平行于长 2 m 的平板流动时，在平板上形成边界层。为使整个平板上形成层流边界层，试求主流区的最大流速。

6-5 如图所示一块边长 $a=1\ \mathrm{m}$，$b=2\ \mathrm{m}$ 的长方形平板置于水流中，试求 a 边平行于流动方向时的阻力与 b 边平行于流动方向时的阻力之比。分别对层流和湍流边界层两种情况进行计算。

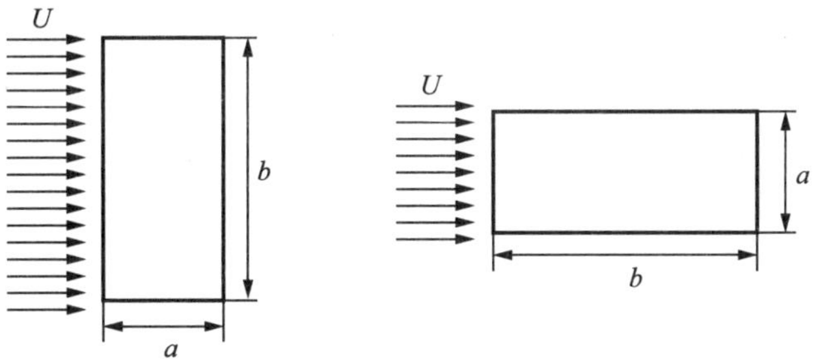

习题 6-5 图

6-6 一平板边长分别为 a 和 b，在流体中拖曳，要求沿 a 边、b 边方向拖曳时的摩擦阻力相等。试证明：平板上为层流边界层时，a 和 b 两个方向的流速之比为 $\dfrac{U_a}{U_b}=\sqrt[3]{\dfrac{a}{b}}$。

6-7 如图所示水流速度为 U，密度为 ρ，动力黏度为 μ，水流方向与三角形对称轴方向一致，设边界层为层流边界层，试求平板两侧受到的阻力。

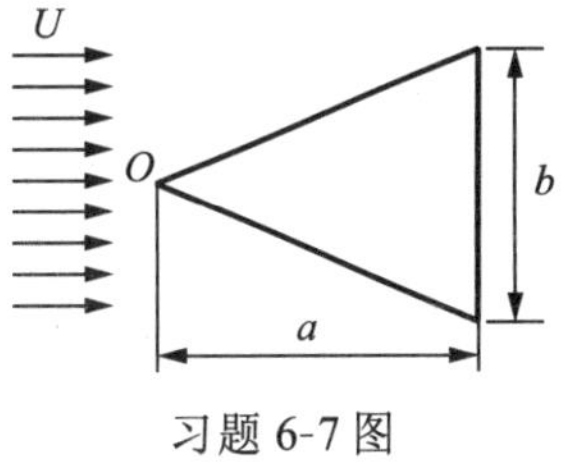

习题 6-7 图

6-8 假定边界层内流速分布为：

（1）$\dfrac{u}{U}=\sin\left(\dfrac{\pi}{2}\dfrac{y}{\delta}\right)$；

（2）$\dfrac{u}{U}=a+b\left(\dfrac{y}{\delta}\right)+c\left(\dfrac{y}{\delta}\right)^2$。

分别求平板层流边界层厚度 δ 和阻力系数 C_D。

6-9　一辆流线型列车，长为 84 m，侧面高 2.5 m，顶部宽 2.4 m，以 114 km/h 的速度行驶，空气温度为 15 ℃时密度 $\rho = 1.22\ \mathrm{kg/m^3}$，动力黏度 $\mu = 1.8 \times 10^{-5}\ \mathrm{Pa \cdot s}$。试求用于克服摩擦阻力所需要的功率和机车尾部边界层的厚度。（假设列车两侧和顶部所受阻力等效于一长为 84 m、宽为 7.4 m 的平板）

6-10　若平板湍流边界层内速度分布为 $u_x/u_0 = (y/\delta)^{1/9}$，并有 $\lambda = 0.185Re^{-1/5}$，试推导出边界层厚度的计算公式。

6-11　直径 $d = 20$ cm 的圆柱体在水中运动，由于产生卡门涡街而振动，运动速度 $U = 3.6$ m/s 时振动最强烈。试求卡门涡街交替脱体频率。（设水的运动黏度 $\nu = 1.145 \times 10^{-6}\ \mathrm{m^2/s}$）

6-12　一直径为 $d = 0.01$ m，相对密度为 1.82 的小球在静水中下沉，达到等速沉降时的速度 $U = 0.5$ m/s，水温 $T = 20$ ℃时的运动黏度 $\nu = 10^{-6}\ \mathrm{m^2/s}$。试求小球的阻力系数和所受的阻力。

第七章

非牛顿流体的流动

水、空气和润滑油等是化学结构比较简单的低分子流体，其运动遵循牛顿内摩擦定律，即剪切应力 τ 与流速梯度 $\mathrm{d}u/\mathrm{d}y$ 呈线性关系，如下式所示：

$$\tau = \pm\mu \frac{\mathrm{d}u}{\mathrm{d}y} \tag{7-1}$$

这一类流体称为牛顿流体。

含蜡原油、钻井液、油漆、高分子熔体和溶液、生物流体（动物关节液、血液、植物黏液等）、乳状液及悬浮液等具有复杂内部结构的流体，其流动一般不服从牛顿内摩擦定律，因而称为非牛顿流体。只有牛顿流体才具有一种可以严格地称之为黏度的概念，所有非牛顿流体都需要两个或两个以上参数来描述其黏稠特性。但为了方便起见，引入表观黏度（或称视黏度）η 来近似描述非牛顿流体的黏稠特性。

$$\eta = \frac{\tau}{\mathrm{d}u/\mathrm{d}y} \tag{7-2}$$

非牛顿流体的流动涉及国民经济的许多部门，如石油、化工、轻工、食品、水利、建筑、冶金等。

第一节　非牛顿流体的分类及其流变方程

一、非牛顿流体的分类

流变学研究的是流体流动与变形的特性。流体的流变性可以采用流变方程和流变曲线来描述。流变方程是指流体剪切应力和流速梯度之间的关系方程，也称为本构方程。它只取决于流体本身的性质，是研究流动问题的前提条件，对流动问题的解具有实质性的影响。由于影响流体性质的因素比较复杂，通常采用实验的方法建立剪切应力与流速梯度之间的关系曲线（称为流变曲线）。按流变曲线结合理论分析，可以建立不同类型流体的流变方程。

按照剪切应力与变形率之间的关系，可将流体分为牛顿流体和非牛顿流体。根据不同的流变性，可将非牛顿流体分为三类：① 流变性与时间无关的流体；② 流变性与时间有关的流体；③ 黏弹性流体。黏性流体的具体分类如表 7-1 所示。

表 7-1　黏性流体的分类

<table>
<tr><td rowspan="9">黏性流体</td><td rowspan="8">纯黏性流体</td><td rowspan="6">与时间无关的</td><td colspan="2">牛顿流体</td></tr>
<tr><td>假塑性流体</td><td rowspan="8">非牛顿流体</td></tr>
<tr><td>膨胀性流体</td></tr>
<tr><td>宾汉流体（塑性流体）</td></tr>
<tr><td>屈服-假塑性流体</td></tr>
<tr><td>屈服-膨胀性流体</td></tr>
<tr><td rowspan="2">与时间有关的</td><td>触变性流体</td></tr>
<tr><td>震凝性流体</td></tr>
<tr><td>黏弹性流体</td><td colspan="2">多种类型</td></tr>
</table>

二、与时间无关的纯黏性非牛顿流体

1. 塑性流体

塑性流体有钻井液、油漆、稀润滑脂和牙膏等。它需要有一定的剪切应力才开始流动，而当超过启动应力之后，剪切应力与流速梯度呈线性关系。原因是这类流体的结构性较强，加力后不能立即改变其牢固的网状结构，所加的力必须足以破坏其结构性，使其产生剪切变形，流体才会开始流动。塑性流体的流变曲线如图 7-1 中的曲线 2 所示。

图 7-1 中 θ 为开始发生流动时需要克服的切应力，称为极限静切应力，又称屈服值（或屈服应力）。τ_0 为直线段延长线与纵轴的交点处的虚拟切应力，是为计算方便而采用的，称为极限动切应力。θ_1 是曲线段与直线段交点所对应的切应力，称为极限切应力上限值。

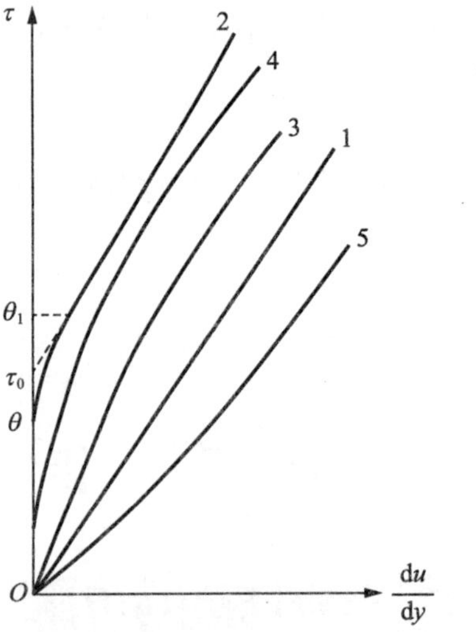

1—牛顿流体；2—塑性流体；3—假塑性流体；4—屈服-假塑性流体；5—膨胀性流体。

图 7-1　几种流体的流变曲线

这种类型的非牛顿流体，由于其结构性较强，所以流动后经过短时间的静止，其结构将会得到恢复。

根据塑性流体的流变曲线，可以写出如下关系式：

$$\tau=\tau_0+\eta_p\frac{du}{dy} \tag{7-3}$$

式中，η_p称为结构黏度（或称塑性黏度）。上式称为宾汉方程，符合宾汉方程的流体称为宾汉流体，因此塑性流体也称为宾汉流体。宾汉流体的表观黏度为：

$$\eta=\frac{\tau}{du/dy}=\frac{\tau_0}{du/dy}+\eta_p \tag{7-4}$$

由此可以看出，宾汉流体的表观黏度是随流速梯度而变化的。

2. 幂律流体

幂律流体可分为假塑性流体和膨胀性流体。

1）假塑性流体

这种流体在很小的剪切应力作用下即开始运动，随着剪切速率的增加，其表观黏度下降，此即剪切变稀特性。假塑性流体的流变曲线如图 7-1 中的曲线 3 所示。多数高分子溶液、乳状液及悬浮液属于假塑性流体。这类非牛顿流体的结构性较弱，溶液中的大分子或固液混合体中的细颗粒形成松散的集合体，在剪切应力作用下网状结构被破坏，大分子或细颗粒被分散开，流动速度随着剪切作用的加强而加快。

2）膨胀性流体

膨胀性流体与假塑性流体相比较少见，表面活性剂溶液及固体含量较高的悬浮液（如淀粉糊、石灰浆、适当比例的水和砂子的混合物等）属于膨胀性流体。膨胀性流体在一个无限小的剪切应力作用下就能开始流动，其剪切应力随剪切速率的增加而增加，即它属于剪切增稠型流体。膨胀性流体的流变曲线如图 7-1 中的曲线 5 所示。

幂律流体的流变方程为：

$$\tau=K\left(\frac{du}{dy}\right)^n \tag{7-5}$$

式中 K——稠度系数，取决于流体的性质，$Pa\cdot s^n$；

n——流变指数（或称流性指数），其大小表征了该流体偏离牛顿流体的程度。

对于假塑性流体，$n<1$；对于膨胀性流体，$n>1$；对于牛顿流体，$n=1$。

满足幂律方程的流体也称为幂律流体。幂律流体的表观黏度为：

$$\eta=\frac{\tau}{du/dy}=K\left(\frac{du}{dy}\right)^{n-1} \tag{7-6}$$

3. 屈服-假塑性流体和屈服-膨胀性流体

有些物料很像塑性流体的特性，表现出屈服应力，但流动起始后，其剪切应力与流速梯度之间的关系却是非线性的，其流变曲线凸向剪切应力轴，这种流体称为屈服-假塑性流体，如图 7-1 中的曲线 4 所示。另一种不太常见的情况是流变曲线凹向剪切应力轴，称为屈服-膨胀性流体。

具有屈服应力的幂律方程适用于屈服-假塑性流体和屈服-膨胀性流体，其流变方程为：

$$\tau=\tau_0+K\left(\frac{\mathrm{d}u}{\mathrm{d}y}\right)^n \tag{7-7}$$

式(7-7)是具有普遍适用性的流变模式，它也适用于塑性流体，此时 $K=\eta_p$，$n=1$。若 $\tau_0=0$，$K=\mu$，$n=1$，则式(7-7)变为描述牛顿流体的流变方程。

三、与时间有关的非牛顿流体

1. 触变性流体和震凝性流体

与时间有关的非牛顿流体的结构随剪切作用而改变，但其结构的调整是在瞬间完成的，因而其表观黏度只随剪切速率而改变。有些流体的表观黏度不仅是剪切速率的函数，还与其受剪切作用的时间有关，这类物质体系的结构对剪切作用十分敏感，但其结构的调整却相当缓慢，流变性质也随时间而变化，直到新的平衡结构形成为止。该物质系统中的结构在不断地形成，同时也在不断地遭受破坏。所谓平衡结构，是指结构的形成速度与其被破坏的速度相等，也就是一种动平衡状态。与时间有关的纯黏性非牛顿流体包括触变性流体和震凝性流体。

触变性流体在恒定剪切速率下的表观黏度(或剪切应力)随剪切时间而变小，经过一段时间 t_0 后，形成平衡结构，表观黏度趋近于常数，如图 7-2 所示。

某些低温原油、黏土悬浮液、凝胶及某些高分子聚合物熔体或溶液属于触变性流体，涂料、印刷油墨、番茄酱等很多流体也显示出触变性。在工程上，可加入某种称为触变剂的物质而使流体具有触变性，触变剂能使高黏性的树脂在外力作用(如搅拌、涂刷等)下变成易流动液体，而当外力消失时又很快恢复到高黏性不流动的状态。这一性质适用于涂刷大型制件，尤其是在垂直面上的涂刷。

震凝性流体与触变性流体相反，在恒定的剪切速率下表观黏度随时间而增大，一般也在一定时间后达到结构上的动平衡状态，如图 7-3 所示。震凝性流体在工程上较少见。

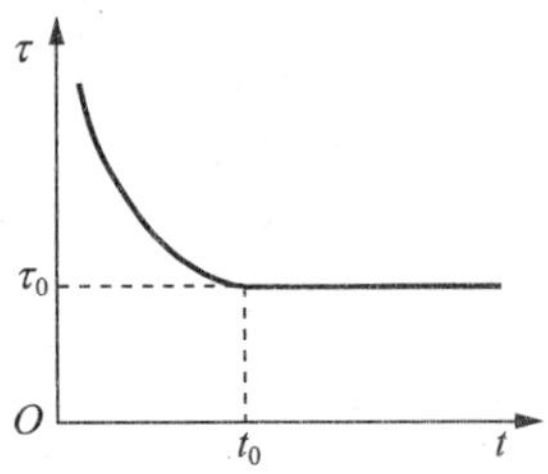

图 7-2　触变性流体剪切应力随时间的变化

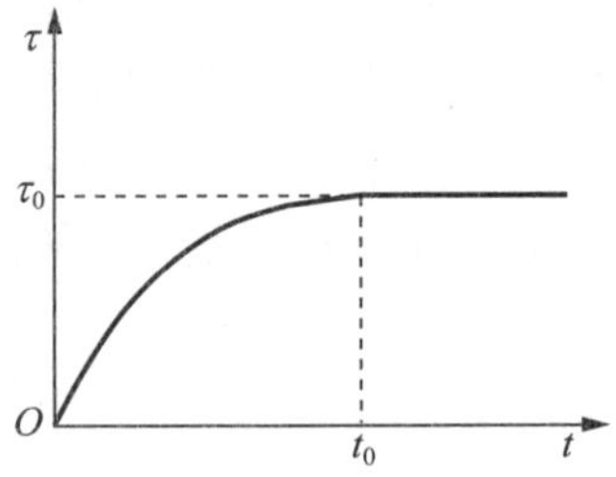

图 7-3　震凝性流体剪切应力随时间的变化

2. 黏弹性流体

黏弹性流体可以认为是纯黏性流体和达到其屈服应力之前能完全恢复形变的纯弹性固体之间的物质。黏弹性流体既具有部分弹性恢复效应，又具有与时间无关及与时间有关的两大类非牛顿流体的黏性效应，它是最一般的流体。某些浓度下的聚丙烯酰胺水溶液就属于黏弹性流体。

3. 黏弹性流体的一些奇特现象

1）韦森堡（Weissenberg）效应

当将一支快速旋转的圆棒插入牛顿流体时，在圆棒周围会形成一个凹形液面。若将此旋转着的圆棒插入黏弹性流体，则流体有沿着旋转圆棒向上爬的趋势，如图 7-4 所示。韦森堡于 1944 年在英国帝国理工学院公开演示了这一有趣的实验，因此，这一现象被称为韦森堡效应，俗称爬杆效应。

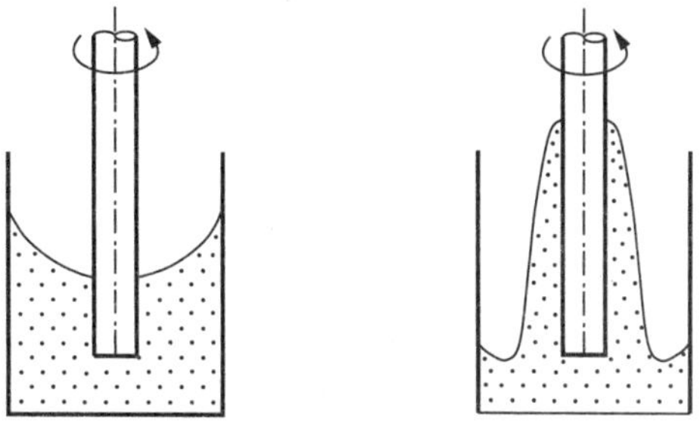

（a）牛顿流体　　（b）非牛顿流体

图 7-4　韦森堡效应

2）挤出胀大和弹性恢复效应

当黏度相当的牛顿流体和黏弹性流体分别从大容器中通过直径为 D 的细圆管流出时，牛顿流体形成射流收缩；黏弹性流体的流束直径 D_e 比圆管直径要大，如图 7-5 所示，这一现象称为挤出胀大效应或 Barus 效应，而当突然停止挤出，并剪断挤出物时，挤出物会发生回缩，称为弹性恢复效应。

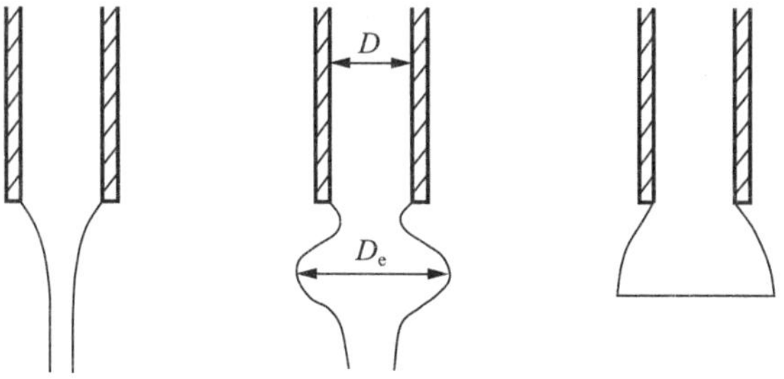

（a）甘油的射流收缩　　（b）挤出胀大　　（c）弹性恢复

图 7-5　牛顿流体的射流收缩和黏弹性流体的挤出胀大及弹性恢复

3）无管虹吸现象

无管虹吸现象是黏弹性流体具有高拉伸黏度的作用结果。在牛顿流体的虹吸实验中，当虹吸管提离液面时，虹吸就停止了，如图 7-6（a）所示。但有些黏弹性流体很容易表演无管虹吸实验，即使把虹吸管提得很高，液体还能从杯中吸起，如图 7-6（b）所示。

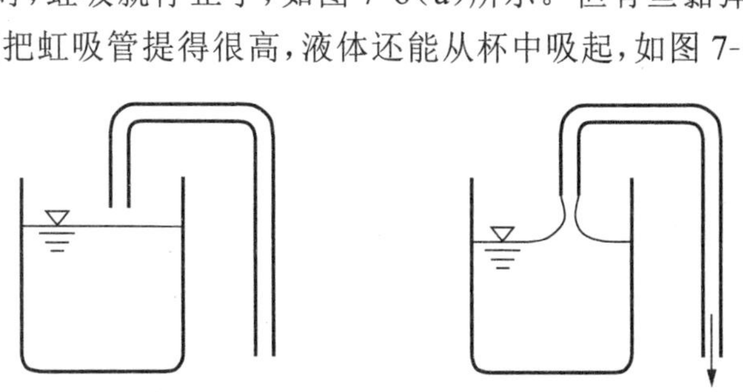

（a）牛顿流体　　（b）黏弹性流体

图 7-6　虹吸现象

第二节 非牛顿流体的结构流

与牛顿流体的流动特征类似，非牛顿流体的流动也可以按照质量守恒、受力平衡和能量守恒规律引入不同的流变关系，推导出相应的连续性方程、运动方程和能量方程。非牛顿流体也具有层流和湍流两种流动状态，只是由于有些非牛顿流体具有结构性的特点，所以其层流发展过程与牛顿流体有所不同。

一、塑性流体管流受力分析

以塑性流体在圆管中的流动为例，当作用在流体上的外力小于或等于极限静切应力时，流体处于静平衡状态；当作用在流体上的外力超过极限静切应力时，流体开始流动，流体处于动平衡状态。

静平衡状态一般指流体在压力、重力和阻力作用下的平衡。如图 7-7 所示的倾斜管路中的塑性流体，当管路倾角 φ 大到一定程度时，作用在流体上的压力、重力和极限静切应力造成的阻力达到极限平衡状态，倾角再增大，流体就会流动。

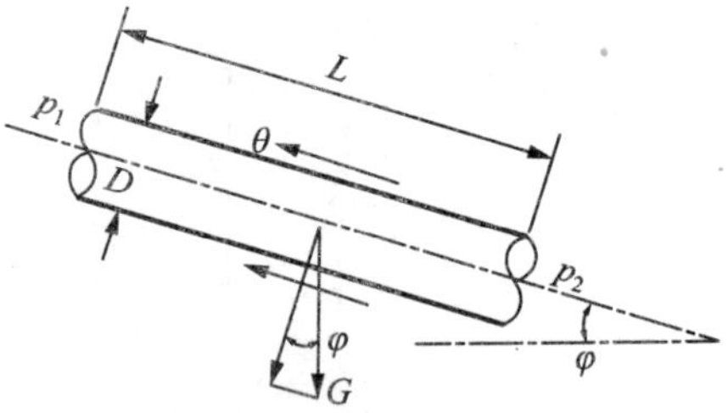

图 7-7 静平衡状态受力分析

根据图 7-7 可建立如下力平衡关系：

$$(p_1-p_2)\frac{\pi}{4}D^2+G\sin\varphi=\theta\pi DL$$

式中 p_1, p_2——液柱两端的压强；

D——液柱直径；

L——液柱长度；

φ——管路倾角；

θ——极限静切应力；

G——液柱受到的重力，$G=\rho g\frac{\pi}{4}D^2L$；

ρ——流体密度。

整理上式，可得：

$$\theta=\frac{(p_1-p_2)D}{4L}+\frac{\rho gD}{4}\sin\varphi \tag{7-8}$$

或

$$\sin\varphi=\frac{4\theta}{\rho gD}-\frac{p_1-p_2}{\rho gL} \tag{7-9}$$

若管路水平放置，即 $\varphi=0°$，$\sin\varphi=0$，则有：

$$\theta=\frac{(p_1-p_2)D}{4L}=\frac{(p_1-p_2)R}{2L} \tag{7-10}$$

式中　R——管子半径。

根据上述分析，可利用图 7-8 所示 U 形管，自其右端加入塑性流体，测定塑性流体的极限静切应力 θ。U 形管中的流体在极限状态下具有如下力平衡关系：

$$\rho g\frac{\pi}{4}D^2h=\theta\pi DL$$

式中　h——U 形管右端加入塑性流体的极限高度；

L——U 形管内液柱总长（可忽略管子曲度，按中心线计）。

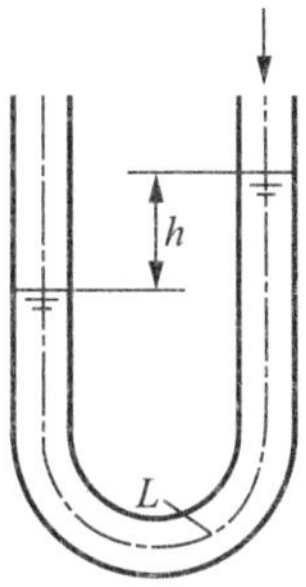

图 7-8　用 U 形管测定极限静切应力

整理上式，可得：

$$\theta=\frac{\rho gDh}{4L}\quad 或\quad h=\frac{4L\theta}{\rho gD} \tag{7-11}$$

由此可以看出，连通器中的两液面高差与塑性流体性质、连通器形状及尺寸均有关，这一现象与牛顿流体的特点完全不同。

二、结构流

当作用在流体上的外力超过极限静切应力造成的阻力时，塑性流体便开始流动。为了简便起见，取水平管路中的流体进行分析，其极限静切应力满足式(7-10)。将流体开始流动时外界所施加的压差记为 $\Delta p_0=p_1-p_2$，以极限动切应力 τ_0 代替极限静切应力 θ，这样便于采用宾汉方程处理问题。于是有：

$$\tau_0=\frac{\Delta p_0R}{2L} \tag{7-12}$$

或

$$\Delta p_0=\frac{2L\tau_0}{R} \tag{7-13}$$

在极限状态下，半径为 R 处（管壁）的流体推动力 $\Delta p_0\pi R^2$ 超过了由于极限动切应力所产生的阻力 $\tau_0 2\pi RL$，故仅在管壁处的塑性流体产生形变（开始流动），而半径小于 R 处的流体仍然处于相对静止状态。若不增大压差，则半径 R 以内的流体仍紧聚在一起，此种流态称为塞流，如图 7-9 所示。塞流中各流层速度相同，没有流速梯度。

当水平管路两端的压差大于 Δp_0 时，管壁附近的各流层依次开始流动，管路中心的流体以相同的速度像圆柱体一样向前运动，这部分流体称为流核。流核内部的流层间没有相对运动。具有流核的流体流动称为结构流。流核以外的部分各流层间速度不同，具有流速梯度，称为流速梯度区。随着管路两端压差的增大，流速梯度区逐渐扩大，而流核逐渐变小直至消失，形成与牛顿流体类似的层流。如果压差继续增大，则管路中的塑性流体将转化为湍流流动状态。由塞流直到形成湍流前的整个区域都称为结构流，如图 7-10 所示。由此可见，塞流和层流是结构流的两个极端情况。

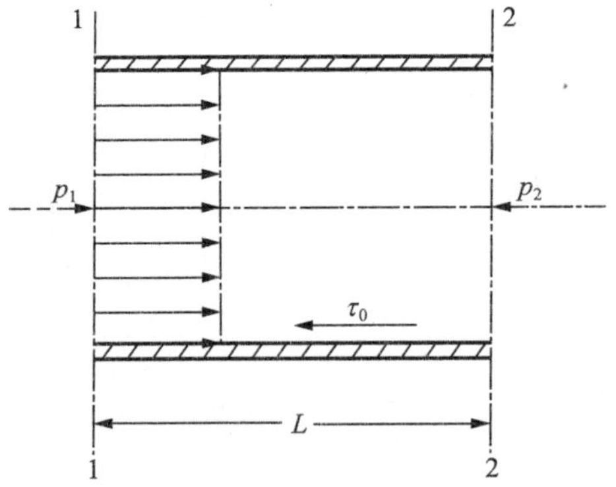

图 7-9　塞流状态

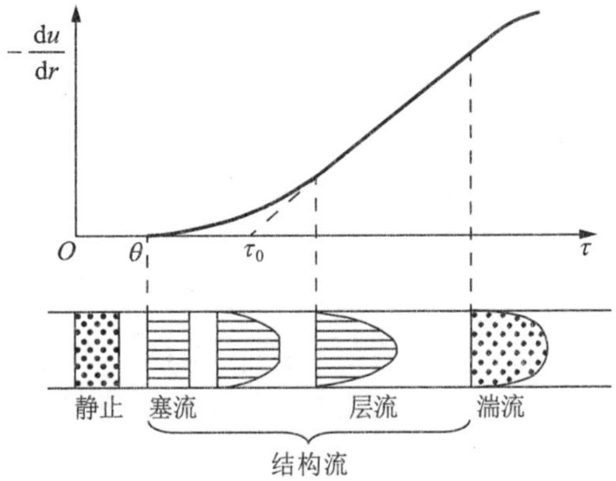

图 7-10　塑性流体流态转化过程

具有屈服应力的非牛顿流体有结构流和湍流两种流动状态。对于不具有屈服应力的非牛顿流体，其流态仍划分为层流和湍流两种状态。划分结构流和湍流或层流和湍流的标准一般仍用雷诺数，但此时雷诺数的表达式与牛顿流体的有所不同，这将在后面进行讨论。

与牛顿流体的层流类似，对于非牛顿流体的结构流或层流，可以完全从理论分析得出流速分布、阻力分布、流量、平均流速以及沿程水头损失等的表达式。而对于湍流，则必须依靠实验进行分析。

第三节　塑性流体的流动规律

塑性流体在圆管中的定常流动具有结构流和湍流两种流动状态。本节根据流体受力平衡的关系，分析塑性流体结构流的阻力分布、流速分布以及流量和压降的关系，进而找出判别塑性流体流态的雷诺数和计算沿程水头损失的表达式。

一、结构流状态下圆管内的流量和压降

在一定的压差作用下，塑性流体沿水平圆管形成定常结构流，如图 7-11 所示。设管子半径为 R，流核半径为 r_0，取流速梯度区任意半径 r 处的一段液柱进行受力分析。半径 r 处的流速为 u，内摩擦应力为 τ，液柱两端的压差为 $\Delta p = p_1 - p_2$，其受力平衡关系为：

$$\Delta p \pi r^2 = \tau 2\pi r L$$

整理得：

$$\tau=\frac{\Delta pr}{2L} \tag{7-14}$$

该式表明，在流速梯度内，单位面积上的摩擦阻力与半径呈线性关系。

当 $r=r_0$，即在流核表面上时，可得到极限动切应力的表达式：

$$\tau_0=\frac{\Delta pr_0}{2L} \tag{7-15}$$

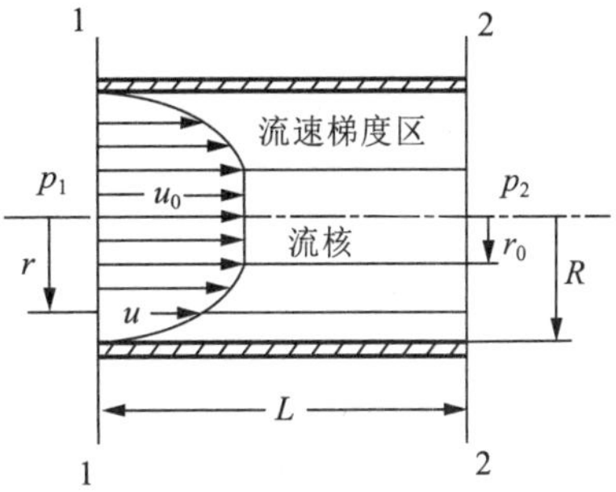

图 7-11　圆管中的结构流

据此可确定流核半径 r_0：

$$r_0=\frac{2L\tau_0}{\Delta p} \tag{7-16}$$

由此可以看出，流核半径与所施加的压差成反比，即压差愈大，流核半径愈小，当压差达到一定程度后，流核必将消失。上述结果还表达出了极限动切应力 τ_0 与压差 Δp 的关系。

将宾汉方程

$$\tau=\tau_0+\eta_p\left(-\frac{du}{dr}\right)=\tau_0-\eta_p\frac{du}{dr}$$

中的 τ 和 τ_0 分别代之以式(7-14)和式(7-15)，则：

$$\frac{\Delta pr}{2L}=\frac{\Delta pr_0}{2L}-\eta_p\frac{du}{dr}$$

$$du=\frac{\Delta p}{2L\eta_p}(r_0-r)dr$$

对上式积分，从管壁到流速梯度区的任意点处($R\to r$)，流速从 0 变化到 u，则：

$$u=\int_0^u du=\int_R^r\frac{\Delta p}{2L\eta_p}(r_0-r)dr=\int_r^R\frac{\Delta p}{2L\eta_p}(r-r_0)d(r-r_0)$$

即

$$u=\frac{\Delta p}{4L\eta_p}\left[(R-r_0)^2-(r-r_0)^2\right] \tag{7-17}$$

此即宾汉流体为结构流时流速梯度区的流速分布公式。

当 $r=r_0$ 时，可得到流核流速 u_0：

$$u_0=\frac{\Delta p}{4L\eta_p}(R-r_0)^2$$

管路中的总流量由两部分组成，即流核部分的流量 Q_0 和流速梯度区的流量 Q_1，所以总流量 $Q=Q_0+Q_1$。现分别计算如下：

$$Q_0=\pi r_0^2u_0=\frac{\pi\Delta p}{4L\eta_p}r_0^2(R-r_0)^2=\frac{\pi\Delta p}{4L\eta_p}(R^2r_0^2-2Rr_0^3+r_0^4) \tag{7-18}$$

$$
\begin{aligned}
Q_1&=\int_{r_0}^{R} u\cdot 2\pi r\mathrm{d}r\\
&=\int_{r_0}^{R}\frac{\Delta p}{4L\eta_p}\left[(R-r_0)^2-(r-r_0)^2\right]\cdot 2\pi r\mathrm{d}r\\
&=\frac{\pi\Delta p}{2L\eta_p}\left[\int_{r_0}^{R}(R-r_0)^2 r\mathrm{d}r-\int_{r_0}^{R}(r-r_0)^2 r\mathrm{d}r\right]\\
&=\frac{\pi\Delta p}{2L\eta_p}\left[\frac{(R-r_0)^2(R^2-r_0^2)}{2}-\frac{R^4-r_0^4}{4}+\frac{2r_0(R^3-r_0^3)}{3}-\frac{r_0^2(R^2-r_0^2)}{2}\right]\\
&=\frac{\pi\Delta p}{4L\eta_p}\left(\frac{R^4}{2}-\frac{2R^3r_0}{3}-R^2r_0^2+2Rr_0^3-\frac{5r_0^4}{6}\right)
\end{aligned}
\tag{7-19}
$$

总流量为：

$$
\begin{aligned}
Q=Q_0+Q_1&=\frac{\pi\Delta p}{4L\eta_p}\left(\frac{R^4}{2}-\frac{2R^3r_0}{3}+\frac{r_0^4}{6}\right)\\
&=\frac{\pi\Delta pR^4}{8L\eta_p}\left(1-\frac{4}{3}\frac{r_0}{R}+\frac{1}{3}\frac{r_0^4}{R^4}\right)
\end{aligned}
\tag{7-20}
$$

上式表达了塑性流体在结构流状态下的管路特性，即流量 Q 与压降 Δp 之间的函数关系。

当结构流的流核较小时，$r_0^4 \ll R^4$，则可忽略式(7-20)中的高次项，得：

$$
Q=\frac{\pi\Delta pR^4}{8L\eta_p}\left(1-\frac{4}{3}\frac{r_0}{R}\right)
\tag{7-21}
$$

二、结构流的断面平均流速和水力坡降

由式(7-21)可得到塑性流体圆管结构流的断面平均流速 v：

$$
v=\frac{Q}{\pi R^2}=\frac{\Delta pR^2}{8L\eta_p}\left(1-\frac{4}{3}\frac{r_0}{R}\right)
\tag{7-22}
$$

考虑到流核半径表达式(7-16)，并用管路直径 D 取代半径 R，上式可写成：

$$
v=\frac{R^2}{8\eta_p}\left(\frac{\Delta p}{L}-\frac{4}{3}\frac{\Delta p}{L}\frac{2L\tau_0}{\Delta pR}\right)=\frac{D^2\gamma}{32\eta_p}\left(\frac{\Delta p}{\gamma L}-\frac{16}{3}\frac{\tau_0}{\gamma D}\right)
$$

对于水平放置的圆形直管，其水力坡降为：

$$
i=\frac{h_f}{L}=\frac{\Delta p}{\gamma L}=\frac{32v\eta_p}{\gamma D^2}+\frac{16\tau_0}{3\gamma D}
\tag{7-23}
$$

此水力坡降表达式右端第一项是牛顿流体做层流运动时由黏性阻力引起的水力坡降，第二项可视为在结构流状态下塑性流体由于具有网状结构而引起的水力坡降。若流体不具有网状结构，即 $\tau_0=0$，则上式就是牛顿流体层流流动时的水力坡降。

三、判别塑性流体流态的综合雷诺数

注意到塑性流体结构流与牛顿流体层流之间的类似性，将圆管内塑性流体结构流的水力坡降表达式(7-23)与牛顿流体层流时的水力坡降表达式

$$i=\lambda\frac{1}{D}\frac{v^2}{2g}$$

进行对比，并参照牛顿流体层流时的沿程阻力系数表达式 $\lambda=\dfrac{64}{Re}$，便可得出判别塑性流体流动状态的综合雷诺数。

将式(7-23)写成：

$$i=\frac{32v\eta_{\rm p}}{\gamma D^2}\left(1+\frac{\tau_0 D}{6\eta_{\rm p}v}\right)=\frac{64}{\dfrac{\rho vD}{\eta_{\rm p}}}\left(1+\frac{\tau_0 D}{6\eta_{\rm p}v}\right)\frac{1}{D}\frac{v^2}{2g}=\frac{64}{Re_{综}}\frac{1}{D}\frac{v^2}{2g}=\lambda\frac{1}{D}\frac{v^2}{2g}$$

其中：

$$\lambda=\frac{64}{Re_{综}} \tag{7-24}$$

$$Re_{综}=\frac{\rho vD}{\eta_{\rm p}\left(1+\dfrac{\tau_0 D}{6\eta_{\rm p}v}\right)} \tag{7-25}$$

式中，λ 为沿程阻力系数；$Re_{综}$ 称为综合雷诺数，是判别塑性流体结构流和湍流的标准。图 7-12 给出了 λ 随 $Re_{综}$ 变化的实验结果，它表明以 $Re_{综}$ 判别塑性流体的流动状态是正确的。$Re_{综}$ 的临界值为：

$$Re_{综临}=2\,000 \tag{7-26}$$

当 $Re_{综}<2\,000$ 时，流动为结构流；当 $Re_{综}>2\,000$ 时，流动为湍流。

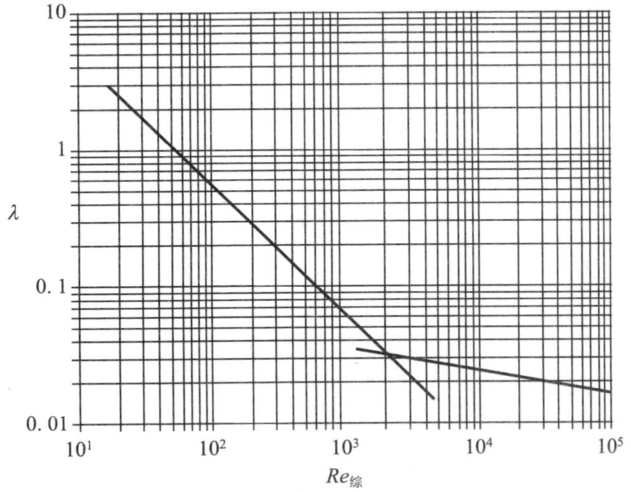

图 7-12　塑性流体的 λ 与 $Re_{综}$ 的关系曲线

塑性流体综合雷诺数表达式(7-25)与牛顿流体的雷诺数表达式 $Re = \rho v D/\mu$ 相比，多了黏度修正项 $\tau_0 D/(6\eta_p v)$，它是屈服应力 τ_0 与 6 倍平均黏性应力 $\eta_p v/D$ 的比值。

例 7-1

稠油相对密度为 0.93，结构黏度为 0.75 P，极限动切应力为 11.76 Pa。当该油品沿直径 $D = 203$ mm、长度 $L = 300$ m 的管路流动时，管路两端压差为 1 at，试确定流量 Q。

解：假设稠油为结构流，则流量为：

$$Q = \frac{\pi \Delta p R^4}{8L\eta_p}\left(1 - \frac{4}{3}\frac{r_0}{R}\right)$$

由于流核半径为：

$$r_0 = \frac{2L\tau_0}{\Delta p} = \frac{2\times 300\times 11.76}{9.8\times 10^4}\ \text{m} = 0.072\ \text{m}$$

所以流量为：

$$Q = \frac{3.14\times 9.8\times 10^4\times 0.1015^4}{8\times 300\times 0.75\times 10^{-1}}\times\left(1 - \frac{4\times 0.072}{3\times 0.1015}\right)\ \text{m}^3/\text{s} = 0.00983\ \text{m}^3/\text{s} = 9.83\ \text{L/s}$$

平均流速 v 为：

$$v = \frac{Q}{\pi R^2} = \frac{0.00983}{3.14\times 0.1015^2}\ \text{m/s} = 0.304\ \text{m/s}$$

综合雷诺数为：

$$Re_{综} = \frac{\rho v D}{\eta_p\left(1 + \dfrac{\tau_0 D}{6\eta_p v}\right)} = \frac{930\times 0.304\times 0.203}{0.75\times 10^{-1}\times\left(1 + \dfrac{11.76\times 0.203}{6\times 0.75\times 10^{-1}\times 0.304}\right)} = 41.5 < 2\,000$$

因此，管中流动为结构流状态，本题假设正确，管中流量为 9.83 L/s。

四、水头损失的计算

对于非牛顿流体流动的水头损失，也可用牛顿流体流动的水头损失公式来计算。沿程水头损失仍然采用达西公式：

$$h_f = \lambda \frac{L}{D}\frac{v^2}{2g} \tag{7-27}$$

结构流时的沿程阻力系数为：

$$\lambda = \frac{64}{Re_{综}}$$

对于湍流时的沿程阻力系数，根据现场资料和实验分析，人们曾提出若干不同的经验公式，其中常用的为：

$$\lambda = \frac{0.125}{\sqrt[6]{Re_{综}}} \tag{7-28}$$

上述沿程阻力系数 λ 也可由图 7-12 查得。

局部水头损失可采用下式计算：

$$h_j = \zeta \frac{v^2}{2g} \tag{7-29}$$

或

$$h_j = \lambda \frac{L_{当}}{D} \frac{v^2}{2g} \tag{7-30}$$

其中，局部阻力系数 ζ 及当量长度 $L_{当}$ 在结构流时为变数，一般随雷诺数的减小而增大，而在湍流时则近似为常数。关于这方面的经验及数据不太多，通常需要通过实验确定。因实验条件的差异，所得的结果可能会有较大出入，所以需要查阅相关的资料。

在钻井工程和采油工程中，经常会遇到环形空间中的塑性流体流动问题。下面考虑环形空间内的沿程水头损失，此项计算可采用引入当量直径 $D_{当}$ 的办法。

$$h_f = \lambda \frac{L}{D_{当}} \frac{v_{环}^2}{2g} \tag{7-31}$$

式中 $v_{环}$ ——环形空间中流体的平均流速；

$D_{当}$ ——环形空间断面的当量直径，$D_{当} = D_{外} - D_{内}$；

$D_{外}$ ——外管内径；

$D_{内}$ ——内管外径。

根据宾汉流体在环形空间做结构流的理论分析和数学推导，此时的综合雷诺数 $Re_{综环}$ 为：

$$Re_{综环} = \frac{\rho v_{环} D_{当}}{\eta_p \left(1 + \dfrac{\tau_0 D_{当}}{8\eta_p v_{环}}\right)} \tag{7-32}$$

实验表明，$Re_{综环}$ 的临界值仍可采用 2 000，而沿程阻力系数为：

结构流

$$\lambda = \frac{96}{Re_{综环}} \tag{7-33}$$

湍流

$$\lambda = 0.015 \sim 0.024$$

当 $Re_{综环}$ 较小时，λ 取高值；当 $Re_{综环}$ 较大时，λ 取低值。

例 7-2

在钻井过程中，已知井径 $D_{井} = 240$ mm，钻杆外径 $D_{外} = 114$ mm，钻杆内径 $D_{内} = 96$ mm，井深 $L = 1\ 200$ m。钻井液的相对密度 $\delta = 1.3$，极限动切应力 $\tau_0 = 9.8$ Pa，塑性黏度 $\eta_p = 10$ cP，流量为 $Q = 30$ L/s。试求钻井液在钻杆和环形空间中的沿程水头损失。

解：(1) 在钻杆中，钻井液平均流速为：

$$v=\frac{4Q}{\pi D_{内}^2}=\frac{4\times 30\times 10^{-3}}{3.14\times 0.096^2}\ \text{m/s}=4.15\ \text{m/s}$$

确定流态：

$$Re_{综}=\frac{\rho v D}{\eta_p\left(1+\frac{\tau_0 D}{6\eta_p v}\right)}=\frac{1\,300\times 4.15\times 0.096}{10\times 10^{-3}\times\left(1+\frac{9.8\times 0.096}{6\times 10\times 10^{-3}\times 4.15}\right)}$$

$$=10\,839>2\,000$$

故钻杆中流体流态为湍流状态。

沿程阻力系数为：

$$\lambda=\frac{0.125}{\sqrt[6]{Re_{综}}}=\frac{0.125}{\sqrt[6]{10\,839}}=0.026\,6$$

沿程水头损失为：

$$h_f=\lambda\frac{L}{D_{内}}\frac{v^2}{2g}=0.026\,6\times\frac{1\,200}{0.096}\times\frac{4.15^2}{2\times 9.8}\ \text{m}=292.2\ \text{m}\text{钻井液柱}$$

（2）在环形空间中有：

$$A=\frac{\pi}{4}(D_{井}^2-D_{外}^2)=\frac{3.14}{4}\times(0.24^2-0.114^2)\ \text{m}^2=0.035\ \text{m}^2$$

$$v=\frac{Q}{A}=\frac{30\times 10^{-3}}{0.035}\ \text{m/s}=0.857\ \text{m/s}$$

$$D_{当}=D_{井}-D_{外}=0.24\ \text{m}-0.114\ \text{m}=0.126\ \text{m}$$

确定流态：

$$Re_{综环}=\frac{\rho v D_{当}}{\eta_p\left(1+\frac{\tau_0 D_{当}}{8\eta_p v}\right)}=\frac{1\,300\times 0.857\times 0.126}{10\times 10^{-3}\times\left(1+\frac{9.8\times 0.126}{8\times 10\times 10^{-3}\times 0.857}\right)}$$

$$=738.4<2\,000$$

故环空中流体流态为结构流状态。

沿程阻力系数为：

$$\lambda=\frac{96}{Re_{综环}}=\frac{96}{738.4}=0.13$$

沿程水头损失为：

$$h_f=\lambda\frac{L}{D_{当}}\frac{v^2}{2g}=0.13\times\frac{1\,200}{0.126}\times\frac{0.857^2}{2\times 9.8}\ \text{m}=46.4\ \text{m}\text{钻井液柱}$$

第四节　钻井循环系统压力损失的计算

在钻井工程中，由钻井泵维持钻井循环系统内钻井液的流动。为了合理地选用钻井泵，需要确定钻井循环系统各个部分的水头损失，才能确定泵压及其功率。

如图 7-13 所示，当钻井液离开泵的出口以后，经过地面管线、立管、水龙带和方钻杆等地面管汇进入钻杆的顶部，钻井液从此处开始向下流过很长的钻杆，再经过钻铤，由钻头的水眼喷出，然后经过井壁与钻具间的环形空间向上返，流出井口，经钻井液槽流回钻井液池。因为钻井液在钻杆中流动与在环形空间中流动基本上处于相同的高度，所以钻井泵的泵压相当于钻井液流过整个循环系统所产生的压力损失，即

$$p_{泵} = p_{汇} + p_{杆} + p_{铤} + p_{头} + p_{环} \tag{7-34}$$

式中　$p_{泵}$——钻井泵的泵压，N/m^2；

$p_{汇}$——钻井液流经地面管汇所产生的压力损失（地面管汇包括地面管线、立管、水龙带、水龙头和方钻杆），N/m^2；

$p_{杆}$——钻井液流经钻杆（包括接头）所产生的压力损失，N/m^2；

$p_{铤}$——钻井液流经钻铤所产生的压力损失，N/m^2；

$p_{头}$——钻井液流经钻头所产生的压力损失，N/m^2；

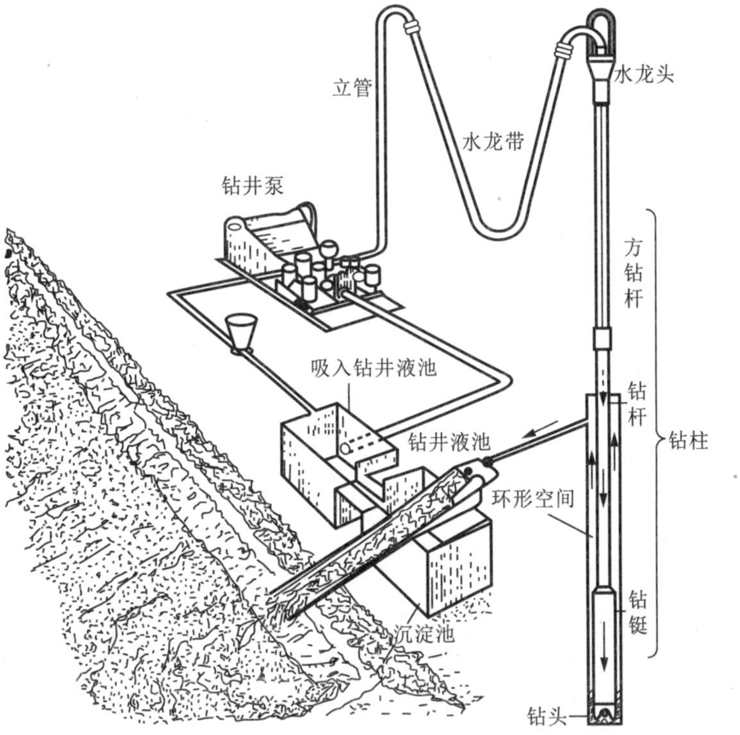

图 7-13　钻井循环系统

$p_{环}$——钻井液流经环形空间所产生的压力损失，N/m^2。

在位置水头不变的情况下，液体流经某段等径管路时，压头损失与水头损失相等，即

$$\Delta p = \gamma h_w$$

下面分别介绍钻井循环系统各部分压力损失的计算方法。

一、地面管汇中压力损失的计算

从理论上讲，可以根据确定沿程水头损失和局部水头损失的方法计算钻井液流经地面管汇所产生的压力损失，但该方法计算量较大，实际应用时可以通过地面管汇中流量 Q 与压力损失 $p_{汇}$ 的关系曲线查得在一定排量下的压力损失。图 7-14 所示为 4 种规格(表 7-2)地面管汇中 $p_{汇}$-Q 管路特性曲线。实际管汇的规格与图中曲线所示管汇规格可能有所不同，可以根据实际管汇进行水力计算。但由于地面管汇中压力损失的数值较小，所以因管汇规格不同所造成的误差也不大。

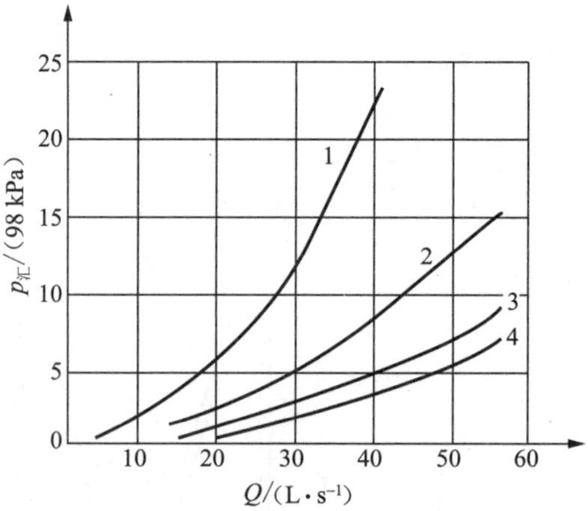

图 7-14　四种规格地面管汇中 $p_{汇}$-Q管路特性曲线

表 7-2　4 种规格的地面管汇

曲　线		立　管	水龙带	水龙头	方钻杆
1	内径 D/mm	76.0	50.8	50.8	57.0
	长度 L/m	12.2	13.7	1.20	12.2
2	内径 D/mm	89.0	63.5	63.5	82.5
	长度 L/m	12.2	16.8	1.50	12.2
3	内径 D/mm	102	76.0	63.5	82.5
	长度 L/m	13.7	16.8	1.50	12.2
4	内径 D/mm	102	76.0	76.0	102
	长度 L/m	13.7	16.8	1.80	12.2

二、钻杆和钻铤内压力损失的计算

在计算钻杆和钻铤内的压力损失时，可以采用两种方法：第一种方法是在给定条件下，首先求出钻井液流动的雷诺数，判别其流动状态，然后根据圆管内宾汉液体沿程水头损失的计算公式进行计算，这种方法已在前面作了阐述；第二种方法是在给定条件下，首先求出钻井液的临界流速，再将实际平均流速v与临界流速$v_{临}$进行比较，判断其流动状态，然后计算压力损失。下面讨论计算压力损失的第二种方法。

根据式(7-25)可得临界雷诺数为：

$$Re_{临}=\frac{\rho v_{临}D}{\eta_p\left(1+\frac{\tau_0 D}{6\eta_p v_{临}}\right)}=2\ 000$$

可得：

$$v_{临}=\frac{1\ 000\eta_p+1\ 000\sqrt{\eta_p^2+3.33\times10^{-4}\rho\tau_0 D^2}}{\rho D} \quad (7-35)$$

式中 $v_{临}$——临界流速，m/s；

η_p——钻井液的塑性黏度，Pa·s；

ρ——钻井液密度，kg/m^3；

D——钻杆或钻铤内径，m；

τ_0——极限动切应力，Pa。

当$v<v_{临}$时，钻井液在钻杆或钻铤中以结构流状态流动，其压力损失可由结构流状态下沿程水头损失的计算公式(7-23)得到：

$$\frac{p}{\gamma}=h_f=\frac{32\eta_p L}{\gamma D^2}v+\frac{16\tau_0 L}{3\gamma D}$$

$$p=\frac{L}{D}\left(\frac{32\eta_p v}{D}+\frac{16\tau_0}{3}\right)$$

$$p=\frac{128\eta_p LQ}{\pi D^4}+\frac{16\tau_0 L}{3D} \quad (7-36)$$

式中 p——钻杆或钻铤内的压力损失，N/m^2；

L——钻杆或钻铤的长度，m；

Q——钻井液流量，m^3/s；

τ_0——屈服应力，Pa。

当$v>v_{临}$时，钻井液在钻杆或钻铤内以湍流状态流动，其压力损失可由达西公式得到：

$$\frac{p}{\gamma}=h_f=\lambda\frac{L}{D}\frac{v^2}{2g}$$

$$p=\frac{\rho\lambda L v^2}{2D}=\frac{8\rho\lambda LQ^2}{\pi^2 D^5} \quad (7-37)$$

式中 λ——沿程阻力系数。

钻井液以湍流状态流动时，λ 值可根据式(7-28)计算：

$$\lambda = \frac{0.125}{\sqrt[6]{Re}}$$

需要指出的是，钻杆内的压力损失由钻杆本体和接头两部分构成，若两者的内径不同，则应分别进行计算。

三、钻头水眼处压力损失的计算

钻井液流经钻头水眼的压力损失可以根据孔口或管嘴出流的流量公式进行计算：

$$Q = \mu A\sqrt{2gH} = \mu A\sqrt{2g\frac{p_{头}}{\gamma}}$$

$$p_{头} = \frac{8\rho Q^2}{\pi^2\mu^2 d^4} \tag{7-38}$$

式中 $p_{头}$——钻井液流经钻头水眼所产生的压力损失，N/m^2；

Q——钻井液流经钻头水眼的流量，m^3/s；

μ——钻头水眼的流量系数；

d——钻头水眼的直径，m。

由于钻头上有多个水眼，而且其直径有时也不相等，因此式(7-38)中的水眼直径 d 应以有效直径 d_e 表示。

若钻头上有 n_1 个直径为 d_1 的水眼、n_2 个直径为 d_2 的水眼……则钻头水眼的有效直径为：

$$d_e = \sqrt{n_1 d_1^2 + n_2 d_2^2 + \cdots} \tag{7-39}$$

当钻头上各个水眼的直径相同时，则有效直径为：

$$d_e = \sqrt{nd^2} \tag{7-40}$$

若以有效直径表示钻头水眼的直径，则式(7-38)应写成：

$$p_{头} = \frac{8\rho Q^2}{\pi^2\mu^2 d_e^4} \tag{7-41}$$

四、环形空间中压力损失的计算

钻井液流经钻具与井壁之间的环形空间所产生的压力损失，可参照宾汉液体在环形空间内沿程水头损失的计算公式(7-31)进行计算，其中环形空间断面的当量直径为：

$$D_{当} = D_{井} - D_{外}$$

式中 $D_{井}$——井的直径或钻头的直径，m；

$D_{外}$——钻杆或钻铤的外径，m。

应当指出的是，钻杆与井壁所形成的环形空间内的压力损失也由两部分组成，即钻杆本体与井壁形成的环形空间及钻杆接头与井壁形成的环形空间中的压力损失。在多数情况下，钻杆接头部分对阻力的影响可忽略不计，而按钻杆本体进行计算；但是若接头的外径接近井眼的直径，则应分别进行计算。

在钻井循环系统的各部分压力损失及泵压确定以后，便可进一步确定钻井泵的额定功率：

$$N_{泵}=\frac{p_{泵}Q}{\eta_{泵}} \tag{7-42}$$

式中　$N_{泵}$——钻井泵的额定功率，W；

$p_{泵}$——钻井泵的泵压，N/m^2；

Q——泵的排量，m^3/s；

$\eta_{泵}$——泵的效率。

例 7-3

某三牙轮喷射式钻头的直径为 248 mm，钻头上有 3 个直径均为 9.5 mm 的水眼，其流量系数为 0.95。钻杆的长度为 1 000 m，其内径为 92.4 mm、外径为 114 mm。钻井液的密度 $\rho = 1\,200\ kg/m^3$，屈服应力 $\tau_0 = 4.78\ N/m^2$，塑性黏度 $\eta_p = 0.03\ Pa\cdot s$，排量 $Q = 25.2\ L/s$。若地面管汇的压力损失为 9.8×10^5 Pa，泵的效率为 0.85，试确定钻井泵的功率。

解：(1) 由已知条件得 $p_{汇} = 9.8\times10^5$ Pa。

(2) 确定钻井液在钻杆内流动的压力损失。

钻井液在钻杆内的平均流速 $v_{杆}$ 为：

$$v_{杆}=\frac{4Q}{\pi D_{内}^2}=\frac{4\times0.025\,2}{\pi\times0.092\,4^2}\ m/s=3.76\ m/s$$

钻井液在钻杆内的临界流速 $v_{临}$ 为：

$$\begin{aligned}v_{临}&=\frac{1\,000\eta_p+1\,000\sqrt{\eta_p^2+3.33\times10^{-4}\rho\tau_0D_{内}^2}}{\rho D}\\&=\frac{1\,000\times0.03+1\,000\times\sqrt{0.03^2+3.33\times10^{-4}\times1\,200\times4.78\times0.092\,4^2}}{1\,200\times0.092\,4}\ m/s\\&=1.45\ m/s\end{aligned}$$

因 $v_{杆} > v_{临}$，故钻井液在钻杆内以湍流状态流动，钻井液流动的雷诺数 $Re_{杆}$ 为：

$$Re_{杆}=\frac{\rho v_{杆}D_{内}}{\eta_p\left(1+\dfrac{\tau_0D_{内}}{6\eta_pv_{杆}}\right)}=\frac{1\,200\times3.76\times0.092\,4}{0.03\times\left(1+\dfrac{4.78\times0.092\,4}{6\times0.03\times3.76}\right)}=8\,409$$

由式(7-28)得沿程阻力系数 λ 为：

$$\lambda=\frac{0.125}{\sqrt[6]{Re_{杆}}}=\frac{0.125}{\sqrt[6]{8\,409}}=0.027\,7$$

根据式(7-37)得钻井液在钻杆内的压力损失$p_{杆}$为：

$$p_{杆}=\frac{\rho\lambda L v_{杆}^2}{2D_{内}}=\frac{1\,200\times0.027\,7\times1\,000\times3.76^2}{2\times0.092\,4}\ \text{Pa}=2.54\times10^6\ \text{Pa}$$

(3) 确定钻井液在钻头水眼处的压力损失。

首先求出水眼的有效直径d_e：

$$d_e=\sqrt{nd^2}=\sqrt{3\times0.009\,5^2}\ \text{m}=0.016\,5\ \text{m}$$

由式(7-41)得钻头水眼处的压力损失$p_{头}$：

$$p_{头}=\frac{8\rho Q^2}{\pi^2\mu^2 d_e^4}=\frac{8\times1\,200\times0.025\,2^2}{\pi^2\times0.95^2\times0.016\,5^4}\ \text{Pa}=9.24\times10^6\ \text{Pa}$$

(4) 确定钻井液在环形空间中流动的压力损失。

钻井液在环形空间中的平均流速$v_{环}$为：

$$v_{环}=\frac{4Q}{\pi(D_{井}^2-D_{外}^2)}=\frac{4\times0.025\,2}{\pi\times(0.248^2-0.114^2)}\ \text{m/s}=0.662\ \text{m/s}$$

环形空间断面的当量直径$D_{当}$为：

$$D_{当}=D_{井}-D_{外}=0.248\ \text{m}-0.114\ \text{m}=0.134\ \text{m}$$

钻井液在环形空间中的临界流速$v_{临}$为：

$$v_{临}=\frac{1\,000\eta_p+1\,000\sqrt{\eta_p^2+3.33\times10^{-4}\rho\tau_0 D_{当}^2}}{\rho D_{当}}$$

$$=\frac{1\,000\times0.03+1\,000\times\sqrt{0.03^2+3.33\times10^{-4}\times1\,200\times4.78\times0.134^2}}{1\,200\times0.134}\ \text{m/s}$$

$$=1.35\ \text{m/s}$$

因$v_{环}<v_{临}$，故钻井液在环形空间中以结构流状态流动。

由式(7-32)得综合雷诺数为：

$$Re_{综环}=\frac{\rho v_{环}D_{当}}{\eta_p\left(1+\frac{\tau_0 D_{当}}{8\eta_p v_{环}}\right)}=\frac{1\,200\times0.662\times0.134}{0.03\times\left(1+\frac{4.78\times0.134}{8\times0.03\times0.662}\right)}=705$$

由式(7-33)得结构流状态下的沿程阻力系数：

$$\lambda=\frac{96}{Re_{综环}}=\frac{96}{705}=0.136$$

由达西公式得钻井液在环形空间中流动的水头损失：

$$h_f=\lambda\frac{L}{D_{当}}\frac{v_{环}^2}{2g}=0.136\times\frac{1\,000}{0.134}\times\frac{0.662^2}{2\times9.81}\ \text{m/s}=22.7\ \text{m/s}$$

钻井液在环形空间中流动的压力损失$p_{环}$为：

$$p_{环}=\gamma h_f=1\,200\times9.81\times22.7\ \text{Pa}=2.67\times10^5\ \text{Pa}$$

(5) 确定钻井泵的泵压。

$$p_{泵}=p_{汇}+p_{杆}+p_{头}+p_{环}$$

$= 9.8 \times 10^5\ \text{Pa} + 2.54 \times 10^6\ \text{Pa} + 9.24 \times 10^6\ \text{Pa} + 2.67 \times 10^5\ \text{Pa}$

$= 13.03 \times 10^6\ \text{Pa}$

（6）求钻井泵的功率。

$$N_{泵} = \frac{p_{泵}Q}{\eta_{泵}} = \frac{13.03 \times 10^6 \times 0.0252}{0.85}\ \text{W} = 3.86 \times 10^5\ \text{W} = 386\ \text{kW}$$

第五节　幂律流体的流动规律

假塑性流体和膨胀性流体可用幂律方程来描述流变特性，所以假塑性流体和膨胀性流体通称为幂律流体。对管路中的流动，流变方程可写成：

$$\tau = K\left(-\frac{\mathrm{d}u}{\mathrm{d}r}\right)^n \tag{7-43}$$

当流变指数 $n < 1$ 时，上式适用于假塑性流体；当 $n > 1$ 时，上式适用于膨胀性流体。

对于具有屈服应力的假塑性流体或膨胀性流体，由于其存在结构流流态，所以可按塑性流体的分析方法进行研究。本节只讨论不具有屈服应力的幂律流体。

一、层流状态下圆管内的流量和压降

由于幂律流体不具有结构性，所以其在圆管内的阻力分布与牛顿流体完全相同。对于水平圆管内的定常流动，其切应力在全管内都满足下式

$$\tau = \frac{\Delta p r}{2L}$$

将上式代入式(7-43)得：

$$\frac{\Delta p r}{2L} = K\left(-\frac{\mathrm{d}u}{\mathrm{d}r}\right)^n$$

或

$$\mathrm{d}u = -\left(\frac{\Delta p}{2LK}\right)^{\frac{1}{n}} r^{\frac{1}{n}}\mathrm{d}r$$

式中　Δp——压降。

对上式积分，从管壁到轴心处($R \to 0$)，流速从 0 变化到 u，则有：

$$u = \int_0^u \mathrm{d}u = -\left(\frac{\Delta p}{2LK}\right)^{\frac{1}{n}} \int_R^0 r^{\frac{1}{n}}\mathrm{d}r$$

$$= \left(\frac{\Delta p}{2LK}\right)^{\frac{1}{n}} \frac{n}{n+1} R^{\frac{1+n}{n}}\left[1 - \left(\frac{r}{R}\right)^{\frac{1+n}{n}}\right] \tag{7-44}$$

此即幂律流体圆管层流时的流速分布公式。

管路中的流量为：

$$
\begin{aligned}
Q &= \int_0^R u \cdot 2\pi r \mathrm{d}r \\
&= 2\pi\left(\frac{\Delta p}{2LK}\right)^{\frac{1}{n}} \frac{n}{n+1} R^{\frac{1+n}{n}} \int_0^R r\left[1-\left(\frac{r}{R}\right)^{\frac{1+n}{n}}\right]\mathrm{d}r \\
&= 2\pi\left(\frac{\Delta p}{2LK}\right)^{\frac{1}{n}} \frac{n}{n+1} R^{\frac{1+n}{n}} \left[\frac{R^2}{2}-\left(\frac{1}{R}\right)^{\frac{1+n}{n}} \frac{n}{3n+1} R^{\frac{3n+1}{n}}\right] \\
&= \pi\left(\frac{\Delta p}{2LK}\right)^{\frac{1}{n}} \frac{n}{3n+1} R^{\frac{3n+1}{n}}
\end{aligned}
$$

或

$$
Q = \frac{\pi n R^3}{3n+1}\left(\frac{\Delta p R}{2LK}\right)^{\frac{1}{n}} \tag{7-45}
$$

上式表达了幂律流体在层流状态下的管路特性，即流量 Q 与压降 Δp 之间的函数关系。

二、断面平均流速

由式(7-45)可求得幂律流体圆管层流断面的平均流速：

$$
v = \frac{Q}{\pi R^2} = \left(\frac{\Delta p}{2LK}\right)^{\frac{1}{n}} \frac{n}{3n+1} R^{\frac{1+n}{n}} = \frac{nR}{3n+1}\left(\frac{\Delta p R}{2LK}\right)^{\frac{1}{n}} \tag{7-46}
$$

因为最大流速($u_{\max}$)在管轴心处，所以将 $r=0$ 代入式(7-44)可得：

$$
u_{\max} = \left(\frac{\Delta p}{2LK}\right)^{\frac{1}{n}} \frac{n}{1+n} R^{\frac{1+n}{n}} = \frac{nR}{n+1}\left(\frac{\Delta p R}{2LK}\right)^{\frac{1}{n}} = \frac{3n+1}{n+1} v \tag{7-47}
$$

或

$$
v = \frac{n+1}{3n+1} u_{\max} \tag{7-48}
$$

将式(7-44)与式(7-46)相除，可得到无因次速度分布：

$$
\frac{u}{v} = \frac{3n+1}{n+1}\left[1-\left(\frac{r}{R}\right)^{\frac{1+n}{n}}\right] \tag{7-49}
$$

根据不同流变指数 n 值，可以得到不同类型幂律流体的无因次速度分布。图 7-15 所示为几种不同 n 值的幂律流体无因次速度分布曲线。n 值愈小，流速分布愈均匀；n 值愈大，流速分布愈不均匀。当 $n<1$ 时，为假塑性流体的流速分布(如 $n=1/3$)；当 $n=0$ 时，为假塑性流体的极限情况，此时 $u=v$，可以看作理想流体的柱塞运动；当 $n=1$ 时，为牛顿流体的抛物线速度分布；当 $n>1$ 时，为膨胀性流体的流速分布(如 $n=3$)；当 $n=\infty$ 时，为膨胀性流体的极限情况，此时的流速分布极不均匀，管中心的最大流速达到平均流速的 3 倍。

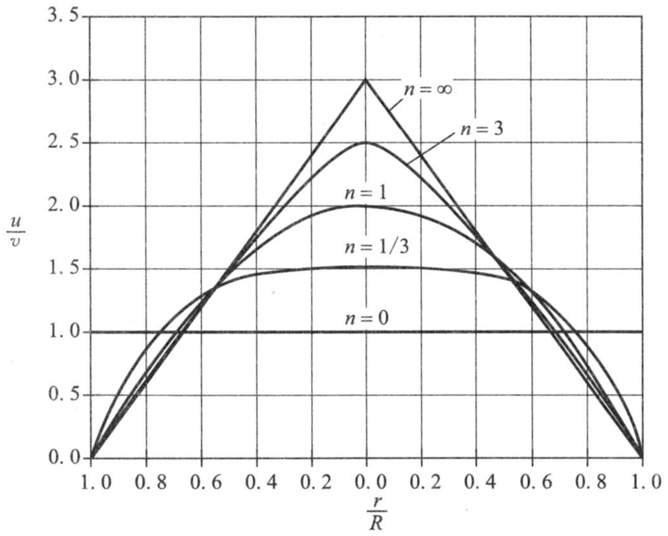

图 7-15 幂律流体无因次速度分布曲线

三、幂律流体层流流动的沿程水头损失及雷诺数

由幂律流体圆管层流断面平均流速的表达式(7-46)可得到如下压降关系式:

$$\Delta p=\frac{2LKv^{n}}{\left(\frac{n}{3n+1}\right)^{n}R^{1+n}} \tag{7-50}$$

对于水平放置的圆形直管,其沿程水头损失为:

$$h_{\mathrm{f}}=\frac{\Delta p}{\gamma}=\frac{2LKv^{n}}{\left(\frac{n}{3n+1}\right)^{n}R^{1+n}\gamma}=\frac{2Kv^{n}\cdot 2gv^{-2}}{\left(\frac{n}{3n+1}\right)^{n}R^{n}\lambda\cdot\frac{1}{2}}\frac{L}{D}\frac{v^{2}}{2g}=\frac{4Kv^{n-2}}{\left(\frac{n}{3n+1}\right)^{n}\left(\frac{D}{2}\right)^{n}\frac{\rho}{2}}\frac{L}{D}\frac{v^{2}}{2g}$$

$$=\frac{64}{\frac{\left(\frac{4n}{3n+1}\right)^{n}D^{n}\rho\cdot 8}{Kv^{n-2}2^{3n}}}\frac{L}{D}\frac{v^{2}}{2g}=\frac{64}{\frac{8^{1-n}\rho D^{n}v^{2-n}}{K\left(\frac{3n+1}{4n}\right)^{n}}}\frac{L}{D}\frac{v^{2}}{2g}$$

参照牛顿流体层流流动的沿程水头损失,有:

$$h_{\mathrm{f}}=\frac{64}{Re}\frac{L}{D}\frac{v^{2}}{2g}=\lambda\frac{L}{D}\frac{v^{2}}{2g} \tag{7-51}$$

其中:

$$\lambda=\frac{64}{Re}$$

$$Re=\frac{8^{1-n}\rho D^{n}v^{2-n}}{K\left(\frac{3n+1}{4n}\right)^{n}} \tag{7-52}$$

式(7-52)就是判别幂律流体流动状态的雷诺数。实验证明，该雷诺数的临界值仍为2 000。当 $Re \leqslant 2\,000$ 时，幂律流体的流动为层流；当 $Re > 2\,000$ 时，幂律流体的流动为湍流。

四、局部水头损失

对于幂律流体从小直径圆管突然扩大到大直径圆管的流动过程，其压降可按下式计算：

$$\Delta p=\rho\left(\frac{Q}{A_1}\right)^2\frac{3n+1}{2n+1}\left[\frac{n+3}{2(5n+3)}\left(\frac{A_1}{A_2}\right)^2-\frac{A_1}{A_2}+\frac{3(2n+1)}{2(5n+3)}\right] \tag{7-53}$$

式中 ρ——流体密度；

Q——流体体积流量；

A_1，A_2——小直径圆管及大直径圆管的断面面积；

n——幂律流体的流变指数。

对于管路中其他种类局部阻力引起的压降，尚无可靠和统一的计算公式，必须通过实验来确定。

第六节　非牛顿流体流变性参数的测定

细管法和旋转法是测定非牛顿流体流变性参数的两种常用方法。本节主要分析这两种方法的基本原理，重点讨论非牛顿流体的表观黏度、塑性流体的 τ_0 和 η_p 以及幂律流体的 K 和 n 的测定。

一、细管法测定塑性流体的流变参数

利用塑性流体在管路中的结构流特性测定塑性流体的流变参数。毛细管黏度计的工作原理如图 7-16 所示，毛细管实验段长度为 L，半径为 R，实验段压差为 $\Delta p = p_1 - p_2$。当塑性流体在管路中流动时，测定不同压差 Δp 下的流量 Q，然后绘制流量 Q 与压差 Δp 的关系曲线，如图 7-17 所示。

塑性流体在毛细管中处于结构流状态。由图 7-17 可以看出，当流量较小时，Q 与 Δp 呈曲线关系；当流量较大时，Q 与 Δp 呈直线关系。

根据塑性流体结构流 Q 与 Δp 的关系：

$$Q=\frac{\pi\Delta pR^4}{8L\eta_p}\left(1-\frac{4}{3}\frac{r_0}{R}\right)$$

考虑到流核半径：

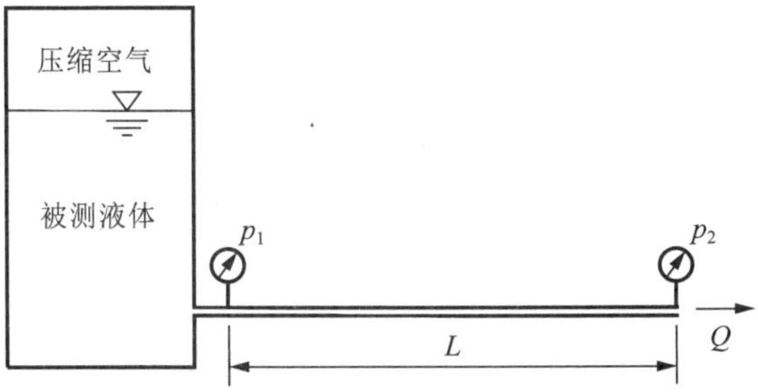

图 7-16 毛细管黏度计工作原理

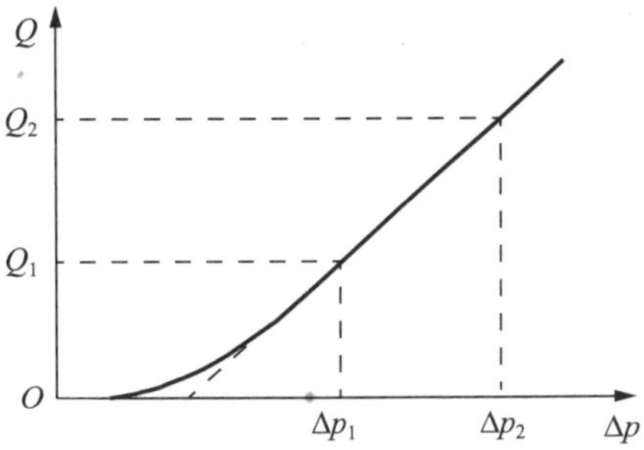

图 7-17 Q 与 Δp 的关系曲线

$$r_0=\frac{2L\tau_0}{\Delta p}$$

则 Q-Δp 关系可写成：

$$Q=\frac{\pi R^4}{8L\eta_p}\left(\Delta p-\frac{8}{3}\frac{L\tau_0}{R}\right) \tag{7-54}$$

分别将 Q_1 和 Δp_1 及 Q_1 和 Δp_2 代入上式，并将两式相减得：

$$Q_2-Q_1=\frac{\pi R^4}{8L\eta_p}(\Delta p_2-\Delta p_1)$$

整理上式可得塑性流体的结构黏度为：

$$\eta_p=\frac{\pi R^4}{8L}\frac{\Delta p_2-\Delta p_1}{Q_2-Q_1} \tag{7-55}$$

确定结构黏度后，可根据式(7-54)求出极限动切应力：

$$\tau_0=\frac{3R}{8L}\left(\Delta p-\frac{8L\eta_p Q}{\pi R^4}\right) \tag{7-56}$$

应当指出，塑性流体流变参数的细管法测定原理是基于其在圆管中的结构流流动规律，因此必须注意实验过程是否符合结构流条件，这可通过计算综合雷诺数进行判断。

二、旋转法测定流变参数

旋转黏度计常用来测定牛顿流体的黏度或非牛顿流体的表观黏度，也可用来测定非牛顿流体的其他流变参数，如塑性流体的 τ_0 和 η_p 以及幂律流体的 K 和 n 等。

1. 旋转黏度计的基本结构

最常见的旋转黏度计采用同轴圆筒式结构，它由 2 个同轴心、不同直径的垂直圆筒构成，两圆筒的环形空间充满着被测流体。这种黏度计有两种设计形式：

（1）用电动机驱动外筒以等角速度 Ω 旋转。紧贴外筒的液层与外筒具有相同的角速度 Ω，位于它里面的液层由于流体黏性的影响而被依次带动发生旋转运动。愈靠近内筒的液层，其角速度愈小，紧贴内筒的液层的角速度为零。待运动稳定后，各液层的旋转角速度保持不变。在内筒表面上，产生切应力，对内筒产生旋转力矩。内筒是用弹性金属丝悬挂着的，根据金属丝的扭转角度可以确定其所受的旋转力矩，进而求得被测流体的流变性参数。

（2）外圆筒固定，内圆筒借助于重物，并通过滑轮，以等旋转力矩进行旋转。此时，只要测量内圆筒的旋转角速度，就可求得被测流体的流变性参数。

2. 流变性测量原理

以上述第（1）种设计形式的旋转黏度计为例，分析其流变参数的测量原理。

设外圆筒以等角速度 Ω 旋转，内圆筒用弹性金属丝悬挂着，可以通过测定扭角 φ，按下式计算旋转力矩 M：

$$M = C\varphi \tag{7-57}$$

式中 C —— 金属丝常数，相当于金属丝扭转 1° 时的旋转力矩；

φ —— 金属丝的扭转角度，（°）。

设内圆筒外半径为 r_1，外圆筒内半径为 r_2，内圆筒高度为 h。在环空流体中任意半径 r 处，取一无限薄的液层，其厚度为 dr，此薄层内壁的角速度为 ω，外壁的角速度为 $\omega+\mathrm{d}\omega$，如图 7-18 所示。由力矩平衡原理可知，半径 r 处圆柱面上的旋转力矩 M 与切应力 τ 之间存在如下关系：

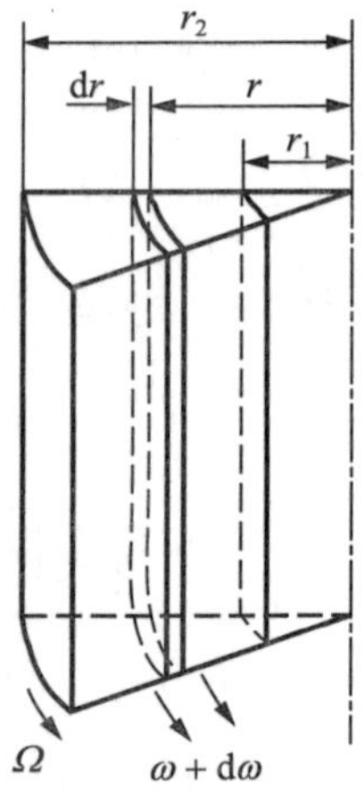

图 7-18　流体扇形一角

$$M = 2\pi rh\tau \cdot r = 2\pi r^2 h\tau$$

故：

$$\tau = \frac{M}{2\pi r^2 h} \tag{7-58}$$

考虑塑性流体的流变方程：

$$\tau = \tau_0 + \eta_p \frac{\mathrm{d}u}{\mathrm{d}r} \tag{7-59}$$

此时的流速梯度 $\mathrm{d}u/\mathrm{d}r > 0$，又因：

$$\mathrm{d}u \approx r\mathrm{d}\omega \tag{7-60}$$

将式（7-58）、式（7-60）代入式（7-59），整理得：

$$\mathrm{d}\omega = \frac{M}{2\pi h\eta_p}\frac{\mathrm{d}r}{r^3} - \frac{\tau_0}{\eta_p}\frac{\mathrm{d}r}{r} \tag{7-61}$$

在内、外圆筒间对式（7-61）积分：

$$\int_0^{\Omega}\mathrm{d}\omega = \frac{M}{2\pi h\eta_p}\int_{r_1}^{r_2}\frac{\mathrm{d}r}{r^3} - \frac{\tau_0}{\eta_p}\int_{r_1}^{r_2}\frac{\mathrm{d}r}{r}$$

结果为：

$$\Omega\eta_p = \frac{M(r_2^2 - r_1^2)}{4\pi h r_1^2 r_2^2} - \tau_0 \ln\frac{r_2}{r_1} \tag{7-62}$$

为了求得塑性流体的极限动切应力 τ_0 和塑性黏度 η_p，必须测定 2 个角速度下的旋转力矩。如果当外筒角速度为 Ω_1 时旋转力矩为 M_1，当角速度为 Ω_2 时旋转力矩为 M_2，则可得：

$$\left.\begin{aligned}\Omega_1\eta_p &= \frac{M_1(r_2^2-r_1^2)}{4\pi h r_1^2 r_2^2} - \tau_0 \ln\frac{r_2}{r_1}\\ \Omega_2\eta_p &= \frac{M_2(r_2^2-r_1^2)}{4\pi h r_1^2 r_2^2} - \tau_0 \ln\frac{r_2}{r_1}\end{aligned}\right\} \tag{7-63}$$

两式相减得：

$$\eta_p = \frac{r_2^2-r_1^2}{4\pi h r_1^2 r_2^2}\frac{M_2-M_1}{\Omega_2-\Omega_1} \tag{7-64}$$

求得 η_p 后，代回方程组(7-63)中的任一式，便可求出 τ_0 值。为了提高计算精确度，消除误差，可将式(7-64)分别代回式(7-63)中的两式，再相加求出 τ_0 的平均值，即

$$2\tau_0 \ln\frac{r_2}{r_1} = \frac{r_2^2-r_1^2}{4\pi h r_1^2 r_2^2}\left[(M_1+M_2)-(\Omega_1+\Omega_2)\frac{M_2-M_1}{\Omega_2-\Omega_1}\right]$$

化简得：

$$\tau_0 = \frac{r_2^2-r_1^2}{4\pi h r_1^2 r_2^2}\frac{\Omega_2 M_1-\Omega_1 M_2}{(\Omega_2-\Omega_1)\ln(r_2/r_1)} \tag{7-65}$$

对一定的黏度计而言，r_1，r_2 和 h 为定值，故当测得 Ω_1 和 Ω_2 及相应的 M_1 和 M_2 后，根据式(7-64)和式(7-65)即可计算出 η_p 和 τ_0。

3. 幂律流体流变性的测定

在旋转黏度计中，幂律流体的流变方程为：

$$\tau = K\left(\frac{du}{dr}\right)^n$$

对上式两边取对数得：

$$\lg\tau = n\lg\frac{du}{dr} + \lg K \tag{7-66}$$

以 $\lg(du/dr)$ 为横坐标，以 $\lg\tau$ 为纵坐标，对上式作图，可得一条直线，如图 7-19 所示，其中 n 为直线的斜率，而 $\lg K$ 为直线在纵坐标轴上的截距，这就是图解法。

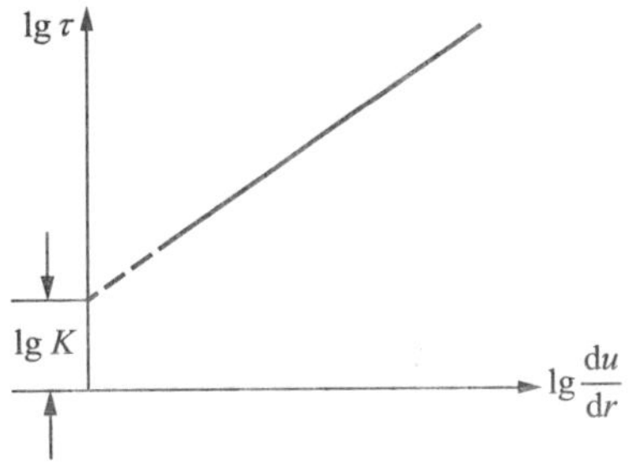

图 7-19 幂律流体的流速梯度与切应力

也可由旋转黏度计测得一组实验数据 $[\tau_i, (du/dr)_i]$，$i = 1, 2, \cdots, N$，依据数学中的最小二乘法，对实验数据进行线性回归分析，得到幂律流体的流变指数 n 和稠度系数 K：

$$n = \frac{N\sum_{i=1}^{N}\left[\lg\tau_i\cdot\lg\left(\frac{du}{dr}\right)_i\right] - \sum_{i=1}^{N}\lg\tau_i\cdot\sum_{i=1}^{N}\lg\left(\frac{du}{dr}\right)_i}{N\sum_{i=1}^{N}\left[\lg\left(\frac{du}{dr}\right)_i\right]^2 - \left[\sum_{i=1}^{N}\lg\left(\frac{du}{dr}\right)_i\right]^2} \tag{7-67}$$

$$\lg K=\frac{\sum_{i=1}^{N}\lg\tau_i-n\sum_{i=1}^{N}\lg\left(\frac{\mathrm{d}u}{\mathrm{d}r}\right)_i}{N} \tag{7-68}$$

亦可以根据 2 个测点的数据进行简单解析计算，由式(7-66)得：

$$\lg\tau_1=n\lg\left(\frac{\mathrm{d}u}{\mathrm{d}r}\right)_1+\lg K \tag{7-69}$$

$$\lg\tau_2=n\lg\left(\frac{\mathrm{d}u}{\mathrm{d}r}\right)_2+\lg K \tag{7-70}$$

联立式(7-69)和式(7-70)解得：

$$n=\frac{\lg\tau_2-\lg\tau_1}{\lg\left(\frac{\mathrm{d}u}{\mathrm{d}r}\right)_2-\lg\left(\frac{\mathrm{d}u}{\mathrm{d}r}\right)_1} \tag{7-71}$$

$$\lg K=\frac{\lg\tau_1\lg\left(\frac{\mathrm{d}u}{\mathrm{d}r}\right)_2-\lg\tau_2\lg\left(\frac{\mathrm{d}u}{\mathrm{d}r}\right)_1}{\lg\left(\frac{\mathrm{d}u}{\mathrm{d}r}\right)_2-\lg\left(\frac{\mathrm{d}u}{\mathrm{d}r}\right)_1} \tag{7-72}$$

思考题

7-1 非牛顿流体有哪些类型？各有何特点？

7-2 何谓流变曲线和流变方程？根据流变曲线，说明牛顿流体与非牛顿流体流变性的不同。

7-3 何谓触变性、震凝性和黏弹性？在流体流动中，这些特性如何表现？

7-4 何谓视黏度？何谓结构黏度？

7-5 如何利用流变曲线确定塑性流体的极限动切应力及结构黏度？

7-6 塑性流体有哪些流态？如何判别塑性流体的结构流和湍流？

7-7 塑性流体的流量和压差成怎样的关系？如何计算塑性流体管流的水头损失？

7-8 何谓幂律流体？幂律流体有哪些类型？幂律流体层流的流量和压差成怎样的关系？

7-9 如何计算幂律流体层流和湍流的沿程水头损失？

7-10 钻井液流过整个钻井循环系统所产生的压力损失包括哪几部分？

7-11 在钻井工程中，如何确定钻井泵的泵压和功率？

7-12 简述毛细管黏度计和旋转黏度计的结构原理。如何使用黏度计测量非牛顿流体有关物理参数？

习题

7-1　为了确定钻井液的极限切应力和结构黏度，在黏度计上进行了流变曲线的测定，测得的结果如下：

$\frac{du}{dr}/s^{-1}$	800	700	600	500	400	300	250
$\tau/(N\cdot m^{-2})$	16. 15	15. 25	14. 35	13. 45	12. 55	11. 65	11. 20
$\frac{du}{dr}/s^{-1}$	200	150	100	50	25	10	
$\tau/(N\cdot m^{-2})$	10. 70	10. 15	9. 50	8. 50	7. 50	7. 00	

试作出流变曲线，求出极限静切应力 θ、极限动切应力 τ_0 及结构黏度 η_p 值。其视黏度如何变化？

7-2　如图所示，将钻井液注入内径为 16 mm 的 U 形管中，并在两边达到 A—A 的水平。图中管子的尺寸为 $r=4$ cm，$a=6.2$ cm，U 形管的两端敞开于大气中。已知钻井液的相对密度为 1. 26，极限静切应力为 20. 58 Pa。为了使钻井液在 U 形管内开始流动，应以 U 形管的一边将同一种钻井液增加到一定高度 h，忽略管子弯曲对流体变形的影响，求高度 h。

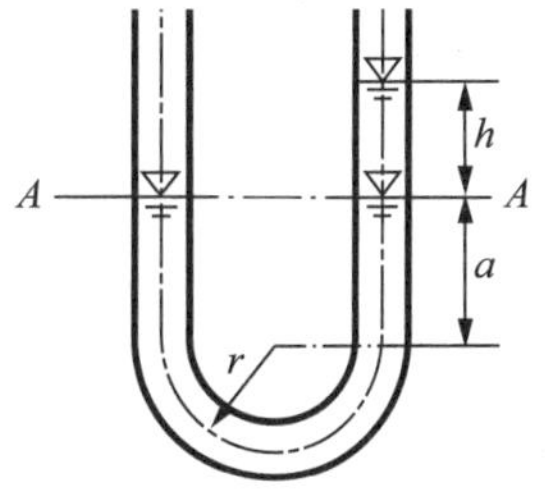

习题 7-2 图

7-3　水平管路充满稠油，管径为 156 mm，长为 100 m，若管路终点压强为 0. 1 MPa，稠油极限静切应力为 19. 6 Pa。试分析当管路起点压强为何值时，管中的油才能开始流动？

7-4　两端开口的直管，其中充满钻井液。如果管子是铅直放置的，试求为了保持其中的钻井液不动，管子可能具有的最大直径应为何值。已知钻井液的相对密度为 1. 29，极限静切应力为 23. 52 Pa。

7-5　内径为 21 mm 的直管，两端开口，在其中充满相对密度为 0. 95 的黏油，其极限静切应力为 11. 8 Pa。问将管子倾斜到多大角度后油开始流动？

7-6　相对密度为 1. 3、结构黏度为 10 cP、极限动切应力为 10. 29 Pa 的流体，沿内径为 82 mm 的管线流动，流量为 5 L/s。试确定其流动状态。

7-7　相对密度为 0. 9 的原油，其结构黏度为 0. 05 P，极限动切应力为 5 Pa，沿内径为 125 mm 的管线流动。当流量为 30 L/s 时，原油处于何种流动状态？它处于临界状态时的流量应为何值？

7-8　稠油相对密度为 0. 94，结构黏度为 0. 40 P，极限动切应力为 9. 8 Pa。沿内径为 128 mm 的管路输送，管长为 2. 3 km，终点高出泵中心 32 m，敞开于大气中。当泵排量为 36 L/s 时，泵出口压强应为何值？

7-9　在钻井工程中，某井的深度为 1 000 m，井的直径为 240 mm，钻杆的外径为 114 mm。钻井液的流量 $q_V = 25$ L/s，其相对密度为 1.3。该钻井液属于宾汉液体，其屈服应力 $\tau_0 = 2$ N/m²，塑性黏度 $\eta = 0.015$ Pa·s。试判别钻井液在环形空间中的流动状态，并计算沿程水头损失。

7-10　用水平放置的毛细管黏度计测定钻井液的极限动切应力和结构黏度。已知钻井液的相对密度为 1.23，毛细管内径为 0.535 cm，长度为 100 cm。实测数据如下表：

Δp/kPa	18.0	17.5	17.0	16.5	16.0	15.5	15.0	14.5
Q/(cm³·s⁻¹)	19.5	18.1	16.8	15.4	14.0	12.6	11.4	10.0
Δp/kPa	14.0	13.5	13.0	12.5	12.0	11.5	11.0	10.5
Q/(cm³·s⁻¹)	8.6	7.2	5.9	4.6	4.0	3.2	2.5	2.0

试作图求 τ_0 及 η_p 值。

7-11　旋转黏度计的内筒外径为 30.8 cm，外筒内径为 32.8 cm，内筒高 $h = 7.2$ cm。当外筒转速为 300 r/min 时，钢丝扭角为 38′45″；当外筒转速为 150 r/min 时，钢丝扭角为 25′12″。已知钢丝的扭转常数为 2 000 dyn·cm/(°)，求流体的结构黏度和极限动切应力。（1 dyn = 10^5 N）

7-12　当流速梯度为 100 s^{-1} 时，测得幂律流体的剪切应力为 700 dyn/cm²；当流速梯度为 10 s^{-1} 时，剪切应力为 90 dyn/cm²。试求流变指数 n 和稠度系数 K。

第八章 气体动力学基础

前面除了个别章节(如压力管路中的水击现象)外,将液体和气体均看作不可压缩流体,即运动过程中密度为常数,从而使理论研究得以简化。一般情况下,这样的处理对于液体和低速运动气体是可以满足实际工程要求的,但对于高速运动的气体,其密度会发生明显变化,此时气体运动必须看作可压缩流动。可压缩流动比不可压缩流动复杂得多,本章只简要介绍气体一元定常流动的相关基础知识。

第一节 气体动力学方程

气体的流动也要遵守自然界中的一些基本定律,如质量守恒定律、牛顿第二定律、应用于气体流动时的数学表达式,即流动的基本方程。

一、状态方程

由热力学知道,气体的状态可用压强、密度和温度来描述,三者之间的关系可表示为:

$$f(p, \rho, T) = 0$$

称为状态方程。对于完全气体而言,状态方程为:

$$p = \rho RT \tag{8-1}$$

式中,$R = 287\ \mathrm{J/(kg \cdot K)}$。

因比容 $v = 1/\rho$,所以式(8-1)可表示为:

$$pv = RT \tag{8-2}$$

对式(8-1)取对数并微分,得:

$$\frac{\mathrm{d}p}{p}=\frac{\mathrm{d}\rho}{\rho}+\frac{\mathrm{d}T}{T} \tag{8-3}$$

上式表明了理想气体在任一平衡状态时压强 p、密度 ρ 和温度 T 三者之间的变化关系。

气体的另一个重要参数是比热容，即气体的比定压热容 c_p、比定容热容 c_V，对于完全气体，它们之间存在如下关系：

$$R = c_p - c_V \tag{8-4}$$

c_p 和 c_V 的比值也是一个很重要的参数，称为比热比或绝热指数，用 k 表示，即

$$k = \frac{c_p}{c_V} \tag{8-5}$$

由式(8-4)和式(8-5)可以得到：

$$c_p=\frac{k}{k-1}R \tag{8-6}$$

或

$$c_V=\frac{1}{k-1}R \tag{8-7}$$

等熵方程为：

$$\frac{p}{\rho^k} = 常数$$

对于实际气体，$p = Z\rho RT$，其中 Z 为实际气体压缩系数。

二、连续性方程

连续性方程是将质量守恒定律应用于运动流体所得到的数学关系式。取图 8-1 所示微元体，由质量守恒定律，过两断面质量相等，即

$$\rho Au = 常数 \tag{8-8}$$

对式(8-8)取对数后微分，可得：

$$\frac{\mathrm{d}\rho}{\rho}+\frac{\mathrm{d}A}{A}+\frac{\mathrm{d}u}{u}=0 \tag{8-9}$$

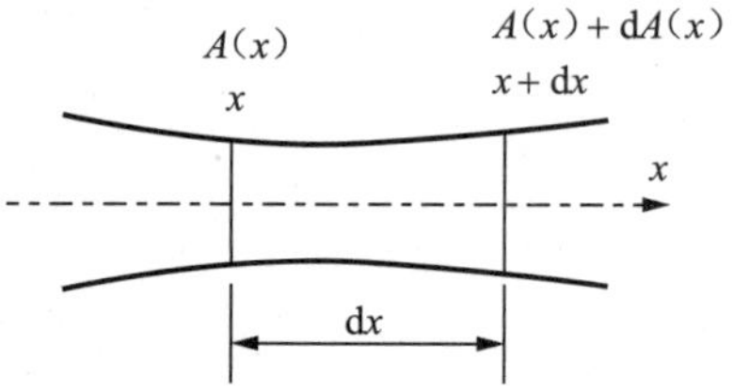

图 8-1　推导连续性方程的微元体

若流动为等断面，即 $\mathrm{d}A = 0$，则 $\frac{\mathrm{d}\rho}{\rho}+\frac{\mathrm{d}u}{u}=0$。由此可见，气体密度的变化必然引起速度的变化，反之亦然。

连续性方程是一个运动方程，在其推导过程中并不牵涉力的问题。因此，无论是对理想流体还是黏性流体来讲都是适用的。

三、能量方程

能量守恒定律是自然界中的普遍规律之一，是任何物理现象都必须遵循的规律，气体

的流动也不例外。现根据能量守恒定律来建立固定坐标系中一元流束稳定流的能量方程式。

1. 热焓形式的能量方程

如图 8-2 所示，在流束中划出一段 1-2 微元体，经过 dt 时间后，运动到 1′-2′ 位置，研究此时间内微元体的能量变化关系。

由于 1′-2 微元段为共同所有，所以在 1-2 微元体移到 1′-2′ 位置过程中，能量变化可以认为是 1-1′ 和 2-2′ 两微元段中气体所具有的各种能量的变化。

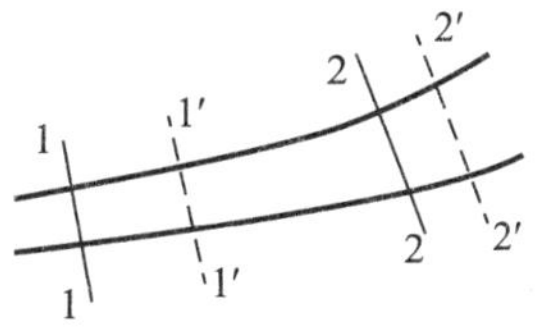

图 8-2　推导能量方程的微元体

设 dt 时间内对 1-2 微元体的气流加入热量 dQ，两端面上压力所做的功为：

$$p_1A_1u_1\mathrm{d}t-p_2A_2u_2\mathrm{d}t=\left(\frac{p_1}{\rho_1}-\frac{p_2}{\rho_2}\right)\mathrm{d}m$$

侧面压力垂直于流线，故不做功。

设 dt 时间内气流对外做机械功 dW，气流克服摩擦力做功 dW_f，内能增加量为 dm(e_2-e_1)。由工程热力学可知，内能 e 为：

$$e=c_VT$$

当比定容热容 c_V 为常数时，内能增加量为：

$$\mathrm{d}m(e_2-e_1)=c_V\mathrm{d}m(T_2-T_1)$$

位能增加量为：

$$\mathrm{d}mg(z_2-z_1)$$

动能增加量为：

$$\mathrm{d}m\left(\frac{1}{2}u_2^2-\frac{1}{2}u_1^2\right)$$

根据能量守恒，加到气流中的热能和压力所做的功之和必然等于气流对外所做机械功、克服摩擦力所做的功、位能增加量、动能增加量和内能增加量之和，即

$$\mathrm{d}Q+\left(\frac{p_1}{\rho_1}-\frac{p_2}{\rho_2}\right)\mathrm{d}m=\mathrm{d}W+\mathrm{d}W_f+\mathrm{d}mg(z_2-z_1)+\mathrm{d}m\left(\frac{1}{2}u_2^2-\frac{1}{2}u_1^2\right)+c_V\mathrm{d}m(T_2-T_1)$$

上式等号两边各除以 dm 得：

$$q+\frac{p_1}{\rho_1}-\frac{p_2}{\rho_2}=W+W_f+\frac{1}{2}u_2^2-\frac{1}{2}u_1^2+g(z_2-z_1)+c_V(T_2-T_1) \tag{8-10}$$

式中　q ——加到 1-2 微元体中单位质量气体的热量；

W ——每千克气体所做的机械功；

W_f ——每千克气体所做的摩擦功。

根据热力学关系式(8-1)、式(8-4)得：

$$\frac{p_1}{\rho_1}-\frac{p_2}{\rho_2}=-R(T_2-T_1)=(c_V-c_p)(T_2-T_1)$$

将上式和焓 $i=c_pT$ 代入能量方程(8-10)并化简得:

$$q=W+W_{\mathrm{f}}+\frac{1}{2}u_2^2-\frac{1}{2}u_1^2+g(z_2-z_1)+i_2-i_1 \tag{8-11}$$

微分得:

$$\mathrm{d}q=\mathrm{d}W+\mathrm{d}W_{\mathrm{f}}+\frac{1}{2}\mathrm{d}u^2+g\mathrm{d}z+\mathrm{d}i \tag{8-12}$$

加入的热量通常有两部分:一部分是外界加入的热量 q_{a},另一部分是摩擦功所转变成又自动加入气流中的热量 q_{f},即

$$q=q_{\mathrm{a}}+q_{\mathrm{f}}$$

而 $q_{\mathrm{f}}=W_{\mathrm{f}}$,则能量方程式(8-11)可转化为:

$$q_{\mathrm{a}}=W+\frac{1}{2}u_2^2-\frac{1}{2}u_1^2+g(z_2-z_1)+i_2-i_1 \tag{8-13}$$

微分得:

$$\mathrm{d}q_{\mathrm{a}}=\mathrm{d}W+\frac{1}{2}\mathrm{d}u^2+g\mathrm{d}z+\mathrm{d}i \tag{8-14}$$

式(8-13)和式(8-14)即一般情况下热焓形式的能量方程,在形式上虽然不包括摩擦功,但对摩擦流动仍然适用。

下面讨论几种常用形式的能量方程式。

(1) 对于气体,不考虑位能,则有:

$$q_{\mathrm{a}}=W+\frac{1}{2}u_2^2-\frac{1}{2}u_1^2+i_2-i_1 \tag{8-15}$$

(2) 若外界没有给气体加入热量,且气体对外界也没有散发出热量(绝热过程),则有:

$$W+\frac{1}{2}u_2^2-\frac{1}{2}u_1^2+i_2-i_1=0 \tag{8-16}$$

(3) 若气流没有做机械功,并且是绝热过程,则有:

$$\frac{1}{2}u_2^2-\frac{1}{2}u_1^2+i_2-i_1=0$$

或

$$\frac{1}{2}u_1^2+i_1=\frac{1}{2}u_2^2+i_2=\frac{1}{2}u^2+i=\text{常数} \tag{8-17}$$

这表明,在绝能(绝热、无机械功)条件下,流动过程中气流的动能和焓之和为常数。

(4) 气流不做机械功时,$W=0$;不计位能时,$z_2-z_1=0$,所以能量方程为:

$$q_{\mathrm{a}}=\frac{1}{2}u_2^2-\frac{1}{2}u_1^2+i_2-i_1 \tag{8-18}$$

此式可用于计算热交换过程中各参数的变化。

(5) 如果忽略速度变化、无热交换,则能量方式可简化为:

$$W+i_2-i_1=0 \tag{8-19}$$

即

$$\Delta T=-\frac{W}{c_p} \tag{8-20}$$

此式可用于计算涡轮机工作时温度升高的数值。

2. 机械功形式下的能量方程式

以上讨论了热焓形式下的能量方程式，该方程中考虑了各种能量作用，把气流的温度和速度联系起来。但是在研究一些工程问题时，需要把气流的速度、压强和密度联系起来，这样处理问题就比较方便，即演变成机械功形式下的能量方程式，通常称为伯努利方程。

因为焓 = 内能 + 压能，即 $i=e+pv$，则有：

$$\mathrm{d}i=\mathrm{d}e+\mathrm{d}(pv)=\mathrm{d}e+p\mathrm{d}v+v\mathrm{d}p=(\mathrm{d}e+p\mathrm{d}v)+v\mathrm{d}p=\mathrm{d}q+v\mathrm{d}p=\mathrm{d}q+\frac{\mathrm{d}p}{\rho}$$

将上式代入能量方程式(8-12)，可得：

$$\mathrm{d}W+\mathrm{d}W_{\mathrm{f}}+\frac{1}{2}\mathrm{d}u^2+g\mathrm{d}z+\frac{\mathrm{d}p}{\rho}=0$$

积分得：

$$W+W_{\mathrm{f}}+\frac{1}{2}u_2^2-\frac{1}{2}u_1^2+g(z_2-z_1)+\int_1^2\frac{\mathrm{d}p}{\rho}=0 \tag{8-21}$$

要求解此方程，关键是找到 p 和 ρ 的关系式，即 $p=f(\rho)$。

下面分情况进行讨论：

1）定容过程

定容过程就是气体在运动的过程中，其比容 v 保持不变，即密度 ρ = 常数，则：

$$\int_1^2\frac{\mathrm{d}p}{\rho}=\frac{1}{\rho}(p_2-p_1)$$

代入式(8-21)得：

$$W+W_{\mathrm{f}}+\frac{1}{2}u_2^2-\frac{1}{2}u_1^2+g(z_2-z_1)+\frac{1}{\rho}(p_2-p_1)=0$$

流动过程中不做功和无摩擦功时，上式可写为：

$$gz_1+\frac{p_1}{\rho}+\frac{1}{2}u_1^2=gz_2+\frac{p_2}{\rho}+\frac{1}{2}u_2^2=\text{常数}$$

显然，这就是第三章所介绍的不可压缩流体的伯努利方程。

2）等压过程

等压过程就是气体在运动过程中压强 p = 常数，即 $\mathrm{d}p=0$，则有：

$$W+W_{\mathrm{f}}+\frac{1}{2}u_2^2-\frac{1}{2}u_1^2+g(z_2-z_1)=0$$

当气流不做功、无摩擦且无位能变化时，$u_1=u_2=u$，流动过程保持等速。

3）等温过程

等温过程就是气体在运动过程中温度 T = 常数，由状态方程可知 $\frac{p}{\rho}=c$（c 为常数），则：

$$\int_1^2 \frac{\mathrm{d}p}{\rho} = \frac{p}{\rho}\int_1^2 \frac{\mathrm{d}p}{p} = \frac{p}{\rho}\ln\frac{p_2}{p_1}$$

代入式(8-21)得：

$$W + W_f + \frac{1}{2}u_2^2 - \frac{1}{2}u_1^2 + g(z_2 - z_1) + \frac{p}{\rho}\ln\frac{p_2}{p_1} = 0 \tag{8-22}$$

4）绝热等熵过程

对状态参数变化规律 $\frac{p}{\rho^k} = c = \frac{p_1}{\rho_1^k}$（$k$ 为多变指数），微分得：

$$\mathrm{d}p = \frac{p_1}{\rho_1^k}\cdot k\rho^{k-1}\mathrm{d}\rho$$

两边同除以 ρ 并积分得：

$$\int_1^2 \frac{\mathrm{d}p}{\rho} = \frac{p_1}{\rho_1^k}k\int_1^2 \rho^{k-2}\mathrm{d}\rho = \frac{k}{k-1}\frac{p_1}{\rho_1^k}\left(\rho_2^{k-1} - \rho_1^{k-1}\right) = \frac{k}{k-1}\frac{p_1}{\rho_1}\left[\left(\frac{\rho_2}{\rho_1}\right)^{k-1} - 1\right]$$

又：

$$\frac{\rho_2}{\rho_1} = \left(\frac{p_2}{p_1}\right)^{\frac{1}{k}}$$

则：

$$\int_1^2 \frac{\mathrm{d}p}{\rho} = \frac{k}{k-1}\frac{p_1}{\rho_1}\left[\left(\frac{p_2}{p_1}\right)^{\frac{k-1}{k}} - 1\right]$$

代入公式(8-21)得：

$$W + W_f + \frac{1}{2}u_2^2 - \frac{1}{2}u_1^2 + g(z_2 - z_1) + \frac{k}{k-1}\frac{p_1}{\rho_1}\left[\left(\frac{p_2}{p_1}\right)^{\frac{k-1}{k}} - 1\right] = 0$$

或

$$W + W_f + \frac{1}{2}u_2^2 - \frac{1}{2}u_1^2 + g(z_2 - z_1) + \frac{k}{k-1}\left(\frac{p_2}{\rho_2} - \frac{p_1}{\rho_1}\right) = 0 \tag{8-23}$$

若绝热、无摩擦功，且不计位能，则上式可写为：

$$\frac{k}{k-1}\frac{p}{\rho} + \frac{u^2}{2} = 常数 \tag{8-24}$$

式(8-24)即气体一元等熵流动的能量方程。

四、动量方程

解决气体流动与固体壁之间的作用力问题要应用动量方程，其表达式与液体的动量

方程相同,即

$$\left.\begin{aligned}\rho Q(v_{2x}-v_{1x})&=\sum F_x\\ \rho Q(v_{2y}-v_{1y})&=\sum F_y\\ \rho Q(v_{2z}-v_{1z})&=\sum F_z\end{aligned}\right\}\quad 或\quad \left.\begin{aligned}q_m(v_{2x}-v_{1x})&=\sum F_x\\ q_m(v_{2y}-v_{1y})&=\sum F_y\\ q_m(v_{2z}-v_{1z})&=\sum F_z\end{aligned}\right\}\tag{8-25}$$

第二节　微弱扰动在可压缩流动中的传播

一、微弱扰动在一元可压缩流动中的传播

下面通过活塞在一元管道中的非定常运动直观地探讨一下微弱扰动传播的物理机理。活塞未推动前,管内气体处于静止均匀状态,如图 8-3(a)所示,压强、密度、温度分别为 p,ρ 和 T。现在向右推动活塞,使活塞的速度从零迅速地加速到一定数值 $\mathrm{d}u$,之后便维持等速运动。活塞首先压缩紧靠活塞右侧的一层气体,这层气体受压后,紧接着又压缩它下一层的气体,这样一层一层地依次传下去,便在管内形成一道以速度 a 向右传播的微弱压缩波,如图 8-3(b)所示。波后气体的压强 $p+\mathrm{d}p$、密度 $\rho+\mathrm{d}\rho$、温度 $T+\mathrm{d}T$ 均较波前气体有微量升高,其中 $\mathrm{d}p$, $\mathrm{d}\rho$ 和 $\mathrm{d}T$ 即升高的微小量,小扰动波阵面后的流体将以和活塞同样的微小速度 $\mathrm{d}u$ 向右运动。

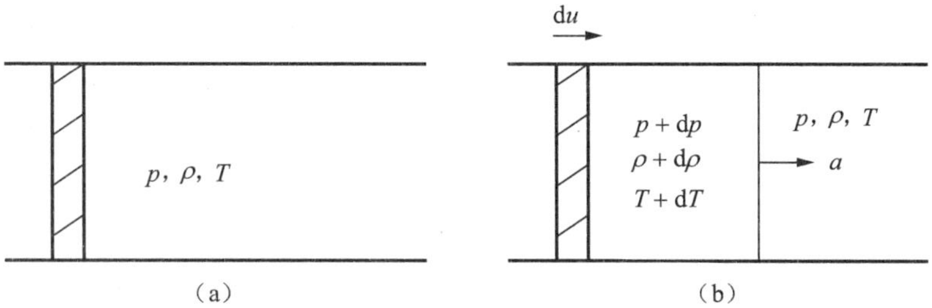

图 8-3　活塞扰动

必须指出,扰动传播速度和气体质点速度的性质不同,前者是扰动信号在介质中的传播速度,后者则是质点本身的运动速度;它们分别属于两种不同的运动形态,一个属于波动,另一个属于质点本身的机械运动。打一个比方,一队学生做游戏传接力棒,人们可以看到,接力棒以较快的速度从队头迅速地传到队尾,而每个学生还是站在原地不动只是稍稍挥动了一下手臂而已。

上面考虑的是右行压缩波。所谓压缩波,是指波形所到之处,气体被压缩,密度增加的波。

倘若管内的活塞突然以微小的速度 $\mathrm{d}u$ 向左运动,则它将首先使紧靠活塞右侧的一层气体膨胀,同理,这层气体膨胀后也是一层一层地依次传下去,这样便在管内形成一道以

速度 a 向右传播的微弱膨胀波。波后气体的压强 $p-\mathrm{d}p$、密度 $\rho-\mathrm{d}\rho$、温度 $T-\mathrm{d}T$ 均较波前气体有微量下降，且波后气体以和活塞同样的微小速度 $\mathrm{d}u$ 向左运动。

由上述分析可知，受到微弱扰动（压缩或膨胀）的气体和尚未受到扰动气体之间有一个分界面，在分界面两边，气体的参数略有不同，这个分界面称为微弱扰动波，可分为压缩波和膨胀波。压缩波传播方向与流体质点运动的方向相同，膨胀波传播方向则与流体质点运动方向相反。微弱扰动通过波动形式在可压缩流体中传播。

由微弱扰动传播的物理机理容易理解微弱扰动的传播速度与流体的可压缩性有关。愈易压缩的流体，微弱扰动的传播速度愈小；愈不易压缩的流体，微弱扰动的传播速度愈大。这是因为压缩气体需要时间，在不可压缩流体的极限情形，微弱扰动的传播速度趋于无穷。由此很容易理解为什么微弱扰动在水中的传播速度比在空气中的大。

二、声　速

声速是微弱扰动在介质中的传播速度，它是一个非常重要的概念，人们很早就力图推导出其计算公式。由于扰动使得流体的速度参量和热力学参量发生变化，所以在推导声速计算公式之前必须明白声速的传播是一个什么过程。牛顿（Newton）在 1687 年曾认为声速的传播过程是一个等温过程。初看起来，这个看法似乎是合理的，但是由此得出的结果却与事实不符。这是因为假定等温就相当于假定空气热传导的能力非常大，而实际空气热传导的能力很小，在小扰动的传播过程中，流体的状态变化很快，流体微团不可能凭借与周围介质的热交换来维持自己的温度不变，所以等温的假设是不合理的，也就无法得到合理的结果。1816 年，拉普拉斯（Laplace）提出了声音的传播是一个等熵过程，并导出了声速的计算公式。实验证实了等熵假设的合理性和计算公式的正确性。

下面用等熵过程的假设来推导声速计算公式。

为了简便起见，假设小扰动波阵面在压强为 p、密度为 ρ 的静止气体中以速度 a 由左向右传播，如图 8-4(a)所示。小扰动波阵面后的流体速度为 $\mathrm{d}u$，压强为 $p+\mathrm{d}p$，密度为 $\rho+\mathrm{d}\rho$。

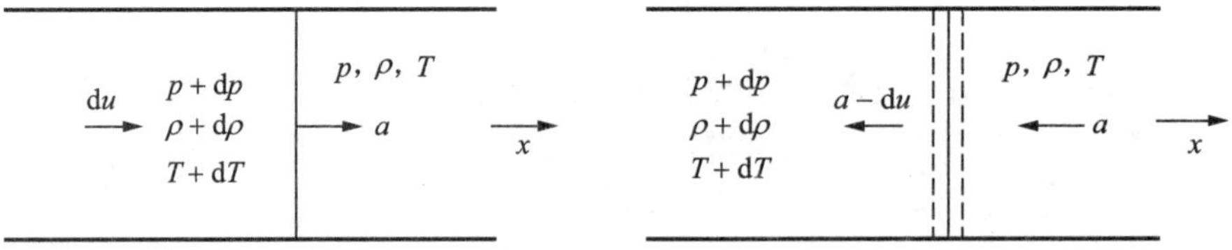

（a）　　　　（b）

图 8-4　声波控制体

选用与小扰动波一起运动的坐标系，相当于气体以声速 a 向左流动，如图 8-4(b)所示，取图中虚线部分为控制体。

根据连续性方程，在 $\mathrm{d}t$ 时间内流入和流出的包围波面控制面的气体质量应该相等，即

$$\rho aA\mathrm{d}t=(\rho+\mathrm{d}\rho)(a-\mathrm{d}u)A\mathrm{d}t \tag{8-26a}$$

整理得：

$$du = \frac{a d\rho}{\rho + d\rho} \tag{8-26b}$$

根据动量定律，对于包围波面的控制面，质量为 $dm = \rho aAdt$ 的气体，沿着流动方向的动量变化率应等于作用在该部分气体上所有外力在该方向上的投影之和，即

$$\frac{\rho aAdt\left[(a-du)-a\right]}{dt} = \left[p-(p+dp)\right]A \tag{8-27a}$$

或

$$du = \frac{dp}{a\rho} \tag{8-27b}$$

联立式(8-26b)、式(8-27b)可得：

$$\frac{dp}{d\rho} = \frac{a^2}{1+d\rho/\rho}$$

对于微弱扰动，$d\rho/\rho \ll 1$，于是有：

$$a = \sqrt{\frac{dp}{d\rho}} \tag{8-28}$$

从声速的定义来看，声速是表征流体压缩性的一个重要指标。如前所述，声速小，表示使密度改变 $d\rho$ 所需的压强 dp 小，这就表示流体易压缩。

由于气体受到的是微弱扰动，其中压强、密度和温度等参数的变化极为微小，所以整个过程接近可逆过程。另外，这个过程进行得相当迅速，与外界来不及进行热交换，并且温度变化很小，这使得过程接近于绝热过程。因此，微弱扰动的传播可以认为是一个既可逆又绝热的过程，即等熵过程。

对于完全气体，熵 S 为：

$$S = c_V \ln\frac{p}{\rho^k} \tag{8-29}$$

等熵过程中，$\frac{p}{\rho^k} =$ 常数，对它取对数，再微分有：

$$\frac{dp}{p} - k\frac{d\rho}{\rho} = 0$$

将完全气体状态方程代入上式可得：

$$\frac{dp}{d\rho} = k\frac{p}{\rho} = kRT$$

于是，声速计算公式可以写成：

$$a = \sqrt{\frac{dp}{d\rho}} = \sqrt{kRT} \tag{8-30}$$

对于空气，绝热指数 $k = 1.4$，气体常数 $R = 287$ J/(kg·K)，因此空气中声速的计算公式为：

$$a = 20.0\sqrt{T} \tag{8-31}$$

例如，在 20 ℃的空气中，声速 $a = 20 \times \sqrt{(273 + 20)}$ m/s = 342.3 m/s。在压缩性小的水中，a = 1 435 m/s。声速取决于气体的物理性质和绝对温度。

三、马赫数

空气动力学中另一个重要的基础参数是马赫数(M)，其定义是气流速度 u 与声速 a 的比值，表示如下：

$$M = \frac{u}{a} \tag{8-32}$$

它的大小可以用来表示气体压缩性的大小。一般情况下，当 $M < 0.2$ 时，气体相对密度的变化是很小的，通常可以认为是不可压缩流体；当 $M > 0.3$ 时，气体相对密度在流动过程中变化比较显著，就要考虑其压缩性。不过，计算时应具体问题具体分析。

根据马赫数的大小，空气的流动可以分为：

(1) $M < 1$，亚声速流动；

(2) $M \approx 1$，声速流动；

(3) $3 > M > 1$，超声速流动；

(4) $M > 3$，高超声速流动。

四、微弱扰动在气体中的传播

亚声速、声速、超声速 3 种流动在物理上有着本质的区别。如图 8-5 所示是小扰动在 4 种流动情况中的传播。

1. 小扰动在静止气体中的传播

由于流体是静止的，小扰动将以声速 a 向四面八方传播，而且它在各个方向上的传播速度都是相等的，如图 8-5(a)所示。

2. 小扰动在亚声速流场中的传播

从相对运动观点来看，在随流体一起运动的坐标系中，小扰动以声速 a 向四面八方传播。但是，在绝对坐标系中，它在各个方向的传播速度却不相等，顺流方向的传播速度为 $a+u$，逆流方向的传播速度为 $a-u$。由于流动是亚声速的，因此 $u < a$。小扰动仍可以向四面八方传播，但在逆流方向传播速度最小，传播的波阵面是一个偏心的球面，如图 8-5(b)所示。

3. 小扰动在声速流场中的传播

在这种情况下，由于气体的流动速度 $u = a$，因此在逆流方向的传播被抑制，扰动只能在顺流方向传播，因此左半平面为寂静区，如图 8-5(c)所示。

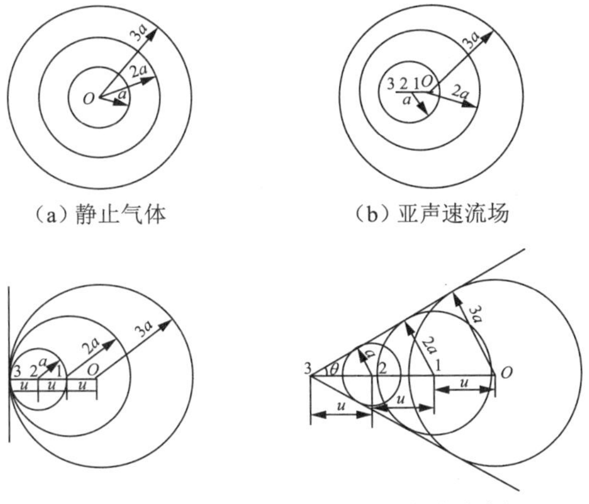

(a) 静止气体　　(b) 亚声速流场

(c) 声速流场　　(d) 超声速流场

图 8-5　小扰动波在气体中的传播

4. 小扰动在超声速流场中的传播

在这种情况下，小扰动不能向逆流方向传播，相对于扰动中心而言，每个波阵面的传播速度仍是声速 a，在 t 时刻构成以扰动中心为圆心、半径为 at 的球面；而扰动中心以速度 u 顺流而下，t 时刻已离开初始位置，因此从绝对坐标中看，扰动传播的范围只在顺流方向的圆锥区域内，如图 8-5(d)所示。圆锥形区域以外的地方是不会受到小扰动影响的，这个圆锥称为扰动锥或马赫锥，它的半顶角称为马赫角(θ)，马赫角的表达式为：

$$\theta = \arcsin\frac{a}{u} = \arcsin\frac{1}{M} \tag{8-33}$$

从这个例子可以看到，亚声速流和超声速流是两种性质截然不同的流动，这也说明了马赫数是一个重要的物理参数。当 $M = 1$ 时，$\theta = 90°$，马赫锥为一个平面。

超声(音)速飞机飞行时，马赫锥以飞机为顶点并随飞机前进，锥前面的空气不受影响。因此，即使看见飞机，也听不到声音，只有当飞机飞过一定时间后才能听见声音。

例 8-1

如图 8-6 所示，在一人上空 500 m 处有一架飞机，飞机前进了 1 000 m 时，人才听到声音，大气温度为 15 ℃。试求：飞机的速度 u、马赫数 M 及声波从出发点传到人耳中的时间 t。

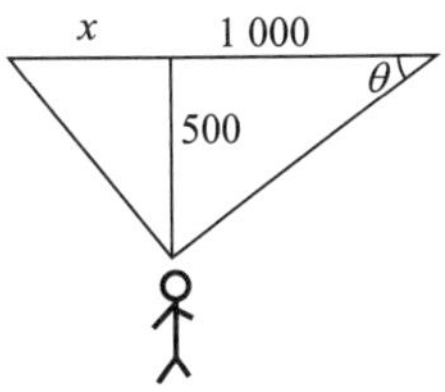

图 8-6　例 8-1 图

解：大气的声速为：

$$a = \sqrt{kRT} = \sqrt{1.4 \times 287 \times 288}\ \text{m/s} = 340\ \text{m/s}$$

由马赫角可以得：

$$\sin\theta = \frac{a}{u} = \frac{340}{u} = \frac{500}{\sqrt{500^2 + 1\,000^2}}$$

所以飞机的飞行速度 u 为：

$$u = 760.3 \text{ m/s}$$

马赫数为：

$$M = \frac{u}{a} = \frac{760.3}{340} = 2.24$$

声波从出发点传到人耳中的时间 t 为：

$$x = \frac{500 \times 500}{1\,000} \text{ m} = 250 \text{ m}$$

$$t = \frac{1\,000 + x}{760.3} = \frac{1\,000 + 250}{760.3} \text{ s} = 1.644 \text{ s}$$

第三节　气体运动的三种参考状态

一、滞止状态与滞止参数

滞止状态是指气体从某一状态经由一个等熵减速过程，其最终流动速度为零时所达到的状态。显然，静止流体所处的状态就是滞止状态；对于流动的气体，滞止状态可以看成一种假想的无限大容器中流体的“静止状态”，从这一“静止状态”等熵加速，最后流体恰好能达到滞止状态。

按滞止状态的定义，每个流动状态的滞止状态是唯一被确定的。作为一种参考状态，滞止状态的概念与流体实际流动中所发生的过程无关。在实际流动过程中，沿流动途径可以有热量交换或存在摩擦力等，但沿实际流动方向的每一个断面上，都存在滞止状态。这样，滞止状态是每一断面上流动状态的函数。

气体在滞止状态时的各参数称为滞止参数，用下角标“0”来表示。例如，滞止温度为 T_0，滞止压强为 p_0，滞止密度为 ρ_0，滞止声速为 a_0。一般而言，滞止参数是沿流动方向变化的量。只有在流体做等熵流动时，滞止参数才是沿整个流动途径都不变的量。

根据完全气体的等熵关系式：

$$\frac{p}{p_0} = \left(\frac{\rho}{\rho_0}\right)^k \tag{8-34}$$

由气体的状态方程、焓及声速的定义可以得到：

$$\frac{p}{p_0} = \left(\frac{\rho}{\rho_0}\right)^k = \left(\frac{T}{T_0}\right)^{\frac{k}{k-1}} = \left(\frac{i}{i_0}\right)^{\frac{k}{k-1}} = \left(\frac{a}{a_0}\right)^{\frac{2k}{k-1}} \tag{8-35}$$

因此，只要知道气体的某一运动状态和某一个滞止参数就可以求出此滞止状态的其他参数。

气体的能量方程可以写成：

$$i+\frac{u^2}{2}=i_0 \tag{8-36}$$

式中，i_0 称为滞止焓，表示流体在某种状态所具有的总能量，因此也称为总焓。由焓的定义（$i_0=c_pT_0$）可知，c_p 通常为常数，所以滞止温度也可以表示流体的总能量，由式（8-36）以及下式：

$$i=c_pT=\frac{kR}{k-1}T=\frac{a^2}{k-1} \tag{8-37}$$

可以得到：

$$\frac{i}{i_0}=\left(1+\frac{k-1}{2}M^2\right)^{-1} \tag{8-38}$$

由式（8-35）及式（8-38）可以得到下面称为气体动力学函数的一组关系式（又称一元等熵关系式）：

$$\pi(M)=\frac{p}{p_0}=\left(1+\frac{k-1}{2}M^2\right)^{-\frac{k}{k-1}} \tag{8-39}$$

$$\varepsilon(M)=\frac{\rho}{\rho_0}=\left(1+\frac{k-1}{2}M^2\right)^{-\frac{1}{k-1}} \tag{8-40}$$

$$\tau(M)=\frac{T}{T_0}=\left(1+\frac{k-1}{2}M^2\right)^{-1} \tag{8-41}$$

$$\alpha(M)=\frac{a}{a_0}=\left(1+\frac{k-1}{2}M^2\right)^{-\frac{1}{2}} \tag{8-42}$$

$$\frac{u}{a_0}=\frac{u}{a}\frac{a}{a_0}=M\left(1+\frac{k-1}{2}M^2\right)^{-\frac{1}{2}} \tag{8-43}$$

还可推得：

$$a_0=\sqrt{\frac{T_0}{T}}a=\sqrt{kRT_0} \tag{8-44}$$

因此，当地声速永远小于滞止声速。

二、临界状态和临界参数

气体在流动过程中，其压强、密度、温度和流速等参数都会沿流动方向发生变化。若在某一断面上，流体流动速度 u 等于该断面上流体介质的当地声速 a，即流动马赫数等于1，则称该断面所处的状态为临界状态。

临界状态的流动参数称为临界参数，如临界速度、临界压强、临界密度和临界温度等，一般以下角标“*”来表示。

同滞止参数一样，利用等熵公式可以得到：

$$\frac{p}{p_*}=\left(\frac{\rho}{\rho_*}\right)^k=\left(\frac{T}{T_*}\right)^{\frac{k}{k-1}}=\left(\frac{i}{i_*}\right)^{\frac{k}{k-1}}=\left(\frac{a}{a_*}\right)^{\frac{2k}{k-1}} \tag{8-45}$$

上式为某真实状态参数和它所对应的临界参数之间所满足的关系式。在临界状态下，$u_*=a_*$，代入能量方程得：

$$\frac{a}{a_*}=\left[\frac{2+(k-1)M^2}{k+1}\right]^{-\frac{1}{2}} \tag{8-46}$$

再代入式(8-45)得：

$$\frac{T}{T_*}=\left[\frac{2+(k-1)M^2}{k+1}\right]^{-1} \tag{8-47}$$

$$\frac{p}{p_*}=\left[\frac{2+(k-1)M^2}{k+1}\right]^{-\frac{k}{k-1}} \tag{8-48}$$

$$\frac{\rho}{\rho_*}=\left[\frac{2+(k-1)M^2}{k+1}\right]^{-\frac{1}{k-1}} \tag{8-49}$$

根据能量方程，在临界状态时有：

$$i_0=\frac{a_*^2}{k-1}+\frac{a_*^2}{2} \quad 或 \quad a_*^2=\frac{i_0 2(k-1)}{k+1}=\frac{\frac{k}{k-1}RT_0 2(k-1)}{k+1}=\frac{2}{k+1}a_0^2$$

于是有：

$$\frac{a_*^2}{a_0^2}=\frac{T_*}{T}=\frac{2}{k+1} \tag{8-50}$$

或

$$a_*=\sqrt{\frac{2}{k+1}kRT_0} \tag{8-51}$$

由式(8-51)可以看出，临界声速与声速不同，它只与气体的总温有关，是一个不变量，这一特点非常有用。

结合状态方程和等熵关系式，可得：

$$\frac{p_*}{p_0}=\left(\frac{2}{k+1}\right)^{\frac{k}{k-1}} \tag{8-52}$$

$$\frac{\rho_*}{\rho_0}=\left(\frac{2}{k+1}\right)^{\frac{1}{k-1}} \tag{8-53}$$

三、极限速度状态

当气体做绝热流动时，如果存在一个断面，气体到达该断面时，其焓值降低为零，气流速度达到最大值，则流体所处的状态称为极限速度状态。最大速度用 $u_{\max}$ 来表示。由能量方程知：

$$\frac{u^2}{2}+c_pT=i_0=\frac{u_{\max}^2}{2}$$

因此，某种状态对应的最大速度为：

$$u_{\max}=\sqrt{u^2+2c_pT} \tag{8-54}$$

在极限速度状态时，除了速度以外的其他参数都为零。于是有：

$$u_{\max}=\sqrt{2i_0}=\sqrt{2c_pT_0} \tag{8-55}$$

对空气而言最大速度为：

$$u_{\max}=44.8\sqrt{T_0} \tag{8-56}$$

四、速度系数

与 M 类似，在工程上还经常用到另外一个无因次参数——速度系数 λ，其定义式如下：

$$\lambda=\frac{u}{a_*} \tag{8-57}$$

速度系数的应用非常广泛：一方面是由于临界声速比较容易求，它在绝能的情况下是一个常数；另一方面，当速度达到极大值时，声速 a 变为零，马赫数为无穷大，而速度系数 $\lambda_{\max}$ 为：

$$\lambda_{\max}=\frac{u_{\max}}{a_*}=\frac{\sqrt{2c_pT_0}}{\sqrt{\frac{2}{k+1}kRT_0}}=\sqrt{\frac{(k+1)c_p}{kR}}=\sqrt{\frac{k+1}{k-1}} \tag{8-58}$$

对于空气，$k=1.4$，$\lambda_{\max}=2.449$，保持了一有限值。

速度系数和马赫数的关系为：

$$\lambda=\frac{u}{a_*}=\frac{u}{a}\frac{a}{a_*}=M\left[\frac{2+(k-1)M^2}{k+1}\right]^{-\frac{1}{2}} \tag{8-59}$$

将式(8-59)绘制成图 8-7 所示曲线。由图可以将流体的流动划分为：

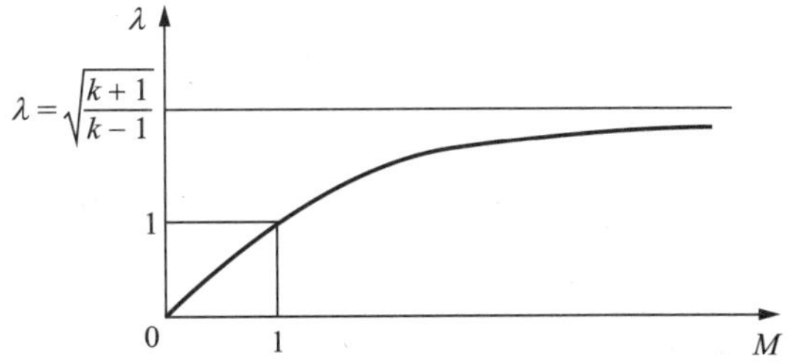

图 8-7　λ-M 曲线

(1) 当 $M<1$，$\lambda<1$ 时，亚声速流动；

(2) 当 $M>1$，$\lambda>1$ 时，超声速流动；

(3) 当 $M=1$，$\lambda=1$ 时，跨声速流动；

(4) 当 $M=0$，$\lambda=0$ 时，无流动；

(5) 当 $M\to\infty$，$\lambda=\sqrt{\frac{k+1}{k-1}}$ 时，流速最大。

例 8-2

空气在管内稳定流动，入口 $p_1 = 350\ \text{kPa}$（绝对），$t = 60\ ℃$，$u_1 = 183\ \text{m/s}$，出口 $M_2 = 1.3$，$p_{02} = 385\ \text{kPa}$（绝对）。试求 p_{01}，T_{01}，p_2，T_2（按绝热条件计算）。

解：（1）入口断面。

$$a_1 = \sqrt{kRT_1} = \sqrt{1.4 \times 287 \times (273 + 60)}\ \text{m/s} = 366\ \text{m/s}$$

$$M_1 = \frac{u_1}{a_1} = \frac{183}{366} = 0.5$$

$$p_{01} = \left(1 + \frac{k-1}{2}M^2\right)^{\frac{k}{k-1}} p_1 = \left(1 + \frac{1.4-1}{2} \times 0.5^2\right)^{\frac{1.4}{1.4-1}} \times 350\ \text{kPa} = 415\ \text{kPa}$$

$$T_{01} = \left(1 + \frac{k-1}{2}M^2\right) T_1 = \left(1 + \frac{1.4-1}{2} \times 0.5^2\right) \times (273 + 60)\ \text{K} = 350\ \text{K}$$

（2）出口断面。

$$T_{01} = T_{02} = 350\ \text{K}$$

$$\frac{p_{02}}{p_2} = \left(1 + \frac{k-1}{2}M^2\right)^{\frac{k}{k-1}} = \left(1 + \frac{1.4-1}{2} \times 1.3^2\right)^{\frac{1.4}{1.4-1}} = 2.77$$

$$p_2 = \frac{p_{02}}{2.77} = \frac{385}{2.77}\ \text{kPa} = 138\ \text{kPa}$$

$$\frac{T_{02}}{T_2} = 1 + \frac{k-1}{2}M^2 = 1 + \frac{1.4-1}{2} \times 1.3^2 = 1.338$$

$$T_2 = \frac{T_{02}}{1.338} = \frac{350}{1.338}\ \text{K} = 262\ \text{K}$$

例 8-3

空中某点 $p_0 = 9.81 \times 10^4\ \text{N/m}^2$，$T_0 = 400\ \text{K}$，$p = 8.44 \times 10^4\ \text{N/m}^2$。试求气流的速度 u。

解：

$$\frac{p}{p_0} = \left(1 - \frac{k-1}{k+1}\lambda^2\right)^{\frac{k}{k-1}} = \frac{8.44 \times 10^4}{9.81 \times 10^4} = 0.86$$

$$\lambda = 0.503\,1$$

$$u = \lambda a_c = 0.503\,1\sqrt{\frac{2}{k+1}kRT_0} = 0.503\,1 \times \sqrt{\frac{2}{1.4+1} \times 1.4 \times 287 \times 400}\ \text{m/s} = 184\ \text{m/s}$$

例 8-4

空气经过一管道等熵流动，已知 $p_1 = 5.88 \times 10^5\ \text{N/m}^2$，$T_2 = 243\ \text{K}$，$T_{01} = 310\ \text{K}$，

$\lambda_1 = 0.6$，求 λ_2 及 p_2。

解：由等熵流动可知，$p_{01} = p_{02}$，$T_{01} = T_{02}$，则有：

$$\frac{T_2}{T_{02}} = \frac{243}{310} = 1 - \frac{k-1}{k+1}\lambda_2^2 = 0.7839$$

$$\lambda_2 = 1.14$$

$$\frac{p_1}{p_{01}} = \left(1 - \frac{k-1}{k+1}\lambda_1^2\right)^{\frac{k}{k-1}} = \left(1 - \frac{1.4-1}{1.4+1}\times 0.6^2\right)^{\frac{1.4}{1.4-1}} = 0.8053$$

$$\frac{p_2}{p_{02}} = \left(1 - \frac{k-1}{k+1}\lambda_2^2\right)^{\frac{k}{k-1}} = \left(1 - \frac{1.4-1}{1.4+1}\times 1.14^2\right)^{\frac{1.4}{1.4-1}} = 0.4255$$

由

$$\frac{p_2}{p_{02}} = \frac{p_2}{p_{01}}$$

得：

$$p_2 = 0.4255 p_{01} = 0.4255\times\frac{5.88\times10^5}{0.8053}\ \text{N/m}^2 = 3.107\times10^5\ \text{N/m}^2$$

例 8-5

如图 8-8 所示，大气在真空泵作用下经短管被吸入容器中。大气参数 $T_0 = 300$ K，$p_0 = 101.3$ kPa。管道等断面面积为 30 cm^2，容器内压强为 95 kPa。试求：

（1）设短管入口处具有良好的外形（圆弧形），没有流动损失，如图 10-8（a）所示，则短管处的 M_1，a_1，ρ_1，m_f（质量流量）各为多少？

（2）设短管入口处没有良好的外形（圆弧形），有流动损失，如图 10-8（b）所示，则短管处的 M_1，a_1，ρ_1，m_f（质量流量）又各为多少？

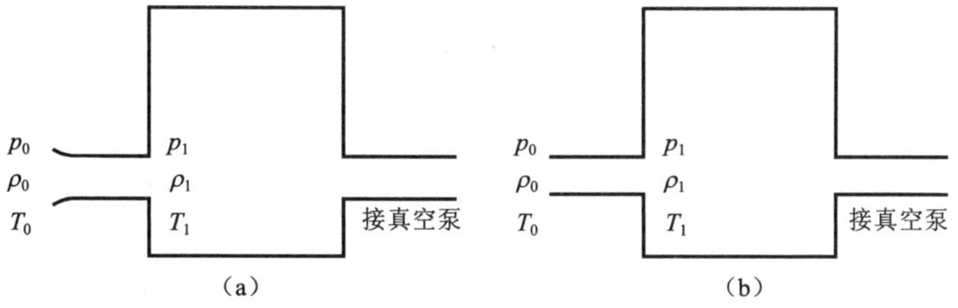

图 8-8　例 8-5 图

解：（1）由等熵流动可知：

$$p_{01} = p_0,\quad \frac{p_{01}}{p_1} = \left(1 + \frac{k-1}{2}M_1^2\right)^{\frac{k}{k-1}}$$

则有：

$$M_1=\left\{\frac{2}{k-1}\left[\left(\frac{p_{01}}{p_1}\right)^{\frac{k-1}{k}}-1\right]\right\}^{\frac{1}{2}}=\left\{\frac{2}{1.4-1}\times\left[\left(\frac{101.3\times10^3}{95\times10^3}\right)^{\frac{1.4-1}{1.4}}-1\right]\right\}^{\frac{1}{2}}=0.304\,3$$

由于：

$$T_{01}=T_0$$

所以有：

$$T_1=\frac{T_0}{1+\frac{k-1}{2}M_1^2}=\frac{300}{1+\frac{1.4-1}{2}\times0.304\,3^2}\ \text{K}=294.5\ \text{K}$$

$$a_1=\sqrt{kRT_1}=\sqrt{1.4\times287\times294.5}\ \text{m/s}=344\ \text{m/s}$$

$$\rho_1=\frac{p_1}{RT_1}=\frac{95\times10^3}{287\times294.5}\ \text{kg/m}^3=1.124\ \text{kg/m}^3$$

$$m_f=\rho_1u_1A_1=1.124\times344\times0.304\,3\times30\times10^{-4}\ \text{kg/s}=0.353\ \text{kg/s}$$

（2）由于短管入口无良好外形，所以为有摩擦流动，$p_{01}\neq p_0$，应用动量方程得：

$$p_0A_1-p_1A_1=\rho_1u_1^2A_1$$

$$\frac{p_0}{p_1}=1+\frac{\rho_1u_1^2}{p_1}=1+\frac{ku_1^2}{a_1^2}=1+kM_1^2$$

故：

$$M_1=\left[\frac{1}{k}\left(\frac{p_0}{p_1}-1\right)\right]^{\frac{1}{2}}=\left[\frac{1}{1.4}\times\left(\frac{101.3\times10^3}{95\times10^3}-1\right)\right]^{\frac{1}{2}}=0.217\,6$$

由于：

$$T_{01}=T_0$$

则：

$$T_1=\frac{T_0}{1+\frac{k-1}{2}M_1^2}=\frac{300}{1+\frac{1.4-1}{2}\times0.217\,6^2}\ \text{K}=297.2\ \text{K}$$

$$a_1=\sqrt{kRT_1}=\sqrt{1.4\times287\times297.2}\ \text{m/s}=345.6\ \text{m/s}$$

$$\rho_1=\frac{p_1}{RT_1}=\frac{95\times10^3}{287\times297.2}\ \text{kg/m}^3=1.114\ \text{kg/m}^3$$

$$m_f=\rho_1u_1A_1=1.114\times345.6\times0.217\,6\times30\times10^{-4}\ \text{kg/s}=0.251\,3\ \text{kg/s}$$

比较（1）和（2）的结果可以看出，入口有流动损失时，马赫数减小，质量流量减小。

第四节　变断面管道内流动分析

我们已研究了 u 和 p，T 和 ρ 的变化规律，但未说明速度是如何变化的。例如，想要在管道中把亚声速气流加热到超声速气流，管道本身的几何参数如何变化才能适应速度变化的要求？对于不可压缩液体，$vA=$ 常数；对于可压缩液体，$v=f(A)$。

一、断面变化对流动参数的影响

由伯努利方程：

$$\frac{p}{\rho}+\frac{1}{2}u^2=\text{常数}$$

取微分可得：

$$\rho=-\frac{\mathrm{d}p}{u\mathrm{d}u}$$

代入连续性方程：

$$\frac{\mathrm{d}\rho}{\rho}+\frac{\mathrm{d}A}{A}+\frac{\mathrm{d}u}{u}=0$$

应用 $a^2=\mathrm{d}p/\mathrm{d}\rho$ 可得：

$$(M^2-1)\frac{\mathrm{d}u}{u}=\frac{\mathrm{d}A}{A} \tag{8-60}$$

由此方程可得如下结论：

（1）当 $M\approx 0$ 时，低速流动，$\mathrm{d}A/A+\mathrm{d}u/u=0$，积分得 $uA=$ 常数，这是不可压缩流体的连续性方程，流速与断面面积成反比。

（2）当 $M<1$ 时，亚声速流动，$M^2-1<0$，$\mathrm{d}u$ 与 $\mathrm{d}A$ 异号。这说明亚声速流中，若管道断面沿流动方向逐渐增大，则流体流动速度逐渐减小；反之，若管道断面沿流动方向逐渐减小，则流体流动速度逐渐增大，如图 8-9（a）所示。

（3）当 $M>1$ 时，超声速流动，$M^2-1>0$，$\mathrm{d}u$ 与 $\mathrm{d}A$ 同号。这说明超声速流中，若管道断面沿流动方向逐渐增大，则流体流动速度逐渐加大；反之，若管道断面沿流动方向逐渐减小，则流体流动速度逐渐变小，如图 8-9（b）所示。这一点与不可压缩流体在管道中

（a）$M<1$　　（b）$M>1$

图 8-9　气体在变断面管道中定常流动

的流动情况恰恰相反。

(4) 当 $M=1$ 时，$\mathrm{d}A/A=0$，管道断面不变。

由以上分析可以看出，断面面积的变化对亚声速和超声速流动的影响正好相反。可见，使得亚声速流动加速变为超声速流动的必要条件是管道面积先收缩，当收缩到面积最小时（$M=1$），面积又变为扩张，使亚声速流动变为超声速流动。这种先收缩后扩张的气体流动管道称为超声速喷管或拉瓦尔喷管。

针对无黏性可压缩流体在变断面管道中做定常等熵流动，下面讨论断面变化对各流动参数的影响。

流动参数包括速度、压强、密度和温度。前面已经导出速度和断面面积的关系式，利用连续性方程、伯努利方程和状态方程可以导出其他 3 个参数与断面面积的关系式。流动参数与断面面积的关系式如下：

$$(M^2-1)\frac{\mathrm{d}u}{u}=\frac{\mathrm{d}A}{A}$$

$$\frac{1-M^2}{kM^2}\frac{\mathrm{d}p}{p}=\frac{\mathrm{d}A}{A}$$

$$\frac{1-M^2}{(k-1)M^2}\frac{\mathrm{d}T}{T}=\frac{\mathrm{d}A}{A}$$

$$\frac{1-M^2}{M^2}\frac{\mathrm{d}\rho}{\rho}=\frac{\mathrm{d}A}{A}$$

式中　A——管道断面面积。

前面已经对第一式作了详尽的分析，后三式的讨论方法与其类似。断面变化对流动参数的影响如表 8-1 所示。

表 8-1　断面变化对流动参数的影响

流动参数	$M<1$		$M>1$	
	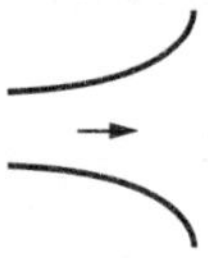	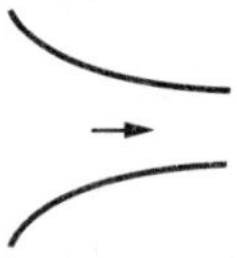	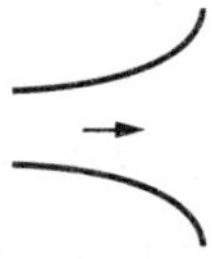	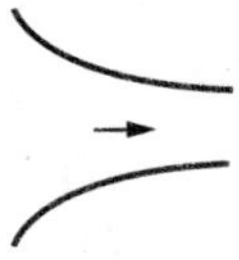
u	↓	↑	↑	↓
p, ρ, T	↑	↓	↓	↑

二、临界断面

前面分析了断面变化对流动参数的影响，这些流动参数之间的关系与马赫数有关。下面求出管道断面面积与流动马赫数之间的关系，以便在已知某一断面上的流动参数和另一断面上的马赫数的情况下，求解该断面上的所有流动参数。

在断面 1 和断面 2 上应用连续性方程：

$$\rho_1 u_1 A_1 = \rho_2 u_2 A_2$$

假设流体在管路中做等熵流动，因此这两个断面上的滞止参数相等，于是有：

$$\frac{A_2}{A_1} = \frac{\rho_1 u_1}{\rho_2 u_2} = \frac{j_1}{j_2} = \frac{\rho_1 (u_1/a_0)}{\rho_2 (u_2/a_0)}$$

式中，$j = \rho u$，为单位面积上的质量流量。利用公式：

$$\frac{u}{a_0} = M\left(1+\frac{k-1}{2}M^2\right)^{-\frac{1}{2}}$$

$$\frac{\rho}{\rho_0} = \left(1+\frac{k-1}{2}M^2\right)^{-\frac{1}{k-1}}$$

可以推导出：

$$\frac{A_2}{A_1} = \frac{M_1}{M_2}\left[\frac{2+(k-1)M_2^2}{2+(k-1)M_1^2}\right]^{\frac{k+1}{2(k-1)}} \tag{8-61}$$

该式反映了变断面管道中气体的马赫数 M 与管道断面面积 A 之间的关系。

由式(8-61)可以看出，若已知 M_2，很容易求得 A_2；但是，若已知 A_2，要求 M_2 却很费力。然而，大部分问题恰恰是求马赫数。为了解决这一困难，引入一个参数——临界断面，计作 A_*，其定义为：气体流动马赫数等于 1 的地方的管道断面面积。由式(8-61)可以求出任意断面 A 与临界断面 A_* 之比：

$$\frac{A}{A_*} = \frac{j_*}{j} = \frac{1}{M}\left[\frac{2+(k-1)M^2}{1+k}\right]^{\frac{k+1}{2(k-1)}} \tag{8-62}$$

该比值只依赖于一个参数 M，在一元管道的计算中被大量使用。

图 8-10 给出了根据式(8-62)得到的 A/A_*-M 曲线。可以看到，对于每一 M 值，有唯一的 A/A_* 值与之对应，但对于每一 A/A_* 值，有两个 M 值与之对应，这说明管道任一断面上都可能存在亚声速和超声速 2 种不同状态。另外可以看到，对任意 M 值，必定有 $A/A_* \geq 1$ 成立，这说明临界断面若存在，则必定在管道断面面积极小值处，这个性质在前面已介绍过。

因此，在工程上如果要获得超声速气流，就必须使亚声速气流在管道断面逐渐变小的渐缩管道内加速，当流速达到声速时，接着改用管道断面逐渐变大的渐扩喷管，使气流继续加速到超声速流动，这种断面先收缩后扩大的几何管道称为拉瓦尔喷管，如图 8-11 所示。拉瓦尔喷管的喉部断面(最小断面)就是临界断面。

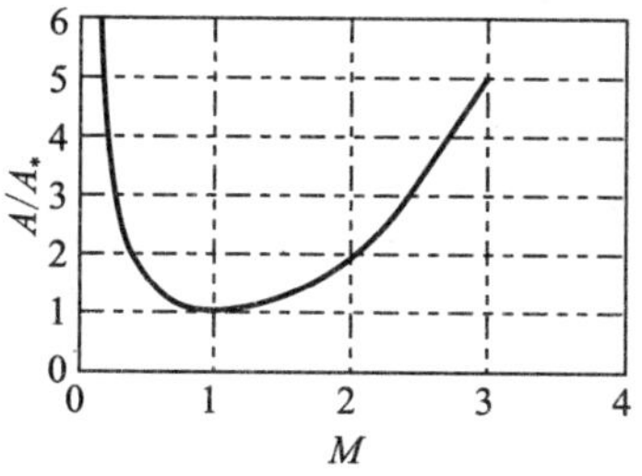

图 8-10 A/A_*-M 关系曲线

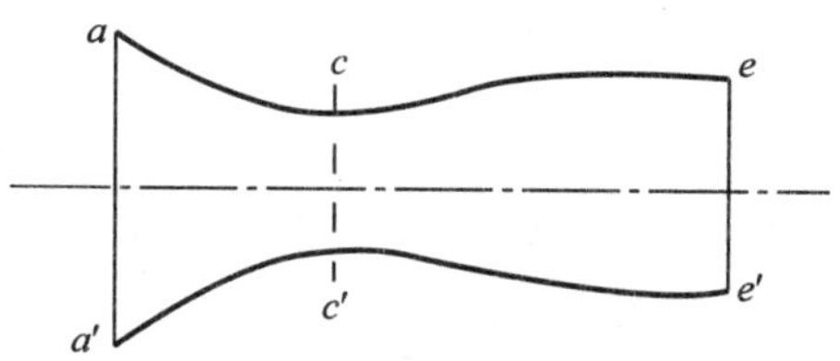

图 8-11 拉瓦尔喷管

亚声速气流进入拉瓦尔喷管后的流动情况为：速度较低的气流进入喷管的初始阶段，气体的可压缩性不明显，要使气流做加速运动，喷管的断面面积要较快地收缩。继续加速，速度的增加将伴随压强的显著下降，气体的密度也显著降低，它抵消了一部分速度增加，于是管道断面面积就不必收缩得那么快了。最后，气流密度的下降恰好与速度的增加相抵消，而该处的管道断面面积不再改变。在这个断面上，气流的速度恰好等于当地声速，这个断面即临界断面或“喉道”。气流超声速后，速度进一步的增加会使密度产生更大的下降，这时只有在管道截面面积不断扩张的条件下气流才能继续加速。

第五节　有摩擦的绝热管流

前面讨论的是无黏性完全气体在绝热过程中的等熵流动，而实际气体是有黏性的，流动时必会产生摩擦阻力，使可用的有效机械能不可逆地变成热能，气流熵值增加。这一节只讨论一种简化流动，即实际气体在等断面管中做有摩擦的绝热稳定流动。

一、摩擦对气流流动速度的影响

如图 8-12 所示，在气体管流中取长度为 dx 的控制体，管壁上的摩擦应力为 τ_0，应用动量定理：

$$p\frac{\pi}{4}D^2-(p-\mathrm{d}p)\frac{\pi}{4}D^2-\tau_0\pi D\mathrm{d}x=\rho u\frac{\pi}{4}D^2\left[(u+\mathrm{d}u)-u\right] \tag{8-63}$$

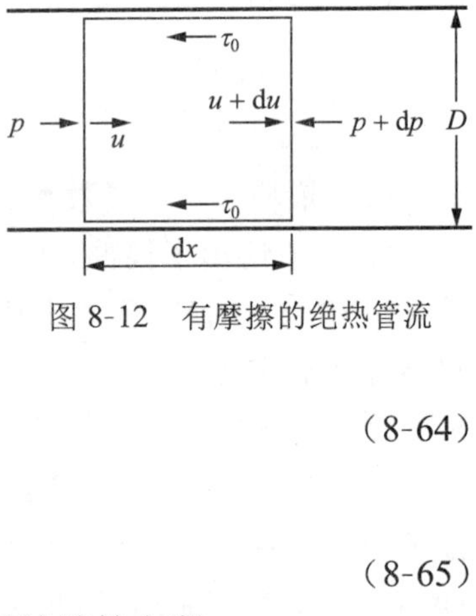

图 8-12　有摩擦的绝热管流

将上式简化，并将 $\tau_0=\frac{\lambda}{8}\rho u^2$ 代入上式，便得如下动量方程：

$$\frac{\mathrm{d}p}{\rho}+u^2\frac{\mathrm{d}u}{u}+\lambda\frac{\mathrm{d}x}{D}\frac{u^2}{2}=0 \tag{8-64}$$

由状态方程可得：

$$\mathrm{d}p=R(\rho\mathrm{d}T+T\mathrm{d}\rho) \tag{8-65}$$

实际气体在等断面管中做有摩擦的绝热稳定流动时满足连续性方程：

$$\rho_1u_1A=\rho_2u_2A=q_\mathrm{m} \tag{8-66}$$

或

$$\rho_1u_1=\rho_2u_2=\frac{q_\mathrm{m}}{A} \tag{8-67}$$

$$\frac{\mathrm{d}u}{u}+\frac{\mathrm{d}\rho}{\rho}=0 \tag{8-68}$$

式中　q_m——流量。

将式(8-68)代入式(8-65)，得：

$$\frac{dp}{\rho}=RdT-RT\frac{du}{u} \tag{8-69}$$

对 $i=c_pT$ 微分可得：

$$RdT=\frac{R}{c_p}di=\frac{c_p-c_V}{c_p}di=\frac{k-1}{k}di \tag{8-70}$$

对能量方程 $\left(i+\frac{u^2}{2}=常数\right)$ 微分可得：

$$di=-udu=-u^2\frac{du}{u} \tag{8-71}$$

并注意到：

$$a^2=kRT \tag{8-72}$$

联立式(8-64)、式(8-69)～式(8-72)，便可得到马赫数与速度变化的关系式：

$$(M^2-1)\frac{du}{u}=-\frac{k}{a^2}\frac{\lambda dx}{D}\frac{u^2}{2} \tag{8-73}$$

或

$$(1-M^2)\frac{du}{u}=M^2\frac{k\lambda dx}{2D} \tag{8-74}$$

式(8-73)中，$\frac{\lambda dx}{D}\frac{u^2}{2}$ 与达西公式具有同一形式，它是作用在单位质量气体上的摩擦功，永远为正值。式(8-74)为等断面有摩擦绝热管流中流速随长度的变化关系式，从式中可知：

$$(1-M^2)\frac{du}{u}>0 \tag{8-75}$$

由此可见：

（1）当管内为亚声速气流时，$M<1$，则 $du>0$，表明摩擦使亚声速气流加速。

（2）当管内为超声速气流时，$M>1$，则 $du<0$，表明摩擦使超声速气流减速。

（3）两种流动都能趋向声速。但在等断面条件下，使亚(超)声速气流加(减)速到超(亚)声速气流，都是不可能的。气流速度达到声速只可能发生在管路的终点。

二、最大管长 L_{max}

在管路进口断面处具有一定的 ρ_1，p_1，T_1，M_1 条件下，使气体流速在出口处恰好达到声速时的管长，称为最大管长 L_{max}。

在式(8-74)中，$u=Ma$，得 $du=adM+Mda$，并取 $\frac{da}{a}=\frac{da/a_0}{a/a_0}$ 代换，可得：

$$dx=\frac{2D}{k\lambda}\left[\frac{dM}{M^3}-\frac{k+1}{2}\frac{dM}{M\left(1+\frac{k-1}{2}M^2\right)}\right] \tag{8-76}$$

按进口断面 1 与任意断面作定积分，边界条件为：$x = l_1 = 0$，$M = M_1$。积分可得：

$$l=\frac{D}{k\lambda}\left\{\frac{1}{M_1^2}-\frac{1}{M^2}+\frac{k+1}{2}\ln\left[\frac{M_1^2}{M^2}\frac{(k-1)M^2+2}{(k-1)M_1^2+2}\right]\right\} \tag{8-77}$$

当上述任意断面为出口断面时，其流速恰好达到 $M = 1$，$l = L_{max}$，即

$$L_{max}=\frac{D}{k\lambda}\left[\frac{1}{M_1^2}-1+\frac{k+1}{2}\ln\frac{(k+1)M_1^2}{(k-1)M_1^2+2}\right] \tag{8-78}$$

三、等断面管中做有摩擦的绝热稳定流动的气流参数与马赫数的关系

由滞止温度 T_0 与马赫数 M 的关系式(8-41)可以得到

$$\frac{T_2}{T_1}=\frac{1+\frac{k-1}{2}M_1^2}{1+\frac{k-1}{2}M_2^2} \tag{8-79}$$

由状态方程：

$$\rho=\frac{p}{RT}$$

得：

$$\rho u=\frac{p}{RT}u=\frac{p}{RT}Ma=\frac{p}{RT}M\sqrt{kRT}$$

代入连续性方程可得：

$$\frac{p_2}{p_1}=\frac{M_1}{M_2}\sqrt{\frac{T_2}{T_1}}$$

将式(8-79)代入上式得：

$$\frac{p_2}{p_1}=\frac{M_1}{M_2}\left(\frac{1+\frac{k-1}{2}M_1^2}{1+\frac{k-1}{2}M_2^2}\right)^{\frac{1}{2}} \tag{8-80}$$

由状态方程得：

$$\frac{\rho_2}{\rho_1}=\frac{p_2}{p_1}\frac{T_1}{T_2}$$

将式(8-79)和式(8-80)代入上式可得：

$$\frac{\rho_2}{\rho_1}=\frac{M_1}{M_2}\left(\frac{1+\frac{k-1}{2}M_2^2}{1+\frac{k-1}{2}M_1^2}\right)^{\frac{1}{2}} \tag{8-81}$$

当断面 2 达到临界状态时，$M_2=1$，根据以上推导出的公式，可以写出断面 1 的参数

与临界参数的比：

$$\frac{T_1}{T_c}=\frac{a^2}{a_c^2}=\frac{k+1}{2+(k-1)M_1^2} \tag{8-82}$$

$$\frac{p_1}{p_c}=\frac{1}{M}\left[\frac{k+1}{2+(k-1)M_1^2}\right]^{\frac{1}{2}} \tag{8-83}$$

$$\frac{\rho_1}{\rho_c}=\frac{a_c}{u_1}=\frac{1}{M_1}\left[\frac{2+(k-1)M_1^2}{k+1}\right]^{\frac{1}{2}} \tag{8-84}$$

$$\frac{p_{01}}{p_{0c}}=\frac{1}{M_1}\left[\frac{2+(k-1)M_1^2}{k+1}\right]^{\frac{k+1}{2(k-1)}} \tag{8-85}$$

例 8-6

压强为 10^5 Pa、温度为 15.5 ℃的空气流以 $M_1=3$ 进入内径为 100 mm 等径管，绝热流动。设 $\lambda=0.02$，$k=1.4$，$R=287$ J/(kg·K)，试求最大管长 L_{max}，u_c，T_c 和 p_c，并求 $M=2$ 处的长度 L 和相应的参数 u，T，p。

解：(1)

$$L_{max}=\frac{D}{k\lambda}\left[\frac{1}{M_1^2}-1+\frac{k+1}{2}\ln\frac{(k+1)M_1^2}{(k-1)M_1^2+2}\right]$$

$$=\frac{0.1}{1.4\times0.02}\times\left[\frac{1}{3^2}-1+\frac{1.4+1}{2}\ln\frac{(1.4+1)\times3^2}{(1.4-1)\times3^2+2}\right]\text{ m}$$

$$=2.61\text{ m}$$

(2) 当 $M_1=3$ 时，管路进口处的速度为：

$$u_1=\sqrt{kRT}M_1=\sqrt{1.4\times287\times(273+15.5)}\times3\text{ m/s}=1\,021\text{ m/s}$$

$$\frac{u_c}{u_1}=\frac{1}{M_1}\left[\frac{2+(k-1)M_1^2}{k+1}\right]^{\frac{1}{2}}=\frac{1}{3}\times\left[\frac{2+(1.4-1)\times3^2}{1.4+1}\right]^{\frac{1}{2}}=0.509$$

$$u_c=0.509\times1\,021\text{ m/s}=520\text{ m/s}$$

$$\frac{T_1}{T_c}=\frac{k+1}{2+(k-1)M_1^2}=\frac{1.4+1}{2+(1.4-1)\times3^2}=0.429$$

$$T_c=\frac{273+15.5}{0.429}\text{ K}=672\text{ K}$$

$$\frac{p_1}{p_c}=\frac{1}{M_1}\left[\frac{k+1}{2+(k-1)M_1^2}\right]^{\frac{1}{2}}=\frac{1}{3}\times\left[\frac{1.4+1}{2+(1.4-1)\times3^2}\right]^{\frac{1}{2}}=0.218$$

$$p_c=\frac{p}{0.218}=\frac{10^5}{0.218}\text{ Pa}=4.59\times10^5\text{ Pa}$$

(3) $M=2$ 处的长度和相应的参数。

$$L=\frac{D}{k\lambda}\left\{\frac{1}{M_1^2}-\frac{1}{M^2}+\frac{k+1}{2}\ln\left[\frac{M_1^2}{M^2}\frac{(k-1)M^2+2}{(k-1)M_1^2+2}\right]\right\}$$

$$=\frac{0.1}{1.4\times0.02}\times\left\{\frac{1}{3^2}-\frac{1}{2^2}+\frac{1.4+1}{2}\ln\left[\frac{3^2}{2^2}\times\frac{(1.4-1)\times2^2+2}{(1.4-1)\times3^2+2}\right]\right\}\text{ m}$$

$$=1.08\text{ m}$$

$$\frac{520}{u}=\frac{1}{2}\times\left[\frac{2+(1.4-1)\times2^2}{1.4+1}\right]^{\frac{1}{2}}=0.612$$

$$u=850\text{ m/s}$$

$$\frac{T}{672}=\frac{1.4+1}{2+(1.4-1)\times2^2}=\frac{1}{1.5}$$

$$T=448\text{ K}$$

$$\frac{p}{4.59\times10^5}=\frac{1}{2}\times\left[\frac{1.4+1}{2+(1.4-1)\times2^2}\right]^{\frac{1}{2}}=\frac{1}{2.45}$$

$$p=1.87\times10^5\text{ Pa}$$

思考题

8-1　写出各种形式的连续性方程、状态方程，并说明其物理意义。

8-2　试说明热焓、机械功形式的能量方程的物理意义，并导出绝热流动时不可压缩流的伯努利方程。

8-3　说明动量方程的物理意义。

8-4　说明各滞止参数的定义及它们之间的关系。

8-5　何谓声速、临界声速？它们的区别是什么？

8-6　何谓气流的极限速度？

8-7　何谓气流的速度系数及马赫数？它们之间有何关系？

8-8　扰动区与寂静区是如何形成的？何谓马赫锥？亚声速流与超声速流中扰动区有何差别？

8-9　试分析拉瓦尔喷管中气流速度与面积之间的变化关系。

8-10　流体的黏性(摩擦)对亚声速流和超声速流的影响如何？

习　题

8-1　试证微分形式的连续性方程为：

$$\frac{d\rho}{\rho}+\frac{dA}{A}+\frac{du}{u}=0$$

8-2　空气在 2 种状态下的参数为 $T_1 = 500\ K, p_1 = 7 \times 10^5\ Pa$（绝对）；$T_2 = 400\ K, p_2 = 1.5 \times 10^5\ Pa$（绝对）。试求：

（1）密度的相对变化率 $\Delta\rho/\rho_1$；

（2）内能变化 $e_2 - e_1$；

（3）焓的变化 $i_2 - i_1$；

（4）熵的变化 $S_2 - S_1$。

8-3　试证明不可压缩气流在突然扩张管中的损失可表示为：

$$\Delta p_0 = p_{01} - p_{02} = \rho\frac{(u_1-u_2)^2}{2}$$

8-4　计算在 −100 ℃，−50 ℃，0 ℃，50 ℃，100 ℃时空气的声速。

8-5　设海平面（$z = 0$）的大气温度 $T_0 = 288\ K$，在对流层顶部（$z = 11\ km$）的高空大气温度 $T_1 = 216.5\ K$，试比较两处的声速。

8-6　如图所示，已知一飞机在观察站上空高度 $H = 2\ 000\ m$，飞行速度为 $u = 1\ 836\ km/h$，空气的温度为 $T = 15$ ℃。试问飞机飞过观察站正上方到观察站听到机声要多长时间？

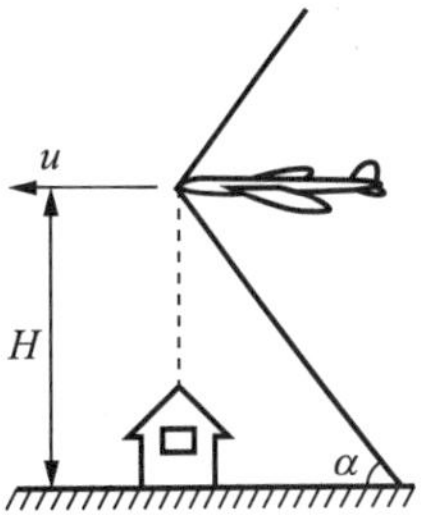

习题 8-6 图

8-7　设完全气体从滞止状态开始流动，分别按伯努利方程和等熵流动方程计算压强与马赫数的关系式，并作比较。

8-8　试证明等熵流中状态 1 和状态 2 的总压强相等，即 $p_{01} = p_{02}$。

8-9　一架飞机在 12 200 m 高空以 644 km/h 的速度飞行。已知温度 $T = 216.5\ K$，压强 $p = 18\ 738\ Pa$（绝对），试求马赫数、滞止温度、滞止压强及飞行速度系数。

8-10　一种理想气体在收敛管中做等温流动，已知 $A_2 = 0.8A_1, u_1 = 400\ m/h, p_1 = 2\ at$（绝对），$p_2 = 1.33\ at$（绝对），求 u_2。

8-11　储气箱中空气总压强为 $p_0 = 3\ at$（绝对），通过拉瓦尔喷管流入大气，已知大气压强为 $p_a = 3\ at$（绝对），流动为等熵绝热。试求设计状态（$p_a = p_e$）时拉瓦尔喷管出口处的马赫数。

8-12　空气从 $T_0 = 300\ K$ 的储气罐进入一根直径 $d = 10\ mm$ 的绝热光滑管，入口（断面 1）处 $T_1 = 298\ K, p_1 = 98\ kPa$（绝对）。经过有摩擦的流动到达断面 2 时，$M_2 = 0.4$。试求：

（1）入口处 M_1；

（2）断面 2 处 T_2, p_2, ρ_2, u_2；

（3）入口处到断面 2 的长度 L。

第九章 明渠均匀流与堰流

第一节 明渠及明渠流的分类

输送具有自由水面的水流的渠道称为明渠。水在重力作用下沿渠道的流动称为明渠水流。明渠水流是一种常见的水流现象，与有压管流不同，它具有自由水面，水面上各点的压强为大气压，其相对压强为零，因此明渠流又称为无压流。

明渠按其形成方式不同可分为天然明渠和人工明渠。前者如天然河道，后者如运河、人工输水渠等。

明渠水流根据其运动要素是否随时间而变化分为恒定流和非恒定流。明渠恒定流又可根据流线是否为平行的直线分为均匀流和非均匀流。明渠水流由于自由水面不受约束，当遇有河渠建筑物或流量变化时，往往形成非均匀流。但在工程实际中，如铁路或公路两侧的排水沟、给排水渠道，其输水或给排水能力的计算常按明渠均匀流处理。

在明渠中修建的、用于抬高上游水位而又能自身溢流的人工建筑物称为堰。通过堰顶溢流的水流称为堰流。

本章运用总流伯努利方程研究明渠恒定流和堰流。先分析明渠恒定均匀流的水力特性和过流能力，以及水跃和跌水的流动特点，然后分析各类堰流的过流能力，并简要介绍各类堰流的水力计算问题。

一、明渠的分类

明渠过水断面的形状、尺寸与底坡的变化对明渠水流运动有重要的影响，对于不同的渠道，明渠水流可分为若干类型。

按照渠道断面的形状和尺寸沿流程是否发生变化，渠道可以分成棱柱形渠道和非棱柱形渠道；按照渠底高程沿流程的变化情况，渠道可以分成顺坡渠道、平坡渠道和逆坡渠道。

明渠断面有各种各样的形状。人工明渠断面通常做成对称的几何形状，如常见的梯形、矩形或圆形等；河道断面则常呈不规则的形状。图 9-1 所示为常见的几种明渠断面。

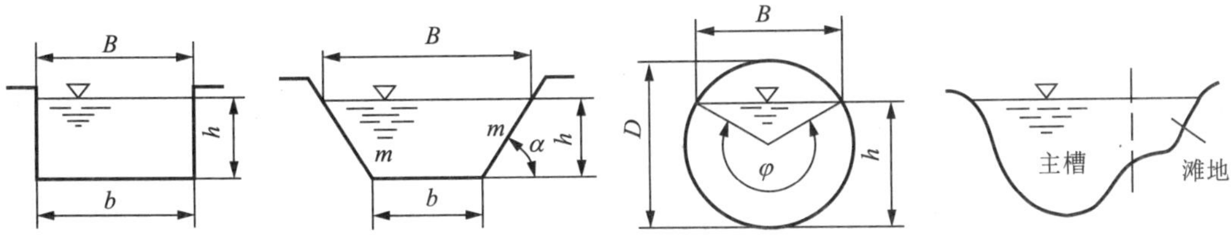

(a) 矩形　(b) 梯形　(c) 圆形　(d) 不规则形状

图 9-1　明渠断面形式

当明渠修在土质地基上时，往往形成梯形断面。矩形断面常用于岩石中开凿或两侧用条石砌筑而成的渠道，混凝土渠或木渠也常做成矩形。圆形断面通常用于无压隧洞。

棱柱形渠道的过流断面面积 A 仅随水深而变化，即 $A = f(h)$；非棱柱形渠道的过流断面面积不仅随着水深变化，还随着各断面的沿程位置而变化，也就是说，过流断面面积 A 是水深和从某起始断面算起的距离 s 的函数，即 $A = f(h, s)$。断面不变的长直渠道或涵洞是典型的棱柱形渠道，断面形状及尺寸沿程变化不大的河段也可按棱柱形渠道来处理，而两个断面形状不同的连接段则是典型的非棱柱形渠道。

渠道底坡是渠底高差 $z_1 - z_2$ 与相应渠道长度 L 的比值，用符号 j 表示（图 9-2），即

$$j = \frac{z_1 - z_2}{L} = \sin\theta \tag{9-1}$$

式中　θ——渠道底面与水平面的夹角。

在实际工程中，底坡很小，一般土渠 $j \leqslant 0.01$，因 θ 角很小，$\sin\theta \approx \tan\theta$，因此可用渠道的水平投影长度 L' 代替渠道长 L，用竖直水深 h' 代替断面水深 h，以便于计算而不致引起较大误差。

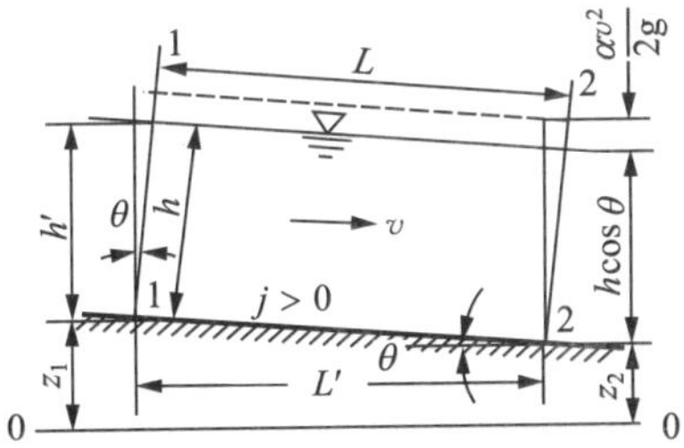

图 9-2　渠道纵剖面图

渠底沿程降低时，$j > 0$，称为顺坡；渠底水平时，$j = 0$，称为平坡；渠底沿程升高时，$j < 0$，称为逆坡。天然河道的河底凹凸不平，其底坡可取一定长度河段的平均底坡来表示。

二、明渠流的分类

明渠流中运动要素如不随时间变化，则称为明渠恒定流，否则为明渠非恒定流。

明渠恒定流又可根据流线是否为平行的直线分为均匀流和非均匀流。如果流线是一组平行直线，则水深、断面平均流速及速度分布均沿程不变，这种液流称为明渠均匀流，无限长棱柱形渠道中的水流就是这种明渠均匀流；如果流线不是平行直线，则这种液流称为明渠非均匀流。

明渠非均匀流又包括渐变流和急变流。流线近似平直，其曲率半径相当大的流动称

为渐变流。明渠渐变流的流速、水深沿程变化缓慢。流线的曲率半径比较小的流动称为急变流。明渠急变流的流速、水深沿程变化急剧。水跃、跌水、堰流均属于明渠急变流。

第二节　明渠均匀流的水力特征及其发生条件

一、明渠均匀流的水力特征

均匀流是指运动要素沿程不变的流动，它是明渠中最简单的流动形式。均匀流的运动规律是明渠水力设计的基本依据。明渠均匀流的主要水力特征包括：

（1）过流断面的形状、尺寸及水深沿程不变。

（2）过流断面上的流速分布、断面平均流速沿程不变，因而水流的动能修正系数及流速水头也沿程不变。

（3）总水头线、测压管水头线和渠底线三者互相平行。均匀流的流线簇是一组与槽底平行的直线，由于水深沿程不变，水面线（即测压管水头线）与渠底线平行；又由于流速水头沿程不变，总水头线与水面线平行，如图 9-2 所示。因此，明渠均匀流的水力坡度 i、测压管水头线坡度 j_p 和渠底坡度 j 三者相等，即

$$i = j_p = j \tag{9-2}$$

明渠均匀流是一种等速直线运动，没有加速度，因此作用在水体上的各种力相互平衡。在图 9-3 所示均匀流动中取出一单位长度的水体 $ABCD$ 进行分析，作用在水体上的力有重力 G、摩阻力 F_f、两断面上的动水总压力 P_1 和 P_2。沿流向写出平衡方程：

$$P_1 + G\sin\theta - F_f - P_2 = 0 \tag{9-3}$$

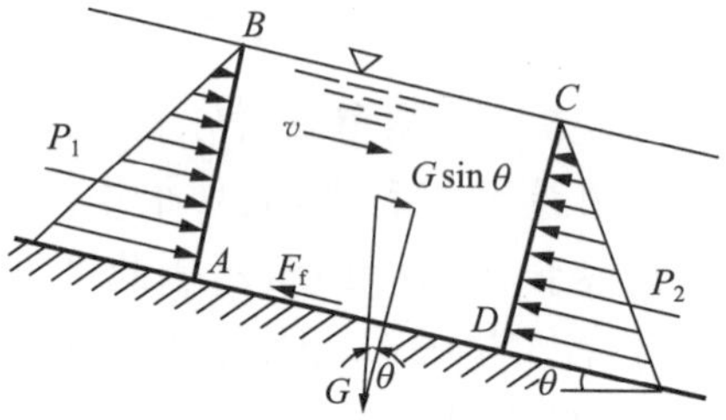

图 9-3　明渠均匀流受力分析图

由于是均匀流动，其压强符合静水压强分布规律，水深又不变，所以 P_1 和 P_2 大小相等、方向相反，可互相抵消，因而有 $G\sin\theta = F_f$，即明渠均匀流中促进水流运动的重力分量 $G\sin\theta$ 和阻碍水流运动的摩阻力 F_f 相平衡。从能量的观点来看，重力所做的功正好等于摩阻力所消耗的能量。

二、明渠均匀流的发生条件

明渠水流做均匀流动时的水深称为正常水深。显然，当 $j \leqslant 0$ 时，渠中水深均不等于正常水深，不存在式(9-3)的平衡关系，只可能出现非均匀流。因此，明渠均匀流只能在下述条件下发生：

（1）水流应为恒定流，流量沿程不变；

（2）渠槽是长且直的棱柱形顺坡渠道；

（3）渠道表面粗糙系数沿程不变；

（4）沿程无闸、坝或跌水等建筑物的局部干扰。

显然，由于种种条件的限制，实际工程中的渠道并不是都能严格满足上述要求，特别是许多渠道中总有这种或那种建筑物存在，因此大多数明渠中的水流都是非均匀流。只有在顺直的正底坡棱柱形渠道里，且具有足够的长度，才有可能形成均匀流动。天然河道一般不容易形成均匀流，但对于某些顺直河段，可按均匀流作近似计算。人工非棱柱形渠道通常采用分段计算，在各段上按均匀流考虑，一般情况下可以满足生产上的要求。因此，均匀流动理论是分析明渠水流的一个基础。

第三节　明渠均匀流的水力计算

一、明渠均匀流水力计算的基本公式

明渠均匀流水力计算的基本公式有 2 个，一个是恒定流的连续方程：

$$Q = Av = 常数 \tag{9-4}$$

另一个则为均匀流的动力方程，即谢才公式。谢才公式的推导如下：

一般情况下，明渠断面都比较大，流动多处于湍流阻力平方区。对明渠均匀流，局部水头损失可以忽略，所以由达西公式得：

$$h_w = h_f = \lambda \frac{l}{d_{当}} \frac{v^2}{2g} = \lambda \frac{l}{4R} \frac{v^2}{2g} \tag{9-5}$$

解得：

$$v = \sqrt{\frac{8g}{\lambda}} \sqrt{R \frac{h_f}{l}} = C\sqrt{Ri} \tag{9-6}$$

式中　$d_{当}$——当量直径；

R——水力半径。

式(9-6)为谢才公式。对于明渠均匀流来说，$i = j$，所以谢才公式可以写成：

$$v = C\sqrt{Rj} \tag{9-7}$$

式中，$C = \sqrt{8g/\lambda}$ 称为谢才系数，$m^{1/2}/s$。

根据连续方程和谢才公式，可得到计算明渠均匀流的流量公式：

$$Q = AC\sqrt{Rj} = K\sqrt{j} \tag{9-8}$$

式中，$K = AC\sqrt{R}$ 称为流量模数，m^3/s。

为计算平均流速或流量，必须先确定谢才系数 C。目前工程界广泛采用曼宁公式或巴甫洛夫斯基公式来确定，即

$$C=\frac{1}{n}R^{1/6} \tag{9-9}$$

或

$$C=\frac{1}{n}R^{y} \tag{9-10}$$

$$y=2.5\sqrt{n}-0.13-0.75\sqrt{R}\,(\sqrt{n}-0.10)$$

式中，n 称为粗糙系数，与渠槽的表面状况有关；R 为水力半径，m。

由于巴甫洛夫斯基公式的指数计算较为复杂，可采用近似公式求 y，即

当 $R<1.0\,\mathrm{m}$ 时，

$$y=1.5\sqrt{n}$$

当 $R>1.0\,\mathrm{m}$ 时，

$$y=1.3\sqrt{n}$$

巴甫洛夫斯基公式适用范围为 $0.1\,\mathrm{m}\leqslant R\leqslant 3.0\,\mathrm{m}$，$0.011\leqslant n\leqslant 0.04$。

从上述两个经验公式可以看出，谢才系数 C 是反映断面形状、尺寸和粗糙程度的一个综合系数，它与水力半径 R 和粗糙系数 n 有关，而且 n 值的影响远大于 R 值。正确选择粗糙系数 n 是明渠均匀流计算中的一个关键问题。各种类型的人工渠槽和天然河道的粗糙系数 n 可查表 9-1。

表 9-1　粗糙系数 n 值

序　号	边界类型	n
1	钢管、铸铁管	0.011～0.012
2	给水管、洁净的排水管	0.012
3	木槽、木板衬渠道	0.012～0.014
4	混凝土涵管、污水涵管	0.013～0.014
5	混凝土抹面的渠道	0.013～0.017
6	砖砌或琢石砌渠道	0.015
7	混凝土喷护的渠道	0.019～0.022
8	块石、毛石砌渠道	0.025
9	沥青抹面渠道	0.013～0.016
10	干净的土渠	0.022～0.022 5
11	生杂草的土渠	0.027～0.035
12	干净顺直的河道	0.030
13	有浅滩、深潭的蜿蜒河道	0.040
14	山区河道	0.040～0.050
15	杂草丛生的河道	0.100

二、水力最优断面

所谓水力最优断面，是指渠道的过流断面面积 A、粗糙系数 n 和渠道底坡 j 一定时过流能力最大的断面形状。

从明渠均匀流流量公式可以看出，当面积 A、底坡 j 和粗糙系数 n 为定值时，要使流量 Q 最大，则水力半径 R 必须最大，也就是湿周最小。在各种几何形状中，同样面积下，圆形断面的湿周最小，而半圆的水力半径与圆的水力半径是相等的，这说明在其他条件相同的情况下，半圆形的明槽比其他形状的明槽能通过更多的流量。在工程实际中，半圆形的渠道施工比较困难，一般都采用梯形断面，其断面形状如图 9-1(b)所示。

梯形断面两侧的倾斜度用边坡系数 m 表示，$m = \cot\alpha$，它由边坡稳定要求和施工条件确定。根据所选定的边坡系数，可以确定满足水力最优条件下的宽度 b 和深度 h 的关系。

设宽深比为 $\beta = b/h$。梯形断面的过流面积 A 和湿周 χ 分别为：

$$A = (b + mh)h$$

$$\chi = b + 2h\sqrt{1+m^2}$$

按水力最优断面定义，取：

$$\frac{\mathrm{d}A}{\mathrm{d}h} = (b+mh) + h\left(\frac{\mathrm{d}b}{\mathrm{d}h} + m\right) = 0$$

$$\frac{\mathrm{d}\chi}{\mathrm{d}h} = \frac{\mathrm{d}b}{\mathrm{d}h} + 2\sqrt{1+m^2} = 0$$

联立以上两式求解得：

$$\beta_{\mathrm{m}} = \left(\frac{b}{h}\right)_{\mathrm{m}} = 2\left(\sqrt{1+m^2} - m\right) \tag{9-11}$$

这就是梯形渠道水力最优断面的宽深比条件。可以看出，梯形水力最优断面的宽深比 β_{m} 仅是边坡系数 m 的函数，对于不同的边坡，有不同的 β_{m} 值。

由式(9-11)可知，相应于水力最优断面的水力半径为：

$$R = \frac{A}{\chi} = \frac{(b+mh)h}{b+2h\sqrt{1+m^2}} = \frac{\left[2(\sqrt{1+m^2}-m)h + mh\right]h}{2(\sqrt{1+m^2}-m)h + 2h\sqrt{1+m^2}} = \frac{h}{2} \tag{9-12}$$

上式表明，梯形渠道水力最优断面的水力半径等于正常水深的一半，它与渠道的边坡系数无关。

对于矩形断面，边坡系数 $m = 0$，则水力最优宽深比 $\beta_{\mathrm{m}} = b/h = 2$，也就是说，矩形水力最优断面的底宽是水深的 2 倍。

应当指出，式(9-11)确定的水力最优断面的宽深比仅仅是从断面的过流能力来讲的最佳值，对小流量渠道可以采用。当流量较大时，按式(9-11)计算的宽深比很小，使渠道变得窄而深，导致施工和维护都比较困难。因此，水力最优断面并不等于最经济断面。一般来说，最经济断面是 $b/h \geq 1$ 的断面，取值范围是 $b/h = 1.0 \sim 1.5$。所以，从水力最优和经济性最优两方面综合考虑时，对不同的边坡系数，宽深比可按以下原则确定：

(1) $m > 0.75$ 时，$b/h = 1.0$；

(2) $m < 0.29$ 时，$b/h = 1.5$；

(3) $0.29 \leqslant m \leqslant 0.75$ 时，$b/h = 2\left(\sqrt{1+m^2} - m\right)$。

三、渠道的允许流速

设计渠道时，应将渠道中的水流流速作为重要因素来考虑，既不允许流速过大，以防造成渠道的冲刷和破坏，也不允许流速过小，以防导致水中悬浮的泥沙发生淤积，甚至滋生杂草。设渠道中最大允许流速为v_{max}，最小允许流速为v_{min}，则渠道的断面平均流速 v 应满足下述条件：

$$v_{min} < v < v_{max} \tag{9-13}$$

最大允许流速v_{max}取决于渠道表面土壤类别或衬砌材料的抗冲蚀能力，最小允许流速v_{min}取决于水流携沙能力、含沙量大小和悬浮泥沙性质。渠道的允许流速还与它所担负的任务（灌溉、通航、给水、排水等）有关，不同的专业有不同的规定，具体数值可根据渠道建筑材料的物理特性及液流条件等方面因素查阅有关手册确定。

四、梯形断面明渠均匀流的水力计算

由明渠均匀流的流量公式可以看出，各水力要素间存在如下函数关系：

$$Q = AC\sqrt{Rj} = f(m, b, h, n, j)$$

在进行明渠的水力计算时，渠道的边坡系数 m 与粗糙系数 n 通常是已知的，因此明渠均匀流的水力计算实际上是根据渠道所担负的生产任务、施工条件、地形及地质状况等，预先选定 Q, b, h, j 4 个变量中的 3 个，然后应用基本公式求另一个变量。

明渠均匀流的水力计算，主要有以下三类基本问题，现以最常用的梯形断面为例进行分析。

1. 验证渠道的输水能力

对于已建成的渠道，已知渠道断面的形状和尺寸，并已知渠道土壤或护面材料和渠底坡度，即已知 m, b, h, n 和 j，求其输水能力 Q。

在这类问题中，根据已知值求出 A, R 和 C 后，直接按式(9-8)求流量 Q。

例 9-1

一梯形渠道底宽 $b = 3.6\,\text{m}$，水深 $h = 1.2\,\text{m}$，边坡系数 $m = 2.0$，粗糙系数 $n = 0.0192$，底坡 $j = 0.000625$，试验算渠道的输水能力和流速。

解：过流断面面积 A 为：

$$A = (b + mh)h = (3.6 + 2 \times 1.2) \times 1.2\,\text{m}^2 = 7.2\,\text{m}^2$$

湿周 χ 为：

$$\chi=b+2h\sqrt{1+m^2}=3.6\ \text{m}+2\times1.2\times\sqrt{1+2^2}\ \text{m}=8.97\ \text{m}$$

水力半径 R 为：

$$R=\frac{A}{\chi}=\frac{7.2}{8.97}\ \text{m}=0.803\ \text{m}$$

按曼宁公式计算谢才系数：

$$C=\frac{1}{n}R^{1/6}=\frac{1}{0.0192}\times0.803^{1/6}\ \text{m}^{1/2}/\text{s}=50\ \text{m}^{1/2}/\text{s}$$

流量 Q 为：

$$Q=AC\sqrt{Rj}=7.2\times50\times\sqrt{0.803\times0.000625}\ \text{m}^3/\text{s}=8.06\ \text{m}^3/\text{s}$$

流速 v 为：

$$v=\frac{Q}{A}=\frac{8.06}{7.2}\ \text{m/s}=1.12\ \text{m/s}$$

2. 确定渠道底坡

已知渠道断面尺寸、粗糙系数、设计流量或流速，要求确定渠道底坡。这类问题是已知 n, Q, m, b, h 各量，求所需要的底坡 j。可先算出流量模数 K，再按式(9-8)直接求出渠道底坡 j，即

$$j=\frac{Q^2}{K^2}$$

例 9-2

某梯形断面路边排水土渠，底宽 $b=1.5$ m，边坡系数 $m=1.25$，粗糙系数 $n=0.025$，要求正常水深 $h=0.85$ m，设计流量 $Q=1.6\ \text{m}^3/\text{s}$，试求排水渠的底坡和流速。

解：过流断面面积 A 为：

$$A=(b+mh)h=(1.5+1.25\times0.85)\times0.85\ \text{m}^2=2.18\ \text{m}^2$$

湿周 χ 为：

$$\chi=b+2h\sqrt{1+m^2}=1.5\ \text{m}+2\times0.85\times\sqrt{1+1.25^2}\ \text{m}=4.22\ \text{m}$$

水力半径 R 为：

$$R=\frac{A}{\chi}=\frac{2.18}{4.22}\ \text{m}=0.516\ \text{m}$$

因 $R<1.0$ m，根据巴甫洛夫斯基公式：

$$y=1.5\sqrt{n}=0.237$$

$$C=\frac{1}{n}R^y=\frac{1}{0.025}\times0.516^{0.237}\ \text{m}^{1/2}/\text{s}=34.19\ \text{m}^{1/2}/\text{s}$$

流量模数 K 为：

$$K=AC\sqrt{R}=2.18\times34.19\times\sqrt{0.516}\ \text{m}^3/\text{s}=53.54\ \text{m}^3/\text{s}$$

底坡 j 为：

$$j=\frac{Q^2}{K^2}=\frac{1.6^2}{53.54^2}=0.000\ 89$$

流速 v 为：

$$v=\frac{Q}{A}=\frac{1.6}{2.18}\ \text{m/s}=0.73\ \text{m/s}$$

3. 设计渠道断面尺寸

在设计一条新渠道时，一般已知设计流量 Q，渠道的底坡 j，边坡系数 m 和粗糙系数 n，设计渠道的断面尺寸，即确定渠道底宽 b 和水深 h。

例 9-3

设计一混凝土梯形水渠，使其过流能力 $Q=0.5\ \text{m}^3/\text{s}$。已知渠底坡 $j=0.005$，边坡系数 $m=1.0$，粗糙系数 $n=0.14$。

解：因边坡系数 $m=1.0>0.75$，所以取宽深比 $b/h=1$。

过流断面面积 A 为：

$$A=(b+mh)h=(b+mb)b=2b^2$$

湿周 χ 为：

$$\chi=b+2h\sqrt{1+m^2}=b+2b\sqrt{1+1^2}=3.828b$$

水力半径 R 为：

$$R=\frac{A}{\chi}=\frac{2b^2}{3.828b}=0.522b$$

按曼宁公式计算谢才系数：

$$C=\frac{1}{n}R^{1/6}=\frac{1}{0.14}\times(0.522b)^{1/6}=6.409b^{1/6}$$

将上述各式代入流量公式(9-8)得：

$$Q=AC\sqrt{Rj}=2b^2\times6.409b^{1/6}\times\sqrt{0.522b\times0.005}=0.655b^{8/3}$$

$$b=\left(\frac{Q}{0.655}\right)^{3/8}=\left(\frac{0.5}{0.655}\right)^{3/8}\ \text{m}=0.9\ \text{m}$$

因此，该水深的断面尺寸为底宽 $b=0.9$ m，深度 $h=0.9$ m，$m=1.0$，即边坡倾角 $\alpha=45°$。

第四节 明渠水流的三种流态

一、微幅干扰波波速

明渠水流直接与大气相接触，具有自由表面。与有压流不同，明渠水流具有自身的水流流态。一般明渠水流具有 3 种流态，即缓流、临界流和急流。在了解这 3 种流态之前，需要先学习微幅干扰波的波速。

设想在平静的湖面上沿垂直方向丢下一块石子，水面将产生一个微小波动，这个波动将以石子为中心，以一定的速度 v_w 向四周传播，在平面上形成一系列的同心圆。这种在静水中传播的速度称为微幅干扰波波速。经证明，矩形明渠静水中微幅干扰波波速的表达式为：

$$v_w = \sqrt{gh} \tag{9-14}$$

如果明渠断面为任意形状，则可证得：

$$v_w = \sqrt{gh_m} \tag{9-15}$$

式中，$h_m = \dfrac{A}{B}$ 为断面平均水深，A 为断面面积，B 为水面宽度。

在水流流动情况下，根据断面平均流速 v 与微波波速 v_w 的关系即可确定水流的流动状态。

当 $v < v_w$ 时，微波能向上游传播，水流为缓流；

当 $v = v_w$ 时，微波波速等于水流速度，微波恰好不能向上游传播，水流为临界流；

当 $v > v_w$ 时，微波不能向上游传播，水流为急流。

对于临界流来说，水流断面平均流速恰好等于微波波速，即

$$v = v_w = \sqrt{gh_m} \tag{9-16}$$

将上式改写为：

$$\frac{v}{\sqrt{gh_m}} = \frac{v_w}{\sqrt{gh_m}} = 1 \tag{9-17}$$

式中，$\dfrac{v}{\sqrt{gh_m}}$ 称为弗劳德数，用符号 Fr 表示。对于临界流来说，弗劳德数恰好等于1。因此，也可以用弗劳德数来判别明渠水流的流动状态：

（1）当 $Fr < 1$ 时，水流为缓流；

（2）当 $Fr = 1$ 时，水流为临界流；

（3）当 $Fr > 1$ 时，水流为急流。

弗劳德数是流体力学中一个非常重要的参数，其物理意义是代表水流惯性力和重力两种作用的对比关系。

二、断面比能与临界水深

如图 9-4 所示，在明渠渐变流的过水断面上，以 $O—O$ 为基准面，其单位重量液体的总机械能为：

$$E = z + \frac{p}{\gamma} + \frac{\alpha v^2}{2g} = z_0 + h\cos\theta + \frac{\alpha v^2}{2g} \tag{9-18}$$

式中，θ 为明渠底面与水平面的夹角。

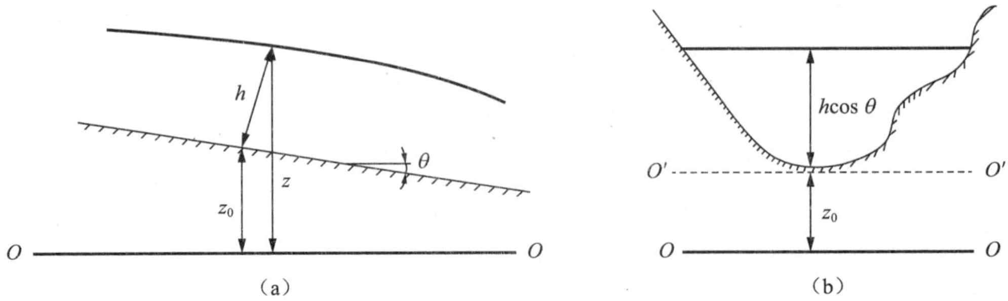

图 9-4　断面比能分析

在实际工程中，θ 较小，可近似认为 $\cos\theta \approx 1$，所以式(9-18)可改写为：

$$E = z_0 + h + \frac{\alpha v^2}{2g} \tag{9-19}$$

如果让基准面 $O'—O'$ 通过该断面的最低点，那么，过水断面上单位重量液体具有的总机械能，称为断面比能(又称断面单位能量)，以 E_s 表示，则有：

$$E_s = E - z_0 = h + \frac{\alpha v^2}{2g} \tag{9-20}$$

或写成：

$$E_s = h + \frac{\alpha Q^2}{2gA^2} \tag{9-21}$$

断面比能 E_s 和以前定义的单位重量流体的机械能 e 是不同的能量概念。单位重量流体的机械能 e 是相对于沿程同一基准面的机械能，其值必沿程减小。而断面比能 E_s 是以各自断面的最低点为基准面计算的，其值沿程可能增大也可能减小，只有在均匀流中沿程不变。

将式(9-21)对水深 h 求导，得：

$$\frac{\mathrm{d}E_s}{\mathrm{d}h} = \frac{\mathrm{d}}{\mathrm{d}h}\left(h + \frac{\alpha Q^2}{2gA^2}\right) = 1 - \frac{\alpha Q^2}{gA^3}\frac{\mathrm{d}A}{\mathrm{d}h} \tag{9-22}$$

式中，$\frac{\mathrm{d}A}{\mathrm{d}h} = B$，$B$ 为过水断面的水面宽度，如图 9-5 所示。因此，式(9-22)可写为：

$$\frac{dE_s}{dh} = 1 - \frac{\alpha Q^2}{gA^3}\frac{dA}{dh} = 1 - \frac{\alpha v^2}{g\dfrac{A}{B}} = 1 - \frac{\alpha v^2}{gh_m} \tag{9-23}$$

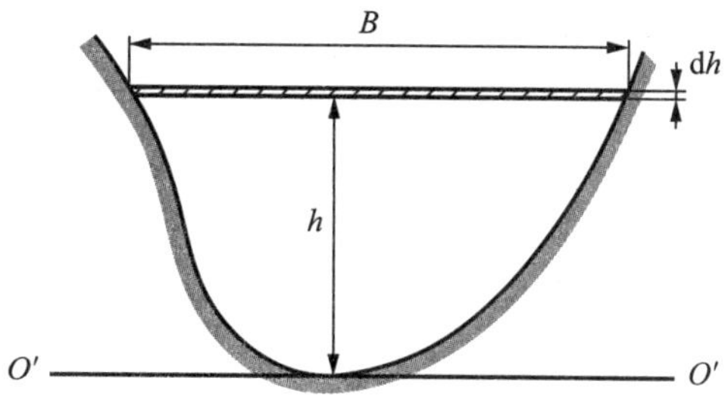

图 9-5　过流断面的水面宽度

取 $\alpha = 1.0$，则式(9-23)可写成：

$$\frac{dE_s}{dh} = 1 - Fr^2 \tag{9-24}$$

分析上式可知：对于缓流，$Fr < 1$，则 $\frac{dE_s}{dh} > 0$，断面比能随水深的增加而增大；对于急流，$Fr > 1$，则 $\frac{dE_s}{dh} < 0$，断面比能随水深减小而增大；对于临界流 $Fr = 1$，则 $\frac{dE_s}{dh} = 0$，断面比能为最小值。

相应于断面比能最小值的水深称为临界水深，以 h_K 表示。满足临界水深的条件是 $\frac{dE_s}{dh} = 0$，由式(9-23)得：

$$\frac{\alpha Q^2}{g} = \frac{A_K^3}{B_K} \tag{9-25}$$

式中，把临界水深时的水力要素均加了脚标 K。当流量和过水断面形状及尺寸给定时，利用上式可求解临界水深 h_K。

临界水深 h_K 又可成为判断水流流态的一个标准：

(1) $h > h_K$，为缓流；

(2) $h = h_K$，为临界流；

(3) $h < h_K$，为急流。

三、临界底坡

设想在流量和断面形状、尺寸一定的棱柱体明渠中，当水流为均匀流时，如果改变明渠的底坡，相应的均匀流正常水深 h_0 随之改变。当底坡 j 增大时，正常水深 h_0 将减小；反之，当 j 减小时，正常水深 h_0 将增大。如果变至某一底坡，其均匀流的正常水深 h_0 恰好与临界水深 h_K 相等，此坡度定义为临界底坡，记作 j_K。

一个底坡为 j 的明渠，与其相应（即同流量、同断面尺寸、同粗糙系数）的临界底坡相比较可能有 3 种情况，即 $j < j_K$，$j = j_K$，$j > j_K$。根据可能出现的不同情况，可将明渠的底坡分为三类：

(1) $j < j_K$，为缓坡；

(2) $j > j_K$，为陡坡；

(3) $j = j_K$，为临界坡。

明渠中水流为均匀流时，若 $j < j_K$，则正常水深 $h_0 > h_K$；若 $j > j_K$，则正常水深 $h_0 <$

h_K；若 $j = j_K$，则正常水深 $h_0 = h_K$。在明渠均匀流的情况下，用底坡的类型就可以判别水流的流态：$j < j_K$ 为缓流，$j > j_K$ 为急流，$j = j_K$ 为临界流，即在缓坡上水流为缓流，在陡坡上水流为急流，在临界坡上水流为临界流。但要强调的是，这种判别只能适用于均匀流的情况，在非均匀流时就不一定了。

第五节　水跃与跌水

一、水　跃

明渠水流从急流状态过渡到缓流状态时，水面突然跃起的局部水力现象称为水跃。例如，在闸、坝以及陡槽等泄水建筑物的下游，一般常有水跃产生。如图 9-6 所示，水跃可分为上、下两部分：上部为急流冲入缓流时激起的表面水滚，翻腾滚动，掺入大量气泡；下部则为急剧扩散的主流。缓流具有较大的势能，对冲进来的急流起遏制作用，在水跃区内使主流流速大为减缓，水深迅速增加，在比较短的距离上完成从急流到缓流的过渡。主流与表面水滚的首端称为跃首（或跃前），尾端称为跃尾（或跃后），首尾间的距离称为跃长，跃首与跃尾的高差称为跃高，由于跃首与跃尾的水深有一定的关系，故称为共轭水深。跃首、跃尾的位置不断地沿水流方向前后移动。这说明，作为一个局部水力现象，水跃是个不稳定的现象。但是，从时间平均意义上讲，它又是围绕着一个时均位置在摆动，且占有一定的位置。

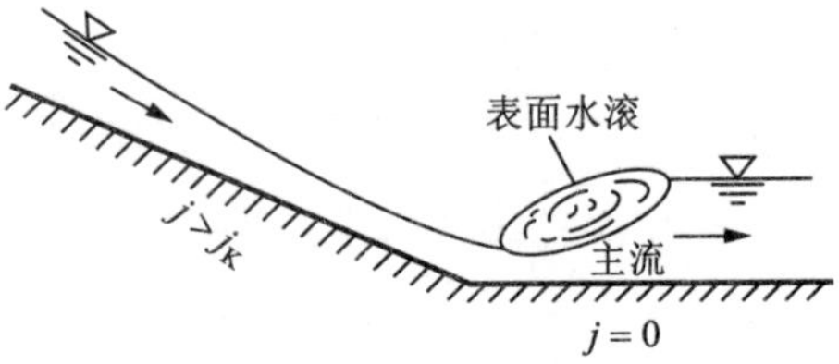

图 9-6　水跃现象

闸孔出流时，若闸门的开启高度小于出流流量所对应的临界水深，则此时闸孔出流为急流。如果闸门下游渠道的底坡 $j < j_K$，且此段渠道足够长，则此段渠道中最终将形成缓流。闸孔出流的急流与下游渠道的缓流之间将会出现水跃。

在跃首和跃尾断面之间的水跃段内，水流运动要素急剧变化，水流紊动、混掺强烈，水滚与主流间质量不断交换，致使水跃段内有较大的能量损失。因此，在水利工程中常利用水跃来消除泄水建筑物下游高速水流中的巨大动能。

水跃前后的水深分别记为 h' 和 h''，前、后端的水平距离 L_j 称为水跃长度。实验表明，水跃位置不断地颤移，h'，h''，L_j 的准确值很难测量。

根据跃前断面水流的湍急程度（用弗劳德数 Fr 表示）的不同，水跃可分为波状水跃和完全水跃。当 $1 < Fr < 1.7$ 时，旋滚区出现的是一系列的波浪，波峰沿程逐渐降低，且旋滚区无明显的回流，这种水跃称为波状水跃，如图 9-7（a）所示。当 $Fr > 1.7$ 时，旋滚区的表面翻腾滚动，并出现回流，这种水跃称为完全水跃，如图 9-7（b）所示。

水跃问题的研究在于确定水跃前、后水深，水跃长度以及水跃的能量损失。

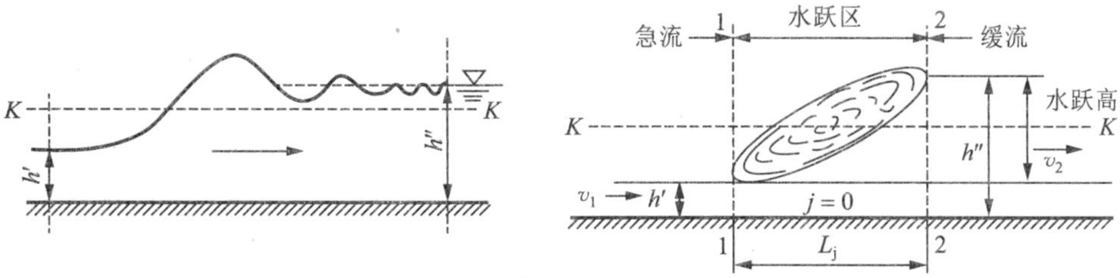

（a）　　（b）

图 9-7　水跃的结构

二、跌 水

明渠水流由缓流状态向急流状态过渡时，水面突然跌落的局部水力现象称为跌水（或称水跌）。了解跌水现象对分析和计算明渠非均匀流的水面曲线和修筑跌水的构筑物具有重要的意义。

实际水流由缓流向急流过渡时，是连续过渡的。在重力作用下，跌坎上游水流的水深最低只能降到临界水深，该断面上的断面比能达到最小值。当水流通过临界水深的断面后，由于下游的底坡变陡（图 9-8a）或 j 变为无穷大（图 9-8b），水深进一步减小（若为图 9-8a 所示的结构，则下游趋于正常水深），故底坡突然变陡断面处的水深等于临界水深 h_K。

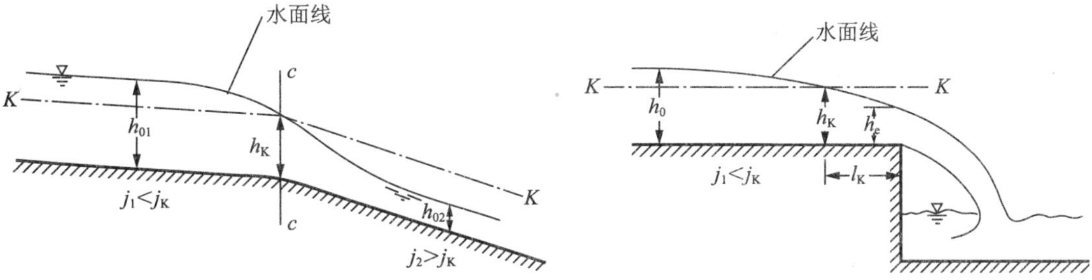

（a）　　（b）

图 9-8　跌水

第六节　堰流的概念及其类型

堰流在工程中应用较广，在水利工程中，常用作引水灌溉、泄洪的水工建筑物；在给排水工程中，堰流是常用的溢流设备和量水设备；在交通土建工程中，宽顶堰流理论是小桥涵孔径水力计算的基础；在城市建设中，也常用堰流知识设计人工水景瀑布，美化环境。

1. 堰流的概念

在明渠非均匀流动中，为控制水位或流量而设置的构筑物称为堰，水流溢过构筑物的流动称为堰流，如图 9-9 所示。堰流是非均匀流中的一种特殊的水力现象，其水力特征与均匀流显著不同，在给排水工程、水利工程及环境工程等方面应用广泛。

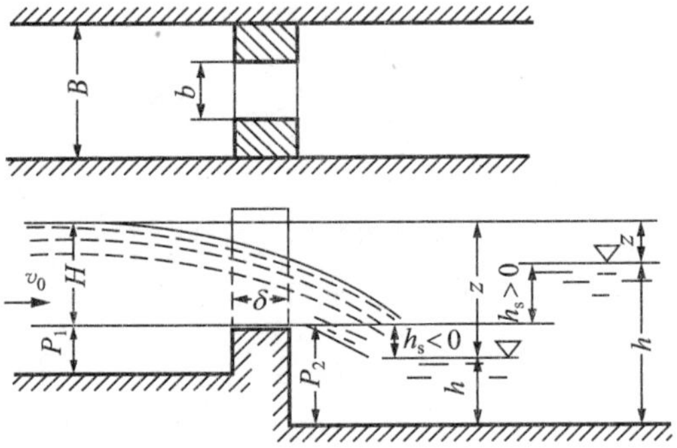

图 9-9　堰流

研究堰流的目的在于探讨流经堰的流量 Q 与堰流其他特征量如堰宽 b、堰前水头 H、堰顶厚度 δ 及其剖面形状、下游水深 h 及下游水位高出堰顶的高度 h_s、堰上下游坎高 P_1 及 P_2、行近流速 v_0 等的关系，从而解决工程中有关的水力计算问题。

2. 堰流的类型

根据堰流的水力特点，按照比值 δ/H 的大小，堰可分为以下 3 种基本类型。

（1）薄壁堰流：$\delta/H<0.67$。越过堰顶的水舌形状不受堰坎厚度的影响；水舌下缘与堰顶只有线的接触，水面呈单一的降落曲线，如图 9-10(a)所示。实际应用的薄壁堰堰顶常做成锐缘形，故薄壁堰又称锐缘堰。

（2）实用堰流：$0.67<\delta/H<2.5$。由于堰坎加厚，水舌下缘与堰顶呈面接触，水舌受到堰顶的约束和顶托。但这种影响还不大，越过堰顶水流主要还是在重力作用下自由跌落。工程中常将堰的剖面做成曲线形或折线形，前者称为曲线形实用堰(图 9-10b)，后者称折线形实用堰(图 9-10c)。

（3）宽顶堰流：$2.5<\delta/H<10$。在此条件下，堰坎厚度对水流的顶托作用已经很明显。进入堰顶的水流，受到堰顶垂直方向的约束，过水断面减小，流速加大，由于动能增加，势能必然减小，再加上水流进入堰顶时产生局部能量损失，进口处形成水面跌落。此后，

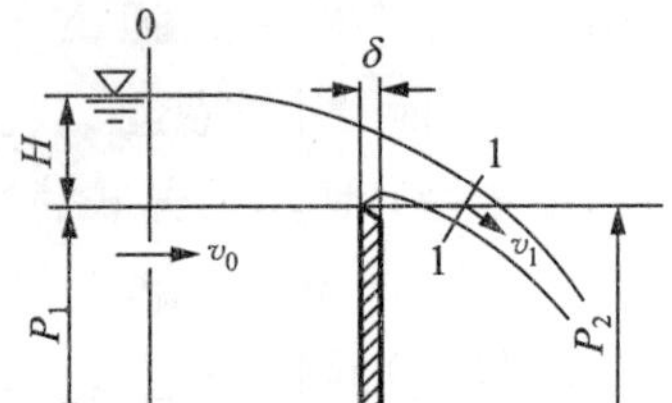

(a) 薄壁堰流

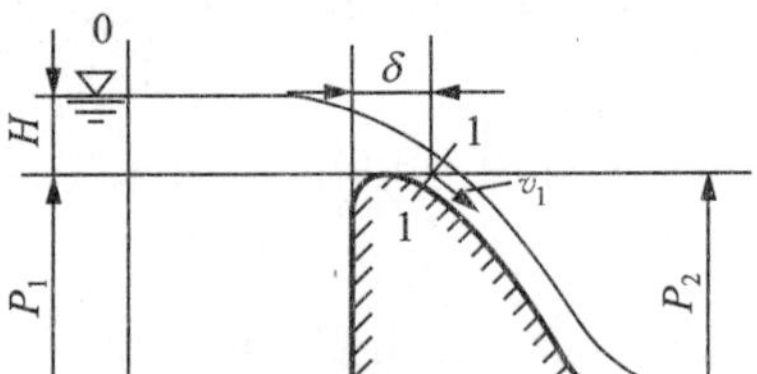

(b) 曲线形实用堰流

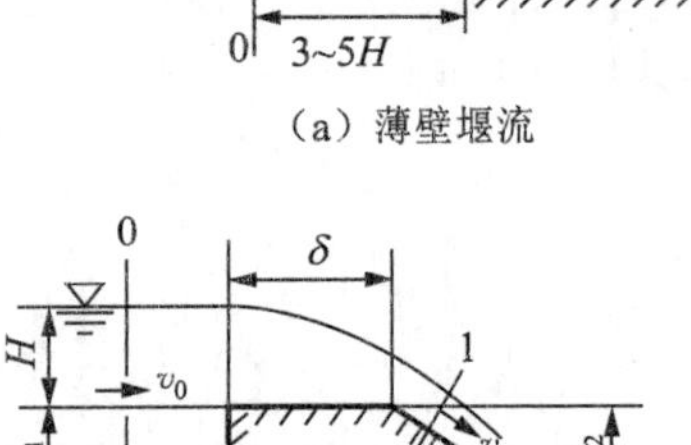

(c) 折线形实用堰流

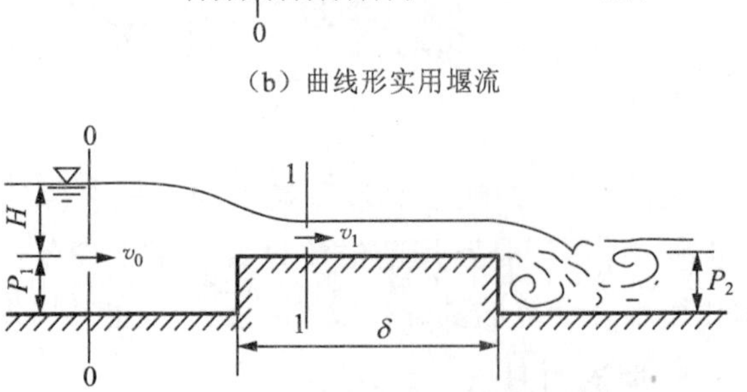

(d) 宽顶堰流

图 9-10　堰流的分类

由于堰顶对水流的顶托作用，有一段水面与堰顶几乎平行。当下游水位较低时，出堰水流又产生第二次水面跌落，如图 9-10(d)所示。实验表明，宽顶堰流的水头损失仍然主要是局部水头损失，沿程水头损失可以忽略不计。

如果堰坎厚度继续增加，如 $\delta/H>10$，则沿程水头损失已经不能略去，水流特性不再属于堰流，而是明渠水流了。

第七节　堰流的基本公式

在图 9-10 中，对于堰的上游断面和堰顶水流断面应用伯努利方程，以通过堰顶的水平面作为基准面。其中，0—0 断面为渐变流；1—1 断面由于流线弯曲，水流属于急变流，过水断面上测压管水头不为常数，故用 $\overline{(z+p/\gamma)}$ 表示 1—1 断面上测压管水头的平均值。通常，在堰流中不计沿程水头损失，因此有：

$$H+\frac{\alpha_0 v_0^2}{2g}=\overline{\left(z+\frac{p}{\gamma}\right)}+(\alpha_1+\zeta)\frac{v_1^2}{2g} \tag{9-26}$$

式中　v_1 ——1—1 断面的平均流速；

v_0 ——0—0 断面的平均流速，即行近流速；

α_0，α_1 ——相应断面的动能修正系数；

ζ ——局部阻力系数。

习惯上将 $H+\frac{\alpha_0 v_0^2}{2g}=H_0$ 称为上游断面总水头。

令 $\overline{(z+p/\gamma)}=\xi H_0$，$\xi$ 为某一修正系数，则式(9-26)可写为：

$$H_0-\xi H_0=(\alpha_1+\zeta)\frac{v_1^2}{2g}$$

1—1 断面平均流速为：

$$v_1=\frac{1}{\sqrt{\alpha_1+\zeta}}\sqrt{2g(H_0-\xi H_0)}$$

堰顶过水断面面积一般为矩形，设其断面宽度为 b，1—1 断面的水舌厚度用 kH_0(k 为反映堰顶水流垂直收缩的系数)表示，则 1—1 断面的过水面积应为 kH_0b，通过流量 Q 为：

$$Q=kH_0bv_1=kH_0b\frac{1}{\sqrt{\alpha_1+\zeta}}\sqrt{2gH_0(1-\xi)}=\varphi k\sqrt{(1-\xi)}b\sqrt{2g}H_0^{3/2}$$

式中，$\varphi=\frac{1}{\sqrt{\alpha_1+\zeta}}$ 称为流速系数。

令 $\varphi k\sqrt{(1-\xi)}=m$，$m$ 称为堰的流量系数，则流量分式可写为：

$$Q=mb\sqrt{2g}H_0^{3/2} \tag{9-27}$$

此式为无侧收缩非淹没矩形薄壁堰的流量计算公式。

通常堰口宽度 b 小于渠道宽度 B。当水流绕过堰壁时，发生边界层分离，堰口主流的实际宽度小于堰口宽度 b，即过流断面发生侧向收缩，流量公式中应乘以一个收缩系数 ε，其值由实验确定。

堰下游的水深为渠道的正常水深，如果下游水深超过一定值，则堰的溢流就会受到影响，这时流量公式中应乘以一个淹没系数 σ_s，其值也由实验确定。

考虑过流断面的侧向收缩以及下游水位的淹没影响，堰流的流量公式(9-27)应写为：

$$Q=\sigma_s \varepsilon m b\sqrt{2g}H_0^{3/2} \tag{9-28}$$

此式称为堰流的基本公式。

第八节　堰流的水力计算

一、薄壁堰

薄壁堰主要用于测量小型渠道流量，在给水工程中，有时也用于分配流量。薄壁堰的堰口有矩形、三角形、梯形 3 种。

1. 矩形薄壁堰流

图 9-11 是实验室中测得的无侧收缩非淹没矩形薄壁堰自由出流的水舌形状。

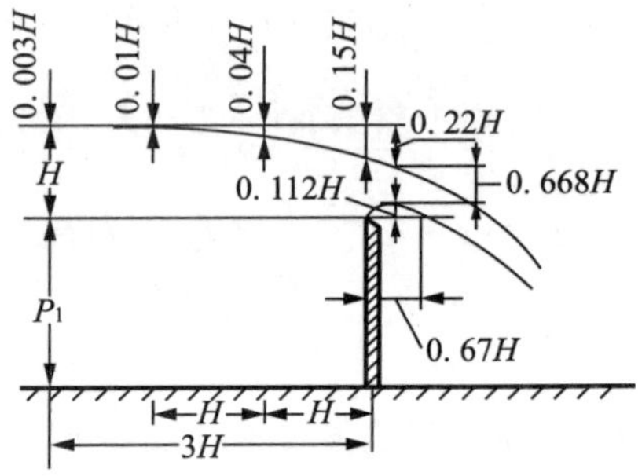

图 9-11　矩形薄壁堰流

无侧收缩非淹没矩形薄壁堰的流量计算公式为式(9-27)。为了便于根据直接测出的水头来计算流量，可改写式(9-27)，将式中行近流速的影响包括在流量系数中，即

$$Q=mb\sqrt{2g}\left(H+\frac{\alpha_0 v_0^2}{2g}\right)^{3/2}$$

$$=m\left(1+\frac{\alpha_0 v_0^2}{2gH}\right)^{3/2} b\sqrt{2g}H^{3/2}$$

令 $m_0=m\left(1+\frac{\alpha_0 v_0^2}{2gH}\right)^{3/2}$，则得：

$$Q=m_0 b\sqrt{2g}H^{3/2} \tag{9-29}$$

式中，包括行近流速影响的流量系数 m_0 可采用如下经验公式：

$$m_0=0.403+0.053\frac{H}{P_1}+\frac{0.0007}{H} \tag{9-30}$$

式中，H 为堰上水头，P_1 为上游堰高，H 及 P_1 均以 m 计。上式用于 $H\geqslant 0.025$ m，$H/P_1\leqslant$

2 及 $P_1 \geqslant 0.3$ m 的条件下。

2. 直角三角形薄壁堰流

当所需测量的流量较小(如 $Q < 0.1\ m^3/s$)时,若应用矩形薄壁堰,则水头过小,误差增大。一般可改用直角三角形薄壁堰,如图 9-12 所示,其流量计算公式为:

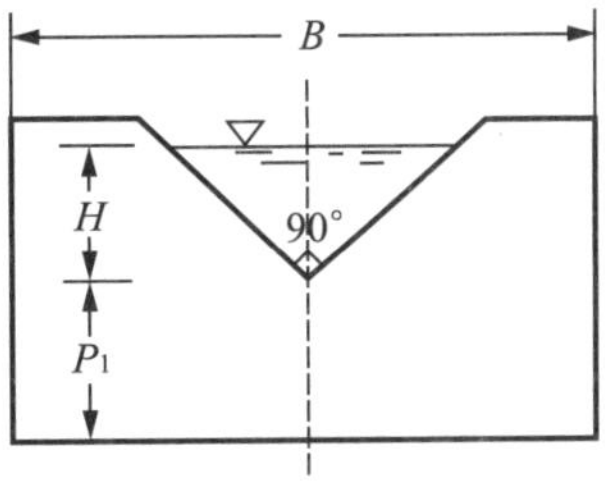

图 9-12　三角形薄壁堰流

$$Q = C_0 H^{5/2} \tag{9-31}$$

式中,C_0 为直角三角形薄壁堰的流量系数,可按下式计算:

$$C_0 = 1.354 + \frac{0.004}{H} + \left(0.14 + \frac{0.2}{\sqrt{P_1}}\right)\left(\frac{H}{B} - 0.09\right)^2 \tag{9-32}$$

式中　Q —— 流量,m^3/s;

H —— 堰顶水头,m;

P_1 —— 上游堰高,m;

B —— 堰上游引渠宽,m。

在下述条件下,上式误差小于 ±1.4%:$0.5\ m \leqslant B \leqslant 1.2\ m$,$0.1\ m \leqslant P_1 \leqslant 0.75\ m$,$0.07\ m \leqslant H \leqslant 0.26\ m$,$H \leqslant \frac{B}{3}$。

二、实用堰

当水流量较大时,因结构的要求,将堰加厚,做成折线形堰(图 9-13a)、曲线形堰(图 9-13b),统称为实用堰。实用堰常用作挡水建筑物。

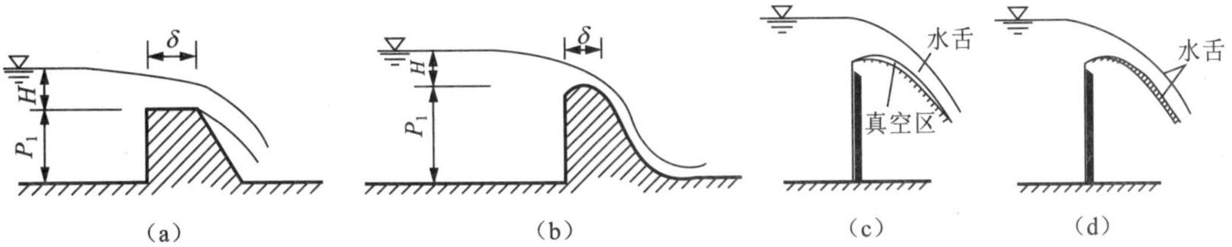

图 9-13　实用堰

曲线形实用堰根据堰的剖面曲线与薄壁堰水舌下缘外形是否相符,又可分为真空堰(图 9-13c)和非真空堰(图 9-13d)。真空堰堰面曲线与水舌有一定的空间,形成一定的真空度。由于堰面上存在真空区,与管嘴的水力特性相似,所以增加了堰的过流能力。但由于负压的形成,可能出现空化空蚀现象,所以对堰的安全有很大影响。非真空堰堰面曲线深入水舌内部,其流量系数比真空堰要低,过流时不产生空化空蚀现象,对堰体的安全有利。

实用堰的流量可采用如下堰流流量公式进行计算:

$$Q = mb\sqrt{2g}H_0^{3/2} \tag{9-33}$$

式中 m ——流量系数，曲线形实用堰 $m=0.45\sim0.52$，折线形实用堰 $m=0.35\sim0.42$；

b ——堰宽。

当堰流为淹没溢流或有侧收缩时，应考虑淹没或侧收缩的影响，可参阅有关书籍和手册。

三、宽顶堰

宽顶堰流是实际工程中一种极为常见的水流现象，宽顶堰溢流现象和溢流的形式很多。例如，小桥桥孔的过水，无压短涵管的过水，水利工程中的节制闸、分洪闸、泄水闸，灌溉工程中的进水闸、分水闸、排水闸等，当闸门全开时都具有宽顶堰的水力性质。

图 9-14 所示为一无侧向收缩宽顶堰自由出流的简化模型，在进口处产生水面跌落，堰顶上水深为 h，几乎保持不变。

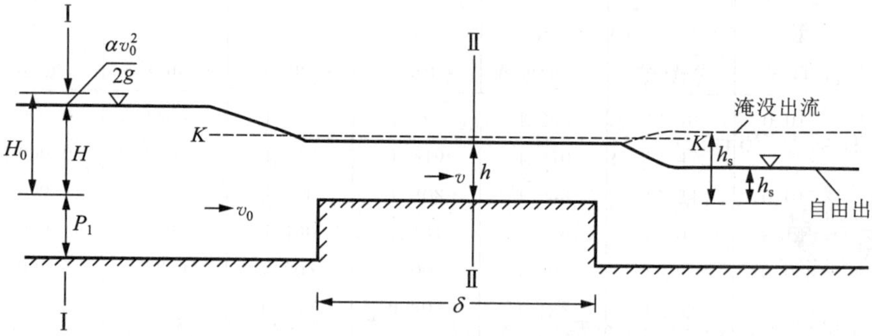

图 9-14　宽顶堰示意图

以堰顶为基准面，取 I—I 断面［在堰上游(3～5)H 处］，在堰顶取 Ⅱ—Ⅱ 断面。写出断面的能量方程：

$$H+\frac{\alpha_0 v_0^2}{2g}=h+\frac{\alpha v^2}{2g}+\zeta\frac{v^2}{2g}$$

式中，$\zeta\frac{v^2}{2g}$ 为堰进口处的局部水头损失。堰顶沿程水头损失很小，可忽略不计。

令：

$$H_0=H+\frac{\alpha_0 v_0^2}{2g},\quad \alpha=1.0$$

得：

$$H_0-h=(1+\zeta)\frac{v^2}{2g}$$

$$v=\sqrt{\frac{1}{1+\zeta}}\sqrt{2g(H_0-h)}$$

设$\varphi=\sqrt{\dfrac{1}{1+\zeta}}$，称为流速系数，$k=h/H_0$，则流量 Q 为：

$$Q=Av=bh\varphi\sqrt{2g(H_0-h)}=\varphi k\sqrt{1-k}\,b\sqrt{2g}H_0^{3/2}$$

令：

$$m=\varphi k\sqrt{1-k}$$

则流量公式可写为：

$$Q=mb\sqrt{2g}H_0^{3/2} \tag{9-34}$$

该式就是宽顶堰的流量公式。它与堰流基本公式(9-27)在形式上是一样的，只是其流量系数 m 较其他类型堰的流量系数均小。

由实测资料证实：

(1) 当 $P_1/H>3$ 时，对于直角进口，$m=0.32$，对于圆角进口，$m=0.36$。

(2) 当 $P_1/H<3$ 时，对于直角进口

$$m=0.32+0.11\frac{3-P_1/H}{0.46+0.75P_1/H} \tag{9-35}$$

对于圆角进口

$$m=0.36+0.01\frac{3-P_1/H}{1.2+1.5P_1/H} \tag{9-36}$$

宽顶堰自由出流时受侧向收缩的影响，实质上与实用堰所受侧向收缩的影响是相同的。因此，同样用一个侧收缩系数 ε 来考虑该影响，此时流量公式为：

$$Q=\varepsilon mb\sqrt{2g}H_0^{3/2} \tag{9-37}$$

收缩系数 ε 可用如下经验公式计算：

$$\varepsilon=1-\frac{a}{\sqrt[3]{0.2+\left(\dfrac{P_1}{H}\right)}}\sqrt[4]{\frac{b}{B}}\left(1-\frac{b}{B}\right) \tag{9-38}$$

式中　a——墩形系数，堰顶入口边缘为直角时 $a=0.19$，堰顶入口边缘为圆弧形时 $a=0.10$；

b——溢流孔净宽；

B——上游引渠宽；

P_1——上游堰高。

下游水位超过堰顶的水深达到某一定值时，将迫使堰上水位壅高，堰的过流量会减少，此时宽顶堰为淹没出流。宽顶堰淹没出流计算公式的建立与自由出流相近，这里不做推导，直接给出流量公式：

$$Q=\sigma_s\varepsilon mb\sqrt{2g}H_0^{3/2} \tag{9-39}$$

式中　m——可采用式(9-35)、式(9-36)计算；

σ_s——淹没系数，根据表 9-2 选取。

表 9-2 宽顶堰淹没系数σ_s

h_s/H_0	0.80	0.81	0.82	0.83	0.84	0.85	0.86
σ_s	1.00	0.995	0.99	0.98	0.97	0.96	0.95
h_s/H_0	0.87	0.88	0.89	0.90	0.91	0.92	0.93
σ_s	0.94	0.90	0.87	0.84	0.82	0.78	0.74
h_s/H_0	0.94	0.95	0.96	0.97	0.98		
σ_s	0.70	0.65	0.59	0.50	0.40		

思考题

9-1 明渠和明渠流是如何分类的？

9-2 产生明渠均匀流的条件是什么？

9-3 明渠均匀流的水力特征是什么？

9-4 明渠均匀流的基本公式是什么？

9-5 什么是水力最优断面？矩形断面渠道水力最优断面的底宽 b 和水深 h 是什么关系？

9-6 何谓渠道的允许流速？为什么在明渠均匀流水力计算中要进行允许流速的校核？

9-7 简述明渠均匀流水力计算的三类基本问题及求解思路。

9-8 明渠水流有哪三种流态？是如何定义的？判别标准是什么？

9-9 什么叫断面比能 E_s？它与断面单位重量流体的总能量 e 有何区别？

9-10 什么叫临界底坡？如何判别渠道坡度的陡缓？

9-11 什么叫水跃？什么叫跌水？

9-12 堰有几种类型？如何判别？

9-13 简述宽顶堰的水流特点。

9-14 堰流的基本公式是什么？

习 题

9-1 有一灌溉干渠，断面为梯形，底宽 $b = 2.2$ m，边坡系数 $m = 1.5$，实测均匀流水深为 2 m，流量 $Q = 8.11\ \text{m}^3/\text{s}$，在 1 800 m 长的顺直渠段，测得水面落差为 0.5 m，试求渠道的粗糙系数 n。

9-2 一表面良好的梯形刨光木板渠，渠底底坡 $j = 0.004$，底宽 $b = 0.3$ m，边坡系数 $m = 0.6$。今测得水深 $h = 0.15$ m，试计算流量。

9-3 已知梯形断面的土壤渠道，通过流量 $Q = 10.5\ \text{m}^3/\text{s}$，底宽 $b = 8.9$ m，$h = 1.25$ m，

$m = 1.5$，粗糙系数 $n = 0.025$。试求底坡 j 及流速 v。

9-4 设计一混凝土梯形水渠，使其过流能力为 $Q = 0.5\ m^3/s$。已知渠底底坡 $j = 0.005$，边坡系数 $m = 1.0$，粗糙系数 $n = 0.14$。

9-5 有一梯形断面明渠，已知通过渠中流量 $Q = 20\ m^3/s$，底坡 $j = 0.0004$，粗糙系数 $n = 0.014$，边坡系数 $m = 1.5$。试按水力最优断面设计明渠均匀流的水深和底宽。

9-6 有一梯形断面明渠，底坡 $j = 0.0005$，边坡系数 $m = 1$，粗糙系数 $n = 0.027$，过水断面面积 $A = 10\ m^2$，求水力最优断面及相应的最大流量。若改为矩形断面，仍欲维持原有流量，且其粗糙系数及底坡均不变，试计算其最佳尺寸。

9-7 一无侧收缩的矩形薄壁堰，堰宽 b 为 0.5 m，上游堰高 P_1 为 0.4 m，堰为自由出流。今已测得堰顶水头 H 为 0.2 m，试求通过堰的流量。

9-8 有一堰顶厚度 $\delta = 16$ m 的宽顶堰，堰前水头 $H = 2$ m，下游水位超出堰顶的水深 $h_s = 1$ m。如果上、下游水位及堰高、堰宽均不变，当堰顶厚度 δ 分别减小至 8 m 和 4 m 时，堰的过水能力有无变化？为什么？

第十章 渗流

流体(包括水、石油及天然气等)在孔隙介质中的流动称为渗流。例如,水在土壤孔隙中的流动即地下水流动,是自然界最常见的渗流现象。本章研究以地下水流动为代表的渗流运动基本规律及其应用。渗流理论除在水利、石油、采矿、化工等领域有着广泛的应用外,还广泛应用于土木专业,在土木工程中为地下水源的开发、降低地下水位、防止建筑物地基发生渗流变形提供理论依据。

第一节 渗流模型

一、水在土壤中的状态

水在土壤中的存在状态可分为气态水、附着水、薄膜水、毛细水和重力水等。

气态水以蒸汽状态散逸于土孔隙中,存量极少,不需考虑。附着水以极薄的分子层吸附在土颗粒表面,呈现固态水的性质;薄膜水以厚度不超过分子作用半径的薄层包围土颗粒,其性质和液态水近似。附着水和薄膜水又称结合水,结合水数量很少,在渗流运动中可不考虑。毛细水因毛细管作用保留在土孔隙中,一般也可忽略。当土含水量很大时,除少许结合水和毛细水外,大部分水在重力的作用下在孔隙中运动,这种水就是重力水,如图 10-1 所示。重力水是渗流理论研究的对象。

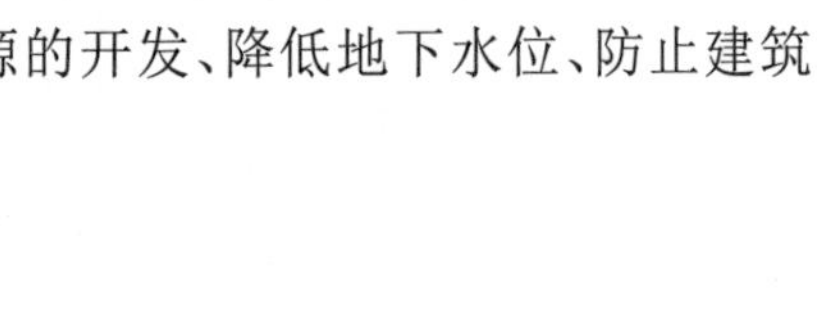

图 10-1 水在土壤中的形态

二、土壤的渗流特性与岩土分类

影响渗流运动规律的土壤性质称为土壤的渗流特性。例如，土壤的渗水性就是其重要的渗流特性。土壤的渗水性与土壤孔隙的大小、多少、形状、分布等有关，也与土壤颗粒的粒径、形状、均匀程度、排列方式等有关。

土壤的密实程度可用孔隙度来表示。孔隙度一般是指一定体积的土中孔隙的体积 V_p 与土体的体积 V（包含孔隙体积）的比值，即 $\phi = V_p/V$。沙质土的孔隙度为0.35～0.45，天然枯土和淤泥的孔隙度为0.40～0.60，有时更高。从渗流的角度来看，水仅在部分孔隙中流动，以有效孔隙度 ϕ_e 表示对水流流动有效的孔隙度。沙土中有效孔隙度与孔隙度接近，而在黏土中二者相差很大。

土壤颗粒的均匀程度常用土壤的不均匀系数来表示。土的不均匀系数 Cu 可表示为：

$$Cu = \frac{d_{60}}{d_{10}}$$

式中 d_{60} —— 土壤经过筛分后，占60%重量的土粒所能通过的筛孔直径；

d_{10} —— 过筛重量占10%的颗粒直径。

Cu 值愈大，表示土壤颗粒愈不均匀。均匀颗粒形成的土壤的不均匀系数 $Cu = 1$。

根据渗流特性可以将土壤分为以下两大类。

（1）均质土壤：渗流特性与各点的位置无关。均质土壤又可分为：① 各向同性土壤，其渗流性与渗流的方向无关，如沙土；② 各向异性土壤，其渗流特性与渗流方向有关，如黄土、沉积岩等。

（2）非均匀土壤：渗流特性与各点的位置有关。

本章主要讨论均质各向同性土壤中的渗流问题。

三、渗流模型的概念

渗流模型是渗流区域（即流体和孔隙介质所占据的空间）的边界条件保持不变，略去全部土颗粒，认为渗流区连续充满流体，而流量与实际渗流相同，压强和渗流阻力也与实际渗流相同的替代流场。

土壤孔隙的形状、大小及其分布情况十分复杂，渗流中流体质点的运动轨迹也很不规则，无论是理论分析还是实验研究，要确定流体在土壤孔隙中流动的真实情况是十分困难的，且在工程问题中，往往不需要了解渗流在土壤孔隙中流动途径的迂回曲折，关心的只是渗流的宏观效果，因此常采用一种假想的渗流来代替真实的渗流，这种假想的渗流称为渗流模型。

为了使假想的渗流模型在水力特征方面和真实渗流相一致，渗流模型必须满足下列条件：

（1）对于同一过流断面，模型的渗流量等于实际的渗流量；

（2）作用于模型中某一作用面上的渗流压力等于真实的渗流压力；

（3）模型中任意体积内所受的阻力等于同体积内真实渗流的阻力，也就是说，两者水头损失相等。

由此可见，渗流模型中的流速与真实渗流的流速是不相等的。在模型中，通过微小过流断面面积 ΔA 的渗流流量为 ΔQ，则该面积的渗流平均流速 v 为：

$$v=\frac{\Delta Q}{\Delta A}$$

而实际的渗流只发生在 ΔA 面积内的孔隙中，设孔隙面积为 $\Delta A'$，而实际渗流的平均流速 v' 为：

$$v'=\frac{\Delta Q}{\Delta A'}$$

v 与 v' 的关系为：

$$v=\frac{\Delta A'}{\Delta A}v'=nv' \tag{10-1}$$

$$n=\frac{\Delta A'}{\Delta A}$$

式中　n ——土壤的面积孔隙度，$n<1$。

若土壤是均质的，则面积孔隙度与体积孔隙度相等。因为孔隙度 $n<1.0$，所以 $v<v'$，即模型渗流流速小于真实渗流流速。一般不加说明时，渗流流速是指模型中的渗流流速。

采用渗流模型，使前面基于连续介质建立起来的描述流体运动的基本方法和基本概念能直接应用于渗流中，这使得在理论上研究渗流问题成为可能。

例如，按运动要素是否随时间变化，可以分为定常渗流与非定常渗流；按运动要素是否沿流程变化，可以分为均匀渗流与非均匀渗流，非均匀渗流又可分为缓变渗流与急变渗流；按有无自由液面可分为有压渗流与无压渗流等。本章重点讨论定常渗流。

渗流流速往往很小，通常不超过每秒几毫米，因而其流速水头可以忽略不计。总水头 H 可以用测压管水头来替代，即

$$H=z+\frac{p}{\gamma} \tag{10-2}$$

因此，渗流的总水头线与测压管水头线（又称浸润线或地下水面线）重合，并且只能沿流程下降。测压管水头线的坡降就是水力坡降 i。

第二节　达西定律

地下水在土体孔隙中渗流时，由于渗流阻力的作用，沿程必然伴随着能量的损失。为了揭示水在土体中的渗流规律，法国工程师达西在大量实验的基础上，总结得到渗流水头损失与渗流流速、流量之间的基本关系式，称为达西定律。

一、达西实验

达西实验的装置如图 10-2 所示，装置中的 G 是横截面积为 A 的直立圆筒，其上端开口，在圆筒侧壁装有两支相距为 L 的测压管。筒底以上一定距离处装一滤板 B，滤板上填放颗粒均匀的砂土。水由上端注入圆筒，多余的水从溢水管 C 溢出，使筒内的水位维持一个恒定值。渗流过砂层的水从短水管 D 流入量杯 E 中，并以此来计算渗流量 Q。设 Δt 时间内流入量杯的水体体积为 V，则渗流量为：

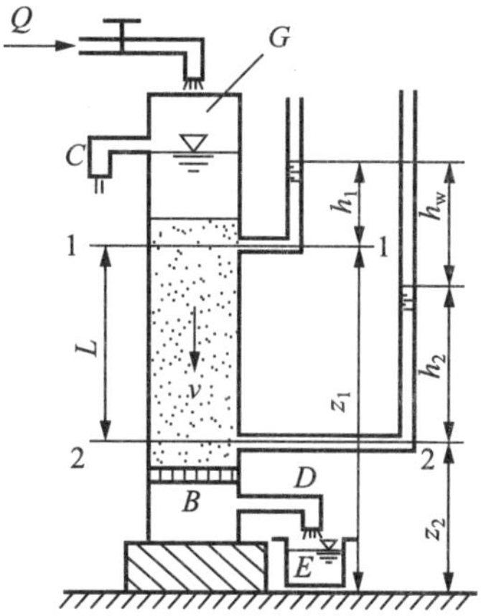

图 10-2 达西实验装置示意图

$$Q=\frac{V}{\Delta t} \tag{10-3}$$

同时测读断面 1—1 和断面 2—2 处的测压管水头 $H_1=z_1+h_1=z_1+p_1/\gamma$ 和 $H_2=z_2+h_2=z_2+p_2/\gamma$。由于渗流的作用水头恒定不变，为定常均匀渗流，在 L 流段上渗流的水头损失 h_w 为：

$$h_w=H_1-H_2 \tag{10-4}$$

实验表明，对不同直径的圆筒和不同类型的砂土，通过的渗流量 Q 均与圆筒的横截面积 A 及水头损失 h_w 成正比，与两断面间的距离 L 成反比，即

$$Q\propto A\frac{h_w}{L}$$

因为水力坡度 $i=h_w/L$，引入比例系数 k，则渗流流量为：

$$Q=kA\frac{h_w}{L}=kAi \tag{10-5}$$

渗流的平均流速 v 为：

$$v=ki \tag{10-6}$$

式中，k 为反映土壤透水性能的一个综合系数，称为渗流系数。式(10-5)及式(10-6)称为达西定律，它是渗流的基本定律。以上两式表明，渗流流速 v 或流量 Q 与水力坡度 i 的一次方成正比。由式(10-6)可知，当 $i=1$ 时，$k=v$，所以渗流系数的物理意义可理解为水力坡度 i 等于 1 时的渗流速度。

达西实验中的渗流为均匀渗流，各点的运动状态相同，任意空间点处的渗流流速 u 等于断面平均流速 v，又由于水力坡度 $i=-\mathrm{d}H/\mathrm{d}L$，故达西定律又可写为：

$$u=v=ki=-k\frac{\mathrm{d}H}{\mathrm{d}L} \tag{10-7}$$

$$Q=kAi=-kA\frac{\mathrm{d}H}{\mathrm{d}L} \tag{10-8}$$

二、达西定律的适用范围

达西实验是用均匀砂土在恒定渗流条件下进行的。经后人的大量实验研究，认为可将它推广应用于其他情况，但有一定的条件限制。

渗流与管流一样，也有层流和湍流之分。由达西定律可知：

$$h_w = \frac{L}{k}v \tag{10-9}$$

上式表明，渗流的水头损失与平均流速的一次方成正比。可见，达西定律只适用于层流渗流，具有线性规律。绝大多数细颗粒土壤中的渗流都属于层流，但卵石、砾石等大颗粒大孔隙介质中的渗流有可能出现湍流，属于非线性渗流。渗流的流态也可用雷诺数来判别，常用的渗流雷诺数 Re 为：

$$Re = \frac{vd_{10}}{\nu} \tag{10-10}$$

式中 d_{10}——筛分时占 10%重量的土粒所能通过的筛孔直径，称为有效粒径；

ν——流体的运动黏度。

由于孔隙的大小、形状、分布等情况十分复杂，而且变化范围较大，所以各种孔隙内渗流流态的转变也不是同时发生的。从整体来看，由服从达西定律的层流渗流转变为湍流渗流是逐渐进行的，没有一个明显的界限。实验表明，线性渗流（层流）雷诺数的变化范围为：

$$Re = \frac{vd_{10}}{\nu} = 1 \sim 10 \tag{10-11}$$

渗流流速的一般表达式可写成：

$$v = ki^{\frac{1}{m}} \tag{10-12}$$

当 $m=1$ 时，为层流渗流；当 $m=2$ 时，为湍流水力粗糙区渗流；当 $m=1\sim2$ 时，则为从层流到湍流的过渡区的渗流。

三、渗流系数及其确定方法

渗流系数 k 是综合反映土壤透水能力的系数，主要与土壤及流体的性质有关，如土颗粒的形状、级配、分布以及流体的黏度、密度等。k 值的确定是利用达西定律进行渗流计算的基础条件，一般采用下述方法来确定。

1. 实验室测定法

在天然土壤中取土样，使用如图 10-2 所示的达西实验装置，测定水头损失 h_w 与渗流流量 Q，通过式（10-5）求得 k 值，即

$$k = \frac{QL}{Ah_w}$$

该方法设备简单，运行费用低。但由于被测定的土样只是天然土壤中的一小块，而且在取样和运送时还可能破坏原状土壤的结构，因此取样时应尽量避免原状土壤的结构被扰动，并取足够数量的具有代表性的土样进行测定，这样才能取得较为可靠的 k 值。

2. 现场测定法

现场测定法一般是在现场钻井或挖试坑时往其中注水或从中抽水，在注水或抽水的过程中，测得流量 Q 及水头损失 h_w 值，然后应用有关公式计算渗流系数值。此法虽不如实验室测定简单易行，但却能保持原状土壤结构，测得的 k 值更接近真实情况，这是测定 k 值最有效的方法，但此法多用于重要的大型工具，规模较大，费用高，一般只在重要工程中应用。

3. 经验公式法

这一方法是根据土壤颗粒的大小、形状、结构、孔隙度和温度等参数，采用经验公式来估算渗流系数 k 值。这类公式很多，各有局限性，只能作粗略估算。在进行渗流近似计算时，各种土壤的渗流系数 k 值可参考表 10-1。

表 10-1 各种土壤的渗流系数 k 值

土壤名称	渗流系数 k	
	m/d	cm/s
黏 土	< 0.005	$< 6\times10^{-6}$
亚黏土	0.005 ~ 0.1	$6\times10^{-6}\sim1\times10^{-4}$
轻亚黏土	0.1 ~ 0.5	$1\times10^{-4}\sim6\times10^{-4}$
黄 土	0.25 ~ 0.5	$3\times10^{-4}\sim6\times10^{-4}$
粉 砂	0.5 ~ 1.0	$6\times10^{-4}\sim1\times10^{-3}$
细 砂	1.0 ~ 5.0	$1\times10^{-3}\sim6\times10^{-3}$
中 砂	5.0 ~ 20.0	$6\times10^{-3}\sim2\times10^{-2}$
均质中砂	35 ~ 50	$4\times10^{-2}\sim6\times10^{-2}$
粗 砂	20 ~ 50	$2\times10^{-2}\sim6\times10^{-2}$
均质粗砂	60 ~ 75	$7\times10^{-2}\sim9\times10^{-2}$
圆 砾	50 ~ 100	$6\times10^{-2}\sim1\times10^{-1}$
卵 石	100 ~ 500	$1\times10^{-1}\sim6\times10^{-1}$
无填充物卵石	500 ~ 1 000	$6\times10^{-1}\sim1\times10^{0}$
稍有裂隙岩石	20 ~ 60	$2\times10^{-2}\sim7\times10^{-2}$
裂隙多岩石	> 60	$>7\times10^{-2}$

第三节　无压均匀渗流和缓变渗流

在自然界中，渗流含水层以下的不透水地基往往是不规则的，为了简便起见，一般假定不透水地基为平面，并以 j 表示其坡度，称为底坡。采用渗流模型后，在底坡为 j 的不透水地基上的无压渗流分为均匀渗流和非均匀渗流。若渗流的各水力要素（如速度、压强）沿程不变，则称为均匀渗流；反之，称为非均匀渗流。在非均匀渗流中，若流线趋近于平行直线，则称为非均匀缓变渗流；反之，称为非均匀急变渗流。

一、无压均匀渗流

无压渗流的自由液面称为浸润面，顺流向作的垂直面与浸润面的交线称为浸润线。无压均匀渗流如图 10-3 所示，水深 h_0、断面平均流速 v 及水力坡度 i 都是沿流程不变的，水力坡度 i 和底坡 j 相等，即 $i = j$，在各向同性土壤中各微小流束的点速 u 和断面平均流速 v 是相等的，由达西定律得：

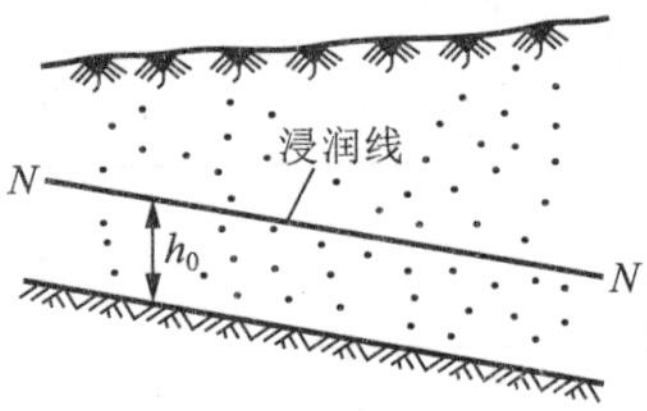

图 10-3　无压均匀渗流

$$v = u = -k\frac{dH}{dL} = ki = kj \tag{10-13}$$

即均匀渗流区域中任一点的渗流速度都相等。

渗流流量 Q 为：

$$Q = vA = kiA \tag{10-14}$$

式中　A——均匀渗流过流断面的面积。

当地下明渠宽度很大时，其断面可视为矩形断面，则 $A = bh_0$，代入上式得：

$$Q = kibh_0 \tag{10-15}$$

式中　h_0——均匀渗流的水深。

单宽渗流流量 Q 为：

$$Q = kih_0 \tag{10-16}$$

二、无压缓变渗流的基本公式

对于非均匀缓变渗流，各过水断面的水深 h、断面平均流速 v 及水力坡度 i 是沿程变化的，如图 10-4 所示。任取相距 dL 的过水断面 1—1 和 2—2，在缓变渗流断面上压强分布近似服从静水压强的分布规律，因此设 1—1 断面上各点的测压管水头均为 H_1，2—2 断面上各点的测压管水头均为 $H_2 = H_1 + dH$。1—1 断面与 2—2 断面之间任一流线的水头损失相同，均为 dH。由于缓变流流线间夹角小，流线的曲率小，流线簇几乎为平行直线，因此可以认为 1—1 断面和 2—2 断面间的所有流线长度均近似为 dL，故过水断面上各点的水力坡度相等，即 $i = \mathrm{d}H/\mathrm{d}L =$ 常数。

根据达西定律，过水断面上各点的渗流流速都相等，断面平均流速就等于点的渗流流速，即

$$v=u=ki=-k\frac{\mathrm{d}H}{\mathrm{d}L} \tag{10-17}$$

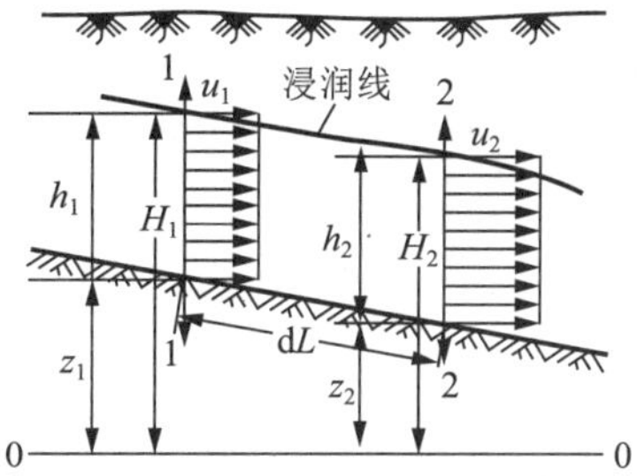

图 10-4 无压缓变渗流

上式称为裘布依公式，是由法国学者裘布依(J. Dupuit)于 1857 年推导出来的。该式给出了非均匀缓变渗流过水断面上平均流速与水力坡度之间的关系。

式(10-17)虽然与达西公式具有相同的表达式，但其意义却不同：达西公式适用于均匀渗流，表示均匀渗流中任意点处的渗流速度均相等；裘布依公式适用于缓变渗流，表示缓变渗流中同一过水断面上各点的渗流流速相等，因此断面平均渗流流速等于该断面上任一点的渗流流速，但不同的过水断面上的流速不相等，因为水力坡度 i 是沿程变化的。

水面坡度较陡时，过水断面就不是平面，有沿槽底垂直方向的流速，渗流不是缓变渗流，而是急变渗流，裘布依公式不再适用。

三、缓变渗流基本微分方程

图 10-4 所示为无压定常缓变渗流。不透水基底的底坡为 j，任取相距 dL 的过水断面 1—1 和 2—2。设 1—1 断面水深为 h_1，2—2 断面水深为 h_2，$h_1 - h_2 = \mathrm{d}h$，1—1 断面和 2—2 断面间的测压管水头差为：

$$\mathrm{d}H = (h_1 + z_1) - (h_2 + z_2) = \mathrm{d}h - j\mathrm{d}L$$

根据裘布依公式，渐变流断面平均渗流流速为：

$$v=-k\frac{\mathrm{d}H}{\mathrm{d}L}=k\left(j-\frac{\mathrm{d}h}{\mathrm{d}L}\right)$$

流量为：

$$Q=kA\left(j-\frac{\mathrm{d}h}{\mathrm{d}L}\right) \tag{10-18}$$

式(10-18)即无压定常缓变渗流的基本微分方程。

第四节 缓变渗流浸润曲线分析

对于缓变渗流，由于渗流速度很小，流速水头可忽略不计，总水头线和测压管水头线重合，浸润线既是总水头线又是测压管水头线。由于渗流过程中必然存在水头损失，总水

头线恒为下降线，所以浸润线只能是下降线，不可能是水平线，也不可能沿程上升。下面从缓变渗流基本微分方程出发对其进行分析推导。

将均匀渗流的水深 h_0 称为正常水深。对于缓变渗流，由于渗流速度很小，所以流速水头可忽略不计，由式(10-15)得：

$$h_0=\frac{Q}{kib} \tag{10-19}$$

下面分析 3 种底坡下的浸润线。

一、顺坡($j>0$)渗流

顺坡可以产生均匀渗流，其流量等于相应的均匀渗流流量：

$$Q=kibh_0=kbh\left(j-\frac{\mathrm{d}h}{\mathrm{d}L}\right)$$

$$\frac{\mathrm{d}h}{\mathrm{d}L}=j\left(1-\frac{h_0}{h}\right) \tag{10-20}$$

记顺坡渗流正常水深为 $N—N$ 线，如图 10-5 所示。$N—N$ 线将水流划分为 a 和 b 两个区域。

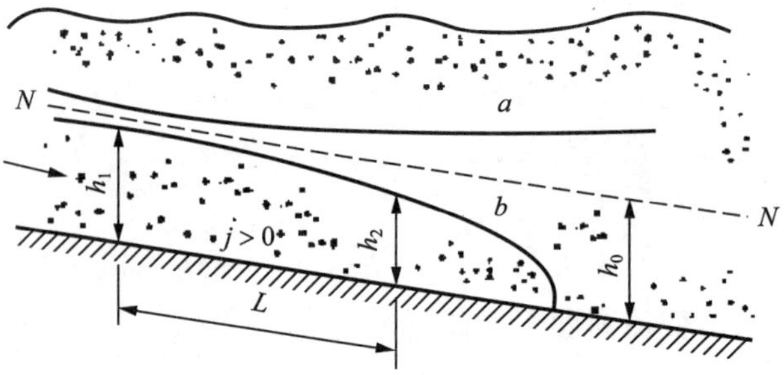

图 10-5　顺坡渗流

(1) a 区：$h>h_0$，$\mathrm{d}h/\mathrm{d}L>0$，浸润线为壅水曲线。曲线上游：$h\to h_0$，$\mathrm{d}h/\mathrm{d}L\to 0$，故上游以 $N—N$ 线为渐近线。曲线下游：$h\to\infty$，$\mathrm{d}h/\mathrm{d}L\to j$，故下游以水平线为渐近线。

(2) b 区：$h<h_0$，$\mathrm{d}h/\mathrm{d}L<0$，浸润线为降水曲线。曲线上游，$h\to h_0$，$\mathrm{d}h/\mathrm{d}L\to 0$，曲线以 $N—N$ 为渐近线；曲线下游，$h\to 0$，$\mathrm{d}h/\mathrm{d}L\to-\infty$，曲线与渠底线呈正交趋势。实验观测表明，在水深极小时，并没有与渠底正交的现象，因为此时流线曲率很大，已不是缓变流，式(10-20)已不再适用。此降水曲线的末端实际上取决于具体的边界条件。

为了进行浸润线的计算，需要对微分方程式(10-20)进行积分。

令 $\eta=h/h_0$，则 $\mathrm{d}h=h_0\mathrm{d}\eta$，代入式(10-20)并整理得：

$$\mathrm{d}L=\frac{h_0}{j}\left(1+\frac{1}{\eta-1}\right)\mathrm{d}\eta$$

若两断面间相距 L，上游断面水深 h_1，且 $h_1/h_0=\eta_1$，下游断面水深 h_2，且 $h_2/h_0=\eta_2$，

则对上式积分得：

$$\int_0^L \mathrm{d}L = \int_{\eta_1}^{\eta_2} \frac{h_0}{j}\left(1+\frac{1}{\eta-1}\right)\mathrm{d}\eta$$

$$L = \frac{h_0}{j}\left(\eta_2-\eta_1+\ln\frac{\eta_2-1}{\eta_1-1}\right) = \frac{h_0}{j}\left(\eta_2-\eta_1+2.31\lg\frac{\eta_2-1}{\eta_1-1}\right) \tag{10-21}$$

式(10-21)即顺坡渐变渗流的浸润线方程。

二、平坡($j=0$)渗流

平坡不可能产生均匀渗流。将 $j=0$ 代入式(10-18)中，可得：

$$\frac{\mathrm{d}h}{\mathrm{d}L} = -\frac{Q}{kbh} \tag{10-22}$$

由式(10-22)可知，$\mathrm{d}h/\mathrm{d}L < 0$，因此浸润线为降水曲线。如图 10-6 所示，曲线的上游取决于边界条件，当 $h \to \infty$ 时，$\mathrm{d}h/\mathrm{d}L \to 0$，曲线以水平线为渐近线；曲线下游，当 $h \to 0$ 时，$\mathrm{d}h/\mathrm{d}L \to -\infty$，曲线与渠底线呈正交趋势。如前所述，此时已不是缓变流，不能用式(10-22)进行分析。

令单宽渗流流量为 $q = Q/b$，对式(10-22)进行积分得：

$$\int_0^L \frac{q}{k}\mathrm{d}L = \int_{h_1}^{h_2} -h\mathrm{d}h$$

$$\frac{qL}{k} = \frac{1}{2}(h_1^2 - h_2^2) \tag{10-23}$$

式(10-23)即平坡缓变渗流的浸润线方程。

例 10-1

水平不透水层上的细沙含水层，经观察井 2 测得地下水面标高为 30.5 m；另外在沿渗流方向和观察井 2 相距 $L = 1\,000$ m 处的观察井 1 测得地下水位为 23.2 m，不透水层标高为 10.0 m，如图 10-7 所示，沙层渗流系数 $k = 7.5$ m/d。试求：

(1) 单宽渗流流量 q 和 150 m 宽度上的地下水流量 Q；

(2) 观察井 2 沿渗流方向相距 100 m 处的水面标高。

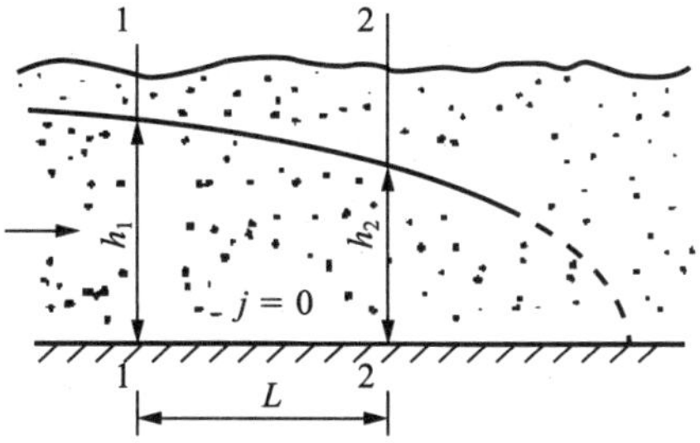

图 10-6 平坡渗流

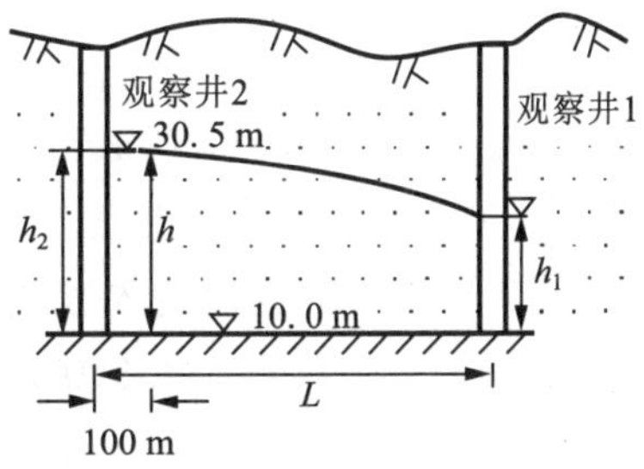

图 10-7 例 10-1 图

解：(1) 由图 10-7 可知：

$$h_2 = 30.5\ \text{m} - 10\ \text{m} = 20.5\ \text{m}$$
$$h_1 = 23.2\ \text{m} - 10\ \text{m} = 13.2\ \text{m}$$

单宽渗流流量 q 为：

$$q=\frac{k}{2L}(h_2^2-h_1^2)=\frac{7.5}{2\,000}\times(20.5^2-13.2^2)\ \text{m}^3/(\text{d}\cdot\text{m}) = 0.922\ \text{m}^3/(\text{d}\cdot\text{m})$$

150 m 宽度上的地下水流量 Q 为：

$$Q = bq = 150 \times 0.922\ \text{m}^3/\text{d} = 138.3\ \text{m}^3/\text{d}$$

(2) 观察井 2 沿渗流方向相距 100 m 处的水深 h 可按下式计算：

$$q=\frac{k}{2L'}(h_2^2-h^2)$$

$$0.922=\frac{7.5\times(20.5^2-h^2)}{2\times100}$$

$$h = 19.9\ \text{m}$$

则水面标高为：

$$19.9\ \text{m} + 10\ \text{m} = 29.9\ \text{m}$$

三、逆坡($j<0$)渗流

逆坡也不可能产生均匀渗流。由式(10-18)可得：

$$\frac{\text{d}h}{\text{d}L}=j-\frac{Q}{kbh}<0$$

由此可知，浸润线为降水曲线，如图 10-8 所示。曲线上游，当 $h\to\infty$ 时，$\text{d}h/\text{d}L\to j$，曲线以水平线为渐近线；曲线下游，当 $h\to 0$ 时，$\text{d}h/\text{d}L\to -\infty$，曲线与渠底线呈正交趋势。如前所述，此时已不是缓变流，超出了裘布依公式的适用范围。对浸润线方程此处不作详细描述。

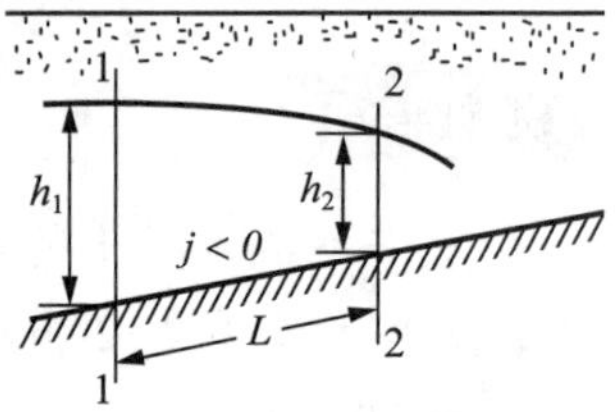

图 10-8　逆坡渗流

例 10-2

一渠道位于河道上方，渠水沿渠岸一侧下渗入河道，如图 10-9 所示，若假设渠岸宽度、渗流条件沿程均匀，试按以下条件计算 1 km 长渠道的渗流量。已知：不透水层坡度 $j=0.02$，土壤渗流系数 $k=0.005$ cm/s，渠道与河道相距 $L=180$ m，渠水在渠岸处深度 $h_1=1.0$ m，渗流在河岸出流处的深度 $h_2=1.9$ m。

解：根据顺坡渗流的浸润线方程式(10-21)，先计算出均匀渗流的水深。

将 $\eta_1=h_1/h_0$，$\eta_2=h_2/h_0$ 代入式(10-21)，得：

$$jL-h_2+h_1=2.3h_0\lg\frac{h_2-h_0}{h_1-h_0}$$

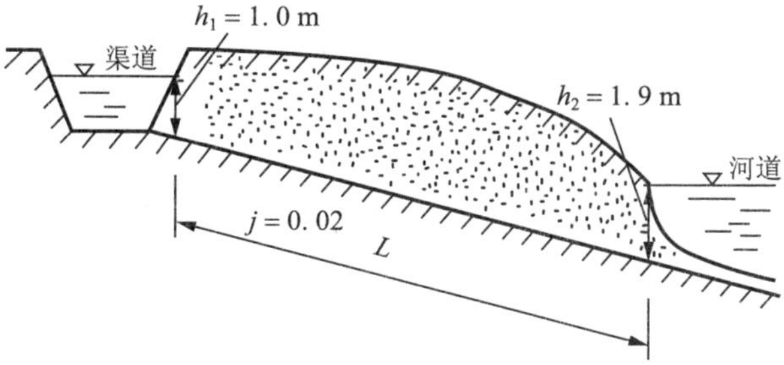

图 10-9 例 10-2 图

代入数据：

$$0.02\times180-1.9+1.0=2.3h_0\lg\frac{1.9-h_0}{1.0-h_0}$$

算得：

$$h_0=0.945\ \text{m}$$

单宽渗流量为：

$$q=kjh_0=0.005\times10^{-2}\times0.02\times0.945\ \text{m}^2/\text{s}=0.945\times10^{-6}\ \text{m}^2/\text{s}$$

1 km 长渠道的渗流量为：

$$Q=qb=0.945\times10^{-6}\times1\,000\ \text{m}^3/\text{s}=0.945\times10^{-3}\ \text{m}^3/\text{s}$$

第五节 井和井群

井是汲取地下水源和降低地下水位的集水构筑，应用十分广泛。从地表透水层中吸取无压地下水的井称为普通井；穿过一层或多层不透水层，从承压含水层中汲取有压地下水的井称为承压井或自流井。井底直达不透水层基面的井称为完整井，否则称为非完整井。

一、普通完整井的渗流计算

水平不透水层上的普通完整井如图 10-10 所示，设含水层中地下水的天然水面 A—A 含水层厚度为 H，井的半径为 r_0。从井内抽水时，井内水位下降，四周地下水向井中补充水量，并形成对称于井轴的漏斗形浸润面。如抽水量不大且恒定时，经过一段时间，向井内渗流达到定常状态，即井中水深和浸润漏斗面均保持不变。

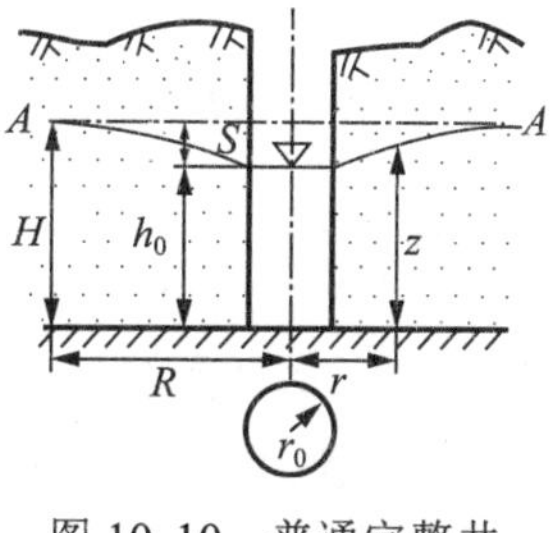

图 10-10 普通完整井

根据裘布依公式：

$$v=ki=-k\frac{\mathrm{d}H}{\mathrm{d}L}$$

将 $H=z$, $\mathrm{d}L=-\mathrm{d}r$ 代入上式：

$$v=k\frac{\mathrm{d}z}{\mathrm{d}r}$$

渗流量为：

$$Q=vA=k\frac{\mathrm{d}z}{\mathrm{d}r}A=2\pi rk\frac{\mathrm{d}z}{\mathrm{d}r}$$

分离变量并积分：

$$\int_{h_0}^{z}z\mathrm{d}z=\int_{r_0}^{r}\frac{Q}{2\pi k}\frac{\mathrm{d}r}{r} \tag{10-24}$$

得普通完整井浸润线方程：

$$z^2-h_0^2=\frac{Q}{\pi k}\ln\frac{r}{r_0}=\frac{0.732Q}{k}\lg\frac{r}{r_0} \tag{10-25}$$

当 $r=R$ 时，$z=H$，则井的出水量公式为：

$$Q=1.366k\frac{H^2-h_0^2}{\lg(R/r_0)}=2.732kHS\frac{1-\dfrac{S}{2H}}{\lg(R/r_0)} \tag{10-26}$$

式中 h_0——井内水深；

r_0——井的半径；

H——含水层深；

S——抽水深；

R——井的影响半径。

在浸润漏斗上，有半径 $r=R$ 的一个圆，在 R 范围以外，浸润漏斗的下降 $H-z$ 趋于零，即天然地下水位不受影响，$z=H$，该距离 R 就称为井的影响半径。它主要与土壤的渗流性能有关。一般情况下，细砂 $R=100\sim200$ m，中砂 $R=250\sim500$ m，粗砂 $R=700\sim1\,000$ m，或用以下经验公式计算：

$$R=3\,000S\sqrt{k}\quad 或\quad R=575S\sqrt{kH}$$

式中，k 以 m/s 计，其余均以 m 计。

最后说明一下，由于非完整井底是坐落在透水层上的井，井底也向井内渗水，在其他条件完全相同的情况下，无压非完整井的出水量应该大于完整井。因此，非完整井的出水量等于完整井渗流流量公式乘以大于 1 的经验系数，具体可参见有关资料。

例 10-3

有一普通完整井，其半径 $r_0=0.1$ m，含水层厚度 $H=8$ m，土壤的渗流系数为 0.001 m/s，抽水时井中水深 $h_0=3$ m。试换算井的出水流量。

解：最大抽水深度 S 为：

$$S=H-h_0=8\text{ m}-3\text{ m}=5\text{ m}$$

井的影响半径 R 为：

$$R = 3\,000S\sqrt{k} = 3\,000 \times 5 \times \sqrt{0.001}\ \text{m} = 474.3\ \text{m}$$

井的出水量为：

$$Q = 1.366k\frac{H^2 - h_0^2}{\lg(R/r_0)} = 1.366 \times 0.001 \times \frac{8^2 - 3^2}{\lg(474.3/0.1)}\ \text{m}^3/\text{s} = 0.02\ \text{m}^3/\text{s}$$

二、承压完整井

承压完整井含水层位于2不透水层之间。设水平走向的承压水层厚度为 t，凿井穿透含水层，未抽水时地下水水位上升到 H，即承压完整井的总水头。从井内抽水时，井内水位由 H 下降到 h_0，经过一段时间，向井内渗流达到定常状态，即井中水深和浸润漏斗面均保持不变，如图10-11所示。

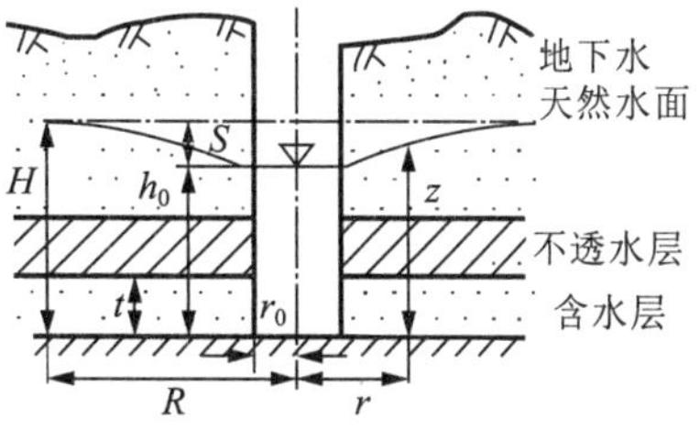

图10-11 承压完整井

将 $H = z$，$\mathrm{d}L = -\mathrm{d}r$ 代入裘布依公式得：

$$v = k\frac{\mathrm{d}z}{\mathrm{d}r}$$

渗流量 Q 为：

$$Q = 2\pi rtk\frac{\mathrm{d}z}{\mathrm{d}r}$$

分离变量并积分：

$$\int_{h_0}^{z} z\mathrm{d}z = \int_{r_0}^{r}\frac{Q}{2\pi tk}\frac{\mathrm{d}r}{r} \tag{10-27}$$

得承压完整井浸润线方程：

$$z - h_0 = 0.366\frac{Q}{kt}\ln\frac{r}{r_0} \tag{10-28}$$

当 $r = R$ 时，$z = H$，则承压完整井的出水量公式为：

$$Q = 2.732kt\frac{H - h_0}{\lg(R/r_0)} = 2.732\frac{ktS}{\lg(R/r_0)} \tag{10-29}$$

三、井 群

若有多口井一同工作，各井之间的间距又远小于影响半径 R，这时各井之间的地下水就会相互发生影响。这些同时工作的井称为井群。土建施工、基坑开挖时常用井群来降低水位，在城市供水系统中常用井群来取水。井群同样分为有压和无压井群、完整和非完整井群，这里只讨论无压普通完整井群。

设由 n 口普通完整井组成的井群如图 10-12 所示，各井的半径、渗流量、至 A 点的距离分别为 $r_{01}, r_{02}, \cdots, r_{0n}, Q_1, Q_2, \cdots, Q_n, r_1, r_2, \cdots, r_n$。若各井单独工作时，它们的井深分别为 $h_{01}, h_{02}, \cdots, h_{0n}$，在 A 点形成的浸润线高度分别为 $z_1, z_2, \cdots, z_n$，由式(10-25)可知各井的浸润线方程为：

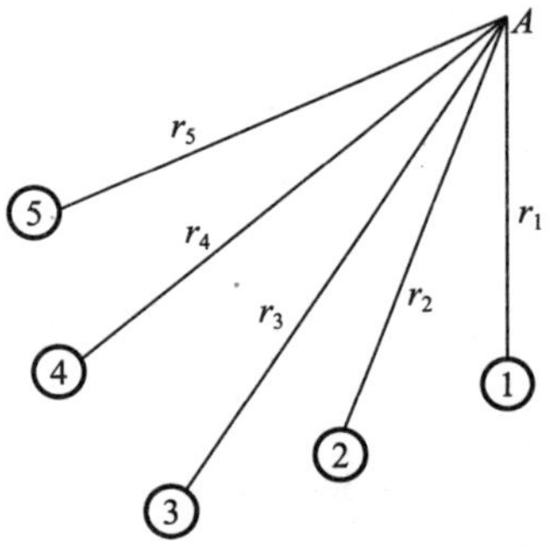

图 10-12　井群

$$z_1^2 = \frac{0.732Q_1}{k}\lg\frac{r_1}{r_{01}} + h_{01}^2$$

$$z_2^2 = \frac{0.732Q_2}{k}\lg\frac{r_2}{r_{02}} + h_{02}^2$$

$$\vdots$$

$$z_n^2 = \frac{0.732Q_n}{k}\lg\frac{r_n}{r_{0n}} + h_{0n}^2$$

假设各井同时抽水，在 A 点形成共同的浸润线高度 z，根据势流叠加原理，其方程为：

$$z^2 = \sum_{i=1}^{n} z_i^2 = \sum_{i=1}^{n}\left(\frac{0.732Q_i}{k}\lg\frac{r_i}{r_{0n}} + h_{0i}^2\right) \tag{10-30}$$

当各井抽水状况相同时，即

$$Q_1 = Q_2 = \cdots = Q_n = Q, \quad h_{01} = h_{02} = \cdots = h_{0n} = h_0$$

则有：

$$z^2 = \frac{0.732Q}{k}[\lg(r_1r_2\cdots r_n) - \lg(r_{01}r_{02}\cdots r_{0n})] + nh_0^2 \tag{10-31}$$

设井群的影响半径为 R，若 R 远大于井群的尺寸，而 A 点离各井较远，则可认为：

$$r_1 = r_2 = \cdots = r_n \approx R, \quad z = H$$

$$H^2 = \frac{0.732Q}{k}[n\lg R - \lg(r_{01}r_{02}\cdots r_{0n})] + nh_0^2 \tag{10-32}$$

式(10-31)减去式(10-32)可得无压普通完整井群浸润线方程：

$$z^2 = H^2 - \frac{0.732Q}{k}[n\lg R - \lg(r_1r_2\cdots r_n)] = H^2 - \frac{0.732Q_0}{k}\left[\lg R - \frac{1}{n}\lg(r_1r_2\cdots r_n)\right] \tag{10-33}$$

式中　Q_0 —— 总出水量，$Q_0 = nQ$；
H —— 未抽水时含水层的深度；
h_0 —— 某一点 A 的含水层深度；
R —— 井群的影响半径，可采用单井的影响半径；
r_i —— 第 i 口井到 A 点的距离；
n —— 抽水井的数量。

例 10-4

为了降低基坑中的地下水位，在基坑周围设置了 8 口普通完整井，其布置如图 10-13

所示。已知潜水层的厚度 $H=10$ m，井群的影响半径 $R=500$ m，渗流系数 $k=0.001$ m/s，井的半径 $r_0=0.1$ m，总抽水量 $Q_0=0.02\ m^3/s$，试求井群中心点 0 地下水位能降落多少？

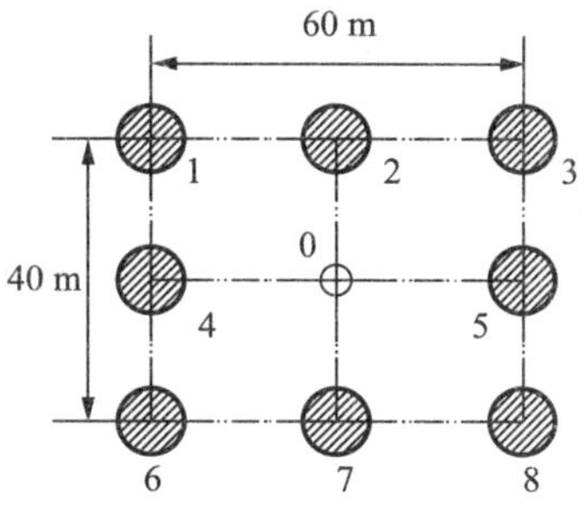

图 10-13 例 10-4 井群

解：各单井至 0 点的距离分别为：

$$r_4=r_5=30\ \text{m},\quad r_2=r_7=20\ \text{m}$$

$$r_1=r_3=r_6=r_8=\sqrt{30^2+20^2}\ \text{m}=36.06\ \text{m}$$

无压普通完整井群浸润线方程为：

$$z^2=H^2-\frac{0.732Q_0}{k}\left[\lg R-\frac{1}{n}\lg(r_1r_2\cdots r_n)\right]$$

$$=10^2\ \text{m}^2-\frac{0.732\times0.02}{0.001}\times\left[\lg 500-\frac{1}{8}\lg(30^2\times20^2\times36.06^4)\right]\text{m}^2$$

$$=82.05\ \text{m}^2$$

$$z=9.06\ \text{m}$$

所以中心点地下水位降落为：

$$S=H-z=10\ \text{m}-9.06\ \text{m}=0.94\ \text{m}$$

第六节 流土和管涌

水在土中渗流的过程中将受到土阻力的作用。同时，水的渗流将对土颗粒产生拖曳力，导致土工建筑及地基由于渗流作用而出现变形或破坏，按照渗流水流所引起的局部破坏的特征不同，将渗流变形或渗流破坏分为流土和管涌 2 种基本形式。在实际工程中，发生过不少流土或管涌的事例，严重的使工程施工中断，甚至危及邻近建筑物与设施的安全。

一、流 土

流土是指在向上渗流作用下，局部土体表面隆起，或在某一范围内，土颗粒群同时启动而流失的现象。它主要发生在地基、河堤或土坝下游渗流溢出处，不发生于土体内部，如图 10-14 所示。基坑或渠道开挖时所出现的流沙现象是流土的一种常见形式。

一般来说，任何类型的土，只要坡降达到一定值，都会发生流土破坏，但细砂、粉砂、淤泥等较易发生流土破坏。

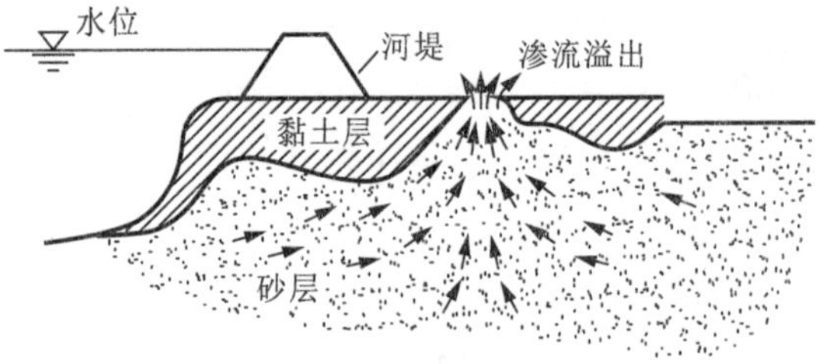

图 10-14 流土现象

二、管 涌

管涌是渗流变形的另一种形式，它是指在渗流作用下土体中的细颗粒在粗颗粒形成的孔隙中发生移动并被带走的现象。

土体在渗流水流作用下，其细小颗粒被带出，孔隙逐渐增大，形成能穿越地基的细管状渗流通道，掏空地基或坝体，使其变形或失稳，如图 10-15 所示。管涌既可以发生在土体内部，也可以发生在渗流出口处，发展一般有个时间过程，是一种渐进性的破坏。

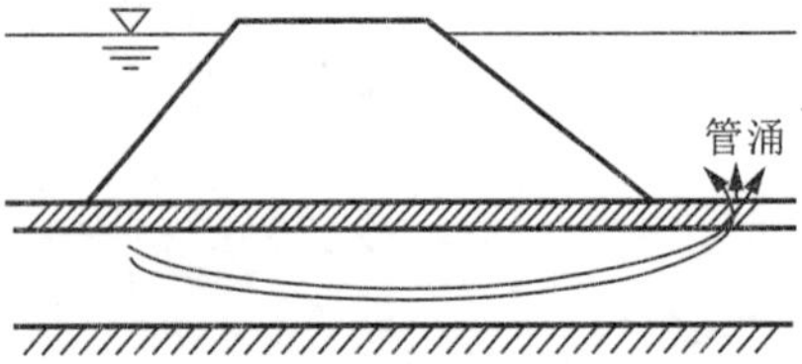

图 10-15 管涌现象

三、流土与管涌的判别

在渗流作用下，为了判别土体是产生管涌还是流土破坏，国内外提出多种方法。我国的有关设计规程、规范以及科研机构都规定或提出了不同的判别方法，譬如用土的不均匀系数 Cu 进行判别。

不均匀系数 $Cu<10$ 的匀粒砂土，在一定的水力坡度下，局部地区较易发生流土破坏；当 $Cu>20$ 时，易发生管涌；当 $10<Cu<20$ 时，易发生流土或管涌（又称过渡型）。不均匀系数越大，越易发生管涌。

这种方法实际上有些笼统，对于 $Cu<10$ 的土，一般来说较为准确；而对于 $Cu>20$ 的土，仍有可能产生流土破坏。过渡型是指破坏形式有可能在管涌和流土之间变化。当土处于密实状态时，则可能出现流土型破坏；处于疏松状态时，则可能出现管涌型破坏。

渗流破坏形式（流土或管涌）与土的类别、颗粒级配以及水力条件等多种因素有关。

黏性土由于粒间具有黏聚力，黏结较紧，一般不出现管涌，而只发生流土破坏。$Cu>10$ 的无黏性土发生管涌必须具备 2 个条件：① 几何条件，土中粗颗粒所构成的孔隙直径必须大于细颗粒的直径，这是必要条件，一般不均匀系数 $Cu>10$ 的土才会发生管涌；② 水力条件，即渗流力能够带动细颗粒在孔隙间滚动或移动。

流土与管涌的判别方法至今尚在探索中，可查阅相关资料。对于重大工程，应尽量由试验来确定。

思考题

10-1 水在土壤中的存在形式有哪几种？其运动特征是什么？主要是什么形态的水流参与地下水运动？

10-2 何谓渗流系数？它的物理意义是什么？怎样确定渗流系数值？

10-3 何谓渗流模型？它与实际渗流有什么区别？

10-4 达西定律的适用条件是什么？渗流系数 k 与哪些因素有关？如何确定？

10-5 试分析渗流达西定律与裘布依公式的相同和不同之处以及应用条件。

10-6 什么叫浸润线？浸润线的基本微分方程的形式是什么？

10-7 非均匀渐变流的浸润线形式有哪几种？各种曲线的特征是什么？

10-8 什么叫普通完整井？什么叫不完整井？写出普通完整井浸润曲线方程。

10-9 流土与管涌有什么区别？

习 题

10-1 在实验室中用达西实验装置(图 10-2)来测定土样的渗流系数。如果圆筒直径为 20 cm，两测压管间距为 $L = 40$ cm，测得的渗流量为 100 mL/min，两测压管的水头差为 $h_w = 20$ cm，试求土样的渗流系数。

10-2 如图所示上、下游水箱中间有一连接管，水箱水位恒定，连接管内充填 2 种不同的砂层($k_1 = 0.003$ m/s，$k_2 = 0.001$ m/s)，管道断面面积为 0.01 m^2，试求渗流量。

10-3 河中水位为 65.8 m，距河 300 m 处有一钻孔，孔中水位为 68.5 m，不透水层为水平面，高程为 55.0 m，土的渗流系数 $k = 16$ m/d，如图所示。试求单宽渗流量。

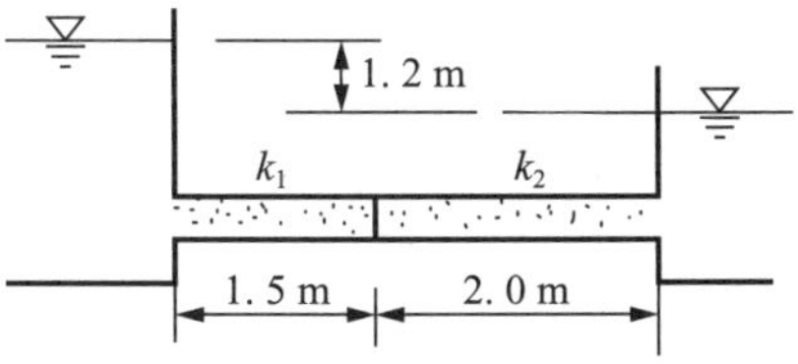

习题 10-2 图

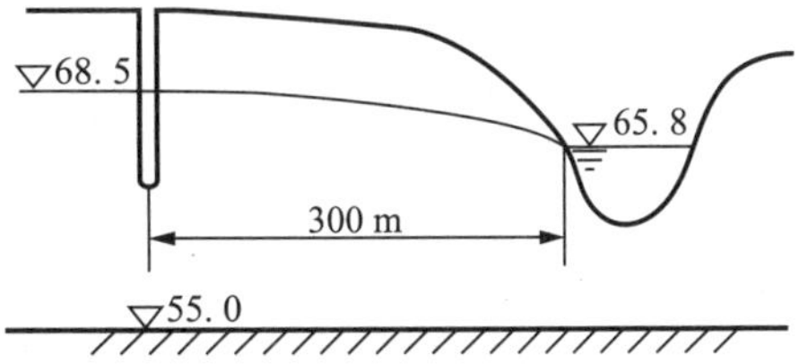

习题 10-3 图

10-4 某河冬季由地下水补给，今测得不透水层坡度 $i = 0.0025$，断面 1—1 含水层厚度 $h_1 = 3$ m，断面 2—2 含水层厚度 $h_2 = 4$ m，两断面间距 $L = 500$ m，渗流系数 $k = 0.05$ cm/s，如图所示。试计算地下水单宽渗流量。

10-5 某工地以潜水为给水水源。由钻探测知含水层为夹有砂粒的卵石层，厚度为

6 m，渗流系数为 0.00116 m/s，现打一普通完整井，井的半径为 0.15 m，影响半径为 150 m，试求井中水位降深 3 m 时井的涌水量。

10-6 今欲打一完整井取水，已测得不透水层为平底，井的半径 $r_0 = 10$ cm，含水层厚度 $H = 8$ m，如图所示。已知土为细沙，实测渗流系数为 0.001 cm/s，试计算当井中水深 h_0 不小于 2 m 时的最大出水量，并算出井中水位与出水量的关系。

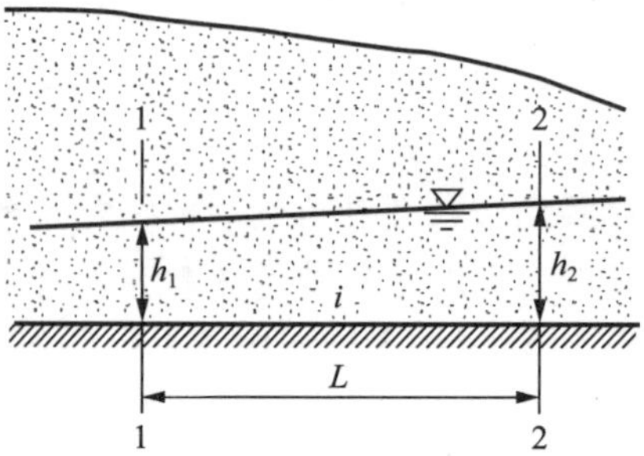

习题 10-4 图

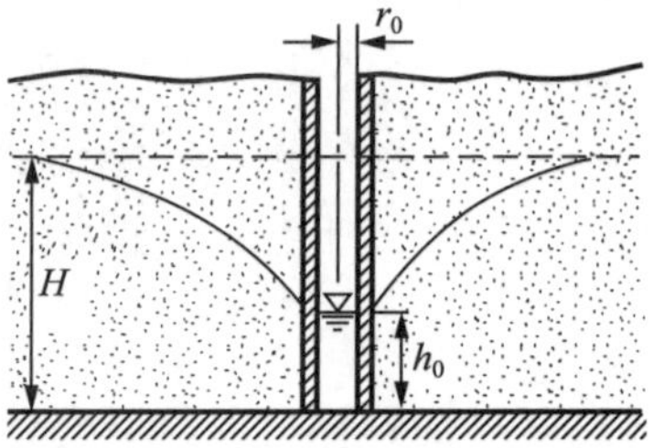

习题 10-6 图

10-7 采用普通完整井做压水试验以测定土壤的渗流系数 k 值。已知井的直径为 20 cm，含水层厚度 $H = 5$ m，影响半径 $R = 82$ m，向井中供给的流量 $Q = 2.3$ L/s，测得井中水深保持 $h_0 = 6$ m，试求该土壤的渗流系数 k 值。

10-8 从一承压井取水。井的半径 $r_0 = 0.1$ m，含水层厚度 $t = 5$ m，在离井中心 10 m 处钻一观测孔，在未抽水前，测得地下水的水位 $H = 12$ m，现抽水量 $Q = 36\ m^3/h$，井中水位降深 $S_0 = 2$ m，观测孔中水位降深 $S_1 = 1$ m，如图所示。试求含水层的渗流系数 k 及井中水位降深 $S_0 = 3$ m 时的涌水量。

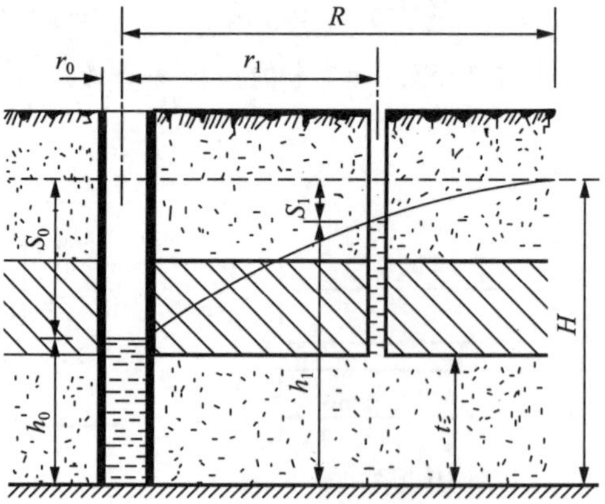

习题 10-8 图

10-9 一普通完整井群由 6 口井组成，井的布置如图所示，已知 $a = 50$ m，$b = 20$ m，井群的总流量 $Q_0 = 3$ L/s，各井抽水流量相同，井的半径 $r_0 = 0.2$ m，蓄水层厚度 $H = 12$ m，土为粗砂，渗流系数 $k = 0.01$ cm/s，影响半径 $R = 700$ m。试计算井群中心点 G 处的地下水面降低了多少？

10-10 如图所示，为基坑排水，设 6 口普通完全井，圆形分布，圆的半径 $r = 35$ m，井径相同，$r_0 = 0.10$ m，含水层厚度 $H = 12$ m，渗流系数 $k = 0.3$ cm/s，根据工程需要，基坑内中心点水位降深 $S \geqslant 4$ m，若各井抽水量相等，则总的抽水量为多少？

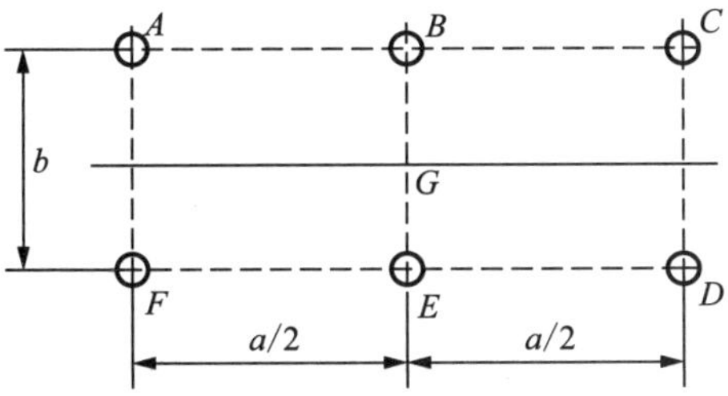

习题 10-9 图

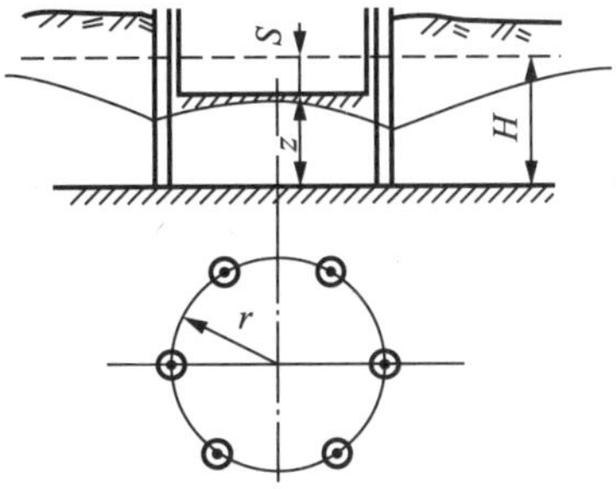

习题 10-10 图

附　录

附录Ⅰ　不同温度下水和空气的密度、重度和黏度

温度/℃	水				空气(标准大气压下)			
	密度 ρ /(kg·m^{-3})	重度 γ /(N·m^{-3})	动力黏度 μ /cP	运动黏度 ν /cSt	密度 ρ /(kg·m^{-3})	重度 γ /(N·m^{-3})	动力黏度 μ /cP	运动黏度 ν /cSt
0	999.8	9 805	1.792	1.792	1.293	12.70	0.017 2	13.7
5	1 000.0	9 807	1.519	1.519	1.270	12.47	—	—
10	999.7	9 804	1.308	1.308	1.248	12.24	0.017 8	14.7
15	999.1	9 798	1.140	1.141	1.226	12.02	—	—
20	998.2	9 789	1.005	1.007	1.205	11.82	0.018 3	15.7
25	997.0	9 777	0.894	0.897	1.185	11.62	—	—
30	995.7	9 764	0.801	0.804	1.165	11.43	0.018 7	16.6
40	992.2	9 730	0.656	0.661	1.128	11.05	0.019 2	17.6
50	988.0	9 689	0.549	0.556	1.093	10.72	0.019 6	18.6
60	983.2	9 642	0.469	0.477	1.060	10.40	0.020 1	19.6
70	977.8	9 589	0.406	0.415	1.029	10.10	0.020 4	20.6
80	971.8	9 530	0.357	0.367	1.000	9.81	0.021 0	21.7
90	965.3	9 466	0.317	0.328	0.973	9.55	0.021 6	22.9
100	958.4	9 399	0.284	0.296	0.947	9.30	0.021 8	23.6

342

附录Ⅱ 输水管局部阻力计算表

表Ⅱ-1 突然扩大的局部阻力系数ζ

流速 v /($m \cdot s^{-1}$)(小直径为准)	直径比 D/d(D—大直径,d—小直径)										
	1.2	1.4	1.6	1.8	2.0	2.5	3.0	4.0	5.0	10.0	∞
0.6	0.11	0.26	0.40	0.51	0.60	0.74	0.83	0.92	0.96	1.00	1.00
0.9	0.10	0.26	0.39	0.49	0.58	0.72	0.80	0.89	0.93	0.99	1.00
1.2	0.10	0.25	0.38	0.48	0.56	0.70	0.78	0.87	0.91	0.96	0.98
1.5	0.10	0.24	0.37	0.47	0.55	0.69	0.77	0.85	0.89	0.95	0.96
1.8	0.10	0.24	0.37	0.47	0.55	0.68	0.76	0.84	0.88	0.93	0.95
2.1	0.10	0.24	0.36	0.46	0.54	0.67	0.75	0.83	0.87	0.92	0.93
2.4	0.10	0.21	0.36	0.46	0.53	0.66	0.74	0.82	0.86	0.91	0.93
3.0	0.09	0.23	0.35	0.45	0.52	0.65	0.73	0.80	0.84	0.89	0.91
3.6	0.09	0.23	0.35	0.44	0.52	0.64	0.72	0.79	0.83	0.88	0.90
4.5	0.09	0.22	0.34	0.43	0.51	0.63	0.70	0.78	0.82	0.86	0.88
6.0	0.09	0.22	0.33	0.42	0.50	0.62	0.69	0.76	0.80	0.84	0.86
9.0	0.09	0.21	0.32	0.41	0.48	0.60	0.67	0.74	0.77	0.82	0.83
12.0	0.08	0.20	0.32	0.40	0.47	0.58	0.65	0.72	0.75	0.80	0.81

表Ⅱ-2 突然缩小的局部阻力系数ζ

流速 v /($m \cdot s^{-1}$)(小直径为准)	直径比 D/d(D—大直径,d—小直径)												
	1.1	1.2	1.4	1.6	1.8	2.0	2.2	2.5	3.0	4.0	5.0	10.0	∞
0.6	0.03	0.07	0.17	0.26	0.34	0.38	0.40	0.42	0.44	0.47	0.48	0.49	0.49
0.9	0.04	0.07	0.17	0.26	0.34	0.38	0.40	0.42	0.44	0.46	0.48	0.48	0.49
1.2	0.04	0.07	0.17	0.26	0.34	0.37	0.40	0.42	0.44	0.46	0.47	0.48	0.48
1.5	0.04	0.07	0.17	0.26	0.34	0.37	0.39	0.41	0.43	0.46	0.47	0.48	0.48
1.8	0.04	0.07	0.17	0.26	0.34	0.37	0.39	0.41	0.43	0.45	0.47	0.48	0.48
2.1	0.04	0.07	0.17	0.26	0.34	0.37	0.39	0.41	0.43	0.45	0.46	0.47	0.47
2.4	0.04	0.07	0.17	0.26	0.33	0.36	0.39	0.40	0.42	0.45	0.46	0.47	0.47
3.0	0.04	0.08	0.18	0.26	0.33	0.36	0.38	0.40	0.42	0.44	0.45	0.46	0.47
3.6	0.04	0.08	0.18	0.26	0.32	0.35	0.37	0.39	0.41	0.43	0.45	0.46	0.46
4.5	0.04	0.08	0.18	0.25	0.32	0.34	0.37	0.38	0.40	0.42	0.44	0.45	0.45
6.0	0.05	0.09	0.18	0.25	0.31	0.33	0.35	0.37	0.39	0.41	0.42	0.43	0.44
9.0	0.05	0.10	0.19	0.25	0.29	0.31	0.33	0.34	0.36	0.37	0.38	0.40	0.41
12.0	0.06	0.11	0.20	0.24	0.27	0.29	0.30	0.31	0.33	0.34	0.35	0.36	0.38

表Ⅱ-3　管路进口和出口的局部阻力系数ζ

具有交角α的进口($\alpha \leqslant 90°$)											
α/(°)	5	10	15	20	30	40	50	60	70	80	90
ζ	1.00	0.99	0.98	0.96	0.91	0.85	0.78	0.70	0.63	0.56	0.50

垂直进口的ζ			垂直出口ζ注入水池
未修圆	稍修圆	完全修圆	
0.50	0.20～0.25	0.05～0.10	1.00

表Ⅱ-4　等径三通的局部阻力系数ζ

简　图	局部阻力系数ζ	公　式
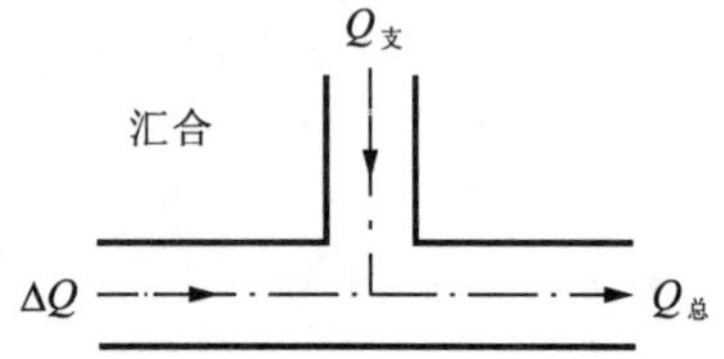	$Q_总 = Q_支$时，$\zeta_1 = 1.5$ $Q_支 = 0$时，$\zeta_2 = 0.1$	$h_{j1} = \zeta_1 \frac{v_总^2}{2g}$ $h_{j2} = \zeta_2 \frac{v_总^2}{2g}$
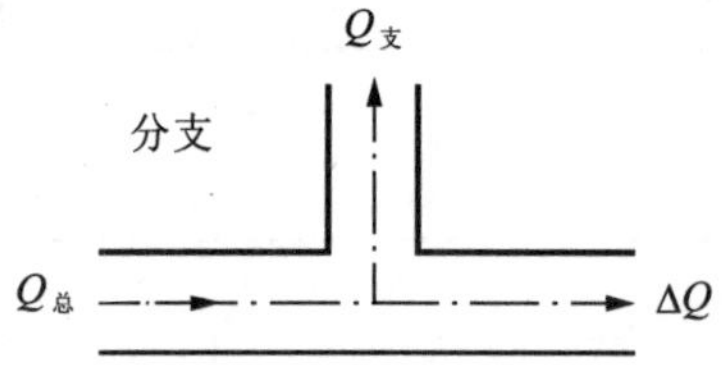	$Q_支 = Q_总$时，$\zeta_1 = 1.5$ $Q_支 = 0$时，$\zeta_2 = 0.1$	
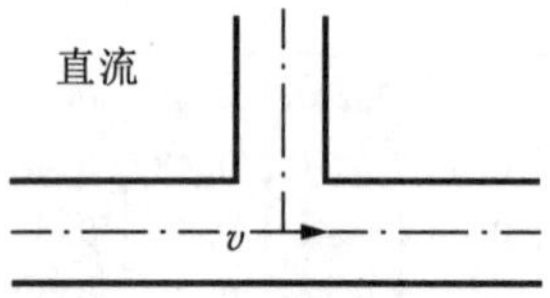	0.1	$h_j = \zeta \frac{v^2}{2g}$
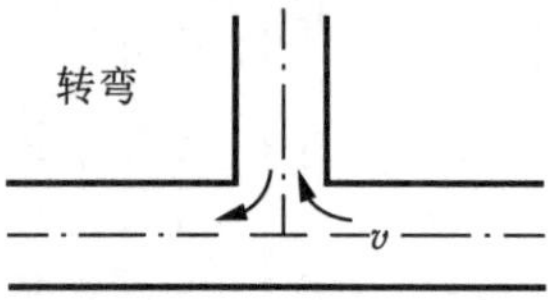	1.5	
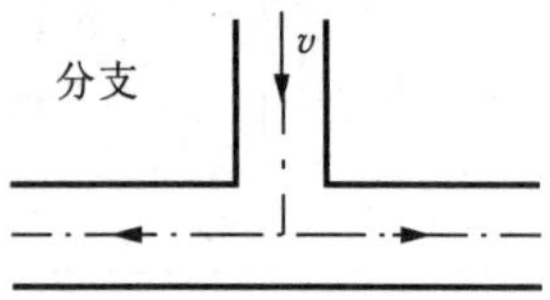	1.5	
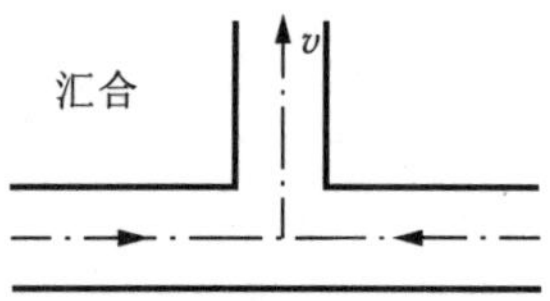	3.0	

表Ⅱ-5 弯管和弯头局部阻力系数 ζ

弯 管

简 图	局部阻力系数 ζ								公 式
90° 弯管 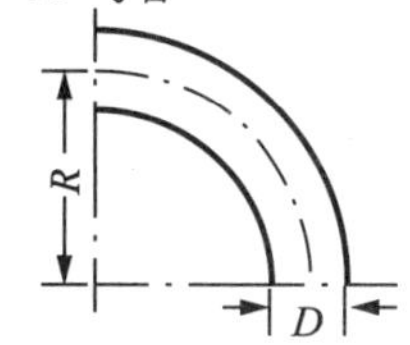	$\frac{R}{D}$	0.5	1.0	1.5	2.0	3.0	4.0	5.0	$h_j=\zeta_{90^\circ}\frac{v_{总}^2}{2g}$
	ζ_{90°	1.20	0.80	0.60	0.48	0.36	0.30	0.29	
任意角度弯管 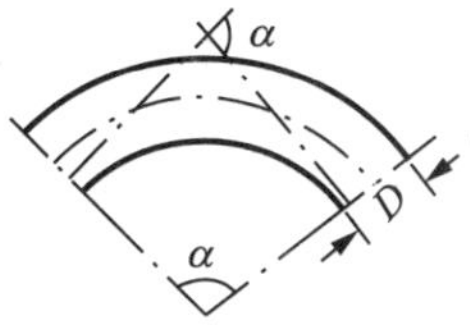	α/(°)	20	30	40	50	60	70	80	$\zeta_\alpha=\alpha\zeta_{90^\circ}$ $h_j=\zeta_\alpha\frac{v^2}{2g}$
	ζ_α	0.40	0.55	0.65	0.75	0.83	0.88	0.95	
	α/(°)	90	100	120	140	160	180		
	ζ_α	1.00	1.05	1.13	1.20	1.27	1.33		

铸铁弯头

标准铸铁90° 弯头	D/mm	75	100	125	150	200	250	300	350	400	450	500	600	700	800	900
	ζ	0.34	0.42	0.43	0.48	0.48	0.50	0.52	0.59	0.60	0.62	0.64	0.67	0.68	0.70	0.71
标准铸铁45° 弯头	D/mm	75	100	125	150	200	250	300	350	400	450	500	600	700	800	900
	ζ	0.17	0.21	0.22	0.24	0.24	0.26	0.26	0.30	0.30	0.32	0.32	0.34	0.34	0.35	0.36
标准可锻铸铁 90° 弯头	D/mm	15	20	25	32	40	50	70	80	100	125	150				
	ζ	0.95	1.00	1.03	1.04	1.10	1.10	1.12	1.13	1.14	1.16	1.18				

表Ⅱ-6 阀件、节流及滤水装置的局部阻力系数 ζ

类 别	局部阻力系数 ζ								
升降式止回阀	7.5								
旋启式止回阀	D/mm	150	200	250	300	350	400	500	≥600
	ζ	6.5	5.5	4.5	3.5	3.0	2.5	1.8	1.7
闸 阀	开启度	1/8	2/8	3/8	4/8	5/8	6/8	7/8	全开
	ζ	97.8	17.0	5.52	2.06	0.81	0.26	0.15	0.05

续表Ⅱ-6

类　别	局部阻力系数 ζ										
孔　板	d/D	0.30	0.40	0.45	0.50	0.55	0.60	0.65	0.70	0.75	0.80
	ζ	309	87	50.4	29.8	18.4	11.3	7.35	4.37	2.66	1.55
标准喷嘴	d/D	0.30	0.40	0.45	0.50	0.55	0.60	0.65	0.70	0.75	0.80
	ζ	108.8	29.8	16.9	9.9	5.9	3.5	2.1	1.2	0.76	—
文丘利管	d/D	0.30	0.40	0.45	0.50	0.55	0.60	0.65	0.70	0.75	0.80
	ζ	19	5.3	3.06	1.9	1.15	0.69	0.42	0.26	—	—
无底阀滤水网	2～3										
有底阀滤水网	D/mm	40	50	75	100	150	200	250	300	350～450	500～600
	ζ	12	10	8.5	7.0	6.0	5.2	4.4	3.7	3.6	3.5

附录Ⅲ 国际单位、工程单位、物理单位对照换算表

量		国际单位		工程单位		物理单位		换算关系
名称	符号	中文符号	国际符号	中文符号	国际符号	中文符号	国际符号	
长　度	l	米	m	米	m	厘　米	cm	1 m = 100 cm
质　量	m	千　克	kg	$\frac{千克力 \cdot 秒^2}{米}$	$\frac{kgf \cdot s^2}{m}$	克	g	1 kg = 1 000 g
时　间	t	秒	s	秒	s	秒	s	
力	F	牛顿 $= \frac{千克 \cdot 米}{秒^2}$	$N = \frac{kg \cdot m}{s^2}$	千克力	kgf	$\frac{克 \cdot 厘米}{秒^2} =$ 达因	$\frac{g \cdot cm}{s^2} = dyn$	1 kgf = 9.8 N = 9.8×10^5 dyn
平面角	θ	弧　度	rad	弧　度	rad	弧　度	rad	
温　度	T	开尔文	K	摄氏度	℃	摄氏度	℃	1 K = t℃ + 273.15
压　强	p	$\frac{牛顿}{米^2} =$ 帕	$\frac{N}{m^2} = Pa$	$\frac{千克力}{米^2}$	$\frac{kgf}{m^2}$	$\frac{达因}{厘米^2}$	$\frac{dyn}{cm^2}$	$1 \frac{kgf}{m^2} = 9.8$ Pa
密　度	ρ	$\frac{千克}{米^3}$	$\frac{kg}{m^3}$	$\frac{千克力 \cdot 秒^2}{米^4}$	$\frac{kgf \cdot s^2}{m^4}$	$\frac{克}{厘米^3}$	$\frac{g}{cm^3}$	$1 \frac{kgf \cdot s^2}{m^4} = 9.8 \frac{kg}{m^3}$
重　度	γ	$\frac{牛顿}{米^3}$	$\frac{N}{m^3}$	$\frac{千克力}{米^3}$	$\frac{kgf}{m^3}$	$\frac{达因}{厘米^3}$	$\frac{dyn}{cm^3}$	
速　度	v	$\frac{米}{秒}$	$\frac{m}{s}$	$\frac{米}{秒}$	$\frac{m}{s}$	$\frac{厘米}{秒}$	$\frac{cm}{s}$	
加速度	a	$\frac{米}{秒^2}$	$\frac{m}{s^2}$	$\frac{米}{秒^2}$	$\frac{m}{s^2}$	$\frac{厘米}{秒^2}$	$\frac{cm}{m^2}$	
角速度	ω	$\frac{弧度}{秒}$	$\frac{rad}{s}$	$\frac{弧度}{秒}$	$\frac{rad}{s}$	$\frac{弧度}{秒}$	$\frac{rad}{s}$	
功或能	W	$\frac{千克 \cdot 米^2}{秒^2} =$ 焦耳	$\frac{kg \cdot m^2}{s^2} = J$	千克力·米	kgf·m	达因·厘米（尔格）	dyn·cm（erg）	1kgf·m = 9.8 J = 9.8×10^7 erg
功　率	N	$\frac{千克 \cdot 米^2}{秒^3} =$ 瓦	$\frac{kg \cdot m^2}{s^3} = W$	$\frac{千克力 \cdot 秒}{米}$	$\frac{kgf \cdot m}{s}$	$\frac{尔格}{秒}$	$\frac{erg}{s}$	$1 \frac{kgf \cdot m}{s} = 9.8$ W = 9.8×10^7 erg/s
动力黏度	μ	$\frac{千克}{米 \cdot 秒} =$ 帕·秒	$\frac{kg}{m \cdot s} = Pa \cdot s = \frac{N \cdot s}{m^2}$	$\frac{千克力 \cdot 秒}{米^2}$	$\frac{kgf \cdot s}{m^2}$	$\frac{达因 \cdot 秒}{厘米^2} =$ 泊	$\frac{dyn \cdot s}{cm^2} = P = \frac{g}{cm \cdot s}$	$1 \frac{kgf \cdot s}{m^2} = 9.8$ Pa·s 1 P = 10^{-1} Pa·s
运动黏度	ν	米^2/秒	m^2/s	米^2/秒	m^2/s	$\frac{厘米^2}{秒} =$ 斯	$\frac{cm^2}{s} = St$	$1 \frac{m^2}{s} = 10^4$ St

参考文献

[1] 倪玲英．工程流体力学［M］．青岛：中国石油大学出版社，2012.
[2] 袁恩熙．工程流体力学［M］．北京：石油工业出版社，1986.
[3] 贺礼清．工程流体力学［M］．北京：石油工业出版社，2004.
[4] 杨树人，汪志明，何光渝，等．工程流体力学［M］．北京：石油工业出版社，2007.
[5] 吴望一．流体力学［M］．北京：北京大学出版社，1995.
[6] 孙文策．工程流体力学［M］．大连：大连理工大学出版社，1995.
[7] 归柯庭，汪军，王秋颖．工程流体力学［M］．北京：科学出版社，2005.
[8] 林建忠，阮晓东，陈邦国，等．流体力学［M］．北京：清华大学出版社，2005.
[9] 莫乃榕．工程流体力学［M］．武汉：华中科技大学出版社，2000.
[10] 莫乃榕．水力学简明教程［M］．武汉：华中科技大学出版社，2003.
[11] 施永生，徐向荣，张英．流体力学［M］．北京：科学出版社，2005.
[12] 王英，李诚．工程流体力学［M］．长沙：中南大学出版社，2004.
[13] 陈卓如，金朝铭，王洪杰，等．工程流体力学［M］．北京：高等教育出版社，1992.
[14] 许维德．流体力学［M］．北京：国防工业出版社，1982.
[15] 孔珑．流体力学(Ⅰ)［M］．北京：高等教育出版社，2000.
[16] 孔珑．流体力学(Ⅱ)［M］．北京：高等教育出版社，2000.
[17] 郑洽余，鲁钟琪．流体力学［M］．北京：机械工业出版社，1979.
[18] 周光炯，严宗毅，许世雄，等．流体力学：上册［M］．北京：高等教育出版社，1993.
[19] 赵振兴，何建京．水力学［M］．北京：清华大学出版社，2005.
[20] 陈家琅．水力学［M］．北京：石油工业出版社，1980.
[21] 吴持恭．水力学［M］．北京：高等教育出版社，1979.
[22] 曹立伟．水力学［M］．北京：石油工业出版社，1989.
[23] 张兆顺，崔桂香．流体力学［M］．北京：清华大学出版社，1999.
[24] 李忠华，张永利，孙可明．流体力学［M］．沈阳：东北大学出版社，2004.
[25] 张景松，侯友夫．流体力学与流体机械［M］．徐州：中国矿业大学出版社，1993.
[26] 李玉柱，苑明顺．流体力学［M］．北京：高等教育出版社，1998.
[27] 郝中堂，周均长．应用流体力学［M］．杭州：浙江大学出版社，1991.
[28] 禹华谦．工程流体力学(水力学)［M］．成都：西南交通大学出版社，1999.

[29] 徐文娟,韩建勇. 工程流体力学 [M]. 哈尔滨:哈尔滨工程大学出版社,2002.
[30] 高学平. 流体力学 [M]. 天津:天津大学出版社,2003.
[31] 徐华舫. 空气动力学基础 [M]. 北京:北京航空学院出版社,1987.
[32] 林兆福. 气体动力学 [M]. 北京:北京航空航天大学出版社,1988.
[33] 张也影. 流体力学 [M]. 北京:高等教育出版社,1986.
[34] MUNSON B R, YOUNG D F, OKIISHI T H. Fundamentals of fluid mechanics[M]. New York: Wiley, 1999.
[35] DOUGLAS J, GASIOREK J, SWAFFIELD J. Fluid mechanics[M]. 3rd ed. London: Longman Scientific & Technical Co., 1995.
[36] FINNEMORE E J, FRANZINI J B. Fluid mechanics with engineering applications[M]. 10th ed. 北京:清华大学出版社,2005.